中国机械工程学科教程配套系列教材
教育部高等学校机械类专业教学指导委员会规划教材

机械设计教程
——理论、方法与标准（第2版）

黄 平　朱文坚　王慰祖　王亚珍　主编

清华大学出版社
北京

内容简介

本书是根据"机械设计课程教学基本要求"和"高等教育面向21世纪教学内容和课程体系教学改革计划"等有关文件精神,为适应当前教学改革发展趋势而编写的,共分两篇。第1篇为机械设计理论(第1~13章),包括:机械设计概论、疲劳强度、摩擦磨损与润滑、连接与螺旋传动、带传动、链传动、齿轮设计、蜗杆传动、轴、滚动轴承、滑动轴承、弹簧、联轴器、离合器与制动器。各章附有一定数量的习题。第2篇为传动系统设计方法(第14~18章),包括:零件设计、结构设计、设计图和设计说明书、课程设计参考图例及设计题目。另外,还包括机械设计常用国家标准和设计规范共12个附录以二维码形式呈现。

本书可以作为高等学校机械类专业机械设计与课程设计教材,也可作为有关工程技术人员的参考书籍。

版权所有,侵权必究。举报:010-62782989,beiqinquan@tup.tsinghua.edu.cn。

图书在版编目(CIP)数据

机械设计教程:理论、方法与标准/黄平等主编.—2版.—北京:清华大学出版社,2023.9
中国机械工程学科教程配套系列教材　教育部高等学校机械类专业教学指导委员会规划教材
ISBN 978-7-302-64409-5

Ⅰ.①机… Ⅱ.①黄… Ⅲ.①机械设计－高等学校－教材　Ⅳ.①TH122

中国国家版本馆CIP数据核字(2023)第152418号

责任编辑:刘　杨
封面设计:常雪影
责任校对:赵丽敏
责任印制:杨　艳

出版发行:清华大学出版社
　　　　网　　　址:http://www.tup.com.cn,http://www.wqbook.com
　　　　地　　　址:北京清华大学学研大厦A座　　邮　　编:100084
　　　　社 总 机:010-83470000　　　　　　　　　邮　　购:010-62786544
　　　　投稿与读者服务:010-62776969,c-service@tup.tsinghua.edu.cn
　　　　质量反馈:010-62772015,zhiliang@tup.tsinghua.edu.cn
印 装 者:大厂回族自治县彩虹印刷有限公司
经　　销:全国新华书店
开　　本:185mm×260mm　　印　张:23　　字　数:556千字
版　　次:2011年3月第1版　2023年9月第2版　　印　次:2023年9月第1次印刷
定　　价:65.00元

产品编号:087962-01

中国机械工程学科教程配套系列教材
教育部高等学校机械类专业教学指导委员会规划教材

编 委 会

顾　　问
　　李培根院士

主 任 委 员
　　陈关龙　吴昌林

副主任委员
　　许明恒　于晓红　李郝林　李　旦　郭钟宁

编　　委（按姓氏首字母排列）
　　韩建海　李理光　李尚平　潘柏松　芮执元
　　许映秋　袁军堂　张　慧　张有忱　左健民

秘　　书
　　庄红权

丛书序言
PREFACE

我曾提出过高等工程教育边界再设计的想法,这个想法源于社会的反应。常听到工业界人士提出这样的话题:大学能否为他们进行人才的订单式培养。这种要求看似简单、直白,却反映了当前学校人才培养工作的一种尴尬:大学培养的人才还不是很适应企业的需求,或者说毕业生的知识结构还难以很快适应企业的工作。

当今世界,科技发展日新月异,业界需求千变万化。为了适应工业界和人才市场的这种需求,也即是适应科技发展的需求,工程教学应该适时地进行某些调整或变化。一个专业的知识体系、一门课程的教学内容都需要不断变化,此乃客观规律。我所主张的边界再设计即是这种调整或变化的体现。边界再设计的内涵之一即是课程体系及课程内容边界的再设计。

技术的快速进步,使得企业的工作内容有了很大变化。如从20世纪90年代以来,信息技术相继成为很多企业进一步发展的瓶颈,因此不少企业纷纷把信息化作为一项具有战略意义的工作。但是业界人士很快发现,在毕业生中很难找到这样的专门人才。计算机专业的学生并不熟悉企业信息化的内容、流程等,管理专业的学生不熟悉信息技术,工程专业的学生可能既不熟悉管理,也不熟悉信息技术。我们不难发现,制造业信息化其实就处在某些专业的边缘地带。那么对那些专业而言,其课程体系的边界是否要变?某些课程内容的边界是否有可能变?目前不少课程的内容不仅未跟上科学研究的发展,也未跟上技术的实际应用。极端情况甚至存在有些地方个别课程还在讲授已多年弃之不用的技术。若课程内容滞后于新技术的实际应用好多年,则是高等工程教育的落后甚至是悲哀。

课程体系的边界在哪里?某一门课程内容的边界又在哪里?这些实际上是业界或人才市场对高等工程教育提出的我们必须面对的问题。因此可以说,真正驱动工程教育边界再设计的是业界或人才市场,当然更重要的是大学如何主动响应业界的驱动。

当然,教育理想和社会需求是有矛盾的,对通才和专才的需求是有矛盾的。高等学校既不能丧失教育理想、丧失自己应有的价值观,又不能无视社会需求。明智的学校或教师都应该而且能够通过合适的边界再设计找到适合自己的平衡点。

我认为,长期以来,我们的高等教育其实是"以教师为中心"的。几乎所有的教育活动都是由教师设计或制定的。然而,更好的教育应该是"以学生为中心"的,即充分挖掘、启发学生的潜能。尽管教材的编写完全是由教师完成的,但是真正好的教材需要教师在编写时常怀"以学生为中心"的教育理念。如此,方得以产生真正的"精品教材"。

教育部高等学校机械设计制造及其自动化专业教学指导分委员会、中国机械工程学会与清华大学出版社合作编写、出版了《中国机械工程学科教程》,规划机械专业乃至相关课程的内容。但是"教程"绝不应该成为教师们编写教材的束缚。从适应科技和教育发展的需求而言,这项工作应该不是一时的,而是长期的,不是静止的,而是动态的。《中国机械工程学科教程》只是提供一个平台。我很高兴地看到,已经有多位教授努力地进行了探索,推出了新的、有创新思维的教材。希望有志于此的人们更多地利用这个平台,持续、有效地展开专业的、课程的边界再设计,使得我们的教学内容总能跟上技术的发展,使得我们培养的人才更能为社会所认可,为业界所欢迎。

是以为序。

2009 年 7 月

第 2 版前言
FOREWORD

《机械设计教程——理论、方法与标准》第 2 版是在第 1 版的基础上,根据作者多年在机械设计课程教学中的经验和读者反馈进行调整、修改而成的。

本书第 2 版基本上保留了第 1 版的系统框架,共分 18 章。除了修改了前版的一些错漏,更新了国家标准外,主要修订的内容还包括:

(1) 将原来第 14 章的内容提到第 1 章。其目的一是使学习者初学伊始就对机械设计有一个整体的了解。二是为开设系列习题做铺垫。

(2) 如前所述,本版将课程设计中常做的二级展开式齿轮减速器设计作为系列习题分散在第 1、5、6、7、9、10、13 章,以加强学生对机械设计中各零件设计之间联系的认识。

(3) 将原来 18.2 节的设计题目的内容提前到第 14 章中。

(4) 除了增加的系列习题外,还更换了大部分的习题,包括:判断题、选择题、问答题、计算题和结构题等。

(5) 为了更好地利用已有的网络资源,本版通过二维码的形式将所有附录、理论和实验教学视频制作成网上资源供学习者通过扫描查询和学习。借助教材和电子资源,读者完全可以自学本书的主要内容。

参加本版主要编写工作的是王慰祖和王亚珍。孙建芳为本版的附录内容提供了最新国家标准资料。王文萍对第 14~18 章的内容做了审核与修订。黄平负责全书的最终审定。参加视频录制的有:黄平、陈扬枝、翟敬梅、徐晓、李旻、孙建芳、何军、冯梅、刘新育和何亚农。

我们希望通过本版的修订使本书内容更加完善。我们也充分认识到,随着科学技术的不断发展,必将给机械设计内容增加更新和更多的内容。因此,本书必然存在改进之处,敬请广大读者批评指正。

最后,作者对本书编写给予支持与帮助的同事和学生致以最诚挚的感谢!

作 者

2023 年 6 月于广州

第1版前言
FOREWORD

本书是根据教育部新制定的"机械设计教学基本要求"等文件精神,充分吸取了高校近年来的教学改革经验,并结合多年教学经验而编写的。根据国内大部分本科院校的机械设计课程教学实际,我们进行了较显著的教材改革尝试。

目前国内的《机械设计》和《机械设计课程设计》本科教学安排多是独立进行的,一般是在完成56~72学时的理论和实验教学后,再进行2~3周的课程设计,将理论教学中所讲授的内容,以一个机械装置(常为减速箱)为题目进行全面的设计和训练。由于这两个阶段是分开进行的,因此采用的教材也是分开编写的。学生在学习和课程设计过程中,不仅需要同时使用这两本教材,另外由于设计参数不同和为了训练的需要,在设计过程中还需要查各类数据表格,因此需要使用机械设计手册。

多年教学实践表明,一般的课堂教学和课程设计都是由同一教师,并在同一学期完成的,因此将《机械设计》和《机械设计课程设计》两本教材合并是可行的,方便教师和学生使用。另外,现在一般图书馆无法提供大量的《机械设计手册》,因此许多学生只能依赖目前《机械设计课程设计》教材中提供的少量数据表格和图线,不仅会导致设计时选择范围大大压缩,学生无法得到较好的训练,甚至有时会选择一些并不适合的数据进行设计,导致设计不合理。

为此,我们将目前的《机械设计》与《机械设计课程设计》两本教材合并,统一编写,不仅把两阶段的课程教学内容更紧密地联系,而且为开设此课程的教师和学生带来了方便。同时,考虑计算机已经广泛使用,我们采用附录的形式将课程设计所需的表格编入书中,解决了目前教科书无法涵盖所有需要使用的数据和图书馆手册不足的问题。另外,在附录M中还提供一份机械设计试题样题和参考答案,供学生备考时使用。

本教材由黄平和朱文坚主编,具体参加编写工作的有:朱文坚(第1章、第14~18章),黄平(第2~4章、篇序及附录A~C、附录I、附录L、附录M),靳龙(第5、6章、附录D)、王慰祖(第7、12章、附录H、附录K)、王红志

(第 8、9 章、附录 G),刘晓初(第 10 章部分、第 11 章)、骆雯(第 10 章部分、附录 F),陈英俊(第 13 章、附录 E、附录 J)。

  作为教学改革的一项尝试,在本教材编写中一定会有不足之处,加上编者的水平和时间有限,错误之处在所难免,希望读者予以批评指正。

编 者

2010 年 12 月

目 录
CONTENTS

第1篇　机械设计理论

第1章　机械设计概论 …………………………………………… 3
  1.1　概述 ………………………………………………………… 3
  1.2　机械零件的工作能力和计算准则 ………………………… 4
  1.3　机械零件常用材料和制造工艺性 ………………………… 6
  1.4　机械传动系统设计 ………………………………………… 9
  习题 ……………………………………………………………… 18

第2章　机械零件的疲劳强度 …………………………………… 20
  2.1　概述 ………………………………………………………… 20
  2.2　变应力的类型和特性 ……………………………………… 20
  2.3　疲劳极限应力及其线图 …………………………………… 21
  2.4　稳态变应力疲劳强度 ……………………………………… 25
  2.5　非稳态变应力疲劳强度 …………………………………… 27
  2.6　接触疲劳强度 ……………………………………………… 28
  习题 ……………………………………………………………… 29

第3章　摩擦、磨损与润滑 ……………………………………… 32
  3.1　概述 ………………………………………………………… 32
  3.2　摩擦 ………………………………………………………… 34
  3.3　磨损 ………………………………………………………… 35
  3.4　润滑材料 …………………………………………………… 37
  3.5　润滑 ………………………………………………………… 41
  习题 ……………………………………………………………… 48

第4章　连接与螺旋传动 ………………………………………… 50
  4.1　概述 ………………………………………………………… 50
  4.2　螺纹连接 …………………………………………………… 50
  4.3　键连接 ……………………………………………………… 70

  4.4 销连接 ·· 75
  4.5 其他连接 ·· 76
  4.6 螺旋传动 ·· 79
  习题 ·· 85

第5章 带传动 ··· 91

  5.1 概述 ·· 91
  5.2 带传动受力与应力分析 ··· 92
  5.3 带的弹性滑动和打滑 ·· 95
  5.4 V带类型与带轮结构 ··· 96
  5.5 V带传动设计 ·· 99
  5.6 带传动的张紧装置 ··· 109
  5.7 同步带传动简介 ··· 110
  习题 ·· 112

第6章 链传动 ··· 115

  6.1 概述 ·· 115
  6.2 滚子链结构与标准 ··· 115
  6.3 链传动运动与受力分析 ··· 120
  6.4 滚子链设计 ·· 123
  6.5 链传动的布置与张紧 ·· 127
  习题 ·· 128

第7章 齿轮设计 ··· 131

  7.1 概述 ·· 131
  7.2 齿轮的失效形式与设计准则 ·· 131
  7.3 齿轮材料与许用应力 ·· 134
  7.4 齿轮传动载荷计算 ··· 138
  7.5 齿轮传动强度计算 ··· 141
  7.6 齿轮的结构 ·· 160
  习题 ·· 161

第8章 蜗杆传动 ··· 165

  8.1 概述 ·· 165
  8.2 圆柱蜗杆传动 ·· 165
  8.3 蜗杆传动的结构、材料与设计准则 ··· 173
  8.4 蜗杆传动的受力分析和效率计算 ··· 175
  8.5 蜗杆传动的设计 ··· 177
  习题 ·· 185

第9章 轴

- 9.1 概述 ········· 188
- 9.2 轴的强度设计 ········· 191
- 9.3 轴的刚度设计 ········· 195
- 9.4 轴结构设计 ········· 197
- 9.5 提高轴系性能的措施 ········· 200
- 习题 ········· 209

第10章 滚动轴承

- 10.1 概述 ········· 212
- 10.2 滚动轴承的类型和代号 ········· 212
- 10.3 滚动轴承受力分析和失效形式 ········· 219
- 10.4 滚动轴承寿命计算 ········· 220
- 10.5 滚动轴承静强度设计 ········· 224
- 10.6 角接触球轴承和圆锥滚子轴承设计 ········· 225
- 10.7 滚动轴承的组合设计 ········· 229
- 习题 ········· 234

第11章 滑动轴承

- 11.1 概述 ········· 238
- 11.2 滑动轴承的结构与材料 ········· 239
- 11.3 混合润滑滑动轴承设计 ········· 245
- 11.4 流体动力润滑径向滑动轴承设计 ········· 248
- 11.5 其他滑动轴承简介 ········· 257
- 习题 ········· 258

第12章 弹簧

- 12.1 概述 ········· 261
- 12.2 弹簧的材料和制造 ········· 262
- 12.3 普通圆柱螺旋弹簧设计 ········· 263
- 12.4 其他类型弹簧简介 ········· 271
- 习题 ········· 274

第13章 联轴器、离合器与制动器

- 13.1 概述 ········· 275
- 13.2 联轴器 ········· 275
- 13.3 离合器 ········· 281
- 13.4 制动器 ········· 284

习题 ………………………………………………………………………………………… 286

第 2 篇　传动系统设计方法

第 14 章　设计题目 ………………………………………………………………… 291

   14.1　设计带式运输机上的 V 带——单级圆柱齿轮减速器 ……………………… 291
   14.2　设计带式输送机的 V 带——二级圆柱齿轮传动装置 ……………………… 292
   14.3　设计皮带运输机锥齿轮——圆柱齿轮传动装置 …………………………… 292
   14.4　设计单级蜗杆——链传动减速器 …………………………………………… 293
   14.5　设计皮带运输机蜗杆——V 带传动装置 …………………………………… 294
   14.6　设计带式运输机传动装置 …………………………………………………… 295
   14.7　设计某热处理厂零件清洗用传送设备 ……………………………………… 296

第 15 章　零件设计 ………………………………………………………………… 297

   15.1　传动零件的设计 ……………………………………………………………… 297
   15.2　轴系零件的初步选择 ………………………………………………………… 298

第 16 章　结构设计 ………………………………………………………………… 300

   16.1　机架类零件的结构设计 ……………………………………………………… 300
   16.2　传动零件的结构设计 ………………………………………………………… 303
   16.3　减速器的结构设计 …………………………………………………………… 303

第 17 章　设计图和设计说明书 …………………………………………………… 312

   17.1　概述 …………………………………………………………………………… 312
   17.2　装配图 ………………………………………………………………………… 312
   17.3　设计和绘制减速器零件工作图 ……………………………………………… 325
   17.4　编写设计计算说明书 ………………………………………………………… 330

第 18 章　课程设计参考图例 ……………………………………………………… 333

参考文献 ……………………………………………………………………………… 350

附录 …………………………………………………………………………………… 351

   附录 A　标准代号与制图标准 …………………………………………………… 351
   附录 B　常用材料 ………………………………………………………………… 351
   附录 C　公差和表面粗糙度 ……………………………………………………… 351
   附录 D　螺纹与螺纹零件 ………………………………………………………… 351
   附录 E　键和销 …………………………………………………………………… 351
   附录 F　紧固件 …………………………………………………………………… 351
   附录 G　齿轮、蜗杆及蜗轮的精度 ……………………………………………… 351

附录 H　滚动轴承 ·· 351
附录 I　润滑剂与密封件 ·· 351
附录 J　联轴器 ··· 351
附录 K　电动机 ·· 351
附录 L　减速箱配件与尺寸 ··· 351

第1篇　机械设计理论

　　机械的发展是人类文明和社会进步的象征。早在远古时代,人类已经开始使用石块和木棒谋生,并用蚌壳和兽骨制成简单的工具捕猎动物。我们的祖先在古代已开始使用简单的机械,例如在 170 万年前已使用石器;在 3 万年前已使用箭和原始的犁、刀、锄等;在 4000 多年前,已制造和使用比原始机械复杂和先进的古代机械,如记里鼓车、独轮车、水运仪象台、地球仪、指南车、纺纱机、水力纺纱机、火枪、火炮、缫丝机、走马灯、罗盘和罗盘针、造纸技术等。18 世纪蒸汽机的发明和广泛应用使动力机械代替了人力和畜力,它所提供的巨大动力促使人类社会发生了翻天覆地的变化。科学技术的飞速发展及各学科之间的相互交叉和渗透,以及新材料、新能源、新产品不断出现,促进了机械设计理论和方法的发展。

　　本篇介绍机械设计的基本内容,包括:机械设计概论,疲劳强度,摩擦磨损与润滑,连接与螺旋传动,带传动,链传动,齿轮设计,蜗杆传动,轴,滚动轴承,滑动轴承,弹簧,联轴器、离合器与制动器共 13 章。这些通用机械零件都是在一般机械中常见的零件,它们的设计是其他机械零件和设备设计的基础。

　　学习本篇的目的是使机械类各专业学生掌握机械设计的基本知识、理论和方法,培养学生具有一定的机械设计能力及决策能力,能初步设计机械传动装置和简单机械。通过学习,不仅要掌握机械零件的设计计算、一般方法和步骤,而且要学会对零件的简化处理、数理模型的建立、材料和热处理方法的选择、公差配合的选用,以及机器的保养维护等多方面的知识。需要指出,通常机械设计的结果都不是唯一的,设计者需要认真考虑设计、加工、经济等多方面因素,从中找出较合理的解决方案。熟练掌握本篇的内容,才能做好下一阶段的课程设计,并为今后学习专业机械装备的设计打下良好的基础。

第 1 章

机械设计概论

1.1 概 述

1.1.1 机械设计的基本要求

虽然各种机械的用途、功能要求、工作原理各不相同,但其设计的要求基本相同,大体有以下几点。

1. 实现预定功能,满足运动和动力的要求

功能要求是指用户提出的使用和性能的要求,满足功能要求是机械设计的最基本出发点。设计者一定要使设计对象能实现功能要求。

运动要求指设计对象能实现运动速度和运动规律,满足工作平稳性等要求。动力要求指设计对象应具有足够的功率,以保证设计对象完成预定的功能。可通过正确选择工作原理、机构类型和机械系统传动方案来满足运动和动力要求。

2. 可靠性和安全性的要求

可靠性指机械在规定的使用条件下,在规定的时间内,完成规定功能的能力。工作安全是机械工作的首要条件。设计时必须合理地进行机械系统的整体设计、零部件的结构设计,正确选择材料、热处理方法和加工工艺来满足安全可靠的要求。

3. 结构设计的要求

机械设计的最终成果都是以一定的结构形式来表现,并且按照设计的结构进行加工、装配出产品,以满足使用要求。机械零件设计时,各种计算都要以确定的结构为基础,机械设计公式都只适用于某种特定的机构或结构要求。如果不事先选定某种结构,机械零件的设计计算是无法进行的。

结构设计关系到整个机器的性能,零部件的强度、刚度、使用寿命、加工工艺性,人机环境系统的协调性,运输安全性等。因此结构设计的结果对满足产品功能要求具有十分重要的意义。

4. 工艺性及三化的要求

机械及其零部件应有良好的加工工艺性,具体表现为制造方便、装拆容易、加工精度及表面粗糙度选择合理。设计的零部件尽可能标准化、通用化、系列化,以降低制造成本和提

5. 其他特殊要求

由于工作环境和使用要求的不同,某些机械还需要满足一些特殊要求。例如,食品机械有卫生防疫的要求;纺织机械有不得污染产品的要求;机床有较长期保持精度的要求等。

1.1.2 机械零件设计的一般程序

机械零件设计的基本要求和一般程序

不同种类的机械零件的设计计算方法不同,设计步骤亦不同,通常可按以下设计步骤进行。

(1) 选择类型　主要根据工况条件、载荷性质及尺寸大小选择零件的类型。

(2) 受力分析　通过受力分析求出作用在零件上的载荷性质、大小、方向,以便进行设计计算。

(3) 选择材料　根据零件工况条件及受载情况,选择合适的材料及热处理方法,确定材料的硬度和许用应力。

(4) 确定计算准则　分析机械零件的失效形式,确定其设计计算准则。

(5) 设计计算　根据设计准则得到设计或校核计算公式,确定机械零件的主要几何尺寸及参数,如螺栓的小径、齿轮的齿数和模数、轴的最小直径等。

(6) 结构设计　在确定了机械零件的主要几何尺寸及参数后,要进行结构设计,内容包括完成机械零件外形结构形式、截面形状、尺寸大小等其他尺寸及参数的设计。结构设计中应考虑零件的强度、刚度、加工和装配工艺性等要求,使设计的零件满足尺寸小、重量轻、结构简单等基本要求。

(7) 绘制工作图　工作图必须符合制图标准,要求尺寸齐全,并标上必要的尺寸公差、形位公差、表面粗糙度及技术条件等。

(8) 编写设计说明书　将设计计算资料整理成设计说明书,作为技术文件存档。

1.2 机械零件的工作能力和计算准则

机械基础实验简介

1.2.1 机械零件的工作能力

机械零件的工作能力是指在一定的工况条件下(包括载荷、运动和环境等),在设计预定的期间内,不发生失效的安全工作限度。衡量机械零件工作能力的指标称为零件的工作能力准则。这些准则包括强度、刚度、耐磨性、振动稳定性和耐热性。

机械零件的失效形式和设计准则概述

1.2.2 机械零件的计算准则

零件的工作能力准则是计算并确定零件基本尺寸的主要依据,故称为计算准则。对于具体的零件,应根据它们的主要失效形式,采用相应的计算准则。

1. 静强度准则

静强度是保证机械零件在静载荷工况条件下能正常工作的基本要求。零件的强度不够,就会出现整体断裂或塑性变形等失效形式而丧失工作能力,甚至导致安全事故。静强度准则就是指零件中的最大应力小于或等于许用应力,即

$$\sigma \leqslant [\sigma] \tag{1.1a}$$

或

$$\tau \leqslant [\tau] \tag{1.1b}$$

式中,σ 和 τ 分别为零件的工作正应力和剪应力;$[\sigma]$ 和 $[\tau]$ 分别为材料的许用正应力和许用剪应力,它们可以通过将材料的屈服极限(塑性材料)或是强度极限(脆性材料)除以适当的安全系数得到。

2. 疲劳强度准则

疲劳强度是保证机械零件在变载荷工况条件下,能在规定的时间内正常工作而不破坏的基本要求。零件疲劳强度不够,就会在其工作寿命期间内出现疲劳断裂、疲劳点蚀等失效形式而丧失工作能力,甚至导致安全事故。疲劳强度准则与式(1.1)类似,但是疲劳强度的许用应力要按下式计算:

$$[\sigma] = \frac{\sigma_{\lim}}{S_\sigma} \tag{1.2a}$$

或

$$[\tau] = \frac{\tau_{\lim}}{S_\tau} \tag{1.2b}$$

式中,S_σ 和 S_τ 分别为疲劳强度的正应力和剪应力的安全系数;$\sigma_{\lim}$ 和 $\tau_{\lim}$ 分别为材料的正应力和剪应力疲劳强度极限。

特别需要指出的是:按疲劳强度设计时,因为载荷是变化的,零件的工作应力不再是简单的正应力或剪应力,除了需要考虑应力的均值和变化幅值的大小外,还必须考虑载荷变化规律的影响。另外,疲劳强度与许多因素(如载荷性质、零件尺寸、表面加工精度、应力集中情况等)有关,因此在这类机械零件的设计过程中,必须根据具体工况加以修正。(有关内容详见第 2 章及其他具体章节。)

3. 摩擦学设计准则

耐磨性是指作相对运动零件的工作表面抵抗磨损的能力。机械零件磨损后,尺寸与形状将发生改变,会降低机械的工作精度,强度被削弱。据统计,由于磨损而导致失效的零件约占全部报废零件的 80%。

由于目前对磨损的计算尚无可靠和定量的计算方法,因此常采用条件性计算,主要是验算表面压强 p 不超过许用值,以保证工作面不致产生过度磨损。另外,验算压强和速度乘积 pv 值不超过许用值,以限制单位接触表面上单位时间内产生的摩擦功不致过大,以防止发生胶合破坏。有时还须验算工作速度 v。这些准则可写成

$$p \leqslant [p] \tag{1.3a}$$

$$pv \leqslant [pv] \tag{1.3b}$$
$$v \leqslant [v] \tag{1.3c}$$

式中，p 为工作表面的压强；v 为工作速度；$[p]$ 为材料的许用压强；$[v]$ 为 v 的许用值；$[pv]$ 为 pv 的许用值。

对流体润滑的设计，其设计准则应写为：
$$h_{\min} \geqslant [h] \tag{1.4}$$

式中，$h_{\min}$ 是流体膜最小厚度；$[h]$ 是需用膜厚，一般取 2～3 倍的两表面粗糙度之和。

4. 刚度准则

刚度是指零件在载荷作用下抵抗变形的能力。若零件刚度不够，其弯曲挠度或扭转角超过允许的限度后，将影响机械系统正常工作。例如车床主轴的变形过大，将影响加工精度；齿轮轴的挠度过大，将影响一对齿轮的正确啮合，并会增加载荷沿齿宽分布的不均匀性。

机械零件在载荷作用下所产生的变形量应小于或等于机器工作时所允许的变形量的极限值，即

$$y \leqslant [y] \tag{1.5a}$$
$$\theta \leqslant [\theta] \tag{1.5b}$$
$$\varphi \leqslant [\varphi] \tag{1.5c}$$

式中，y、θ 和 φ 分别为零件工作时的挠度、偏转角和扭转角；$[y]$、$[\theta]$ 和 $[\varphi]$ 分别为零件的许用挠度、许用偏转角和许用扭转角。

5. 温度准则

在蜗杆传动和滑动轴承中，由于它们的摩擦功耗较大，会产生大量的热而导致温度明显增加。过高的温度会急剧降低润滑油的黏度，甚至使其解附或裂解，从而导致胶合和严重磨损等失效的发生。因此在这些零件设计中，通常需要进行热平衡计算，以保证润滑油有足够的黏度能正常润滑。热平衡计算的依据就是温度设计准则，其表达式为：

$$t \leqslant [t] \tag{1.6}$$

式中，t 为工作温度，$[t]$ 为许用温度。

另外，还有可靠性准则、稳定性准则等，需要详细了解有关内容的可参考相关书籍。

1.3 机械零件常用材料和制造工艺性

1.3.1 机械零件材料的选用原则

机械零件材料的选用原则及常用材料

从各种各样的材料中选择出适用的材料，是一个复杂的技术和经济问题，通常主要考虑以下三方面的要求。

1. 使用要求

满足使用要求是选择材料的最基本原则。使用要求通常包括零件所受载荷的大小、性

质及其应力状况。例如,若零件尺寸取决于强度,且尺寸和重量又受到限制时,应选用强度较高的材料或强度极限与密度的比值较高的材料;承受拉伸载荷的零件宜选钢材;承受压缩载荷的零件宜选铸铁;承受冲击载荷的零件,宜选用韧性好的材料;承受静应力的零件,宜选用屈服极限较高的材料;在变应力条件下工作的零件,宜选用疲劳强度较高的材料。当零件尺寸取决于刚度,且尺寸重量受到限制时,应选用弹性模量较大的材料或弹性模量与密度之比值较高的材料。当零件的尺寸取决于接触强度时,应选用可进行表面强化处理的材料,如齿轮齿面经渗碳、氮化或碳氮共渗等热处理后,其接触强度比正火或调质处理的钢大为提高。对在滑动摩擦条件下工作的零件,应选用减摩性能好的材料。在腐蚀介质中工作的零件应选用耐腐蚀的材料。对于重要零件,应选用综合性能较好的材料。

2. 工艺要求

所选材料应与零件结构的复杂程度、尺寸大小以及毛坯的制造方法相适应。如外形复杂、尺寸较大的零件,若拟用铸造毛坯,则应选用适合铸造的材料;若拟用焊接毛坯,则应选用焊接性能较好的材料。尺寸小、外形简单、批量大的零件,适于冲压或模锻,应选用塑性较好的材料。

3. 经济性要求

在机械零件的成本中,材料费用约占30%以上,有的甚至达到50%,可见选用廉价材料有重大的意义。选用廉价材料,节约原材料,特别是贵重材料,是机械设计的基本原则。为了使零件的综合成本最低,除了要考虑原材料的价格外,还要考虑零件的制造费用。例如铸铁虽比钢材价廉,但对一些单件生产的机座,采用钢板型材焊接往往比用铸铁铸造快而且成本低。

1.3.2 机械零件的常用材料

机械零件常用的材料有钢、铸铁、有色金属合金、非金属材料和复合材料。

1. 钢

钢是机械制造中应用最广和最重要的材料之一。按照化学成分,钢可分为碳素钢和合金钢;按照零件加工工艺,可分为铸钢和锻钢;按照用途,可分为结构钢、工具钢和特殊钢。

碳素结构钢在机械设计中最为常用。碳素结构钢分为普通碳素钢和优质碳素钢两类。对于受力不大,而且基本上承受静应力的不太重要的零件,可以选用普通碳素钢。普通碳素钢(如Q215、Q235等)只保证机械性能,不保证其化学成分,并且不适宜作热处理,故一般用于不太重要的或不需热处理的零件和工程结构件。碳素钢的性能主要取决于其碳的质量分数。低碳钢(碳的质量分数低于0.25%)可淬性较差,一般用于退火状态下强度不高的零件(如螺钉、螺母、小轴),也用于锻件和焊接件。低碳钢经渗碳处理可用于制造表面硬、耐磨并承受冲击负荷的零件。中碳钢(碳的质量分数为0.25%~0.5%)可淬性以及综合机械性能均较好,可进行淬火、调质或正火处理,用于制造受力较大的螺栓、键、轴、齿轮等零件。高碳钢(碳的质量分数大于0.5%)可淬性更好,经热处理后有较高的硬度和强度,主要用于制造弹簧、钢丝绳等高强度零件。优质碳素钢(如 15、45、50 钢)可同时保证其机械性能和化学成分,可用于制造须经热处理的较重要的零件。

合金钢是在碳钢中加入某些合金元素冶炼而成。每一种合金元素的质量分数低于 2% 或合金元素总的质量分数低于 5% 的称为低合金钢;其中某一种或多种合金元素的质量分数为 2%～5% 或合金元素总的质量分数为 5%～10% 的称为中合金钢;其中某一种合金元素的质量分数高于 5% 或合金元素总的质量分数高于 10% 的称为高合金钢。合金元素不同时,钢的机械性能有较大的变动并具有各种特殊性质。例如,铬能提高钢的硬度,并能在高温下防锈耐酸;镍使钢具有很高的强度、塑性与韧性;钼能提高钢的硬度和强度,特别能使钢具有较高的耐热性;锰能使钢具有良好的淬透性、耐磨性。同时含有几种合金元素的合金钢(如铬锰钢、铬钒钢、铬镍钢),其性能的改变更为显著。但合金钢较碳素钢价贵,对应力集中亦较敏感,通常在碳素钢难以胜任工作时才考虑采用。此外,合金钢如不经热处理,其机械性能并不明显优于碳素钢,因此,合金钢零件一般都需进行热处理,以充分发挥材料的潜在机械性能。

无论是碳素钢还是合金钢,用浇铸法所得的铸件毛坯均称为铸钢。铸钢主要用于制造承受重载的大型结构复杂的零件。铸钢强度明显高于铸铁,与碳素钢接近。铸钢的弹性模量约为铸铁的 2 倍,因此减振性不如铸铁。铸钢内产生缩孔等缺陷,铸造工艺性不如铸铁。铸钢品种很多,有碳素铸钢、低合金铸钢、耐蚀铸钢、耐热铸钢等。常用钢的机械性能及应用举例可参阅附录 B。

2. 铸铁

碳的质量分数大于 2% 的铁碳合金称为铸铁。铸铁是用量最多的机械结构材料。铸铁成本低廉,耐磨和减振性能好。铸铁一般分为灰铸铁、球墨铸铁、可锻铸铁和特殊性能铸铁等,其中最常用的是灰铸铁。

灰铸铁(HT)主要用于中等载荷以下的结构件、复杂的薄壁件和润滑条件下的摩擦副零件等。灰铸铁的强度极限随壁厚增加而降低。另外,设计时应考虑工艺需要,使零件的壁厚尽可能一致。灰铸铁的抗压强度与抗拉强度比约为 4∶1,因此在结构上应当尽量使铸件受压缩,不受或少受拉伸或弯曲。灰铸铁的弹性模量比钢低,刚度比钢差。灰铸铁减振性能好,常用于机器的机座及机体等。灰铸铁属脆性材料,不适宜承受冲击载荷,也不能碾压和锻造,不易焊接。

球墨铸铁(QT)基体中的石墨(碳)呈球状,提高了基体强度和承受应力集中的能力,其强度比灰铸铁高一倍,和普通碳素钢接近。球墨铸铁价格比钢便宜,广泛用于受冲击载荷的高强度铸件,如曲轴、齿轮等。

可锻铸铁(KT)主要用于尺寸很小、形状复杂、不能用铸钢和锻钢制造的铸件,而灰铸铁又不能满足强度和高延伸率要求时的情况。可锻铸铁零件是铸件而不是锻件。可锻铸铁强度和塑性接近于普通碳素钢和球墨铸铁。

常用灰铸铁和球墨铸铁的机械性能及应用举例可参阅附录 B。

3. 有色金属合金

有色金属合金(如铜合金)具有某些特殊的性能,如良好的减摩性、跑合性、抗腐蚀性、抗磁性、导电性等。

铜合金具有良好的导电性、导热性、耐蚀性和延展性,是良好的减摩和耐磨材料。铜合金可分为黄铜和青铜两类。黄铜是铜和锌的合金,不生锈、不腐蚀、具有良好的塑性及流动性,能碾压和铸造成各种型材和零件。青铜分为锡青铜和无锡青铜两种。锡青铜是铜、锡合金,而铜和铝、铁、铅、硅、锰、铍等合金统称为无锡青铜。无锡青铜的机械性能比锡青铜高,但减摩性较差。黄铜、青铜均可铸造和碾压。轴承合金为铜、锡、铅、锑的合金,其减摩性、导热性、抗胶合性都很好,但强度低且价格较贵,常浇注在强度较高的基体金属表面形成减摩表层使用。常用铜合金、轴承合金的机械性能及应用举例可参阅附录 B。

4. 非金属材料

机械零件制造中应用的非金属材料种类很多,有塑料、橡胶、陶瓷、木材、毛毡、皮革等。其中,塑料是非金属材料中发展最快、应用最广的材料。工业上常用的塑料有:聚氯乙烯、尼龙、聚甲醛、酚醛、环氧树脂、玻璃钢、聚四氟乙烯等。塑料的重量轻、绝缘、耐磨、耐蚀、消声、抗振,有良好的自润滑性及尺寸稳定性,易于加工成形,加入填充剂后可以获得较高的机械强度,因而可以代替金属作支架、盖板、阀件、管件、承受轻载的齿轮、蜗轮、凸轮等。但一般工程塑料耐热性差,且会因逐步老化而使性能逐渐变差。橡胶也是应用广泛的非金属材料。橡胶富有弹性,有较好的缓冲、减振、耐磨、绝缘等性能,常用作弹性元件及密封装置中。

1.4 机械传动系统设计

机械系统
传动性能
综合实验

由于原动机的输出转速、转矩、运动形式往往和工作机的要求不同,因此需要在它们之间采用传动系统装置。由于传动装置的选用、布局及其设计质量对整个设备的工作性能、重量和成本等影响很大,因此合理地拟定传动方案具有重要的意义。

机械传动系统的设计是一项比较复杂的工作。在机械传动系统设计之前必须首先确定好机械系统的传动方案。为了能设计出较好的传动方案,需要在对各种传动型式的性能、运动、工作特点和适用场合等进行深入、全面了解的基础上,多借鉴、参考别人的成功设计经验。

机械传动系统设计的内容为:确定传动方案,选定电动机型号、计算总传动比和合理分配各级传动比,计算传动装置的运动和动力参数。

1.4.1 传动方案的确定

为了满足同一工作机的性能要求,可采用不同的传动机构、不同的组合和布局,在总传动比保持不变的情况下,还可按不同的方法分配各级传动的传动比,从而得到多种传动方案以供分析、比较。合理的传动方案首先要满足机器的功能要求,例如传递功率的大小、转速和运动形式。此外还要适应工作条件(工作环境、场地、工作制度等),满足工作可靠、结构简单、尺寸紧凑、传动效率高、使用维护便利、工艺性好、成本低等要求。要同时满足这些要求是比较困难的,但必须满足最主要和最基本的要求。

图 1.1 是电动铰车的三种传动方案,其中图 1.1(a)方案采用二级圆柱齿轮减速器,适合于繁重及恶劣条件下长期工作,使用及维护方便,但结构尺寸较大;图 1.1(b)方案采用蜗轮蜗杆减速器,结构紧凑,但传动效率较低,对于长期连续使用时就不经济;图 1.1(c)方案用一级圆柱齿轮减速器和开式齿轮传动,成本较低,但使用寿命较短。从上述分析可见,虽然这三种方案都能满足电动铰车的功能要求,但结构、性能和经济性都不同,要根据工作条件要求来选择较好的方案。

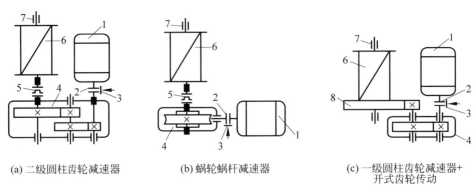

(a) 二级圆柱齿轮减速器　　(b) 蜗轮蜗杆减速器　　(c) 一级圆柱齿轮减速器+开式齿轮传动

1—电动机;2、5—联轴器;3—制动器;4—减速器;6—卷筒;7—轴承;8—开式齿轮。

图 1.1　电动铰车传动方案简图

为了便于在多级传动方案中合理和正确地选择有关的传动机构及其排列顺序,以充分发挥各自的优势,在拟定传动方案时应注意下面的几点:

(1) 带传动具有传动平稳、吸收振动等特点,而且能起过载保护作用,但由于它是靠摩擦力来工作的,为了避免结构尺寸过大,通常把带传动布置在高速级。

(2) 链传动因具有瞬时传动比不稳定的运动特性,应将其布置在低速级,以尽量减小导致产生冲击的加速度。

(3) 斜齿圆柱齿轮传动具有传动平稳、承载能力大的优点,加工也不困难,故在没有变速要求的传动装置中,大多采用斜齿圆柱齿轮传动。如传动方案中同时采用了斜齿和直齿圆柱齿轮传动,应将斜齿圆柱齿轮传动布置在高速级。在斜齿圆柱齿轮减速器中,应使轮齿的旋向有利于轴承受力均匀或使轴上各传动零件产生的轴向力能相互抵消一部分。另外,为了补偿因轴的变形而导致载荷沿齿宽方向分布不均,应尽可能使输入和输出轴上的齿轮远离轴的伸出端。

(4) 蜗杆传动具有传动比大、结构紧凑、工作平稳等优点,但其传动效率低,故只用于传递功率不大、间断工作或要求自锁的场合。

(5) 开式齿轮传动因润滑条件及工作环境都较差,因而磨损较快,故通常布置在低速级。

为了便于设计时选择传动装置,表 1.1 列出了常用减速器的类型及特性。各种机械传动的传动比可参考表 1.2。

若课程设计任务书中已提供了传动方案,则应对该方案的可行性、合理性及经济性进行论证,也可提出改进性意见并另行拟定方案。

表 1.1 常用减速器的类型及特性

名称	简图	特性与应用场合
单级圆柱齿轮减速器		轮齿可用直齿、斜齿或人字齿。直齿用于低速($v \leqslant$ 8m/s)或载荷较轻的传动,斜齿或人字齿用于较高速 ($v=25\sim50$m/s)或载荷较重的传动。箱体常用铸铁制造,轴承常用滚动轴承。传动比范围:$i=3\sim6$,直齿 $i \leqslant 4$,斜齿 $i \leqslant 6$
两级展开式圆柱齿轮减速器		高速级常用斜齿,低速级可用直齿或斜齿。由于相对于轴承不对称,要求轴具有较大的刚度。高速级齿轮在远离转矩输入端,以减少因弯曲变形所引起的载荷沿齿宽分布不均的现象。常用于载荷较平稳的场合,应用广泛。传动比范围:$i=8\sim40$
两级同轴式圆柱齿轮减速器		箱体长度较短,轴向尺寸及重量较大,中间轴较长、刚度差及其轴承润滑困难。当两大齿轮浸油深度大致相同时,高速级齿轮的承载能力难以充分利用。仅有一个输入轴和输出轴,传动布置受到限制。传动比范围:$i=8\sim40$
单级圆锥齿轮减速器		用于输入轴和输出轴的轴线垂直相交的传动。有卧式和立式两种。轮齿加工较复杂,可用直齿、斜齿或曲齿。$i=2\sim5$,直齿 $i \leqslant 3$,斜齿 $i \leqslant 5$
两级圆锥-圆柱齿轮减速器		用于输入轴和输出轴的轴线垂直相交且传动比较大的传动。圆锥齿轮布置在高速级,以减少圆锥齿轮的尺寸,便于加工。$i=8\sim25$
单级蜗杆减速器	(a)蜗杆下置式 (b)蜗杆上置式	传动比大,结构紧凑,但传动效率低,用于中小功率、输入轴和输出轴垂直交错的传动。蜗杆下置式的润滑条件较好,应优先选用。当蜗杆圆周速度 $v>4\sim5$m/s 时,应采用上置式,此时蜗杆轴承润滑条件较差。$i=10\sim40$
NGW型单级行星齿轮减速器		比普通圆柱齿轮减速器的尺寸小,重量轻,但制造精度要求高,结构复杂。用于要求结构紧凑的动力传动。$i=3\sim12$

表 1.2 各种机械传动的传动比

传动类型			传动比的推荐值	传动比的最大值
一级圆柱齿轮传动	闭式	直齿	$\leqslant 3\sim4$	$\leqslant 10$
		斜齿	$\leqslant 3\sim6$	$\leqslant 10$
	开式		$\leqslant 3\sim7$	$\leqslant 15\sim20$

续表

传动类型			传动比的推荐值	传动比的最大值
一级圆锥齿轮传动	闭式	直齿	≤2～3	≤6
		斜齿	≤3～4	≤6
	开式		≤5	≤8
蜗杆传动	闭式		7～40	≤80
	开式		15～60	≤120
带传动	开口平带		≤2～4	≤6
	V带		≤2～4	≤7
链传动	滚子链		≤2～5	≤8
圆柱摩擦轮传动			≤2～4	≤5

1.4.2 电动机的选择

电动机的选择应在传动方案确定之后进行,其目的是在合理地选择其类型、功率和转速的基础上,具体确定电动机的型号。

1. 选择电动机类型和结构型式

电动机的类型和结构型式要根据电源(交流或直流)、工作条件和载荷特点(性质、大小、起动性能和过载情况)来选择。工业上广泛使用三相异步电动机。对载荷平稳、不调速、长期工作的机器,可采用鼠笼式异步电动机。Y系列电动机为我国推广采用的新设计产品,它具有节能、启动性能好等优点,适用于不含易燃、易爆和腐蚀性气体的场合以及无特殊要求的机械中(见附录K)。对于经常启动、制动和反转的场合,可选用转动惯量小、过载能力强的YZ型、YR型和YZR型等系列的三相异步电动机。

电动机的结构有开启式、防护式、封闭式和防爆式等,可根据工作条件选用。同一类型的电动机又具有几种安装型式,应根据安装条件确定。

2. 确定电动机的功率

电动机的功率选择是否恰当,对电动机的正常工作和成本都有影响。所选电动机的额定功率应等于或稍大于工作要求的功率。功率小于工作要求,则不能保证工作机正常工作,或使电动机长期过载、发热大而过早损坏;但功率过大,则增加成本,并且由于效率和功率因数低而造成浪费。电动机的功率主要由运行时的发热条件限定,由于课程设计中的电动机大多是在常温和载荷不变(或变化不大)的情况下长期连续运转,因而,在选择其功率时,只要使其所需的实际功率(简称电动机所需功率)P_d 不超过额定功率 P_{ed},即可避免过热。即使 $P_{ed} \geqslant P_d$。

1) 工作机主轴所需功率

若已知工作机主轴上的传动滚筒、链轮或其他零件上的圆周力(有效拉力)F(单位为N)和圆周速度(线速度)v(单位为m/s),则在稳定运转下,工作机主轴上所需功率 P_w 按下式计算:

$$P_w = \frac{Fv}{1000}, \text{kW} \tag{1.7}$$

若已知工作机主轴上的传动滚筒、链轮或其他零件的直径 D（单位为 mm）和转速 n（单位为 r/min），则圆周速度 v 按下式计算：

$$v = \frac{\pi D n}{60 \times 1000}, \text{m/s} \tag{1.8}$$

若已知工作机主轴上的转矩 T（N·m）和转速 n（r/min），则工作机主轴所需功率 P_w 按下式计算：

$$P_w = \frac{T \cdot n}{9550}, \text{kW} \tag{1.9}$$

有的工作机主轴上所需功率，可按专业机械有关的要求和数据计算。

2) 电动机所需功率

电动机所需功率 P_d 按下式计算：

$$P_d = \frac{P_w}{\eta}, \text{kW} \tag{1.10}$$

式中，P_w 为工作机主轴所需功率，单位为 kW；η 为由电动机至工作机主轴之间的总效率。

总效率 η 按下式计算：

$$\eta = \eta_1 \eta_2 \eta_3 \cdots \eta_n \eta_w \tag{1.11}$$

式中，$\eta_1, \eta_2, \eta_3, \cdots, \eta_n$ 分别为传动装置中每一传动副（齿轮、蜗杆、带或链）、每对轴承、每个联轴器的效率，其概略值见表 1.3；η_w 为工作机的效率。

计算总效率时，要注意以下几点：

(1) 选用 η_i 数值时，一般取中间值，如工作条件差、润滑不良取低值，反之取高值。

(2) 动力每经一对运动副或传动副，就有一次功耗，故在计算总效率时，都要计入。

(3) 表 1.3 中的传动效率仅是传动啮合效率，未计入轴承效率，故轴承效率需另计。表中轴承效率均指的是一对轴承的效率。

表 1.3 机械传动效率

类别	传动形式	效率 η	类别	传动形式	效率 η
圆柱齿轮传动	6～7 级精度	0.98～0.995	滚动轴承	球轴承	0.99（一对）
	8 级精度	0.97		滚子轴承	0.98（一对）
	9 级精度	0.96	滑动轴承	正常润滑	0.97
	开式	0.95		不良润滑	0.94
圆锥齿轮传动	6～7 级精度	0.97～0.98		压力油润滑	0.98
	8 级精度	0.94～0.97		液体摩擦	0.99
	9 级精度	0.93～0.95	联轴器	弹性联轴器	0.99～0.995
	开式	0.93		齿式联轴器	0.99
带传动	无交叉平带传动	0.97～0.98		万向联轴器	0.95～0.98
	交叉平带传动	0.90		刚性联轴器	1
	V 带传动	0.95		十字滑块联轴器	0.97～0.99
	同步带传动	0.96～0.98	蜗杆传动	自锁蜗杆	0.40～0.50
链传动	滚子链	0.96		单头蜗杆	0.70～0.75
	齿形链	0.98		双头蜗杆	0.75～0.82
	焊接链	0.93		3～4 头蜗杆	0.82～0.92
	片式关节链	0.95		环面蜗杆传动	0.85～0.95

3. 确定电动机的转速

同一功率的异步电动机有 3000r/min、1500r/min、1000r/min、750r/min 等几种同步转速。一般来说,电动机的同步转速越高,磁极对数越少,外廓尺寸越小,价格越低;反之,转速越低,外廓尺寸越大,价格越贵。因此,在选择电动机转速时,应综合考虑与传动装置有关的各种因素,通过分析比较,选出合适的转速。一般选用同步转速为 1000r/min 和 1500r/min 的电动机为宜。

根据选定的电动机类型、功率和转速由附录 K 中查出电动机的具体型号和外形尺寸。后面传动装置的计算和设计就按照已选定的电动机型号的额定功率 P_{ed}、满载转速 n_m、电动机的中心高度、外伸轴径和外伸轴长度等条件进行工作。

例 1.1 设计运送原料的带式运输机用的齿轮减速器。根据表 1.4 给定的工况参数,选择适当的电动机、联轴器,设计 V 带传动、二级圆柱齿轮(斜齿)减速器(所有的轴、齿轮、滚动轴承、减速器箱体、箱盖以及其他附件)和与输送带连接的联轴器,设计方案如图 1.2 所示。已知滚筒及运输带的效率 $\eta=0.94$。工作时,载荷有轻微冲击。室内工作,水分和颗粒为正常状态,产品生产批量为成批生产,允许总速比误差 $<\pm 4\%$,要求齿轮使用寿命为 10 年,二班工作制,滚动轴承使用寿命不小于 15 000h。

表 1.4 原始数据

输送带拉力 F/N	输送带速度 v/(m/s)	驱动带轮直径 D/m
4337.12	1.82	1.135

解: 1) 传动方案的选择

图 1.2 为传动方案的示意图,在空间和形式均没有要求的情况下,该传动装置的布置可以有如下 4 种不同的方案:

(1) 电机在带轮右侧,高速齿轮远离带轮(图 1.2(a))。
(2) 电机在带轮右侧,高速齿轮靠近带轮(图 1.2(b))。
(3) 电机在带轮左侧,高速齿轮远离带轮(图 1.2(c))。
(4) 电机在带轮左侧,高速齿轮靠近带轮(图 1.2(d))。

在以上 4 种方案中,方案(3)、方案(4)的两根轴所受弯矩是一样的,方案(1)和方案(3)的低速轴所受转矩略长。而 4 个方案的高速轴则大不相同,其中方案(4)的高速轴所受弯矩最小,因此如果没有特殊要求,该方案更合理些。下面按该方案进行设计。

2) 电动机选择类型、功率与转速

(1) 按工作条件和要求,选用 Y 系列三相异步电动机。
(2) 选择电动机的功率。
计算工作机所需的功率

$$P_w = Fv = 4337.12 \times 1.82 \div 1000 = 7.89 \text{kW}$$

初选:联轴器为弹性联轴器,滚动轴承为圆锥滚子轴承,齿轮为精度等级为 7 的闭式圆柱斜齿轮,带传动为普通 V 带传动。根据表 1.3 可知,总效率为

$$\eta_{总} = \eta_{带} \eta_{齿轮}^2 \eta_{轴承}^3 \eta_{联} \eta_{工} = 0.95 \times 0.98^2 \times 0.98^3 \times 0.99 \times 0.94 = 0.78$$

电动机所需的功率为

$$P_d = \frac{P_w}{\eta_{总}} = \frac{7.89}{0.78} = 10.12 \text{kW}$$

考虑到在各零部件设计时需要有一定的工况系数,取电动机的工况系数为 1.3,则电动机的额定功率

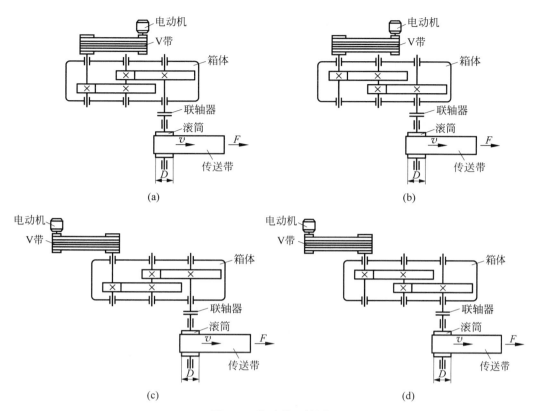

图 1.2 传动装置简图

$$P_{ed} \geqslant k_A P_d = 1.3 \times 10.12 = 13.15 \text{kW}$$

查附表 K.1,选取电动机的额定功率 $P_{ed}=15\text{kW}$。

(3) 选择电动机转速。

计算工作机主轴转速

$$n_w = \frac{60 \times 1000 v}{\pi D} = \frac{60 \times 1000 \times 1.82}{\pi \times 1.135} = 30.63 \text{r/min}$$

根据工作机主轴转速 n_w 及有关机械传动的常用传动比范围(见表 1.2),取普通 V 带的传动比 $i_{带} = 2 \sim 4$,二级圆柱齿轮传动比 $i_1 = i_2 = 3 \sim 6$,可计算电动机转速的合理范围为 $n_d = n_w i_1 i_2 i_3 = 30.63 \times (2 \sim 4) \times (3 \sim 6) \times (3 \sim 6)$ r/min $= 551.34 \sim 4410.72$ r/min。

查附表 K.1,符合这一范围的电动机同步转速有 750、1000、1500r/min 和 3000r/min 4 种,现选用同步转速 1500r/min、满载转速 $n_m = 1460$r/min 的电动机,查得其型号和主要数据如表 1.5 和表 1.6 所示。

表 1.5 电动机主要参数

型号	额定功率	同步转速	满载转速	堵转转矩/额定转矩	最大转矩/额定转矩
Y160L-4	15kW	1500r/min	1460r/min	2.2	2.2

表 1.6 电动机安装及有关尺寸主要参数　　　　　　　　　　　　　mm

中心高	外形尺寸 $L \times (AC/2+AD) \times HD$	地脚安装尺寸 $A \times B$	地脚螺栓直径 K	轴伸尺寸 $D \times E$	键公称尺寸 $F \times h$
160	645×417.5×385	254×254	15	42×110	12×8

4. 计算总传动比和各级传动比分配

根据电动机的满载转速 n_m 和工作机主轴的转速 n_w，传动装置的总传动比按下式计算：

$$i = n_m / n_w \tag{1.12}$$

总传动比 i 为各级传动比的连乘积，即

$$i = i_1 \times i_2 \times \cdots \times i_n$$

总传动比的一般分配原则如下。

（1）限制性原则：各级传动比应控制在表 1.2 给出的常用范围以内。采用最大值时将使传动机构尺寸过大。

（2）协调性原则：传动比的分配应使整个传动装置的结构匀称、尺寸比例协调而又不相互干涉。如传动比分配不当，就有可能造成 V 带传动中从动轮的半径大于减速器输入轴的中心高；卷筒轴上开式齿轮传动的中心距小于卷筒的半径以及多级减速器内大齿轮的齿顶与相邻轴的表面相碰等情况。

（3）等浸油深度原则：对于展开式双级圆柱齿轮减速器，通常要求传动比的分配应使两个大齿轮的直径比较接近，从而有利于实现浸油润滑。由于低速级齿轮的圆周速度较低，因此其大齿轮的直径允许稍大些（即浸油深度可深一些）。其传动比分配可查图 1.3。

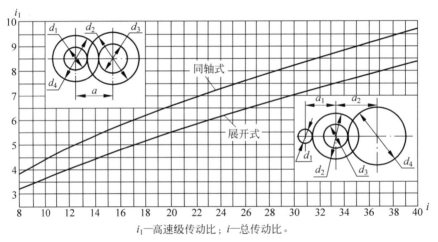

i_1—高速级传动比；i—总传动比。

图 1.3 两级圆柱齿轮减速器传动比分配

（4）等强度原则：在设计过程中，有时往往要求同一减速器中各级齿轮的接触强度比较接近，以使各级传动零件的使用寿命大致相等。若双级减速器各级的齿宽系数和齿轮材料的接触疲劳极限都相等，且 $a_2/a_1 = 1.1$，则通用减速器的公称传动比可按表 1.7 搭配。

表 1.7 双级减速器的传动比搭配

i	6.3	7.1	8	9	10	11.2	12.5	14	16	18	20	22.4
i_1	2.5	2.8	3.15	3.15	3.55	4	4	4.5	5	5.6	5.6	6.3
i_2	2.5	2.5	2.5	2.8	2.8	2.8	3.15	3.15	3.15	3.15	3.55	3.55

（5）优化原则：当要求所设计的减速器的重量最轻或外形尺寸最小时，可以通过调整

传动比和其他设计参数(变量),用优化方法求解。上述传动比的分配只是初步的数值,由于在传动零件设计计算中,带轮直径和齿轮齿数的圆整会使各级传动比有所改变,因此,在所有传动零件设计计算完成后,实际总传动比与要求的总传动比有一定的误差,一般相对误差控制在±(3~5)%的范围内。

5. 传动装置的运动和动力参数计算

为了给传动件的设计计算提供依据,应计算各传动轴的转速、输入功率和转矩等有关参数。计算时,可将各轴由高速至低速依次编为 0 轴(电动机轴)、Ⅰ轴、Ⅱ轴……,并按此顺序进行计算。

1) 计算各轴的转速

传动装置中,各轴转速的计算公式为

$$\begin{cases} n_0 = n_m \\ n_\text{I} = n_0/i_{01} \\ n_\text{II} = n_\text{I}/i_{12} \\ n_\text{III} = n_\text{II}/i_{23} \end{cases} \tag{1.13}$$

式中,i_{01}、i_{12}、i_{23} 分别为相邻两轴间的传动比;n_m 为电动机的满载转速。

2) 计算各轴的输入功率

电动机的计算功率一般可用电动机所需实际功率 P_d 作为计算依据,则其他各轴输入功率为

$$\begin{cases} P_\text{I} = P_d \eta_{01}, \\ P_\text{II} = P_\text{I} \eta_{12}, \text{kW} \\ P_\text{III} = P_\text{II} \eta_{23}, \end{cases} \tag{1.14}$$

式中,η_{01}、η_{12}、η_{23} 分别为相邻两轴间的传动效率。

3) 计算各轴输入转矩

电动机输出转矩

$$T_d = 9550 \frac{P_d}{n_m}, \text{N} \cdot \text{m} \tag{1.15}$$

其他各轴输入转矩为

$$\begin{cases} T_\text{I} = 9550 \dfrac{P_\text{I}}{n_\text{I}}, \\ T_\text{II} = 9550 \dfrac{P_\text{II}}{n_\text{II}}, \text{N} \cdot \text{m} \\ T_\text{III} = 9550 \dfrac{P_\text{III}}{n_\text{III}}, \end{cases} \tag{1.16}$$

运动和动力参数的计算数值可以整理列表备查。

例 1.2 试确定例 1.1 中传动装置的总传动比,各级传动比的分配,并计算各轴转速、功率和输入转矩。

解：1）确定传动装置总传动比及其分配
传动装置的总传动比

$$i = \frac{n_m}{n_w} = 1460 \div 30.63 = 47.67$$

取 V 带传动比 $i_带 = 2.4$，可按表 1.7 查得：一级齿轮传动比 $i_1 = 5.6$，二级齿轮传动比 $i_2 = 3.55$。

2）计算传动装置各级传动功率、转速与转矩

（1）计算各轴输入功率。

小带轮轴功率 $P_d = 10.12 \text{kW}$

齿轮轴 I 功率 $P_I = P_d \eta_带 = 10.12 \times 0.95 = 9.61 \text{kW}$

齿轮轴 II 功率 $P_{II} = P_I \eta_{齿轮} \eta_{轴承} = 9.61 \times 0.98 \times 0.98 = 9.23 \text{kW}$

齿轮轴 III 功率 $P_{III} = P_{II} \eta_{齿轮} \eta_{轴承} = 9.23 \times 0.98 \times 0.98 = 8.86 \text{kW}$

（2）计算各轴转速。

小带轮轴转速 $n_d = n_m = 1460 \text{r/min}$

齿轮轴 I 转速 $n_I = \dfrac{n_d}{i_带} = \dfrac{1460}{2.4} = 608.33 \text{r/min}$

齿轮轴 II 转速 $n_{II} = \dfrac{n_I}{i_1} = \dfrac{608.33}{5.6} = 108.63 \text{r/min}$

齿轮轴 III 转速 $n_{III} = \dfrac{n_{II}}{i_2} = \dfrac{108.63}{3.55} = 30.60 \text{r/min}$

（3）计算各轴转矩。

小带轮轴转矩 $T_d = 9550 \dfrac{P_d}{n_d} = 9550 \times \dfrac{10.12}{1460} = 66.20 \text{N} \cdot \text{m}$

齿轮轴 I 转矩 $T_I = 9550 \dfrac{P_I}{n_I} = 9550 \times \dfrac{9.61}{608.33} = 150.86 \text{N} \cdot \text{m}$

齿轮轴 II 转矩 $T_{II} = 9550 \dfrac{P_{II}}{n_{II}} = 9550 \times \dfrac{9.23}{108.63} = 811.44 \text{N} \cdot \text{m}$

齿轮轴 III 转矩 $T_{III} = 9550 \dfrac{P_{III}}{n_{III}} = 9550 \times \dfrac{8.86}{30.60} = 2765.13 \text{N} \cdot \text{m}$

习　　题

1. 问答题

（1）试述机械零件的失效与破坏的区别。
（2）试述机械零件的主要失效形式。
（3）试述机械零件的设计准则。
（4）机械零件设计时有哪些基本要求？
（5）机械零件的常用材料有哪些？

2. 系列题

X-1-1：螺旋输送机是一种无挠性牵引物件的连续输送物件，它利用螺旋旋转推移物件，使物件沿水平、倾斜或垂直方向输送，适用于输送干燥的粉状、粒状和小块物件。螺旋输

送机的结构如图 1.4 所示。

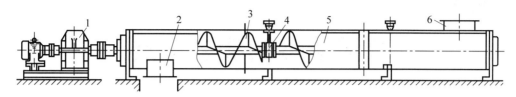

1—传动装置；2—出料口；3—螺旋轴；4—中间吊挂轴承；5—壳体；6—进料口。

图 1.4　螺旋输送机简图

某工厂需设计螺旋输送机的传动装置用来输送面粉。设计的原始数据如下：输送机主轴功率 $P_w=2.6\text{kW}$，主轴转速 $n=90\text{r/min}$，连续单向运转，载荷变动小，三班制，使用期限 10 年，每年工作 300 天。试根据图 1.5 所示的传动方案选定电机并计算传动装置的总传动比（可以从表 1.8 中选择其他数据进行设计）。

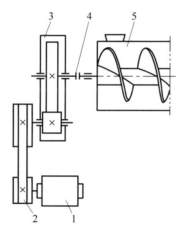

1—电动机；2—V 带传动；3—单级圆柱齿轮减速器；4—联轴器；5—螺旋输送器。

图 1.5　螺旋输送机传动装置方案

表 1.8　可选数据

组别	输送机主轴功率/kW	输送机主轴转速/(r/min)
1	3	60
2	3.5	75
3	4	90
4	4.5	120
5	5	150

第 2 章

机械零件的疲劳强度

2.1 概 述

很多机械零件是在变应力状态下工作的。当变应力超过极限值时,零件会发生失效,称为疲劳失效。疲劳失效的特征与静应力下的失效不同,即使应力远低于屈服极限,承受多次重复变应力的零件也会可能发生疲劳破坏。

最先产生微观疲劳裂纹的位置通常在零件表面应力集中处,如零件上的圆角、凹槽、轴毂过盈配合处的两端。材料内部的微孔、晶界处、表面划伤、腐蚀小坑等也易产生初始疲劳裂纹。初始疲劳裂纹尖端在应力作用下进一步扩展形成宏观裂纹。当宏观疲劳裂纹扩展到一定程度时,导致零件承受载荷的能力急剧下降,从而会产生突然性的断裂。

由此可见,疲劳失效与静强度失效机理不同,因此计算方法也不相同。本章主要讨论疲劳破坏的计算方法。对具体机械零件的疲劳设计将在后面的章节详细介绍。

2.2 变应力的类型和特性

2.2.1 变应力的类型

若载荷随时间变化,应力也将随时间而变化。按随时间变化的情况,变应力大体可分为以下三种类型:

(1) 稳定循环变应力 应力随时间按周期性变化,且变化幅度保持稳定,如图 2.1(a) 所示。

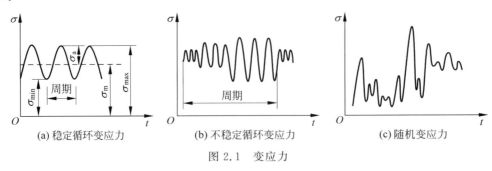

图 2.1 变应力

(2) 不稳定循环变应力。应力随时间按一定规律周期性变化,但变化幅度不稳定,如图 2.1(b)所示。

(3) 随机变应力。应力随时间变化没有规律,应力变化不呈周期性,如图 2.1(c)所示。

2.2.2 循环特性系数

对图 2.1(a)所示的稳定循环变应力情况,$\sigma_{\max}$ 为最大应力,$\sigma_{\min}$ 为最小应力,σ_m 为平均应力,σ_a 为应力幅。这 4 个应力之间的关系为

$$\begin{cases} \sigma_m = \dfrac{\sigma_{\max} + \sigma_{\min}}{2} \\ \sigma_a = \dfrac{\sigma_{\max} - \sigma_{\min}}{2} \end{cases} \quad (2.1)$$

或

$$\begin{cases} \sigma_{\max} = \sigma_m + \sigma_a \\ \sigma_{\min} = \sigma_m - \sigma_a \end{cases} \quad (2.2)$$

为了表述稳定循环应力的特征,引入循环特性系数 r 来表示应力变化的特性:

$$r = \text{sign}(\sigma_{\max} \cdot \sigma_{\min}) \frac{\min(|\sigma_{\max}|, |\sigma_{\min}|)}{\max(|\sigma_{\max}|, |\sigma_{\min}|)} \quad (2.3)$$

式中,$\sigma_{\max}$ 和 $\sigma_{\min}$ 不得同时为 0;sign($\cdot$) 为符号函数,若 $\sigma_{\max}$ 和 $\sigma_{\min}$ 同号,sign($\sigma_{\max} \cdot \sigma_{\min}$)$=1$;若 $\sigma_{\max}$ 和 $\sigma_{\min}$ 异号,sign($\sigma_{\max} \cdot \sigma_{\min}$)$=-1$。

从式(2.3)可知:r 的取值范围为 $-1 \leqslant r \leqslant 1$。图 2.2(a)所示的对称循环应力的循环特性系数 $r=-1$;图 2.2(b)所示的应力称为脉动循环变应力,其循环特性系数 $r=0$;静应力也可看成变应力的特例,它的 $r=1$。

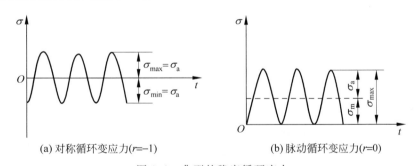

(a) 对称循环变应力($r=-1$)　　　　(b) 脉动循环变应力($r=0$)

图 2.2　典型的稳定循环应力

2.3　疲劳极限应力及其线图

2.3.1　疲劳极限应力

机械零件的疲劳强度准则已在第 1 章中给出,可写为

$$\sigma_{ca} \leqslant [\sigma] \tag{2.4}$$

式中,σ_{ca} 为计算应力;$[\sigma]$ 为许用应力,$[\sigma]=\sigma_{\lim}/S$,S 为安全系数,$\sigma_{\lim}$ 为疲劳极限应力,一般是在材料标准试件上加上对称循环变应力($r=-1$)或脉动循环变应力($r=0$),通过实验测得。

疲劳极限应力 $\sigma_{\lim}$ 随应力循环次数 N 而变化的曲线称为"σ-N 疲劳曲线",如图 2.3 所示。

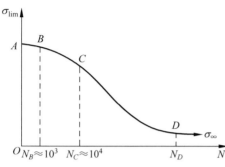

图 2.3 材料疲劳曲线(σ-N 疲劳曲线)

在图 2.3 所示曲线的 AB 段($N \leqslant 10^3$),极限应力值下降很缓慢,一般把它当成静应力处理。

在图 2.3 所示曲线的 BC 段($N=10^3 \sim 10^4$),极限应力值下降明显,由于这一段的寿命期内应力循环次数较少,称为"低周疲劳"。

在图 2.3 所示曲线的 CD 段称为有限寿命疲劳区,是机械零件疲劳设计的重点研究区间。

到达 D 点后,曲线趋于平缓,故 D 点以后的线段表示试件无限寿命疲劳阶段,其疲劳极限称为持久疲劳极限,记为 σ_∞。持久疲劳极限 σ_∞ 可通过疲劳实验测定,对应的循环次数称为循环基数,记作 $N_0 \approx N_D$($\sigma_\infty \approx \sigma_D$)。

在有限寿命疲劳区间内,循环次数 N 与对应的有限疲劳极限 σ_{rN} 满足如下方程:

$$\sigma_{rN}^m \cdot N = 常数 \tag{2.5}$$

式中,常数可由 D 点处的无限疲劳极限 σ_r 和 N_0 求得,常数 $=\sigma_r^m \cdot N_0$;m 为指数,与零件形状、尺寸等有关。

2.3.2 极限应力线图

1. 材料极限应力线图

为了找出同一材料的不同循环特征下的极限应力,就要用到极限应力线图。图 2.4 中的 $A'D'G'C$ 就是典型的材料极限应力线图。其中 A' 点是对称循环变应力时的疲劳极限应力点,D' 是脉动循环变应力时的疲劳极限应力点,C 点是静应力时的极限应力点。过 C 点作与横坐标轴成 $-45°$ 的直线,与直线 $A'D'$ 延长线交于 G' 点。

若工作应力处于如图 2.4 所示线 $A'D'G'C$ 下方的区域内不会产生失效。若工作应力点落在 $A'D'G'C$ 线上,则表示处于疲劳失效的临界状态。

$A'G'$ 段的直线方程为

$$\psi_\sigma \sigma_m + \sigma_a = \sigma_{-1} \tag{2.6a}$$

$G'C$ 段的直线方程为

$$\sigma_m + \sigma_a = \sigma_s \tag{2.6b}$$

式中,σ_m 和 σ_a 分别为图 2.4 中 $OA'G'C$ 线上的横、纵坐标;ψ_σ 为材料常数,由实验确定,对碳钢,$\psi_\sigma \approx 0.1 \sim 0.2$;对合金钢,$\psi_\sigma \approx 0.2 \sim 0.3$;对剪切应力有 $\psi_\tau = 0.5\psi_\sigma$;$\sigma_{-1}$ 和 σ_s 分别

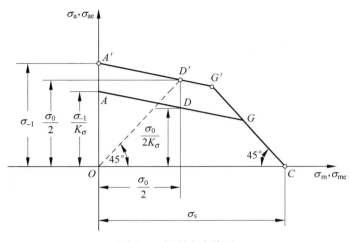

图 2.4 极限应力线图

为材料对称循环下的疲劳极限应力和静载荷下的屈服应力,由实验获得。

2. 零件极限应力线图

由于应力集中、零件尺寸、零件表面质量以及强化等多种因素的影响,机械零件疲劳极限线图与材料疲劳极限线图有所不同。零件极限应力线图经修正变成如图 2.4 所示的 ADGC 线段。因为 C 是静强度极限,因此不修正。通常,材料的静强度极限(屈服极限 σ_s 或强度极限 σ_b)越高,其疲劳极限值也越高,疲劳强度也就越好。要提高零件的疲劳强度,可相应采用静强度极限高的材料。

AG 段的直线方程为

$$\psi_{\sigma e}\sigma_{me} + \sigma_{ae} = \sigma_{-1e} \tag{2.7a}$$

GC 段的直线方程为

$$\sigma_{me} + \sigma_{ae} = \sigma'_s \tag{2.7b}$$

式中,σ_{me} 和 σ_{ae} 分别为图 2.4 中 OAGC 线上的纵、横坐标;对极限剪应力线图,只需将式(2.7)中的 σ 替换成 τ 即可。$\psi_{\sigma e}$ 为零件受循环弯曲应力时的常数,它与材料常数 ψ_σ 的关系为

$$\psi_{\sigma e} = \frac{\psi_\sigma}{K_\sigma} = \frac{2\sigma_{-1} - \sigma_0}{K_\sigma \sigma_0} \tag{2.8}$$

式中,K_σ 为弯曲疲劳极限的综合影响系数,具体计算见 2.3.3 节。

2.3.3 影响机械零件疲劳强度的因素

在式(2.8)中的弯曲疲劳极限的综合影响系数用下式计算得到:

$$K_\sigma = \left(\frac{k_\sigma}{\varepsilon_\sigma} + \frac{1}{\beta_\sigma} - 1\right)\frac{1}{\beta_q} \tag{2.9}$$

在式(2.9)中,有 4 个影响因素的系数,意义如下:

k_σ 为零件的有效应力集中系数。在零件上的尺寸突然变化处(如圆角、孔、凹槽等),会使零件受载时产生应力集中,可用有效应力集中系数 k_σ 和 k_τ 来加以考虑,如圆角处的有效

应力集中系数可查表 2.1。另外,材料强度极限越高,对应力集中的敏感性也越高,故在选用高强度钢材时,需特别注意减少应力集中的影响。

表 2.1 圆角处的有效应力集中系数 k_σ 和 k_τ 值

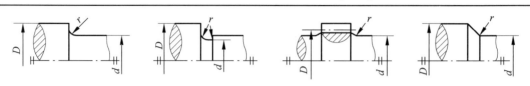

$\dfrac{D-d}{r}$	$\dfrac{r}{d}$	k_σ								k_τ							
		σ_b/MPa								σ_b/MPa							
		400	500	600	700	800	900	1000	1200	400	500	600	700	800	900	1000	1200
2	0.01	1.34	1.36	1.38	1.40	1.41	1.43	1.45	1.49	1.26	1.28	1.29	1.29	1.30	1.30	1.31	1.32
	0.02	1.41	1.44	1.47	1.49	1.52	1.54	1.57	1.62	1.33	1.35	1.36	1.37	1.37	1.38	1.39	1.42
	0.03	1.59	1.63	1.67	1.71	1.76	1.80	1.84	1.92	1.39	1.40	1.42	1.44	1.45	1.47	1.48	1.52
	0.05	1.54	1.59	1.64	1.69	1.73	1.78	1.83	1.93	1.42	1.43	1.44	1.46	1.47	1.50	1.51	1.54
	0.10	1.38	1.44	1.50	1.55	1.61	1.66	1.72	1.83	1.37	1.38	1.39	1.42	1.43	1.45	1.46	1.50
4	0.01	1.51	1.54	1.57	1.59	1.62	1.64	1.67	1.72	1.37	1.39	1.40	1.42	1.43	1.44	1.46	1.47
	0.02	1.76	1.81	1.86	1.91	1.96	2.01	2.06	2.16	1.53	1.55	1.58	1.61	1.62	1.65	1.68	1.68
	0.03	1.76	1.82	1.88	1.94	1.99	2.05	2.11	2.23	1.52	1.54	1.57	1.59	1.61	1.64	1.66	1.71
	0.05	1.70	1.76	1.82	1.88	1.95	2.01	2.07	2.19	1.50	1.53	1.57	1.59	1.62	1.65	1.68	1.74
6	0.01	1.86	1.90	1.94	1.99	2.03	2.08	2.12	2.21	1.54	1.57	1.59	1.61	1.64	1.66	1.68	1.73
	0.02	1.90	1.96	2.02	2.08	2.13	2.19	2.25	2.37	1.59	1.62	1.66	1.69	1.72	1.75	1.79	1.86
	0.03	1.89	1.96	2.03	2.10	2.16	2.23	2.30	2.44	1.61	1.65	1.68	1.72	1.74	1.77	1.81	1.88

ε_σ 为零件的尺寸系数。因为加工零件时,尺寸越大,产生缺陷的可能性越大,因此零件的尺寸越大,疲劳强度越低,可查表 2.2 或图 2.5(a)。

表 2.2 零件与轴过盈配合处的 $k_\sigma/\varepsilon_\sigma$ 值

直径/mm	配合	σ_b/MPa							
		400	500	600	700	800	900	1000	1200
30	H7/r6	2.25	2.50	2.75	3.00	3.25	3.50	3.75	4.25
	H7/k6	1.69	1.88	2.06	2.25	2.44	2.63	2.82	3.19
	H7/h6	1.46	1.63	1.79	1.95	2.11	2.28	2.44	2.76
50	H7/r6	2.75	3.05	3.36	3.66	3.96	4.28	4.60	5.20
	H7/k6	2.06	2.28	2.52	2.76	2.97	3.20	3.45	3.90
	H7/h6	1.80	1.98	2.18	2.38	2.57	2.78	3.00	3.40
>100	H7/r6	2.95	3.28	3.60	3.94	4.25	4.60	4.90	5.60
	H7/k6	2.22	2.46	2.70	2.96	3.20	3.46	3.98	4.20
	H7/h6	1.92	2.13	2.34	2.56	2.76	3.00	3.18	3.64

注:① 滚动轴承与轴配合处的 $k_\sigma/\varepsilon_\sigma$ 值与表内所列 H7/r6 配合的 $k_\sigma/\varepsilon_\sigma$ 值相同;
② 表中无相应的数值时,可按插入法计算。

β_σ 为零件的表面质量系数。零件的表面加工得越光滑,其疲劳强度就越高,如图 2.6 所示。用 β_σ 或 β_τ 来考虑表面状态对疲劳强度的影响。对钢材而言,表面状态越光滑,β_σ 或 β_τ 值越大;强度极限越大,其 β_σ 越小。若无 β_τ 数据,β_τ 可近似用 β_σ 代替。

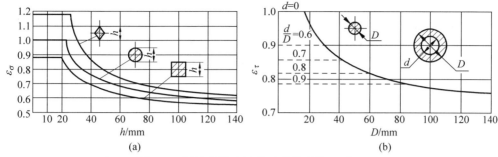

图 2.5 钢材的尺寸及截面形状系数 ε_σ 和 ε_τ

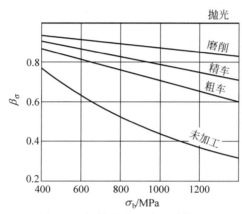

图 2.6 钢材的表面质量系数 β_σ

β_q 为强化系数。采用表面强化措施,如采用渗碳、渗氮、淬火等热处理方法,及采用表面喷丸、滚压等工艺方法,均可大幅提高零件的疲劳强度,用强化系数 β_q 来考虑,见表 2.3。若无强化措施,则取 $\beta_q=1$。

表 2.3 表面高频淬火的强化系数 β_q

试件种类	试件直径/mm	β_q
无应力集中	7~20	1.3~1.6
	30~40	1.2~1.5
有应力集中	7~20	1.6~2.8
	30~40	1.5~2.5

注:表中系数值用于旋转弯曲,淬硬层厚度为 0.9~1.5mm。应力集中严重时,强化系数较高。

另外,其他导致应力集中的因素还有环槽处、花键、过盈配合、不同材料处理方法等,这些因素的影响系数需要在相关设计手册中查找。

2.4 稳态变应力疲劳强度

机械零件的疲劳强度计算

2.4.1 单向应力状态下的疲劳强度

这里先分析受单向拉应力下的情况。在求得零件危险处的最大应力 σ_{max} 和最小应力

$\sigma_{\min}$后,可通过式(2.1)和式(2.2)算出平均应力σ_m和应力幅σ_a,从而在极限应力线图上可确定对应的工作应力点$M(\sigma_m,\sigma_a)$,再利用式(2.6)或式(2.7)求得σ_{me}和σ_{ae}。在得到$\sigma_{\lim}=\sigma_{me}+\sigma_{ae}$后,用式(2.4)判断零件的安全性。下面讨论图2.7中的3种循环特性情况下极限应力$\sigma_{\lim}$计算,即如何求得M_1、M_2或M_3的数值。

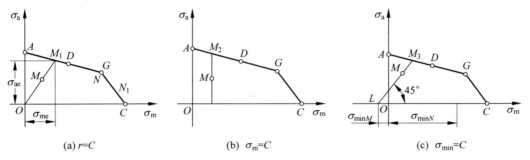

图2.7 三种典型的循环特性(C为常数)

1. $r=C$ 的情况

根据图2.7(a)中过$M(\sigma_m,\sigma_a)$点的直线$r=C(\sigma_a/\sigma_m=$常数)和式(2.7)的AG直线方程,可求出交点$M_1(\sigma_{me},\sigma_{ae})$,对应的零件疲劳极限为

$$\sigma_{\lim}=\sigma_{\max}=\sigma_{me}+\sigma_{ae}=\frac{\sigma_{-1}}{K_\sigma\sigma_a+\psi_\sigma\sigma_m}(\sigma_m+\sigma_a) \qquad (2.10)$$

2. $\sigma_m=C$ 的情况

通过图2.7(b)中$M(\sigma_m,\sigma_a)$点作与纵坐标轴平行的直线,与AG之交点M_2即为极限应力点,可求出其坐标值$M_2(\sigma_{me},\sigma_{ae})$,则最大应力为

$$\sigma_{\lim}=\sigma_{\max}=\sigma_{me}+\sigma_{ae}=\frac{\sigma_{-1}+(K_\sigma-\psi_\sigma)C}{K_\sigma} \qquad (2.11)$$

3. $\sigma_{\min}=C$ 的情况

如图2.7(c)所示,若$\sigma_{\min}=C$,即$\sigma_m-\sigma_a=C$,通过工作应力点$M(\sigma_m,\sigma_a)$作与横坐标轴成45°的直线,交AG线于M_3点,可求出其坐标值$M_3(\sigma_{me},\sigma_{ae})$,$M_3$点即为所求的极限应力点,则最大应力为

$$\sigma_{\lim}=\sigma_{\max}=2\sigma_{-1}+(K_\sigma-\psi_\sigma)C \qquad (2.12)$$

上述三种情况下的公式也同样适用于剪应力的情况,只需用τ代替各式中的σ即可。具体计算时,需要分析清楚其应力变化规律,选用合适的公式。如果有时难以确定其变化规律,一般当成$r=C$的情况处理。

2.4.2 复合应力状态下的疲劳强度计算

在零件上同时作用有同周期、同相位的对称循环正应力σ和剪应力τ时,可以先按零件受单向正应力和单向剪应力时分别计算安全系数S_σ和S_τ值,然后得到综合安全系数S_{ca},

再按下式进行安全校核：

$$S_{ca} = \frac{S_\sigma S_\tau}{\sqrt{S_\sigma^2 + S_\tau^2}} \geqslant [S] \tag{2.13}$$

需指明的是，按单向应力状态求 S_σ 和 S_τ 时需按 σ 和 τ 各自的变化规律进行相应的计算。

2.5 非稳态变应力疲劳强度

2.5.1 疲劳损伤累积假说

对于承受不稳定变化规律的机械零件进行疲劳强度计算时，多依据疲劳损伤累积假说。这一假说认为：在每一次应力作用下，零件就会产生一定的疲劳损伤，当疲劳损伤累积到一定程度，便发生疲劳破坏。

如图 2.8 所示为一非稳态应力变化线图。在零件的整个寿命期限内，应力 σ_1 作用了 n_1 次，σ_2 作用了 n_2 次，σ_3 作用了 n_3 次，按线性疲劳累积计算方法，有

$$\sum_{i=1}^{3} \frac{n_i}{N_i} = \frac{n_1}{N_1} + \frac{n_2}{N_2} + \frac{n_3}{N_3} = 1 \tag{2.14}$$

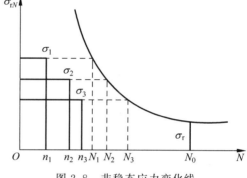

图 2.8 非稳态应力变化线

当理论上损伤率达到 1 时，零件就会发生疲劳破坏。事实上，实验结果表明：许可损伤率在 $0.7 \sim 2.2$。

2.5.2 疲劳强度计算

对 z 组应力水平，根据式(2.5)可得到各应力水平 σ_i 对应的有限寿命为

$$N_1 = N_0 \left(\frac{\sigma_r}{\sigma_1}\right)^m, \quad N_2 = N_0 \left(\frac{\sigma_r}{\sigma_2}\right)^m, \quad \cdots, \quad N_i = N_0 \left(\frac{\sigma_r}{\sigma_i}\right)^m$$

将上式代入式(2.14)得强度条件为

$$\frac{1}{N_0 \sigma_r^m}(\sigma_1^m n_1 + \sigma_2^m n_2 + \cdots + \sigma_i^m n_i + \cdots + \sigma_z^m n_z) = \frac{1}{N_0 \sigma_r^m} \sum_{i=1}^{z} \sigma_i^m n_i \leqslant 1$$

或

$$\sum_{i=1}^{z} \sigma_i^m n_i \leqslant N_0 \sigma_r^m \tag{2.15}$$

令 $\sigma_{ca} = \sqrt[m]{\dfrac{1}{N_0} \sum_{i=1}^{z} \sigma_i^m n_i}$，则强度条件为

$$\sigma_{ca} \leqslant [\sigma] = \frac{\sigma_r}{[S]} \tag{2.16}$$

若零件工作在复合应力状态，其计算方法可参考 2.4.2 节介绍的方法，先分别求出 S_σ

和 S_τ，再求 S_{ca}。

例 2.1 某试件材料用 45 钢，调质 $\sigma_{-1}=300\mathrm{MPa}, m=9, N_0=5\times10^6$，该试件工作在对称循环变应力下，以最大应力 $\sigma_1=500\mathrm{MPa}$ 作用 10^4 次，$\sigma_2=400\mathrm{MPa}$ 作用 10^5 次，$\sigma_3=200\mathrm{MPa}$ 作用 10^6 次，试求安全系数计算值 S_{ca}。若要求其再工作 10^6 次，求其能承受的最大应力 σ_3'。

解：(1) 求安全系数计算值 S_{ca}

因 $\sigma_3 < \sigma_{-1}$，理论上不会造成疲劳损伤，故不计入。

$$\sigma_{ca} = \sqrt[m]{\frac{1}{N_0}\sum_{i=1}^{z}\sigma_i^m n_i} = \sqrt[9]{\frac{1}{5\times10^6}\times(500^9\times10^4+400^9\times10^5)} = 275.52\mathrm{MPa}$$

$$S_{ca} = \frac{\sigma_{-1}}{\sigma_{ca}} = \frac{300}{275.52} = 1.089$$

(2) 求 $n_3 = 10^6$ 时能承受的最大应力 σ_3' 大小

$$N_1 = N_0\left(\frac{\sigma_{-1}}{\sigma_1}\right)^m = 5\times10^6\times\left(\frac{300}{500}\right)^9 = 0.050\,388\times10^6$$

$$N_2 = N_0\left(\frac{\sigma_{-1}}{\sigma_2}\right)^m = 5\times10^6\times\left(\frac{300}{400}\right)^9 = 0.375\,423\times10^6$$

极限条件为

$$\frac{n_1}{N_1}+\frac{n_2}{N_2}+\frac{n_3}{N_3}=1$$

$$N_3 = n_3\cdot\frac{1}{1-\frac{n_1}{N_1}-\frac{n_2}{N_2}} = 10^6\times\frac{1}{1-\frac{10^4}{0.050\,388\times10^6}-\frac{10^5}{0.375\,423\times10^6}} = 1.868\,551\times10^6$$

$$\sigma_3' = \sigma_{-1}\sqrt[m]{\frac{N_0}{N_3}} = 300\times\sqrt[9]{\frac{5\times10^6}{1.868\,551\times10^6}} = 334.67\mathrm{MPa}$$

即要求再作用 10^6 次，其最大应力 σ_3' 为 334.67MPa。

需要指出，若求得的 $N_3 \geqslant N_0$，则表示可无限循环下去，即 $\sigma_3' \leqslant \sigma_{-1} = 300\mathrm{MPa}$。

解毕。

2.6 接触疲劳强度

理论上，高副零件工作时是点接触（如球滚动轴承）或线接触（如齿轮），但实际上由于弹性变形，接触处为一微小面积。在接触处零件表层微小的面积内承受很大的压力，称为接触应力。图 2.9 给出了两圆柱体外接触和内接触接触应力的分布情况。

在线接触条件下最大接触应力（又称 Hertz 应力）σ_H 的计算公式如下：

$$\sigma_H = \sqrt{\frac{F}{\pi b}\left[\frac{\dfrac{1}{\rho_1}\pm\dfrac{1}{\rho_2}}{\dfrac{1-\mu_1^2}{E_1}+\dfrac{1-\mu_2^2}{E_2}}\right]} \tag{2.17}$$

式中，F 为作用于接触面上的载荷；b 为接触线半长度；ρ_1、ρ_2 分别为两零件接触处的曲率半径；μ_1、μ_2 分别为两零件材料的泊松比；E_1、E_2 分别为两零件材料的弹性模量。

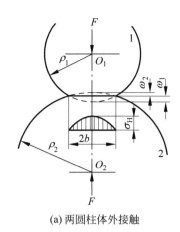
(a) 两圆柱体外接触

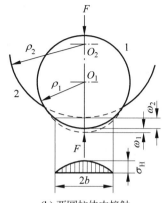
(b) 两圆柱体内接触

图 2.9 两圆柱体接触受力后的变形与应力分布

若取 $p=F/b$,表示单位接触线长度上的载荷;取 $\dfrac{1}{\rho}=\dfrac{1}{\rho_1}\pm\dfrac{1}{\rho_2}$,$\rho$ 称为综合曲率半径,其中正号用于外接触,负号用于内接触;取 $Z_E=\sqrt{\dfrac{1}{\pi\left(\dfrac{1-\mu_1^2}{E_1}+\dfrac{1-\mu_2^2}{E_2}\right)}}$,$Z_E$ 称为弹性影响系数。

则式(2.17)可简化为

$$\sigma_H = Z_E\sqrt{\dfrac{p}{\rho}} \tag{2.18}$$

虽然以上公式是在静载条件下得到的,但按疲劳强度计算时,上述公式仍可使用。又因接触应力实际上总是接触处表层微小面积内的压应力,所以其应力变化规律为脉动循环。在计算齿轮传动、蜗杆传动等工作能力时需建立其接触疲劳强度条件:

$$\sigma_H \leqslant [\sigma_H] \tag{2.19}$$

式中,$[\sigma_H]$ 为许用接触应力。

习 题

1. 判断题

(1) 机械零件在静载荷作用下,产生的破坏均为静强度破坏。( )

(2) 零件表面越粗糙,其疲劳强度越低。( )

(3) 用 40 钢($\sigma_s=335$MPa),经校核其扭转刚度不够,可改选高强度合金结构钢 40Cr ($\sigma_s=785$MPa),以提高刚度。( )

(4) 在变应力作用下,零件的主要失效形式将是疲劳断裂,而在静应力作用下,其失效形式将是塑性变形或断裂。( )

(5) 大小和方向随时间的变化而呈周期性变化的载荷,称为随机变载荷。( )

(6) 由原动机标牌功率而计算出来的载荷称为计算载荷,也叫名义载荷。 ( )
(7) 变应力都是由变载荷产生的。 ( )
(8) 机械零件的刚度是指机械零件在载荷作用下抵抗弹性变形的能力。 ( )

2. 选择题

(9) 塑性材料制成的零件进行静强度计算时,其极限应力为_____。
　　(A) σ_s　　　(B) σ_b　　　(C) σ_0　　　(D) σ_{-1}

(10) 一等截面直杆,其直径 $d=15$mm,受静拉力 $F=40$kN,材料为 35 钢,$\sigma_b=540$N/mm^2,$\sigma_s=320$N/mm^2,则该杆的工作安全系数 S 为_____。
　　(A) 2.38　　　(B) 1.69　　　(C) 1.49　　　(D) 1.41

(11) 绘制零件极限应力线图时,所必需的已知数据为_____。
　　(A) $\sigma_{-1},\sigma_0,k_\sigma$　　　　　　　(B) $\sigma_s,\phi_\sigma,\sigma_0,\sigma_{-1}$
　　(C) $\sigma_{-1},\sigma_s,k_\sigma$　　　　　　　(D) $\sigma_{-1},\sigma_s,\phi_\sigma,k_\sigma$

(12) 零件的形状、尺寸、结构、精度和材料相同时,磨削加工的零件与精车加工的零件相比,其疲劳强度_____。
　　(A) 较高　　　(B) 较低　　　(C) 相同

(13) 零件强度计算中的许用安全系数是用来考虑_____。
　　(A) 载荷的性质、零件价格的高低、材料质地的均匀性
　　(B) 零件的应力集中、尺寸大小、表面状态
　　(C) 计算的精确性、材料的均匀性、零件的重要性
　　(D) 零件的可靠性、材料的机械性能、加工的工艺性

(14) 划分材料是塑性或脆性的标准,主要取决于_____。
　　(A) 材料的强度极限　　　　　　　(B) 材料在变形过程中有无屈服现象
　　(C) 材料硬度的大小　　　　　　　(D) 材料的疲劳极限

(15) 灰铸铁和钢相比较,_____不能作为灰铸铁的优点。
　　(A) 价格便宜　　　　　　　　　　(B) 抗拉强度较高
　　(C) 耐磨性和减摩性好　　　　　　(D) 承受冲击载荷能力强
　　(E) 铸造性能较好　　　　　　　　(F) 吸震性强

(16) 四个结构和材料完全相同的零件甲、乙、丙、丁,若承受最大的应力也相同,而应力特性系数 r 分别等于 +1.0、0、-0.5、-1.0,则最可能先发生失效的是_____。
　　(A) 甲　　　(B) 乙　　　(C) 丙　　　(D) 丁

(17) 一对啮合的传动齿轮单向回转,则齿面接触应力按_____变化。
　　(A) 对称循环　　　　　　　　　　(B) 循环特性 $r=0.5$
　　(C) 脉动循环　　　　　　　　　　(D) 循环特性 $r=0.5$

(18) 塑性材料制成的零件,进行静强度计算时,其极限应力为_____。
　　(A) σ_s　　　(B) σ_b　　　(C) σ_0　　　(D) σ_{-1}

3. 问答题

(19) 什么是通用零件?什么是专用零件?各举两个实例。

(20) 试述机械零件的失效和破坏的区别。

(21) 指出下列材料的种类,并说明代号及符号和数字的含义:HT200、ZG310-570、65Mn、45、Q235、40Cr、20CrMnTi、ZcuSn10Pbl。

(22) 解释下列名词:静载荷、变载荷、动载荷、名义载荷、计算载荷、静应力、变应力。试举出两个机械零、部件在工作时受静载荷作用而产生变应力的例子。

(23) 机械零件设计中常用的第一、三、四这三种强度理论各适用于哪类材料?这些强度理论各用于计算什么量的最大值?如用这些强度理论分别计算受弯扭联合作用的轴的最大应力,假设沿轴向的弯曲应力 σ_b 等于扭转产生的剪应力 τ,则三者最后结果相差多少?

第 3 章

摩擦、磨损与润滑

由于摩擦学(摩擦、磨损和润滑)对工农业生产和人民生活的巨大影响,引起世界各国的普遍重视,近 40 多年来得到迅速发展。通过对机械零件摩擦学的深入研究和应用,将对于提高机械零件的质量、延长机械设备的使用寿命和增加可靠性起到重要作用。

摩擦状态和摩擦

3.1 概　　述

3.1.1 摩擦状态分类与特性

摩擦状态大致可以分为干摩擦、边界摩擦、混合摩擦、流体摩擦状态等几种基本类型,如图 3.1 所示。

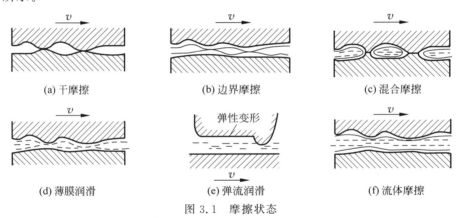

图 3.1　摩擦状态

1. 干摩擦

干摩擦是指表面间无任何润滑剂或保护膜的纯金属接触摩擦。固体表面之间的摩擦,虽然早就有人进行系统的研究,但是,有关干摩擦的机理,仍然不十分清楚。在工程实际中,并不存在真正的干摩擦,因为任何零件的表面不仅会因氧化而形成氧化膜,而且多少也会被润滑油所湿润或受到"油污染"。在机械设计中,通常都把这种未经人为润滑的摩擦状态当作"干"摩擦处理(见图 3.1(a))。

2. 边界摩擦

边界摩擦又称为边界润滑(见图 3.1(b)),其摩擦性质取决于边界膜和表面的吸附膜性能。边界膜极薄,润滑油中的一个分子长度平均约为 0.002μm,如果边界膜有 10 层分子,其厚度也仅为 0.02μm。润滑剂中脂肪酸的极性分子牢固地吸附在金属表面上,就形成物理吸附膜;润滑剂中分子受化学键力作用而贴附在金属表面上所形成的吸附膜称为化学吸附膜。吸附膜的吸附强度随温度升高而下降,达到一定温度后,吸附膜发生软化、失向和脱吸现象,从而使润滑作用降低,磨损率和摩擦系数都将迅速增加。

3. 混合摩擦

当表面处于边界摩擦及流体摩擦的混合状态时称为混合摩擦(见图 3.1(c))。混合摩擦也称为混合润滑。边界摩擦、混合摩擦及流体摩擦可以近似用膜厚比 λ 来划分。

$$\lambda = \frac{h_{\min}}{R_{a1} + R_{a2}} \tag{3.1}$$

式中,$h_{\min}$ 为两滑动粗糙表面间的最小公称油膜厚度;R_{a1}、R_{a2} 分别为两表面轮廓算术平均偏差。

当膜厚比 λ≤1 时,为边界摩擦(润滑)状态;当 λ=1~3 时,为混合摩擦(润滑)状态;当 λ>3 时,为流体摩擦(润滑)状态。

4. 流体摩擦

当摩擦面间的润滑膜厚度大到足以将两个表面的轮廓峰完全隔开(即 λ>3)时,即形成了完全的流体摩擦或称为流体润滑。这时的摩擦系数极小(为 0.001~0.008),且不会有磨损产生,是理想的摩擦状态。完全流体润滑状态可以分成薄膜润滑(见图 3.1(d))、弹流润滑(见图 3.1(e))和流体摩擦(见图 3.1(f))。薄膜润滑是表面非常光洁的零件在低速条件下形成的流体润滑。弹流润滑是点、线接触的零件由于表面接触压力很高而发生弹性变形所导致的。流体润滑可以是动压流体润滑,也可以是静压流体润滑。

3.1.2 摩擦状态的转化

工况参数的改变可能导致润滑状态的转化。图 3.2 是滑动轴承典型的 Stribeck 曲线,它表示润滑状态转化过程以及摩擦系数 f 随润滑油黏度 μ、滑动速度 U 和轴承单位面积载荷 p 变化的规律。

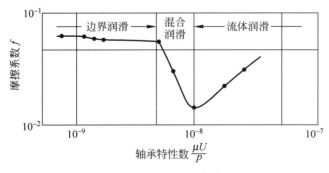

图 3.2 Stribeck 曲线

3.2 摩擦

摩擦可分两大类：一类是发生在物质内部，阻碍分子间相对运动的内摩擦，如流体分子间的摩擦；另一类是当相互接触的两个物体发生相对滑动或有相对滑动的趋势时，在接触表面上产生的阻碍相对滑动的外摩擦。本节仅讨论外摩擦。

3.2.1 摩擦系数

摩擦系数定义为摩擦力与法向力的比值，即

$$f = \frac{F}{N} \tag{3.2}$$

摩擦系数一般与摩擦副材质有关，通常从实验中得到。当物体发生运动后，摩擦系数会从最大静摩擦系数降低到动摩擦系数。虽然动摩擦系数一般也与工况条件有关，但为了简单起见通常假设它是一个常数。

3.2.2 当量摩擦系数

在机械系统中，在运动副上的作用力不一定都是法向力。有时为了更加直观、方便分析，会用摩擦力与这些非法向力的比值作为摩擦系数，称为当量摩擦系数。例如，V带传动中 F/Q 作为当量摩擦系数 f_v 的计算式。

从图3.3可知：$N = F_Q / \sin(\varphi/2)$，因此摩擦力 F 等于

$$F = fN = f\frac{F_Q}{\sin(\varphi/2)} \tag{3.3}$$

如果将摩擦力 F 与拉力 F_Q 的比值作为当量摩擦系数 f_v，有

$$f_v = \frac{F}{F_Q} = \frac{f}{\sin(\varphi/2)} \tag{3.4}$$

对牙型角为 $\alpha(\beta = \alpha/2)$ 的非矩形螺纹（见图3.4），在轴向载荷 F_Q 作用下的当量摩擦系数 f_v 为

$$f_v = \frac{f}{\cos\beta} = \frac{f}{\cos(\alpha/2)} \tag{3.5}$$

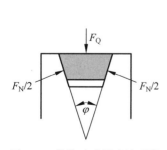

图3.3 带传动当量摩擦系数

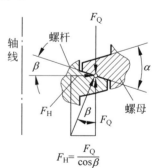

图3.4 非矩形螺纹当量摩擦系数

利用当量摩擦系数可以方便地计算非法向作用力产生的摩擦力的大小。

3.3 磨 损

运动副间的摩擦将导致零件表面材料的逐渐丧失或迁移,即形成磨损。磨损会影响机器的效率,降低运动精度和工作的可靠性,甚至使机器提前报废,因此,在设计前应考虑如何避免或减轻磨损,以保证机器达到设计寿命。另外也应当指出,工程上也有不少利用磨损达到加工目的的事例,如精加工中的磨削及抛光,发动机的"磨合"等。

3.3.1 磨损的种类

按磨损表面外观,磨损可分为点蚀磨损、胶合磨损、擦伤磨损等。而根据磨损机理,磨损可分为黏着磨损、磨粒磨损、疲劳磨损、腐蚀磨损、气蚀磨损和微动磨损等。下面按后一种分类进行简要介绍。

1. 黏着磨损

当摩擦表面的轮廓峰在相互作用时各点处发生"冷焊",在相对滑动时,材料从一个表面迁移到另一个表面,便形成了黏着磨损。严重的黏着磨损会造成运动副咬死。这种磨损是金属摩擦副之间最普遍的一种磨损形式。简单的黏着磨损计算可以根据如图 3.5 所示的模型求得,它是由 Archard(1953 年)提出的。

2. 磨粒磨损

外部进入摩擦面间的游离硬颗粒或硬的轮廓峰尖在较软材料表面上犁刨出很多沟纹时,被移去的材料一部分流动到沟纹的两旁,另一部分则形成一连串的碎片脱落下来成为新的游离颗粒,这样的微切削过程就叫磨粒磨损。最简单的磨粒磨损模型是根据微观切削机理得出的,如图 3.6 所示。

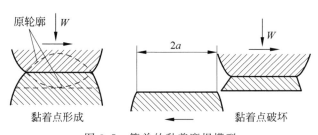

图 3.5 简单的黏着磨损模型

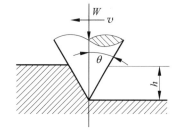

图 3.6 圆锥体磨粒磨损模型

为了提高表面的耐磨性必须减少微观切削作用,如降低磨粒对表面的作用力、使载荷均匀分布、提高材料表面硬度、降低表面粗糙度、增加润滑膜厚度以及采用防尘或过滤装置保证摩擦表面清洁等。

3. 疲劳磨损

疲劳磨损是指由于摩擦表面材料微体积在重复变形时疲劳破坏而引起的磨损。例如滚动轴承或齿轮作滚动或滚-滑运动时,零件受到接触应力的反复作用,如果该应力超过材料的接触疲劳极限,就会在零件工作表面或表面下一定深度处形成疲劳裂纹,随着裂纹的扩展与相互连接,会造成许多微粒从零件工作表面上脱落下来,致使表面上出现许多浅坑,形成疲劳磨损或疲劳点蚀。按照磨屑和疲劳坑的形状,通常将表面疲劳磨损分为鳞剥和点蚀两种。前者磨屑是片状,凹坑浅而面积大;后者磨屑多为扇形颗粒,凹坑为许多小而深的麻点。

4. 其他磨损形式

(1) **腐蚀磨损**　由机械作用及材料与环境的化学作用或电化学作用共同引起的磨损。例如摩擦副受到空气中的酸、润滑油或燃油中残存的少量无机酸(如硫酸)及水分的化学作用或电化学作用,在相对运动中造成表面材料的损失所形成的磨损。氧化磨损是最常见的腐蚀磨损之一。

(2) **气蚀磨损**　由液流或气流形成的气泡破裂产生的冲蚀作用引起的磨损。燃气涡轮机的叶片、火箭发动机的尾喷管等常出现这类破坏。

(3) **微动磨损**　由黏着磨损、磨粒磨损、腐蚀磨损和疲劳磨损共同形成的复合磨损形式。它发生在宏观上相对静止,微观上存在微幅相对滑动的两个紧密接触的表面上,如轴与孔的过盈配合面、滚动轴承套圈的配合面、旋合螺纹的工作面、铆钉的工作面等。这种微幅滑移是在冲击或振动条件下,因接触面产生的弹性变形而产生的。微动磨损不仅会损坏配合表面的品质,而且会导致疲劳裂纹的萌生,从而急剧地降低零件的疲劳强度。

3.3.2 磨损过程曲线

一个零件典型的磨损过程大致可分为三个阶段,即磨合磨损阶段 Ⅰ、稳定磨损阶段 Ⅱ 和剧烈磨损阶段 Ⅲ,如图 3.7(a)所示。

图 3.7(b)所示为磨合期以后,摩擦副经历两个稳定磨损阶段,Ⅱ₁ 和 Ⅱ₂。图 3.7(c)是恶劣工况条件的磨损曲线,没有正常工作阶段(即没有稳定磨损阶段 Ⅱ)。图 3.7(d)是接触疲劳磨损的过程曲线,即一旦出现疲劳磨损,迅速发展导致失效。

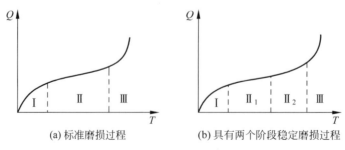

(a) 标准磨损过程　　(b) 具有两阶段稳定磨损过程

图 3.7　磨损过程曲线

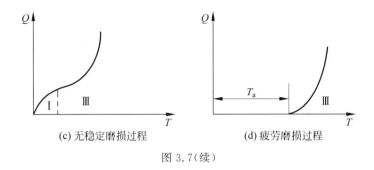

(c) 无稳定磨损过程　　　　(d) 疲劳磨损过程

图 3.7(续)

为了控制零件的磨损量不要过大,可以通过限制相对运动速度来实现:

$$v \leqslant [v] \tag{3.6}$$

3.4 润滑材料

润滑材料用来减少运动副之间的摩擦和磨损,提高机械效率,延长机械的工作寿命。除此之外,润滑循环系统还能起到冷却摩擦副、带走磨损碎屑或其他颗粒污染物以及保护金属表面免遭腐蚀等作用。当然,有些类型的润滑剂有时也会带来环境污染等问题,所以需要对润滑剂的知识有全面的认识和理解。

3.4.1 润滑油

1. 润滑油的类型

润滑油由基础油和润滑油添加剂混合而成。基础油有矿物油和合成油两大类。矿物油的使用温度一般不超过 130℃,但有些超精炼的矿物油使用温度可达 200℃。而合成油的使用温度可达 370℃,用于高温、高压、高真空和高湿度等极端环境工况。常用润滑油牌号如附表 I.1 所示,表中给出了润滑油在 40℃ 和 100℃ 下的运动黏度(mm^2/s)、凝点($\leqslant$℃)和闪点(开口)($\geqslant$℃)。

2. 黏度

黏度是流体润滑剂最重要的性能参数。牛顿(Newton)黏性流体模型认为流体的流动是许多极薄的流体层之间的相对滑动构成的,如图 3.8(a)所示。在厚度为 h 的流体表面上有一块面积为 A 的平板,在 F 力的作用下以速度 U 运动。此时,由于黏性流体的内摩擦力将运动依次传递到各层流体,对牛顿流体来说,流速 u 可视为沿 z 向直线分布。

牛顿提出黏滞剪应力与剪应变率成正比的假设,表示为

$$\tau = \mu \frac{\mathrm{d}u}{\mathrm{d}z} \tag{3.7}$$

式(3.7)称为牛顿黏性定律,其中的比例常数 μ 为流体的动力黏度,单位 Pa·s(见图 3.8(b))。工程中的 CGS 制的单位用 P(泊),或 P 的百分之一即 cP(厘泊),1P=1dyne

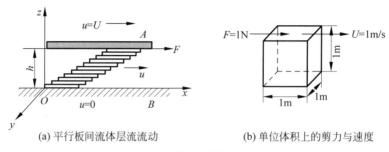

(a) 平行板间流体层流流动　　(b) 单位体积上的剪力与速度

图 3.8　牛顿流体流动模型与黏度定义

$(1\text{dyne}=10^{-5}\text{N})\cdot \text{s}/\text{cm}^2=0.1\text{N}\cdot \text{s}/\text{m}^2=0.1\text{Pa}\cdot \text{s}$。动力黏度的英制单位是 Reyn（雷恩），$1\text{Reyn}=1\text{lbf}(1\text{lbf}=9.807\text{N})\cdot \text{s}/\text{in}^2(1\text{in}=2.54\text{cm})=1.45\times 10^{-5}\text{P}$。各种不同流体的动力黏度数值范围很宽。空气的动力黏度为 $0.02\text{mPa}\cdot \text{s}$，而水的黏度为 $1\text{mPa}\cdot \text{s}$。润滑油的黏度范围为 $2\sim 400\text{mPa}\cdot \text{s}$，熔化的沥青可达 $700\text{mPa}\cdot \text{s}$。

在工程中，常常将流体的动力黏度 μ 与其密度 ρ 的比值作为流体的黏度，称为运动黏度，常用 ν 表示，为

$$\nu = \frac{\mu}{\rho} \tag{3.8}$$

运动黏度在国际单位制中的单位为 m^2/s。在 CGS 单位制中，为 Stoke，简称 St（斯），$1\text{St}=10^2\text{mm}^2/\text{s}=10^{-4}\text{m}^2/\text{s}$。实际上常用 St 的百分之一即 cSt 作为单位，称为厘斯，因而 $1\text{cSt}=1\text{mm}^2/\text{s}$。因为通常润滑油的密度 $\rho=0.7\sim 1.2\text{g}/\text{cm}^3$，如矿物油密度的典型值为 $0.85\text{g}/\text{cm}^3$，运动黏度与动力黏度的近似换算式可采用

$$1\text{cP} = 0.85 \times \text{cSt} \tag{3.9}$$

附表 I.1 给出了常用润滑油的运动黏度。

3. 黏温关系

黏度随温度的变化非常明显，常称为黏温关系。如图 3.9 所示，矿物油和合成油的黏度随温度的升高而显著降低。通常润滑油的黏度越高，对温度的变化越敏感。

美国采用 ASTM 线图的黏温指数（VI）方法评定润滑油黏温特性。VI 的表达式为

$$\text{VI} = \frac{L-U}{L-H} \times 100 \tag{3.10}$$

黏温指数高的润滑油表示它的黏度随温度的变化小，因而黏温性能好。VI 的测量方法是先测量出待测油在 $210\text{°F}(\approx 85\text{°C})$ 时的运动黏度值，然后据此选出在 210°F 具有同样黏度且黏度指数分别为 0 和 100 的标准油。式（3.10）中的 L 和 H 就是这两种标准油在 100°F ($\approx 38\text{°C}$) 时的运动黏度。U 是该待测油在 100°F 时的运动黏度。然后用式（3.10）计算得到该润滑油的 VI。在表 3.1 中给出了几种润滑油的黏度指数，可以看出，硅油的温黏特性较好。

4. 润滑油密度

密度是润滑油基本物理性能之一。通常认为润滑油是不可压缩的，并且忽略热膨胀的影响，因而将密度视为常量，以 20°C 时的密度作为标准。表 3.2 给出了部分基础油的密度。

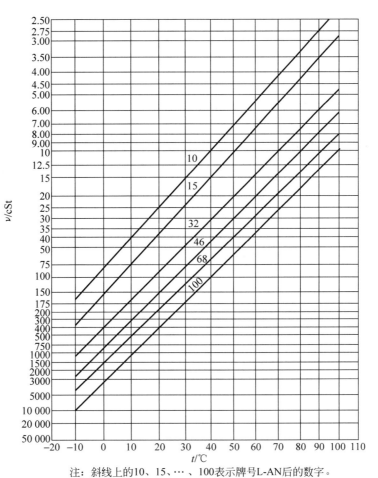

注：斜线上的10、15、…、100表示牌号L-AN后的数字。

图 3.9　几种润滑油黏温曲线

表 3.1　几种润滑油的黏度指数

油品	VI 值	$\nu_{100°F}/(mm^2/s)$	$\nu_{210°F}/(mm^2/s)$
矿物油	100	132	14.5
多级油 10W/30	147	140	17.5
硅油	400	130	53

表 3.2　部分基础润滑油的密度

润滑油	密度/(g/cm³)	润滑油	密度/(g/cm³)
矿物油	0.86	双酯	0.90
三磷酸酯	0.915～0.937	水溶性聚亚烷基乙二醇	1.03～1.06
二苯基磷酸酯	0.990	非水溶聚亚烷基乙二醇	0.98～1.00
三羟甲苯基磷酸酯	1.161	二甲基硅油	0.76～0.97
羟甲苯基二苯磷酸酯	1.205	乙基-甲基硅油	0.95
聚苯醚 4P-3E	1.18	聚苯醚 5P-4E	1.18
全氟聚醚 Fomblin-YR	1.92	全氟聚醚 Fomblin-Z25	1.87
氯化二苯基	1.226～1.538	苯基甲基硅油	0.99～1.10

实际上,润滑油的密度是压力和温度的函数。压力增加时,体积减小而密度增加。温度上升,密度减小。因此,压力或温度变化很大时,需要考虑密度变化。

5. 润滑油添加剂

添加剂是为改善基础油和润滑脂的性能而加入的物质,种类很多,包括改善基础油黏温性能的黏度指数改进剂、增强润滑油和润滑脂抗氧化性能的抗氧化剂、增强润滑油清净作用的清净分散剂、增强边界润滑效应的减摩剂和极压抗磨剂等。常用添加剂及其功能见表3.3。

表3.3　常见的添加剂及其作用

添加剂类型	名　称	说　明
油性剂	脂肪、油脂肪、酸油	加入1%～3%
抗磨与极压添加剂	磷酸二甲酚酯,环烷酸铅,含硫、磷、氯的油与石蜡,MoS_2,菜子油,铅皂	加入0.1%～5%
抗氧化添加剂	二硫代磷酸锌、硫化烯、烃酚胺	加入0.2%～5%
降凝剂	聚甲基丙烯酸酯、聚丙烯酰胺、石蜡烷化酚	加入0.1%～1%
增黏剂	聚异丁烯、聚丙烯酸酯	加入3%～10%
抗腐蚀添加剂	2.6-二叔丁基对甲酚、N-苯基萘胺	
防锈剂	石油磺酸钙(或钡与钠)、二硫代磷酸醋、二硫代碳酸醋、羊毛脂	
消泡添加剂	硅酮、有机聚合物	

3.4.2　润滑脂

润滑脂也是广泛使用的润滑剂材料。润滑脂密封简单,无须经常添加,不易流失,可以在铅垂的摩擦表面上使用。润滑脂对载荷和速度的变化有较大的适应范围,受温度的影响不大,但摩擦损耗较大,机械效率低,故不宜用于高速场合。且润滑脂易变质,不如润滑油稳定。工程中使用的主要润滑脂有:

(1) 皂基润滑脂　占润滑脂产量的90%左右,使用最广泛。目前使用最多的是钙基润滑脂,它有耐水性,常用于60℃以下的各种机械设备中的轴承润滑。钠基润滑脂可用于115～145℃以下的场合,但不耐水。锂基润滑脂性能优良,耐水,在−20～150℃范围内广泛适用,可以代替钙基、钠基润滑脂。

(2) 烃基润滑脂　以石蜡稠化基础油制成的润滑脂,具有良好的可塑性、化学安定性和胶体安定性,不溶于水,遇水不发生乳化。其缺点是熔点低。烃基润滑脂主要用于材料保护场合。

(3) 无机润滑脂　主要有硅胶润滑脂及膨润土润滑脂两类。硅胶润滑脂是由表面改质的硅胶稠化甲基硅油制成的润滑脂,可用于电气绝缘及真空密封。膨润土润滑脂是由表面活性剂处理后的有机膨润土与不同黏度的润滑油制成的,适用于汽车底盘、轮轴承及高温部位轴承的润滑。

(4) 有机润滑脂　由有机化合物对润滑油稠化而成,一般用于特殊场合。如阴丹士林、酞青铜稠化合成润滑油制成高温润滑脂可用于200～250℃的场合;含氟稠化剂如聚四氟乙烯稠化氟碳化合物或全氟醚制成的润滑脂,可耐强氧化剂,作为特殊部件的润滑;又如聚脲润滑脂可用于抗辐射条件下的轴承润滑等。

润滑脂最主要的性能是流动性,以针入度表示,针入度数值越大表示润滑脂越软。各种润滑脂滴点、针入度等性能及其使用场合见附表 I.2。

润滑脂的其他主要性能还有:触变性、黏度、强度极限、低温流动性、滴点、蒸发性、胶体安定性、氧化安定性等。润滑脂使用方便,一般填充至轴承和轴承壳体空间的 1/3 到 1/2。另外,随工作时间增加,润滑脂会出现老化,使其润滑性能降低,须定时补充或更换一次润滑脂。原则上,牌号不同的润滑脂不能混用,若必须更换牌号相异的润滑脂时,应把轴承内原有的润滑脂完全清除后,再填入新的润滑脂。

3.4.3 固体润滑剂

固体润滑是指利用固体粉末、薄膜或整体材料来减少作相对运动两表面的摩擦与磨损,以保护表面免于损伤。最常用的固体润滑剂有:石墨、二硫化钼(MoS_2)、聚四氟乙烯(PTFE)和尼龙等。石墨性能稳定,在 350℃ 以上才开始氧化,并可在水中工作。二硫化钼与金属表面吸附性强,摩擦系数低,使用温度范围大(−60~300℃),但遇水则性能下降;聚四氟乙烯摩擦系数低,只有石墨的一半。

固体润滑剂的使用方式有:①作为固体润滑粉末直接加入表面间使用;②与润滑脂或润滑油混合使用;③做成整体零部件使用;④做成各种覆盖膜来使用;⑤制成复合或组合材料来使用。

3.5 润 滑

润滑

润滑就是将润滑剂导入两摩擦表面,将两摩擦表面部分或全部隔开。这样,摩擦主要发生在润滑剂内部,从而可以大大降低摩擦和减少磨损。

3.5.1 润滑机理

1. 收敛楔

两个作相对运动的零件表面,通过相对速度产生的黏性流体膜将两摩擦表面完全隔开,由流体膜产生的压力来承受外载荷,称为流体动力润滑。滑动轴承、齿轮、滚动轴承等运动副都可以简化成两个相对运动的表面。

理论分析表明:两平行运动的表面间的流体不存在动压,如图 3.10(a)所示。而当两平板相互倾斜使其间形成收敛的楔形间隙(收敛楔),使流体从大口流入,小口流出时,在流体间将产生压力。这一现象称为流体动压润滑的楔效应,如图 3.10(b)所示。

2. 雷诺方程

流体动力润滑理论的基本方程是雷诺(Reynolds)方程。对 z 为高度方向的三维润滑问

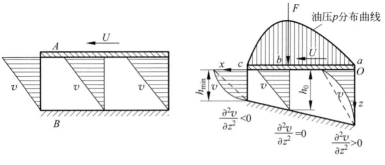

(a) 平行情况　　　　　　(b) 收敛楔形情况

图 3.10　流体动压润滑原理

题,它的形式如下:

$$\frac{\partial}{\partial x}\left(\frac{\rho h^3}{\mu}\frac{\partial p}{\partial x}\right)+\frac{\partial}{\partial y}\left(\frac{\rho h^3}{\mu}\frac{\partial p}{\partial y}\right)=6(U_1-U_2)\rho\frac{\partial h}{\partial x}+6(V_1-V_2)\rho\frac{\partial(h)}{\partial y}+12\frac{\partial(\rho h)}{\partial t}+$$
$$6(U_1-U_2)h\frac{\partial(\rho)}{\partial x}+6(V_1-V_2)h\frac{\partial(\rho)}{\partial y}+$$
$$6\rho h\frac{\partial(U_1-U_2)}{\partial x}+6\rho h\frac{\partial(V_1-V_2)}{\partial y} \tag{3.11}$$

式中,U_1,U_2,V_1,V_2 分别是上下表面内的 x 和 y 方向上的速度;p 是表面间流体的压力;μ 是流体(润滑剂)的黏度;ρ 是流体(润滑剂)的密度;h 是两表面之间的高度(油膜厚度)。

在 Reynolds 方程(3.11)中,等式右端各项的动压形成机理在表 3.4 给出。其中,动压效应和挤压效应是形成润滑膜压力的两个主要因素。

表 3.4　流体动压形成机理

项目名称	方程(3.11)右端项	图　示	原 理 说 明
动压效应	$U\rho\frac{\partial h}{\partial x}$ $V\rho\frac{\partial h}{\partial y}$		当两不平行表面以相对速度 $U(U_1-U_2)$ 或 $V(V_1-V_2)$ 运动时,沿运动方向的间隙逐渐减小,润滑剂从大口流向小口,形成收敛间隙。由速度流动引起的流量如图所示。由于流量连续条件,必然引起大口流量减少,小口流量增加,导致沿运动方向流量逐渐减少。收敛间隙将产生如图所示的正压力分布,发散间隙将产生负压
挤压效应	$\rho\frac{\partial h}{\partial t}$		两个平行表面在法向力作用下使润滑膜厚度逐渐减薄,流动产生如图所示的正压力分布。当两表面分离时,润滑膜将产生负压,或形成空穴现象

续表

项目名称	方程(3.11)右端项	图示	原理说明
伸缩效应	$\rho h \dfrac{\partial U}{\partial x}$ $\rho h \dfrac{\partial V}{\partial y}$		当固体表面由于弹性变形或其他原因使表面速度随位置而变化时,将引起各断面的流量不同而产生压力流动。为了产生正压力,表面速度沿运动方向应逐渐降低
变密度效应	$Uh \dfrac{\partial \rho}{\partial x}$ $Vh \dfrac{\partial \rho}{\partial y}$		当润滑剂密度沿运动方向逐渐降低时,虽然各断面的容积流量相同,但质量流量不同,也将产生流体压力。密度的变化可以是润滑剂通过间隙时,由于温度逐渐升高造成的,也可以是外加热源使固体温度不同而造成的。虽然变密度效应产生的流体压力并不高,但有可能使相互平行的表面具有一定的承载能力

3. 弹性流体动力润滑

流体动力润滑通常研究的是低副接触零件之间的润滑问题,把零件摩擦表面视作刚体,并认为润滑剂的黏度不随压力而改变。在齿轮传动、滚动轴承、凸轮机构等高副接触中,两摩擦表面之间接触压力很大,摩擦表面会出现不可忽略的局部弹性变形。同时,在较高压力下,润滑剂的黏度也将随压力发生变化,从而形成弹性流体动力润滑。

图 3.11 就是两个平行圆柱体在弹性流体动力润滑条件下,接触面的弹性变形、油膜厚度及油膜压力分布的示意图。依靠润滑剂与摩擦表面的黏附作用,两圆柱体相互滚动时将润滑剂带入间隙。由于接触压力较高使接触面发生局部弹性变形,接触面积增大,在接触面间形成了近似平行的间隙,在出油口处的接触区边缘出现了使间隙变小的凸起部分(缩颈现象),并形成最小油膜厚度,相应位置出现二次压力峰。

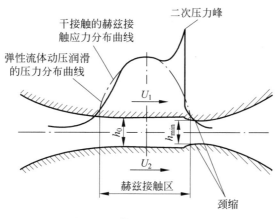

图 3.11 弹流压力与膜厚解

由于任何零件表面都有一定的粗糙度,所以要保证实现完全弹性流体动力润滑,其膜厚比 λ 必须大于 3。当膜厚比 λ 小于 3 时可能有少数轮廓峰接触,这种状态称为部分弹性流体动力润滑状态。

典型机械传动中的润滑(1)

3.5.2 润滑方法

1. 滑动轴承润滑

滑动轴承种类繁多,使用条件和重要程度往往相差很大,因而对润滑剂的要求也各不相同。速度较低、载荷不大,且不重要的非液体滑动轴承可采用黏度较大的润滑油,开设简单的油孔(见图 3.12(a)),也可采用直通式压注油杯(见图 3.12(b))、接头式压注油杯(见图 3.12(c))或压配式压注油杯(见图 3.12(d))。速度不高时可选用润滑脂采用旋转式黄油杯(见图 3.12(e))。对于较重要的非液体滑动轴承可以采用针阀式油杯(见图 3.12(f))或

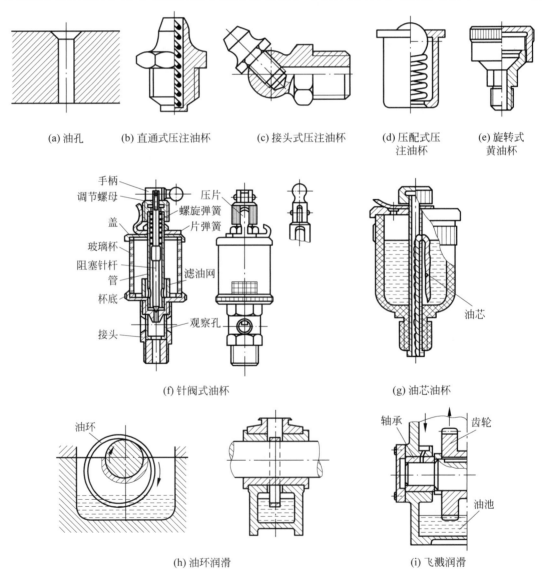

图 3.12 滑动轴承润滑形式

油芯油杯(见图 3.12(g))进行连续滴油润滑,或采用直接涂在表面的固体润滑剂进行润滑。当转速较高,可形成流体动力润滑时,可采用油环润滑(见图 3.12(h))、飞溅润滑(见图 3.12(i))或压力润滑等。

2. 齿轮传动润滑

半开式及开式齿轮传动,或速度较低的闭式齿轮传动,可采用人工定期添加润滑油或润滑脂进行润滑。闭式齿轮传动通常采用油润滑,其润滑方式根据齿轮的圆周速度 v 而定,当 $v \leqslant 12\text{m/s}$ 时可用油浴式(见图 3.13(a)),大齿轮浸入油池一定的深度,齿轮转动时把润滑油带到啮合区。齿轮浸油深度可根据齿轮的圆周速度大小而定,对圆柱齿轮通常不宜超过一个齿高,但一般也不应小于 10mm;对圆锥齿轮最好浸入全齿宽,至少应浸入齿宽的一半。多级齿轮传动中,当几个大齿轮直径不相等时,可采用惰轮的油浴润滑(见图 3.13(b))。当齿轮的圆周速度 $v > 12\text{m/s}$ 时,应采用喷油润滑(见图 3.13(c)),用油泵以一定的压力供油,借喷嘴将润滑油喷到齿面上。

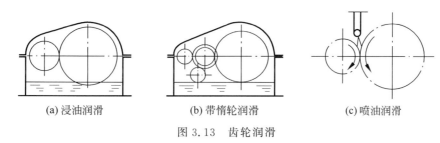

(a) 浸油润滑　　(b) 带惰轮润滑　　(c) 喷油润滑

图 3.13　齿轮润滑

3. 蜗杆传动润滑

蜗杆传动效率较低,因此润滑特别重要。所采用的润滑油润滑方式见表 3.5。需要指出的是,对闭式蜗杆传动采用油池润滑时,在搅油损耗不致过大的情况下,应有适当的油量。这样不仅有利于动压油膜的形成,而且有助于散热。对于蜗杆下置式或蜗杆侧置式的传动,浸油深度应为蜗杆的一个齿高;当蜗杆为上置式时,浸油深度约为蜗轮外径的 1/3。

表 3.5　蜗杆传动的润滑油黏度与润滑方式选择

蜗杆传动相对速度 v_s/(m/s)	载荷类型	润滑油牌号 L-AN	运动黏度 ν_{40}/(mm²/s)	供油方式
0～1	重	1000	1000	油池润滑
0～2.5	重	460	460	油池润滑
0～5	中	320	320	喷油润滑或油池润滑
>5～10	各类	220	220	喷油润滑或油池润滑
>10～15	各类	150	135～165	喷油润滑供油压力/MPa $\begin{cases}0.7\\2\\3\end{cases}$
>15～25	各类	100	90～110	
>25	各类	68	61.2～74.8	

4. 链传动润滑

链传动常用的润滑油有 L-AN32、L-AN46、L-AN68、L-AN100 等全损耗系统用油。润滑方式有：人工定期润滑(见图3.14(a))、滴油润滑(见图3.14(b))、油浴润滑(见图3.14(c)和(d))和压力油循环润滑(见图3.14(e))。润滑方式可根据小轮速度 v 和链节距 p 确定，见图3.15。

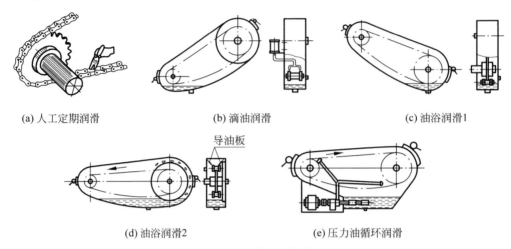

(a) 人工定期润滑　　(b) 滴油润滑　　(c) 油浴润滑1

(d) 油浴润滑2　　(e) 压力油循环润滑

图3.14　链传动润滑方法

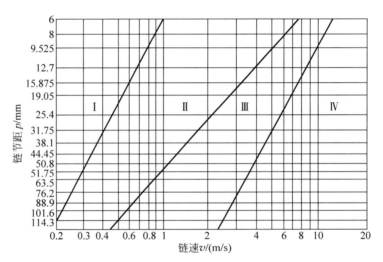

Ⅰ—人工定期润滑；Ⅱ—滴油润滑；Ⅲ—油浴或飞溅润滑；Ⅳ—压力喷油润滑

图3.15　链传动推荐的润滑方式

5. 滚动轴承润滑与密封

滚动轴承通常采用脂润滑，但在轴承附近已经存在润滑油源时，可采用油润滑。具体润滑的方式可按轴承内径 d 和轴承转速 n 的乘积，即速度因数 dn 值确定。当 $dn<(1.5\sim2)\times10^2$ m·r/min 时，可采用润滑脂润滑，超过这一范围宜采用润滑油润滑。

润滑油的黏度可按轴承的速度因数 dn 和工作温度确定。如果采用浸油润滑，油量不宜过多，油面高度不应超过最低滚动体的中心，以免产生过大的搅油损耗和热量。高速轴承通常采用滴油或喷雾方法润滑。

滚动轴承密封的目的是防止灰尘、水分等进入轴承,并阻止润滑剂的流失。密封方法的选择与润滑的种类、工作环境、温度、密封表面的圆周速度有关。密封方法可分两大类:接触式密封和非接触式密封。它们的密封形式、适用范围和性能可参考表 3.6。

表 3.6 滚动轴承的密封方法

密封方法	图 例	说 明
接触式密封	毛毡圈密封 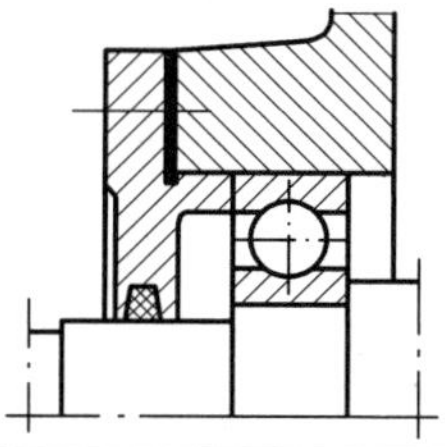	在轴承盖上开出梯形槽,将矩形剖面的毛毡圈,放置在梯形槽中与轴接触,对轴产生一定的压力进行密封。这种密封结构简单,但摩擦较严重,主要用于 $v<(4\sim5)\mathrm{m/s}$ 的脂润滑场合。见附表 I.4
	密封圈密封 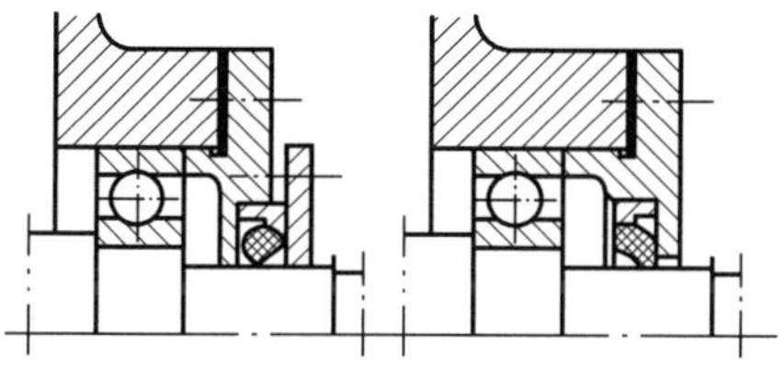 (a) (b)	在轴承盖中放置密封圈,密封圈用皮革、耐油橡胶等材料制成,有的带金属骨架,有的没有骨架。密封圈与轴紧密接触而起密封作用。图(a)密封唇朝里,目的是防漏油;图(b)密封唇朝外,目的是防灰尘、杂质进入。见附表 I.3、附表 I.5 和附表 I.6
非接触式密封	间隙密封 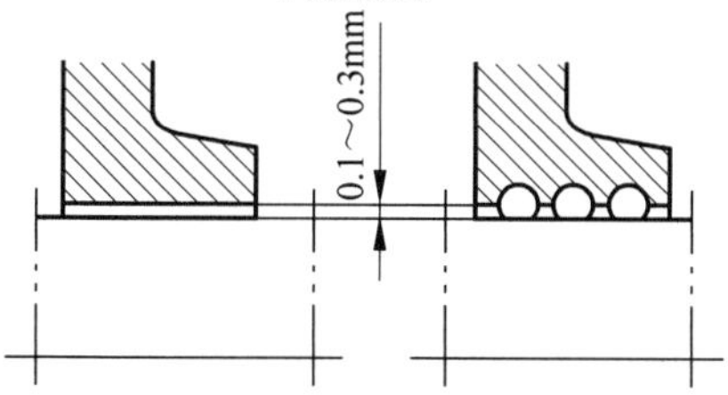 0.1~0.3mm	在轴与轴承盖的通孔壁间留 0.1~0.3mm 的极窄缝隙,并在轴承盖上车出沟槽,在槽内填满油脂,以起密封作用。这种形式结构简单,多用于 $v<(5\sim6)\mathrm{m/s}$ 的场合。见附表 I.6
	迷宫式密封 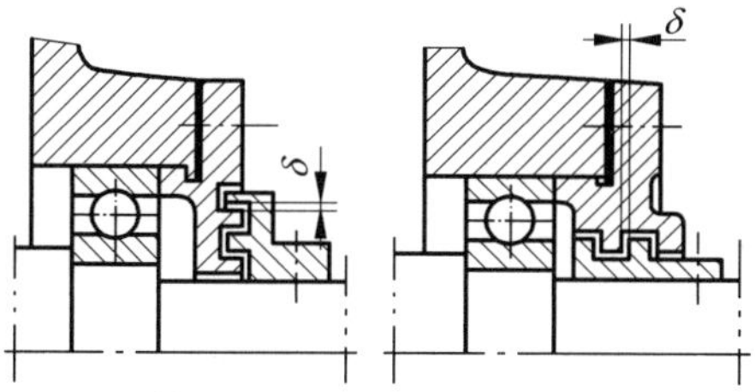 (a) (b)	将旋转的和固定的密封零件间的间隙制成迷宫(曲路)形式,缝隙间填入润滑脂以加强润滑效果。这种方法对脂润滑和油润滑都很有效,尤其适用于环境较脏的场合。图(a)为径向曲路,径向间隙$\delta\leqslant0.1\sim0.2\mathrm{mm}$;图(b)为轴向曲路,因考虑到轴受热后会伸长,间隙应取大些,$\delta=1.5\sim2\mathrm{mm}$。见附表 I.7
组合密封	毛毡加迷宫密封 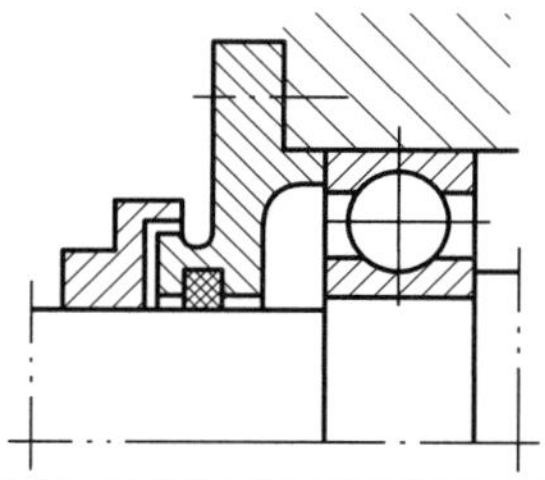	把毛毡和迷宫组合一起密封,可充分发挥各自优点,提高密封效果,多用于密封要求较高的场合

密封方法	图 例	说 明
甩油环	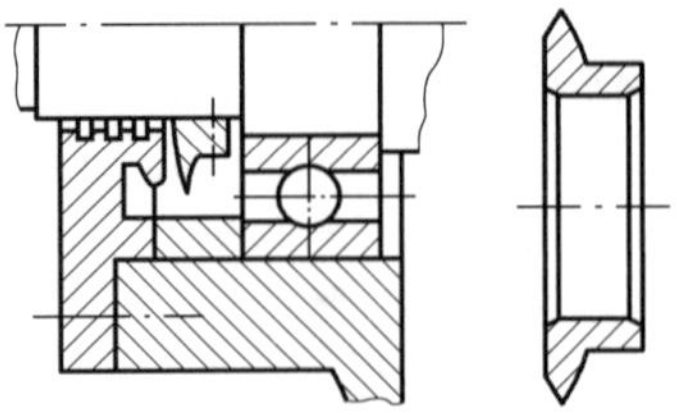	润滑油为装在轴上的甩油环所阻挡,并在离心力作用下甩到密封盖上,最后经回流孔流回箱内,达到密封目的。甩油盘分高速和低速轴使用

习 题

1. 判断题

(1) 润滑油的黏度与温度有关,且黏度随温度的升高而增大。（　）
(2) 润滑油运动黏度的单位是 $N \cdot s/m^2$。（　）
(3) 在低速时,宜选用黏度小的润滑油,而在高速时,宜选用黏度大的润滑油。（　）
(4) 当摩擦副间隙比较大时,应采用黏度大的润滑油或锥入度小的润滑脂。（　）
(5) 减少磨损一般可以通过选用合适的材料组合,建立压力润滑油膜以及增加表面粗糙度等方法来解决。（　）

2. 选择题

(6) 润滑油的_____又称为绝对黏度。
　　(A) 运动黏度　　(B) 动力黏度　　(C) 恩格尔黏度　　(D) 基本黏度
(7) 动力黏度的国际单位制(SI)单位为_____。
　　(A) 泊(P)　　　　　　　　　　(B) 厘斯(cst)
　　(C) 恩氏度(°E)　　　　　　　　(D) 帕·秒(Pa·s)
(8) 运动黏度 ν 是动力黏度 η 与同温下润滑油_____的比值。
　　(A) 密度 ρ　　(B) 质量 m　　(C) 相对密度 γ　　(D) 速度 v
(9) 当温度升高时,润滑油的黏度_____。
　　(A) 随之升高　　　　　　　　　(B) 随之降低
　　(C) 保持不变　　　　　　　　　(D) 升高或降低视润滑油性质而定
(10) 如图 3.16 所示,_____情况,两板间流体能建立压力油膜。

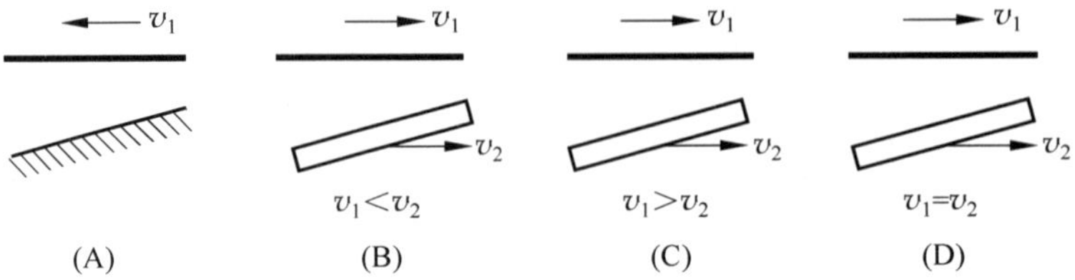

图 3.16　题(10)图

3. 问答题

（11）摩擦状况有哪几种？它们有什么量的差别和质的差别？

（12）摩擦系数对传动有什么影响？为了提高传动能力，将工作面加工得粗糙些以增大摩擦系数，这样做是否合理？为什么？

（13）为什么 V 带比平带的传动能力要大？

（14）在什么条件下容易得到厚的润滑膜，请用 Stribeck 曲线阐明膜厚与工况参数（速度、载荷和黏度）的关系。

（15）形成动压润滑油膜的基本条件有哪些？

（16）利用 Reynolds 方程(3.11)，求解图 3.17 所示的滑块问题。试推导它的压力分布。

提示：①边界条件为：$p(0)=0, p(L)=0$；②$h=h_0\left(1+K\dfrac{x}{B}\right)$，其中 $K=h_1-h_0$。

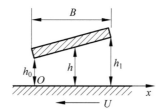

图 3.17 题(16)图

第 4 章

连接与螺旋传动

4.1 概 述

机器或机构由许多零部件所组成,连接就是把不同机械零件连成一体,构成机器或机构。连接分为动连接和静连接两类。这里的连接是指静连接。本章主要介绍工程中常用的几种连接方式和连接件的设计。

根据拆装是否会把连接件损坏,连接可分为可拆连接和不可拆连接。螺纹连接、销连接、键连接和花键连接为可拆连接。铆接、焊接和胶接等为不可拆连接。

根据传递载荷(力或力矩)的工作原理,连接可分为摩擦连接和非摩擦连接两类。过盈连接、弹性环连接为摩擦连接;平键连接为非摩擦连接;螺纹连接可以是摩擦连接,也可以是非摩擦连接。楔键和切向键同时靠摩擦和变形来传递载荷。

4.2 螺 纹 连 接

螺纹类型及应用

4.2.1 螺纹的类型及参数

螺旋副是由外螺纹和内螺纹构成的一种重要运动副,见图 4.1(a)。起连接作用的螺纹称为连接螺纹;用于传递运动和动力的螺纹称为传动螺纹。将图 4.1(b)所示的一条与水平面倾角为 ϕ 的直线绕在圆柱体上,即可形成一条螺旋线。如果用一个平面图形沿该螺旋线运动,并保持该图形始终在通过圆柱轴线的平面内,则此平面图形的轮廓在空间的轨迹就形成了螺纹。

根据螺旋线的绕行方向,螺纹分为右旋螺纹(见图 4.2(a)、(c))和左旋螺纹(见图 4.2(b));根据螺旋线数目,可分为单线螺纹(见图 4.2(a))、双线(见图 4.2(b))或三线以上的多线螺纹(见图 4.2(c))。

形成螺纹的平面图形有矩形、三角形、梯形和锯齿形,称为牙型,见图 4.3。对应的螺纹称为矩形、三角形、梯形和锯齿形螺纹。

除矩形螺纹外,其他螺纹已标准化。牙型、外径及螺距符合国家标准的螺纹称为标准螺纹。一般外螺纹直径用小写字母,内螺纹直径用大写字母。螺纹的主要参数如下(见图 4.1(a))。

(1) 大径 $d(D)$ 螺纹的最大直径,在标准中定为公称直径。

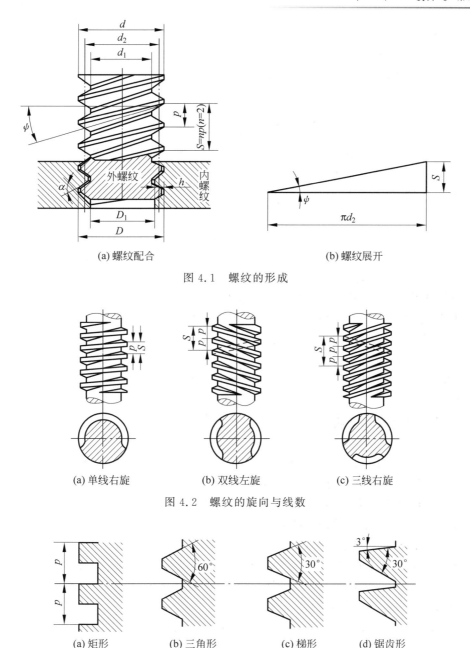

(a) 螺纹配合　　　　　　　　　(b) 螺纹展开

图 4.1　螺纹的形成

(a) 单线右旋　　　(b) 双线左旋　　　(c) 三线右旋

图 4.2　螺纹的旋向与线数

(a) 矩形　　　(b) 三角形　　　(c) 梯形　　　(d) 锯齿形

图 4.3　螺纹的牙型与牙型角

(2) 小径 $d_1(D_1)$　螺纹的最小直径,在强度计算中常用作危险剖面的计算直径。

(3) 中径 $d_2(D_2)$　通过螺纹轴向截面内牙型上的沟槽和凸起宽度相等处的假想圆柱面的直径,是确定螺纹几何参数和配合性质的直径。

(4) 螺距 p　螺纹相邻两个牙型上对应点间的轴向距离。

(5) 线数 n　螺纹的螺旋线数目。沿一条螺旋线形成的螺纹称为单线螺纹,沿 n 条等距螺旋线形成的螺纹称为 n 线螺纹。连接螺纹要求具有自锁性,多用单线螺纹;传动螺纹要求传动效率高,可用多线螺纹。为便于制造,一般线数 $n \leqslant 4$。

(6) 导程 S　螺纹上任一点沿同一条螺旋线转一周所移动的轴向距离。对于单线螺纹，$S=p$，对于 n 线螺纹，$S=np$。

(7) 升角 ψ　螺纹中径圆柱面上螺旋线的切线与垂直螺纹轴线的平面间的夹角，由几何关系可得

$$\psi = \operatorname{arccot} \frac{S}{\pi d_2} = \operatorname{arccot} \frac{np}{\pi d_2}$$

(8) 牙型角 α　螺纹轴向截面内，螺纹牙型两侧边的夹角。螺纹牙型的侧边与螺纹轴线的垂直平面的夹角称为牙侧角 β。

① 矩形螺纹（见图 4.3(a)）　传动螺纹，牙型角为 0°，传动效率高，但牙根强度较弱，传动精度低。

② 三角螺纹（见图 4.3(b)）　连接螺纹，普通三角形螺纹牙型角为 60°，分为粗牙和细牙螺纹。粗牙螺纹的螺距最大，用于一般连接。细牙螺纹的螺距较小，深度浅，导程和升角也小，因自锁性能好，适合用于薄壁零件和微调装置。另外，还有一种三角螺纹称为管螺纹，属于英制细牙螺纹，牙型角为 55°，用于有紧密性要求的管件连接。

③ 梯形螺纹（见图 4.3(c)）　传动螺纹，牙型角为 30°，应用最广泛的传动螺纹。

④ 锯齿形螺纹（见图 4.3(d)）　单向传动螺纹，牙型角为 33°，两侧牙型斜角分别为 $\beta=3°$ 和 $\beta'=30°$。3° 的侧面用来传递运动与动力，效率较高；30° 的侧面用来增加牙根强度。

(9) 接触高度 h　内、外螺纹旋合后接触面的径向高度。

4.2.2　螺纹连接的类型

(1) 普通螺栓连接（见图 4.4(a)）　被连接件上的孔和螺栓杆之间有间隙，故孔的加工精度要求低，结构简单、装拆方便，广泛应用于不厚的可拆零件连接中。

(2) 加强杆螺栓连接（见图 4.4(b)）　孔和螺栓杆之间常采用基孔制过渡配合，故孔的加工精度要求较高，用于承受横向载荷或需精确定位且不厚的可拆零件连接中。

(3) 双头螺柱连接（见图 4.4(c)）　将双头都带有螺纹的螺柱的一端穿过被连接件通孔并旋紧在被连接件之一的螺纹孔中，安装好另一被连接件后，再在双头螺柱的另一端旋上螺母，把被连接件连成一体，常用于被连接件之一太厚不宜加工通孔，且需经常装拆或结构上受到限制不能采用螺栓连接的场合。

(4) 螺钉连接（见图 4.4(d)）　将螺钉直接拧入被连接件之一的螺纹孔中，不用螺母

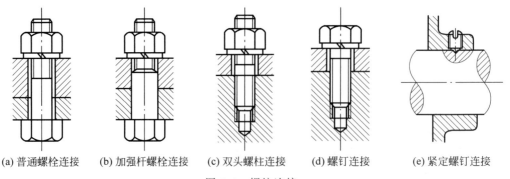

(a) 普通螺栓连接　　(b) 加强杆螺栓连接　　(c) 双头螺柱连接　　(d) 螺钉连接　　(e) 紧定螺钉连接

图 4.4　螺纹连接

(见图 4.4(d)),用于被连接件之一较厚的场合,但不宜用于经常装拆的连接,以免损坏被连接件的螺纹孔。

(5) 紧定螺钉连接(见图 4.4(e)) 利用拧入零件螺纹孔中的螺钉末端顶住另一零件的表面或顶入相应的凹坑中,以固定两个零件相对位置,并可传递不大的力或力矩,多用于轴上零件的连接。

4.2.3 标准螺纹连接件

标准螺纹连接

螺纹连接件的类型很多,在机械制造中常见的螺纹连接件有螺栓、双头螺柱、螺钉、螺母、垫圈以及防松零件等。这些零件的结构形式和尺寸都已标准化,设计时可根据有关标准选用。它们的结构特点和应用如表 4.1 所示。

表 4.1 常用标准螺纹连接件

类型	图例	结构特点和应用
六角头螺栓	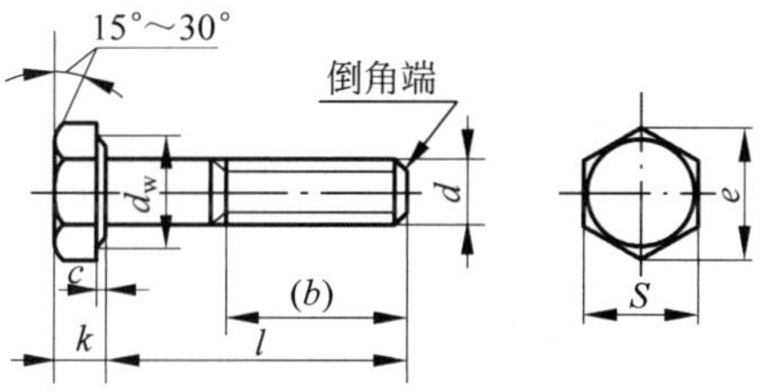	种类很多,应用最广,精度分为 A、B、C 三级,A 级精度最高,C 级精度最低。通用机械制造中多用 C 级,A 级用于装配精度高、振动冲击较大或承受变载荷的重要连接。螺栓杆部可制出一段螺纹或全螺纹,螺纹可用粗牙或细牙(A、B 级)
双头螺柱	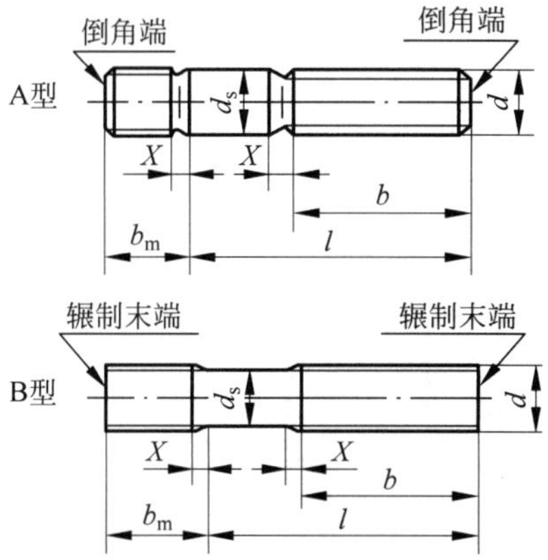	螺柱两端都制有螺纹,两端螺纹可相同或不同,螺柱可带退刀槽或制成腰杆,也可制成全螺纹的螺柱。螺柱的一端常用于旋入铸铁或有色金属的螺纹孔中,旋入后一般不再拆卸,另一端则用于安装螺母以固定其他零件
螺钉	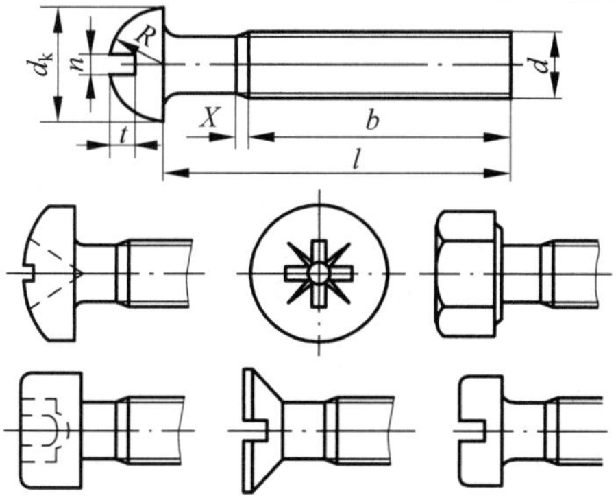	螺钉头部形状有圆头、扁圆头、六角头、圆柱头和沉头等。头部起子槽有一字槽、十字槽和内六角孔等形式:十字槽螺钉头部强度高、对中性好,便于自动装配;内六角孔螺钉能承受较大的扳手力矩,连接强度高,可代替六角头螺栓,用于要求结构紧凑的场合

续表

类型	图例	结构特点和应用
紧定螺钉	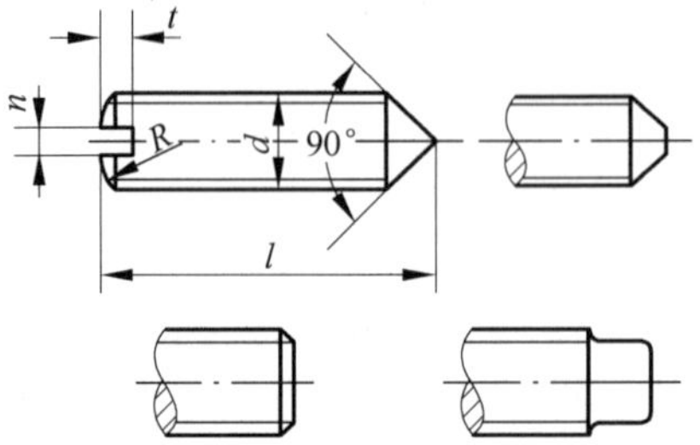	紧定螺钉的末端形状常用的有锥端、平端和圆柱端。锥端适用于被紧定零件的表面硬度较低或不经常拆卸的场合;平端接触面积大、不伤零件表面,常用于顶紧硬度较大的平面或经常拆卸的场合;圆柱端压入轴上的凹坑中,适用于紧定空心轴上的零件位置
自攻螺钉	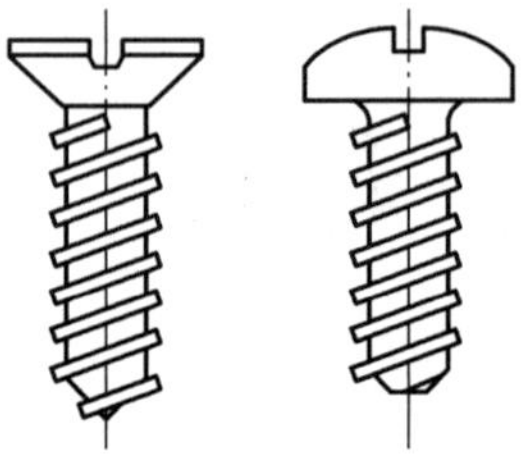	螺钉头部形状有圆头、六角头、圆柱头、沉头等。头部起子槽有一字槽、十字槽等形式。末端形状有锥端和平端两种。多用于连接金属薄板、轻合金或塑料零件。在被连接件上可不预先制出螺纹,连接时直接攻出螺纹。材料一般用渗碳钢,热处理后表面硬度不低于 45HRC。自攻螺钉的螺纹与普通螺纹相像,在相同的大径时,自攻螺纹螺距大而小径稍小,已标准化
六角螺母	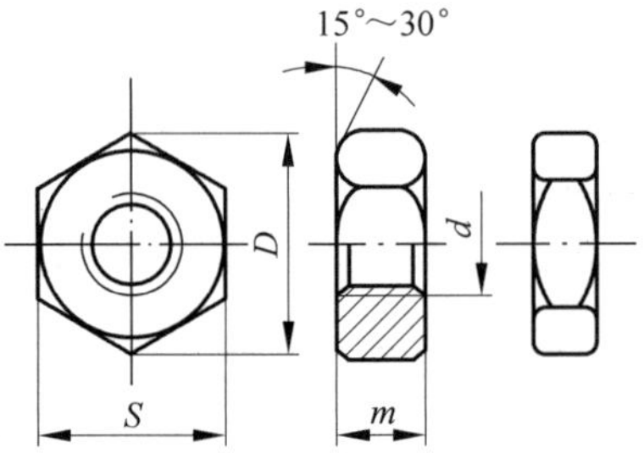	厚螺母用于经常拆装的场合;薄螺母在双螺母防松时,作为副螺母使用;扁螺母用于受切向力为主或结构尺寸要求紧凑的场合。螺母的制造精度和螺栓相同,分为 A、B、C 三级,分别与相同级别的螺栓配用
圆螺母	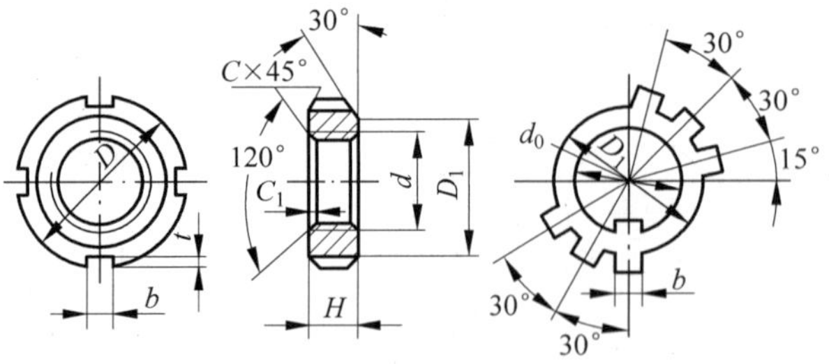	圆螺母常与止退垫圈配用。装配时将垫圈内舌插入轴上的槽内,而将垫圈的外舌嵌入圆螺母的槽内,螺母即被锁紧。常作为滚动轴承的轴向固定用

类型	图例	结构特点和应用
垫片	平垫圈　斜垫圈	垫圈是螺纹连接中不可缺少的附件,常放置在螺母和被连接件之间,起保护支承表面等作用。平垫圈按加工精度不同,分为 A 级和 C 级两种。用于同一螺纹直径的垫圈又分为特大、大、普通和小 4 种规格,特大垫圈主要在铁木结构上使用。斜垫圈只用于倾斜的支承面上

根据国家标准的规定,螺纹连接件分为 A、B、C 三个精度等级。A 级精度的公差小,精度高,用于要求配合精确、防止振动等重要零件的连接;B 级精度多用于受载较大且经常装拆、调整或承受变载荷的连接;C 级精度多用于一般的螺纹连接。

螺纹标准零件标记举例:

(1) 公称直径 12mm、长 60mm、性能按 5.9 级,不经表面处理的普通粗牙六角头螺栓标记:

$$\text{螺栓 M12} \times 60 \text{ GB/T 5780—2016}$$

(2) 公称直径 14mm、长 60mm 全螺纹六角头螺栓标记:

$$\text{螺栓 M14} \times 60 \text{ GB/T 5781—2016}$$

(3) 公称直径为 12mm、长 60mm、按 m6 制造的加强杆螺栓标记:

$$\text{螺栓 M12} \times \text{m6} \times 60 \text{ GB/T 27—2013}$$

(4) 公称直径为 14mm、长 100mm、细牙螺距 1mm 的 A 型双头螺柱标记:

$$\text{螺柱 AM14} \times 1 \times 100 \text{ GB/T 900—1988}$$

(5) 公称直径为 10mm、性能按 5 级、不经表面处理的普通粗牙六角螺母标记:

$$\text{螺母 M10 GB/T 41—2016}$$

(6) 公称直径为 16mm、材料为 65Mn、热处理硬度 44HRC~52HRC 表面氧化的弹簧垫圈标记:

$$\text{垫圈 16 GB/T 93—1987}$$

4.2.4　螺纹连接的预紧和防松

1. 螺纹连接的预紧

螺纹连接装配时,要使其受到预先作用的力(预紧力),这就是螺纹连接的预紧。螺纹连接预紧的目的在于增加连接的可靠性、紧密性和防松能力。

如图 4.5 所示,在拧紧螺母时,需要克服螺纹副相对扭转的阻力矩 T_1 和螺母与支承面之间的摩擦阻力矩 T_2,即拧紧力矩 $T = T_1 + T_2$。

对于 M10~M64 的粗牙普通螺栓,若螺纹连接的预紧力为 Q_0,螺栓直径为 d,则拧紧

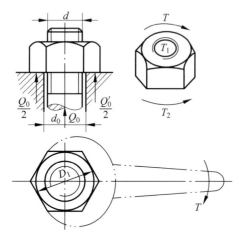

图 4.5 紧螺母受力与拧紧需克服的阻力

力矩 T 可以近似为

$$T = 0.2Q_0 d \quad (4.1)$$

预紧力的大小根据螺栓所受载荷的性质、连接的刚度等具体工作条件而确定。对于一般连接用的钢制普通螺栓连接,预紧力 Q_0 大小为

$$Q_0 = (0.5 \sim 0.7)\sigma_s A \quad (4.2)$$

式中,σ_s 为螺栓材料的屈服极限;A 为螺栓危险截面的面积,$A \approx \pi d^2/4$。

对于一般的普通螺栓连接,预紧力凭装配经验控制。对于较重要的普通螺栓连接,可用测力矩扳手(见图 4.6(a))或定力矩扳手(见图 4.6(b))来控制预紧力大小。对预紧力控制有精确要求的螺栓连接,可采用测量螺栓伸长变形量的方法来控制预紧力大小。高强度螺栓连接可采用测量螺母转角的方法来控制预紧力大小。

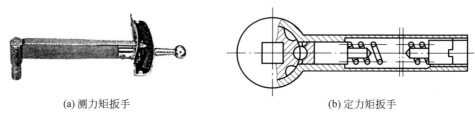

(a) 测力矩扳手　　　　　　　　(b) 定力矩扳手

图 4.6 预紧扳手

2. 螺纹连接的防松

螺纹连接防松的本质就是防止螺纹副的相对运动,有摩擦防松、机械防松、冲点防松以及黏合法防松等方法,见表 4.2。

表 4.2 常用的螺纹连接防松方法

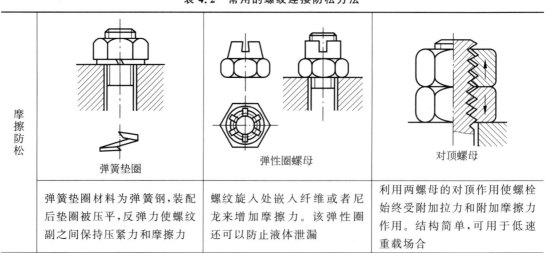

摩擦防松	弹簧垫圈	弹性圈螺母	对顶螺母
	弹簧垫圈材料为弹簧钢,装配后垫圈被压平,反弹力使螺纹副之间保持压紧力和摩擦力	螺纹旋入处嵌入纤维或者尼龙来增加摩擦力。该弹性圈还可以防止液体泄漏	利用两螺母的对顶作用使螺栓始终受附加拉力和附加摩擦力作用。结构简单,可用于低速重载场合

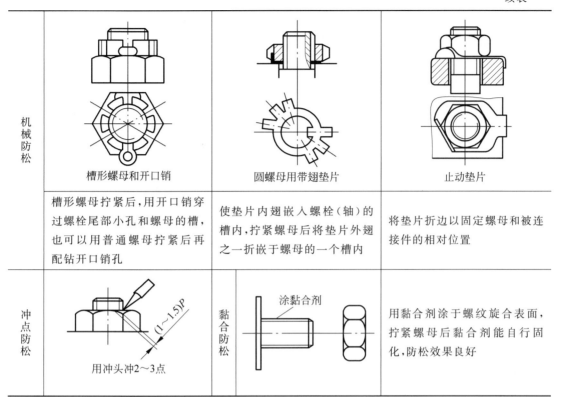

续表

机械防松	槽形螺母和开口销	圆螺母用带翅垫片	止动垫片
	槽形螺母拧紧后，用开口销穿过螺栓尾部小孔和螺母的槽，也可以用普通螺母拧紧后再配钻开口销孔	使垫片内翅嵌入螺栓（轴）的槽内，拧紧螺母后将垫片外翅之一折嵌于螺母的一个槽内	将垫片折边以固定螺母和被连接件的相对位置
冲点防松	用冲头冲2～3点	黏合防松 涂黏合剂	用黏合剂涂于螺纹旋合表面，拧紧螺母后黏合剂能自行固化，防松效果良好

4.2.5 单个螺栓连接的强度计算

螺纹连接

螺栓设计的主要内容包括：计算螺纹最小截面的直径（即螺纹小径 d_1），再根据国家标准（见附表 D.1）确定螺栓的公称直径（即螺纹大径 d）和其他参数；或对已知螺纹进行强度校核。

1. 受拉螺栓连接

1）松螺栓连接

如图 4.7 所示的起重滑轮螺栓，在装配时不需要把螺母拧紧，为松螺栓连接。

对松螺栓进行设计，可忽略零件的自重。在承载前，螺栓不受力。当施加载荷 F 后，螺栓最小截面所受的应力须满足强度条件：

$$\sigma = \frac{F}{\pi d_1^2/4} \leqslant [\sigma] \quad (4.3)$$

式中，d_1 为螺栓螺纹小径；$[\sigma]$ 为螺栓的许用拉应力。因此，螺栓的最小直径应满足

$$d_1 \geqslant \sqrt{\frac{4F}{\pi [\sigma]}} \quad (4.4)$$

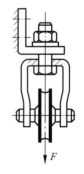

图 4.7 起重滑轮的松螺栓连接

2) 紧螺栓连接

紧螺栓连接在装配时需要将螺母拧紧,使螺栓一开始就受到预紧拉力作用。紧螺栓连接又分为受横向和受轴向工作载荷两种情况。

(1) 受横向工作载荷

如图 4.8 所示,连接件受垂直于螺栓轴线的横向工作载荷 F 作用,该载荷由被连接件因螺栓预紧力 F' 的作用在接合面间产生的摩擦力来承受。

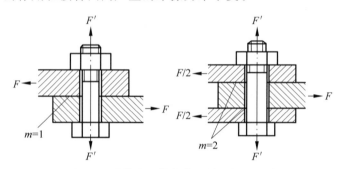

图 4.8 受横向工作载荷的普通螺栓连接

为防止被连接件之间发生相对滑移,预紧力 F' 产生的总摩擦力须大于 F,即

$$mfF' \geqslant K_f F \tag{4.5}$$

式中,m 为接合面数;f 为接合面间摩擦系数(见表 4.3);K_f 为可靠性系数,常取 $K_f = 1.1 \sim 1.3$。

表 4.3 连接接合面间的摩擦系数 f

被连接件	接合面表面状态	摩擦系数 f
钢或铸铁零件	干燥机加工表面	0.10~0.16
	有油机加工表面	0.06~0.10
钢结构零件	喷砂处理表面	0.45~0.55
	涂覆锌漆表面	0.35~0.40
	轧制、经钢丝刷清理浮锈	0.30~0.35
铸铁对砖料、混凝土或木材	干燥表面	0.40~0.45

螺栓不仅受 F' 所产生的拉应力 σ 作用,还受预紧力矩 T 所产生的扭转剪应力 τ 作用,因此螺栓受拉伸和扭转复合应力作用。对于钢铁材料 $\tau \approx 0.5\sigma$,按第 4 强度理论合成应力为 $\sigma_{ca} = \sqrt{\sigma^2 + 3\tau^2} \approx 1.3\sigma$。强度条件为

$$\sigma_{ca} = \frac{1.3F'}{\pi d_1^2 / 4} \leqslant [\sigma] \tag{4.6}$$

对比式(4.3)可知:考虑剪应力对紧螺栓影响可近似等价于将拉伸载荷加大 30%。

受横向载荷的紧螺栓连接的设计公式为

$$d_1 \geqslant \sqrt{\frac{4 \times 1.3 F'}{\pi [\sigma]}} \geqslant \sqrt{\frac{4 \times 1.3 K_f F}{mf\pi[\sigma]}} \tag{4.7}$$

图 4.8 所示的靠摩擦力抵抗横向工作载荷的紧螺栓连接,由于结构简单、装配方便而广

为应用。但它要求保持较大的预紧力,因为,根据式(4.5),当 $m=1$、$f=0.2$、$K_f=1.2$ 时,使接合面不滑移的预紧力 $F'=6F$,从而必然使螺栓的结构尺寸增加。此外,在振动、冲击或变载荷作用下,由于摩擦系数的变动,会使连接的可靠性降低,有可能出现松脱。另外,由于摩擦系数不稳定和加在扳手上的力难于准确控制,有时可能拧得过紧而导致螺栓断裂,所以对于重要的连接不宜使用小于 M12 的螺栓。为了避免拉应力过大,可采用图 4.9 所示的减载零件来承担横向工作载荷。减载零件按剪切、挤压强度条件计算,而螺栓只起保证连接的作用,不承受横向工作载荷,因此预紧力不必很大。

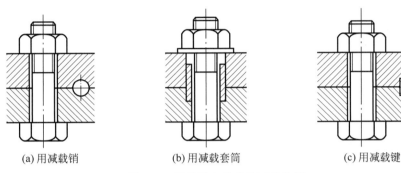

(a) 用减载销　　　　　(b) 用减载套筒　　　　　(c) 用减载键

图 4.9　承受横向载荷的减载装置

(2) 受轴向工作载荷

如图 4.10 所示,拧紧后螺栓受预紧力 F' 作用,工作时又受到轴向工作载荷 F 作用。分析表明,螺栓所受的总拉力 $F_0 \neq F+F'$。

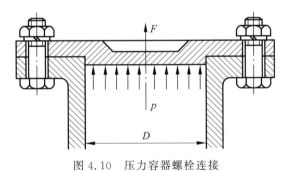

图 4.10　压力容器螺栓连接

图 4.11(a)为螺母刚好拧到与被连接件接触,此时螺栓与被连接件均未受力,因而也未产生变形。图 4.11(b)是螺母已拧紧,但尚未承受工作载荷的情况。这时,螺栓所受拉力应与被连接件所受压力大小相等,均为 F'。在 F' 的作用下,螺栓产生伸长变形 δ_1,被连接件产生压缩变形 δ_2。设螺栓和被连接件的刚度分别为 C_1 和 C_2,则有 $\delta_1=F'/C_1$、$\delta_2=F'/C_2$。

图 4.12(a)为拧紧时螺栓和被连接件的受力-变形图。将图 4.12(a)的两个子图合并得图 4.12(b)。图 4.11(c)是螺栓受工作载荷 F 时的情况,当螺栓拉力增大为 F_0,拉力增量为 F_0-F',伸长增量为 $\Delta\delta_1$;同时,被连接件因螺栓伸长而被放松,压力减小到 F'',称为剩余预紧力。压力减量为 $F'-F''$,压缩变形减量为 $\Delta\delta_2$,见图 4.12(c)。

由变形协调条件,有 $\Delta\delta_1=\Delta\delta_2$。根据力平衡条件,可得 $F_0=F''+F$。由螺栓和被连接件的变形几何关系求出 F、F'、F'' 与 F_0 的关系为

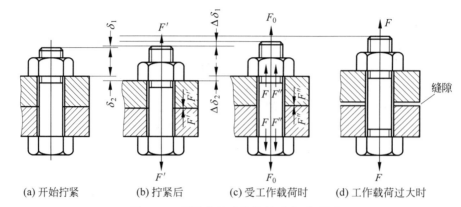

(a) 开始拧紧　　(b) 拧紧后　　(c) 受工作载荷时　　(d) 工作载荷过大时

图 4.11　螺栓和被连接件的受力-变形图

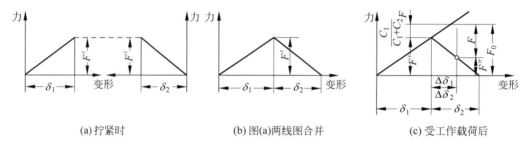

(a) 拧紧时　　　　(b) 图(a)两线图合并　　　(c) 受工作载荷后

图 4.12　螺栓和被连接件的受力-变形关系线图

$$\Delta\delta_1 = \frac{F_0 - F'}{C_1} = \frac{F + F'' - F'}{C_1} = \frac{F' - F''}{C_2} = \Delta\delta_2 \tag{4.8}$$

利用式(4.8)中间两等式可得

$$\begin{cases} F'' = F' - \dfrac{C_2}{C_1 + C_2}F \\ F' = F'' + \dfrac{C_2}{C_1 + C_2}F \\ F_0 = F' + \dfrac{C_1}{C_1 + C_2}F \end{cases} \tag{4.9}$$

式中,$\dfrac{C_1}{C_1+C_2}$为相对刚度,其值为 0~1。

式(4.9)的第 3 式是螺栓总拉力,等于预紧力加上部分工作载荷。由此可知:若被连接件刚度很大,而螺栓刚度很小时,则相对刚度趋于 0,这时 $F_0 \approx F'$,拉力增量接近 0。若被连接件刚度很小,而螺栓刚度很大时,相对刚度趋于 1,则有 $F_0 \approx F' + F$,拉力增量接近工作载荷。为了降低螺栓的总受力,应使螺栓的相对刚度尽量小些。$C_1/(C_1+C_2)$的取值可参考表 4.4。

表 4.4　螺栓的相对刚度(被连接件为钢铁零件时)

被连接件间所用垫片类型	金属垫片或无垫片	皮革垫片	铜皮石棉垫片	橡胶垫片
$C_1/(C_1+C_2)$	0.2~0.3	0.7	0.8	0.9

图 4.11(d)为螺栓工作载荷过大时,连接出现缝隙的情况,这是不允许的。显然,剩余预紧力 F'' 应大于零,以保证连接的刚性或紧密性。表 4.5 的数据可供选择 F'' 时参考。

表 4.5 剩余预紧力与工作载荷比值

连 接 情 况	载 荷 情 况	F''/F
一般连接	稳定工作载荷	0.2~0.6
	变动工作载荷	0.6~1.0
有紧密性要求的连接		1.5~1.8
地脚螺栓连接		≥1

考虑到螺栓在外载荷作用下可能需要补充拧紧,故按式(4.6)将总拉力增加 30% 以考虑扭转切应力的影响。受横向工作载荷的螺栓强度条件为

$$\sigma_{ca} = \frac{1.3F_0}{\pi d_1^2/4} \leqslant [\sigma] \tag{4.10}$$

相应的设计公式为

$$d_1 \geqslant \sqrt{\frac{4 \times 1.3 F_0}{\pi [\sigma]}} \tag{4.11}$$

2. 受横向工作载荷的加强杆螺栓连接

如图 4.13 所示,利用加强杆螺栓来承受横向工作载荷 F,螺栓杆与孔壁之间无间隙。连接主要的失效形式有螺栓被剪断及螺栓杆或孔壁被压溃。

由于这种连接所受预紧力不大,所以一般不考虑预紧力和摩擦力矩的影响,并设螺栓杆与孔壁表面上压力均匀分布。

螺栓杆与孔壁的挤压强度条件为

$$\sigma_p = \frac{F}{d_0 L_{min}} \leqslant [\sigma_p] \tag{4.12}$$

螺栓杆的剪切强度条件为

$$\tau = \frac{F}{m \pi d_0^2/4} \leqslant [\tau] \tag{4.13}$$

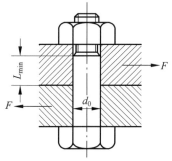

图 4.13 受剪螺栓连接

式中,d_0 为螺栓剪切面的直径(螺栓杆直径),当 $d < 30$ mm 时,取 $d_0 = d+1$,当 $d \geqslant 30$ mm 时,取 $d_0 = d+2$;m 为螺栓抗剪面数目;L_{min} 为螺栓杆与孔壁挤压面的最小长度,设计时应使 $L_{min} \geqslant 1.25 d_0$;$[\sigma_p]$ 为螺栓或孔壁材料的许用挤压应力,考虑到各零件的材料和受挤压长度可能不同,应取 $L_{min}[\sigma_p]$ 乘积小者为计算值;$[\tau]$ 为螺栓材料的许用剪切应力。

3. 螺纹连接件材料和许用应力

螺纹连接件常用材料有低碳钢 Q215、10 钢和中碳钢 Q235、35 钢、45 钢。对于承受冲击、振动或变载荷的螺栓,可采用低合金钢、合金钢,如 15Cr、40Cr、30CrMnSi 等。对于特殊用途(如防锈、防磁、导电或耐高温等)的螺栓,可采用特种钢或铜合金、铝合金等。双头螺柱、螺钉的材料与螺栓基本相同。国家标准规定按材料的机械性能分级,见表 4.6。规定性

能等级的螺栓,在图纸中只标出性能等级,不必标出材料牌号。

表 4.6 螺栓的性能等级(摘自 GB/T 3098.1—2010)

性能等级(标记)	3.6	4.6	4.8	5.6	5.8	6.8	8.8	9.8	10.9	12.9
抗拉强度极限 σ_{bmin}/MPa	300	400	420	500	520	600	800	900	1000	1220
屈服极限 σ_{smin}/MPa	180	240	320	300	420	480	640	720	900	1100
硬度 HBS_{min}	90	114	124	147	152	181	232	269	304	365
推荐材料	低碳钢	低碳钢或中碳钢					中碳钢,淬火并回火		中碳钢,低、中碳合金钢,淬火并回火	合金钢,淬火并回火

螺纹连接件的许用应力与载荷性质、是否需要拧紧、是否控制预紧力、材料以及结构尺寸等因素有关。许用拉应力$[\sigma]$、许用剪应力$[\tau]$和许用挤压应力$[\sigma_p]$分别按下式确定。

许用拉应力

$$[\sigma] = \frac{\sigma_s}{S} \tag{4.14}$$

许用剪应力

$$[\tau] = \frac{\sigma_s}{S_\tau} \tag{4.15}$$

许用挤压应力

对于钢

$$[\sigma_p] = \frac{\sigma_s}{S_p} \tag{4.16}$$

对于铸铁

$$[\sigma_p] = \frac{\sigma_b}{S_p} \tag{4.17}$$

式中,σ_s、σ_b 分别为螺纹连接件材料的屈服极限和强度极限,见表 4.6;S、S_τ、S_p 为安全系数,见表 4.7。

表 4.7 螺纹连接的安全系数 S

连接类型			S		
松螺栓连接			1.2~1.7		
受轴向和横向载荷的普通螺栓连接	不控制预紧力		M6~M16	M16~M30	M30~M60
		碳钢	5~4	4~2.5	2.5~2
		合金钢	5.7~5	5~3.4	3.4~3
	控制预紧力		1.2~1.5		
加强杆螺栓连接			钢:$S_\tau=2.5$;$S_p=1.25$;铸铁:$S_p=2.0~2.5$		

4.2.6 螺栓组连接的强度计算

螺栓组

在螺栓连接中,常常同时使用多个螺栓,称为螺栓组。在进行强度计算前,先要进行受力分析,找出其中受力最大的螺栓及所受力大小。然后,即可按前述单个螺栓连接的方法进行强度计算。为了简化计算,在分析连接的受力时通常作如下假设:①各螺栓的拉伸刚度或剪切刚度及预紧力均相同,即假设各螺栓的材料、直径、长度相等;②受载后连接接合面仍保持为平面;③螺栓的变形在弹性范围内。

下面对4种典型受载情况进行受力分析。

1. 受轴向载荷 Q

图 4.10 为压力容器的螺栓组连接。轴向总载荷 F_Q 通过螺栓组的形心,由于螺栓均布,所以每个螺栓所受的轴向工作载荷 F 相等。设螺栓数目为 z,则每个螺栓的受力为

$$F = \frac{F_Q}{z} \tag{4.18}$$

2. 受横向载荷 F_Σ

设受横向载荷的螺栓组连接时载荷通过螺栓组的形心,计算时可近似地认为各螺栓所承担的工作载荷是相等的。

当采用加强杆螺栓连接时,则每个螺栓所受的横向工作载荷为

$$F = \frac{F_\Sigma}{z} \tag{4.19}$$

当采用普通螺栓连接时(见图 4.14),应保证连接预紧后,接合面间所产生的最大摩擦力须 $\geqslant F_\Sigma$。设接合面数目为 m,则平衡条件为

$$mfF'z \geqslant K_f F_\Sigma$$

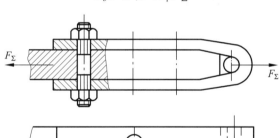

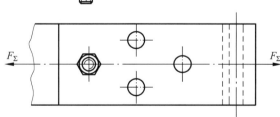

图 4.14 受横向载荷的螺栓组连接

因此,每个螺栓所受的预紧力为

$$F' \geqslant \frac{K_f F_\Sigma}{mfz} \tag{4.20}$$

式中,f 为接合面的摩擦系数,见表 4.3;F' 为各螺栓的预紧力;K_f 为防滑可靠性系数,通常取 $K_f = 1.1 \sim 1.3$。

实际上,由于板是弹性体,两端螺栓所受剪切力比中间螺栓大,所以沿载荷方向布置的螺栓数目不宜超过 6 个,以免受力严重不均。

3. 受转矩 T

图 4.15 为受转矩 T 作用的基座螺栓组连接,这时基座有绕轴线 $O-O$ 转动趋势。受力情况与受横向载荷类似。

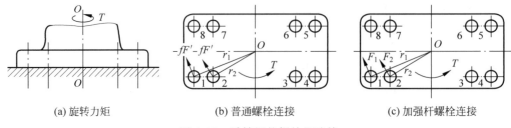

(a) 旋转力矩　　　　(b) 普通螺栓连接　　　　(c) 加强杆螺栓连接

图 4.15　受转矩的螺栓组连接

采用普通螺栓连接时,预紧后在接合面间产生的摩擦力矩可承受转矩 T(见图 4.15(b))。设各螺栓连接接合面的摩擦力相等,并集中作用在螺栓中心处,与该螺栓的轴线到基座旋转中心 O 的连线(力臂 r_i)垂直。根据基座上各力矩平衡条件得

$$fF'r_1 + fF'r_2 + \cdots + fF'r_z \geqslant K_f T$$

由此可得各螺栓所需的预紧力为

$$F' \geqslant \frac{K_f T}{f(r_1 + r_2 + \cdots + r_z)} \tag{4.21}$$

采用加强杆螺栓连接时,各螺栓所受的工作剪力 F 也与力臂 r_i 垂直(见图 4.15(c))。忽略连接中的预紧力和螺纹摩擦力,根据基座的力矩平衡条件得

$$F_1 r_1 + F_2 r_2 + \cdots + F_z r_z = T$$

根据螺栓的变形协调条件可知:各螺栓的剪切变形量与力臂大小成正比。因为螺栓的剪切刚度相同,所以各螺栓的剪力也与力臂成正比,于是有

$$\frac{F_1}{r_1} = \frac{F_2}{r_2} = \cdots \frac{F_z}{r_z} = \frac{F_{max}}{r_{max}}$$

式中,$F_1, F_2, \cdots, F_z$ 为各螺栓的工作剪力,F_{max} 为最大值;$r_1, r_2, \cdots, r_z$ 为各螺栓的力臂,r_{max} 为最大值。

联立求解上两式,可求得受力最大螺栓所受的工作剪力为

$$F_{max} = \frac{T r_{max}}{r_1^2 + r_2^2 \cdots + r_z^2} \tag{4.22}$$

图 4.16 所示的凸缘联轴器,是承受转矩的螺栓组连接的典型部件。各螺栓的受力根据螺栓连接的类型以及 $r_1 = r_2 = \cdots = r_z$ 的关系,代入式(4.21)或式(4.22)即可求解。

4. 受翻转力矩 M

图 4.17 为受翻转力矩的基座螺栓组连接。基座承受力矩前,由于螺栓已拧紧,在预紧力 F' 的作用下,螺栓均匀伸长,基座均匀压缩。当力矩 M 作用在通过 $x\text{-}x$ 轴并垂直于连接接合面的对称平面内时,基座有绕对称轴线 $O-O$ 翻转的趋势,轴线下面的螺栓被进一步拉伸而轴向拉力增大,此侧基座被放松。相反,轴线上面的螺栓被放松而使预紧力减小,这一侧的基座则被进一步压缩。作用在基座上下所有螺栓合成力矩之和应与翻转力矩 M 平衡

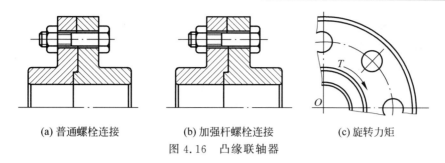

(a) 普通螺栓连接　　(b) 加强杆螺栓连接　　(c) 旋转力矩

图 4.16　凸缘联轴器

(见图 4.17(a)),即

$$F_1L_1 + F_2L_2 + \cdots + F_zL_z = M$$

式中,$F_1,F_2,\cdots,F_z$ 为各螺栓的工作拉力,其中最大值为 $F_{\max}$;z 为螺栓数;$L_1,L_2,\cdots,L_z$ 为各螺栓的力臂,其中最大值为 $L_{\max}$。

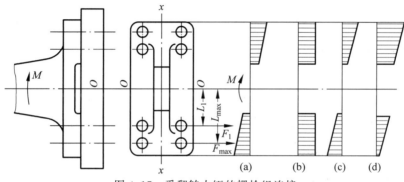

图 4.17　受翻转力矩的螺栓组连接

根据螺栓变形协调条件可知:各螺栓的拉伸变形量与轴线到螺栓组形心的距离成正比。因为各螺栓的拉伸刚度相同,所以下螺栓的工作载荷和上基座在螺栓处的压力也与这个距离成正比,于是有

$$\frac{F_1}{L_1} = \frac{F_2}{L_2} = \cdots = \frac{F_z}{L_z} = \frac{F_{\max}}{L_{\max}}$$

联立求解以上两式,可求得受力最大螺栓所受的工作拉力为

$$F_{\max} = \frac{ML_{\max}}{L_1^2 + L_2^2 + \cdots + L_z^2} \tag{4.23}$$

对于这种螺栓组连接,不仅要对单个螺栓进行强度计算,而且还要防止接合面受力最大处被压溃或受压最小处出现间隙,因此应该检查受载后基座接合面压应力的最大值不超过允许值,最小值大于零。

在预紧力 F' 作用下,接合面的挤压应力分布如图 4.17(b)所示,即

$$\sigma_p = \frac{zF'}{A}$$

在翻转力矩 M 作用下,接合面的挤压(弯曲应力的影响)应力分布如图 4.17(c)所示,即

$$\sigma'_p = \frac{M}{W}$$

如果忽略连接受载后预紧力 F' 的变化,则受载后接合面间总的挤压应力分布如图 4.17(d) 所示。显然,接合面左端边缘处的挤压应力最小,而右端边缘处的挤压应力最大。保证接合面最大受压处不压溃的条件为

$$\sigma_{pmax} \approx \frac{zF'}{A} + \frac{M}{W} \leqslant [\sigma_p] \tag{4.24}$$

保证接合面最小受压处不分离的条件为

$$\sigma_{pmin} \approx \frac{zF'}{A} - \frac{M}{W} > 0 \tag{4.25}$$

式中,A 为接合面的有效面积;W 为接合面的抗弯截面模量;$[\sigma_p]$ 为接合面材料的许用挤压应力,其值见表 4.8。

表 4.8 连接接合面材料的许用挤压应力

材料	钢	铸铁	混凝土	砖(水泥浆缝)	木材
$[\sigma_p]$/MPa	$0.8\sigma_s$	$(0.4\sim 0.5)\sigma_b$	2.0~3.0	1.5~2.0	2.0~4.0

注:① σ_s 为材料屈服极限,MPa;σ_b 为材料强度极限,MPa;② 当连接接合面的材料不同时,应按强度较弱者选取;③ 连接承受静载荷时,$[\sigma_p]$ 应取表中较大值;承受变载荷时,则应取较小值。

在实际工作中,螺栓组连接所受的工作载荷常常是以上 4 种简单受力状态的组合,可利用静力分析方法简化成上述 4 种受力状态,再分别计算出每个螺栓的工作载荷,然后按力的叠加原理求出每个螺栓总的工作载荷。求出受力最大螺栓及其受力值后,即可进行单个螺栓连接强度的计算。

4.2.7 提高螺栓连接强度的途径

1. 降低应力增量

紧螺栓连接在最小应力不变的条件下,应力幅越小,则螺栓越不容易发生破坏。因此,在预紧力 F_Q 不变时,减小螺栓刚度 C_1,或增大被连接件刚度 C_2,都可以达到减小应力增量的目的。

为了减小螺栓的刚度,可适当增加螺栓的长度,或采用图 4.18(a) 所示的腰状杆螺栓和空心螺栓。如果在螺母下面安装上弹性元件(见图 4.18(b)),效果与采用腰状杆螺栓或空心螺栓时相似。

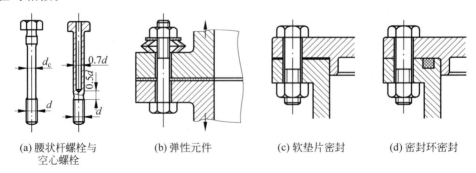

(a) 腰状杆螺栓与空心螺栓　　(b) 弹性元件　　(c) 软垫片密封　　(d) 密封环密封

图 4.18 汽缸密封元件

为了增大被连接件的刚度,可以不用垫片或采用刚度较大的垫片。对于需要保持紧密性的连接,从增大被连接件的刚度的角度来看,采用较软的汽缸垫片(见图 4.18(c))并不合适。此时以采用刚度较大的金属垫片或密封环较好(见图 4.18(d))。

2. 改善螺纹牙间的载荷分布

受拉的普通螺栓连接,螺栓所受的总拉力是通过螺纹牙面间相接触来传递的。如图 4.19 所示,当连接受载时,螺栓受拉,螺距增大,而螺母受压,螺距减小。因此,靠近支撑面的第 1 圈螺纹受到的载荷最大,到第 8~10 圈以后,螺纹几乎不受载荷,各圈螺纹的载荷分布见图 4.20(a),因此采用圈数过多的厚螺母并不能提高螺栓连接强度。为改善螺纹牙上的载荷分布不均匀程度,可采用悬置螺母(见图 4.20(b))或环槽螺母(见图 4.20(c))。

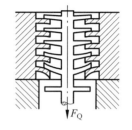

图 4.19 不同位置螺纹的变形

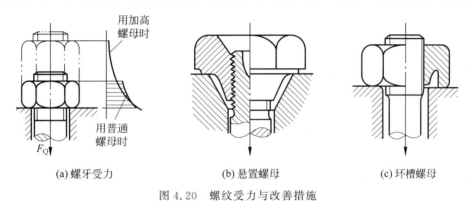

(a) 螺牙受力　　(b) 悬置螺母　　(c) 环槽螺母

图 4.20 螺纹受力与改善措施

3. 减少或避免附加应力、减少应力集中

当被连接件、螺母或螺栓头部的支撑面粗糙(见图 4.21(a))、被连接件因刚度不够而弯曲(见图 4.21(b))、使用钩头螺栓(见图 4.21(c))以及装配不良等都会使螺栓中产生附加弯曲应力。

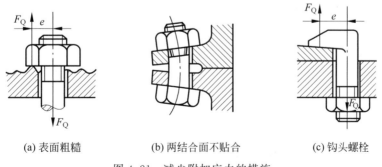

(a) 表面粗糙　　(b) 两结合面不贴合　　(c) 钩头螺栓

图 4.21 减少附加应力的措施

对此,应从结构或工艺上采取措施,如规定螺纹紧固件与连接件支撑面的加工精度和要求;在粗糙表面上采用经切削加工的凸台(见图 4.22(a))或沉头座(见图 4.22(b));采用球面垫圈(见图 4.22(c))或斜垫圈(见图 4.22(d))等。螺栓上的螺纹(特别是螺纹的收尾)、螺栓头和螺栓杆的过渡处以及螺栓横截面面积发生变化的部位都会产生应力集中。为减少应力集中,可采用较大的圆角(见图 4.22(e))和卸载结构(见图 4.22(f))等措施。

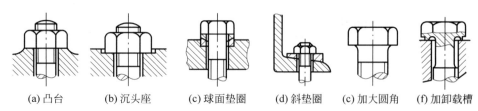

(a)凸台　　(b)沉头座　　(c)球面垫圈　　(d)斜垫圈　　(e)加大圆角　　(f)加卸载槽

图 4.22　减少应力集中的措施

例 4.1　一压力容器的螺栓组连接如图 4.10 所示。已知容器的工作压力 $p=12\text{MPa}$,容器内径 $D=78\text{mm}$,螺栓数目 $z=6$,采用橡胶垫片。试设计此压力容器的螺栓。

解：本例为受轴向载荷的紧螺栓组连接,并有较高紧密性的要求。先根据缸内的工作压力 p 求出每个螺栓所受的工作拉力 F,再根据紧密性要求选择合适的剩余预紧力 F'',然后计算螺栓的预紧力 F' 与总拉力 F_t 后,便可按强度条件确定螺栓直径。

1. 受力分析

(1) 求每个螺栓所受的工作拉力 F

$$F = \frac{\pi D^2 p}{4z} = \frac{\pi \times 78^2 \times 12}{4 \times 6} = 9556\text{N}$$

(2) 按紧密性要求选取剩余预紧力 F''

根据表 4.4,可取

$$F'' = 1.6F = 15\,291\text{N}$$

(3) 求应施加在每个螺栓上的预紧力 F'

查表 4.4,对橡胶垫片 $C_1/(C_1+C_2)=0.9$,则 $C_2/(C_1+C_2)=1-0.9=0.1$,由式(4.9)第 2 式得

$$F' = F'' + \frac{C_2}{C_1+C_2}F = 16\,246\text{N}$$

(4) 求单个螺栓所受的总拉力 F_t

由式(4.9)第 3 式并代入上式 F' 得

$$F_t = F + F'' = 24\,847\text{N}$$

2. 按强度条件确定螺栓直径

(1) 确定许用应力 $[\sigma]$

选螺栓材料为 5.6 级的 35 钢,查表 4.6,$\sigma_s=300\text{MPa}$;查表 4.7,取 $S=1.3$。则由式(4.14)得

$$[\sigma] = \frac{\sigma_s}{S} = \frac{300}{1.3} = 230.77\text{MPa}$$

(2) 确定螺栓直径

由式(4.11)得

$$d_1 \geqslant \sqrt{\frac{4 \times 1.3 F_t}{\pi[\sigma]}} = \sqrt{\frac{4 \times 1.3 \times 24\,847}{\pi \times 230.77}} = 13.35\text{mm}$$

(3) 选择标准螺纹

查附表 D.1,选取 M16 粗牙普通螺纹,小径 $d_1=13.835>13.35\text{mm}$,可满足强度要求。

解毕。

例 4.2　如图 4.23 所示,一铸钢吊架用两个螺栓紧固在钢梁上。吊架所承受的静载荷为 $F_V=6000\text{N}$、$F_H=4000\text{N}$,有关结构尺寸如图所示,单位 mm。安装时不控制预紧力。试设计此螺栓连接。

解：这是受轴向、横向载荷和翻转力矩的普通螺栓组连接。失效可能是螺栓被拉断、连接面移动和/或

分离、表面被压溃。计算方法有两种：①由不滑移条件先求 F'，从而求出 F'' 和 F_t，再确定螺栓直径，然后验算不离缝不压溃等条件；②按不离缝条件预选 F''，从而求出 F' 和 F_t，再确定螺栓直径，然后验算不滑移不压溃等条件；下面按方法①计算。

1. 受力分析

(1) 计算螺栓组所受的工作载荷

在工作载荷 F 的作用下，螺栓组承受如下各力和翻转力矩

轴向力 $F_V = 6000\text{N}$

横向力 $F_H = 4000\text{N}$

翻转力矩 $M = F_V l + F_H h = 6000 \times 80 + 4000 \times 100$
$= 880\,000\text{N} \cdot \text{mm}$

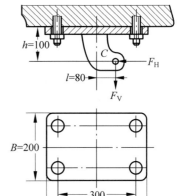

图 4.23   钢梁上的螺栓紧固件

(2) 计算单个螺栓所受的最大工作拉力 F

由轴向力 F_V 引起的工作拉力为

$$F_1 = \frac{F_V}{z} = \frac{6000}{4} = 1500\text{N}$$

在翻转力矩 M 的作用下，构件有绕其接合面对称轴顺时针翻转的趋势，则右侧螺栓加载，而左侧螺栓减载，故右侧螺栓受力较大。由 M 引起的最大工作拉力按式(4.23)得

$$F_{\max} = \frac{ML_{\max}}{L_1^2 + L_2^2 + L_3^2 + L_4^2} = \frac{880\,000 \times 150}{4 \times 150^2} = 1466.67\text{N}$$

因此右边的螺栓所受的最大工作拉力为

$$F = F_1 + F_{\max} = 1500 + 1466.67 = 2966.67\text{N}$$

(3) 按不滑移条件求螺栓的预紧力 F'

在横向力 F_H 的作用下，如果连接摩擦力不够，被连接件可能产生移动，翻转力矩对移动基本没有影响，不考虑。考虑 F_V 对螺栓轴向力的影响，工作时螺栓所受载荷由式(4.9)第1式得到，有

$$F_\Sigma = F_H = F'' = zF' - \frac{C_2}{C_1 + C_2}F_V$$

将上式代入式(4.20)，可以得到不滑移条件下的预紧力为

$$F' \geqslant \frac{1}{z}\left(\frac{K_f F_H}{f} + \frac{C_2}{C_1 + C_2}F_V\right)$$

查表 4.4，取 $f = 0.3$；查表 4.5，取 $C_1/(C_1 + C_2) = 0.2$，则 $C_2/(C_1 + C_2) = 1 - 0.2 = 0.8$；取 $K_f = 1.2$，求得

$$F' \geqslant \frac{1}{4}\left(\frac{1.2 \times 4000}{0.3} + 0.8 \times 6000\right) = 5200\text{N}$$

(4) 螺栓所受的总拉力 F_t

将 F' 代入式(4.9)第3式得工作时螺栓所受载荷为

$$F_t = F' + \frac{C_1}{C_1 + C_2}F = 5200 + 0.2 \times 2966.67 = 5793.33\text{N}$$

2. 确定螺栓直径

选择螺栓材料为强度级别 4.6，由表 4.6 查得 $\sigma_s = 240\text{MPa}$。在不控制预紧力的情况下，螺栓的安全系数与直径有关，采用"试算法"：设螺栓所需的公称直径 d 在 M6～M16 范围，查表 4.7，可取 $S = 4\sim5$，现取 $S = 4.5$，则许用应力

$$[\sigma] = \frac{\sigma_s}{S} = \frac{240}{4.5} = 53.33\text{MPa}$$

由式(4.11)得螺栓危险截面直径为

$$d_1 \geqslant \sqrt{\frac{4 \times 1.3 F_t}{\pi [\sigma]}} = \sqrt{\frac{4 \times 1.3 \times 5793.33}{\pi \times 53.33}} = 13.41 \text{mm}$$

查附表 D.1，选用 M16 粗牙普通螺纹，$d_1 = 13.835 > 13.41$ mm，并且符合原假设，故决定选用 M16 螺纹。

3. 校核螺栓组连接的工作能力

（1）接合面下端不压溃的校核

接合面有效面积为

$$A = 200 \times 400 - 4 \times \frac{1}{4} \pi \times 16^2 = 79\,195.75 \text{mm}^2$$

抗弯截面模量为

$$W = \frac{BH^2}{6} = \frac{200 \times 400^2}{6} = 5\,333\,333 \text{mm}^3$$

按式（4.24），得

$$\sigma_{p\max} = \frac{1}{A}\left(zF' - \frac{C_2}{C_1+C_2}P_V\right) + \frac{M}{W} = \frac{4 \times 5200 - 0.8 \times 6000}{79\,195.75} + \frac{880\,000}{5\,333\,333}$$
$$= 0.37 \text{MPa}$$

查表 4.8，$[\sigma_p] = 0.8\sigma_s = 0.8 \times 240 = 192$ MPa $\gg 0.37$ MPa，故接合面不会压溃。

（2）校核离缝条件

按式（4.25）得

$$\sigma_{p\min} = \frac{1}{A}\left(zF' - \frac{C_2}{C_1+C_2}P_V\right) - \frac{M}{W} = \frac{4 \times 5200 - 0.8 \times 6000}{79\,195.75} - \frac{880\,000}{5\,333\,333}$$
$$= 0.037 \text{MPa} > 0$$

故接合面不会离缝。

解毕。

键与花键连接

4.3 键 连 接

4.3.1 键连接类型

键是一种标准零件，用来实现轴与轮毂（如齿轮、带轮、链轮、联轴器等）之间的周向固定以传递转矩，有些键还可以实现轴上零件的轴向固定或轴向滑动的导向。键连接主要类型有普通平键连接（见图 4.24(a)）、导向平键连接（见图 4.24(b)）、半圆键连接（见图 4.24(c)）、楔键连接（见图 4.24(d)）、切向键连接（见图 4.24(e)）和花键连接（见图 4.24(f)）。

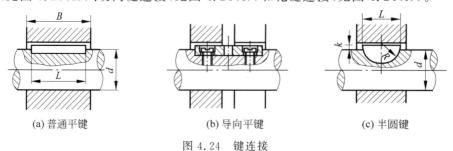

图 4.24 键连接

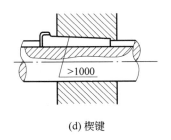
(d) 楔键

(e) 切向键

(f) 花键

图 4.24（续）

4.3.2 平键连接

平键连接一般用于相对静止的场合，如图 4.24(a) 所示。它主要失效形式是工作面被压溃。当用于传递转矩时，平键受力情况见图 4.25。通常只需按工作面上的挤压应力进行强度校核计算，只有当严重过载时，才可能出现键沿 a—a 面被剪断。

设键工作面上载荷均匀分布，挤压应力应满足下式：

$$\sigma_p = \frac{2T}{kld} = \frac{4T}{hld} \leqslant [\sigma_p] \tag{4.26}$$

式中，T 为传递的转矩；h 为键的高度；k 为键与轮毂键槽的接触高度，$k \approx 0.5h$；l 为键的工作长度，圆头平键 $l = L - b$，平头平键 $l = L$，单圆头平键 $l = L - b/2$，L 为键的公称长度，b 为键的宽度；d 为轴的直径；$[\sigma_p]$ 为键、轴、轮毂三者中最弱材料的许用挤压应力，见表 4.9。

图 4.25 普通平键的受力

表 4.9 键连接的许用应力　　　　　MPa

许用应力	连接方式	键、轴、轮毂材料	载荷性质		
			静载荷	轻微冲击	冲击
$[\sigma_p]$	静连接	钢	120～150	100～120	60～90
		铸铁	70～80	50～60	30～45
$[p]$	动连接	钢	50	40	30

注：如与键有相对滑动的被连接件表面经过淬火，则动连接的许用压力 $[p]$ 可提高 2～3 倍。

导向平键连接和滑键连接常用于动连接（见图 4.24(b)），主要失效形式是工作面的过度磨损。因此应限制工作面上的压强，须满足下式：

$$p = \frac{2T}{kld} = \frac{4T}{hld} \leqslant [p] \tag{4.27}$$

式中，$[p]$ 为键、轴、轮毂三者中最弱材料的许用压力，见表 4.9；其他符号意义同式(4.26)。

导向平键的材料一般采用抗拉强度不小于 600MPa 的钢，通常为 45 钢。

4.3.3 半圆键连接

半圆键常用于锥形轴端与轮毂的辅助连接(见图 4.24(c)),受力情况如图 4.26 所示。半圆键的主要失效形式是工作面被压溃。通常按工作面的挤压应力进行强度校核计算,强度条件同式(4.26)。应注意:半圆键的接触高度 k 应根据键的尺寸从标准中查取;半圆键的工作长度 l 近似地取等于键的公称长度 L。

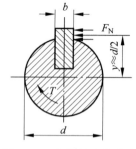

图 4.26 半圆键连接受力

4.3.4 楔键连接

楔键连接上、下两面为工作面(见图 4.24(d)),装配后情况见图 4.27(a)。

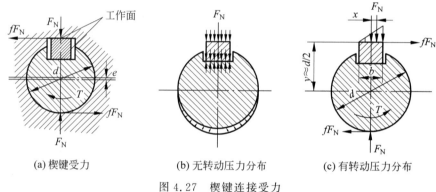

(a) 楔键受力　　(b) 无转动压力分布　　(c) 有转动压力分布

图 4.27 楔键连接受力

未工作时,可以认为键的上下表面的压力是均匀分布(见图 4.27(b))。当传递转矩时,由于轴与轮毂有相对转动的趋势,将产生微小的扭转变形,故沿键的工作长度 l 及沿宽度 b 上的压力分布情况均发生了变化,压力的合力 F_N 不再通过轴心,如图 4.27(c)所示。为了简化,把键和轴视为一体,并将下方分布在半圆柱面上的径向压力用集中力 F_N 代替。计算时假设压力沿键长均匀分布,沿键宽为三角形分布,取 $x \approx b/6, y \approx d/2$,视键和轴为一体,对轴心的受力平衡条件为

$$T = F_N x + f F_N y + f F_N d/2$$

可得到工作面上压力的合力为

$$F_N = \frac{T}{x + fy + fd/2} = \frac{6T}{b + 6fd}$$

楔键的主要失效形式是相互楔紧的工作面被压溃,故应校核最大压力处的抗挤压强度。则楔键连接的挤压强度条件为

$$\sigma_p = \frac{2F_N}{bl} = \frac{12T}{bl(b + 6fd)} \leqslant [\sigma_p] \tag{4.28}$$

式中,T 为传递的转矩;d 为轴的直径;b 为键的宽度;l 为键的工作长度;f 为摩擦系数,一般取 $f = 0.12 \sim 0.17$;$[\sigma_p]$ 为键、轴、轮毂中最弱材料的许用挤压应力,见表 4.9。

4.3.5 切向键连接

切向键由一对楔键组成,主要失效形式是工作面被压溃(见图4.24(e))。若把键和轴看成一体,则当键连接传递转矩时,受力情况如图4.28所示。

设压力在键的工作面上均匀分布,取 $y=(d-t)/2$, $t=d/10$,按一个切向键计算,键和轴一体对轴心的受力平衡条件为

$$T = F_N y$$

得到工作面上压力的合力为

$$F_N = \frac{T}{y} = \frac{T}{0.45d}$$

则切向键连接的挤压强度条件为

$$\sigma_p = \frac{F_N}{(t-C)l} = \frac{T}{0.45dl(t-C)} \leqslant [\sigma_p] \quad (4.29)$$

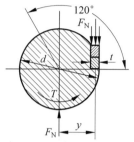

图 4.28 切向键连接受力情况

式中,T 为传递的转矩;d 为轴的直径;l 为键的工作长度;t 为键槽的深度;C 为键的倒角;$[\sigma_p]$ 为键、轴、轮毂三者中最弱材料的许用挤压应力,见表4.10。

表 4.10 花键连接的许用应力　　MPa

许用应力	连接方式	使用和制造情况	未热处理	热处理
$[\sigma_p]$	静连接	不良	35～50	40～70
		中等	60～100	100～140
		良好	80～120	120～200
$[p]$	空载下移动的动连接	不良	15～20	20～35
		中等	20～30	30～60
		良好	25～40	40～70
	在载荷作用下移动的动连接	不良		3～10
		中等		5～15
		良好		10～20

在进行键的强度校核后,如果强度不够时可采用双键。这时应考虑键的合理布置。两个平键最好布置在沿周向相隔180°;两个半圆键应布置在轴的同一条母线上;两个楔键则应布置在沿周向相隔90°～120°。考虑到两键上载荷分配的不均匀性,在强度校核中只按1.5个键计算。如果轮毂允许适当加长,也可相应地增加键的长度,以提高单键连接的承载能力。但是,由于传递转矩时键上载荷沿长度分布不均,故键不宜过长。当键的长度大于 $2.25d$ 时,多出的长度实际上被认为并不承受载荷,故一般采用的键长不宜超过 $(1.6～1.8)d$。

4.3.6 花键连接

1. 花键连接尺寸计算

矩形花键(见图4.24(f))的优点是能通过磨削消除热处理变形,定心精度高。矩形花

键键齿的工作高度 h_g 和平均直径 D_m 按下式计算：

$$\begin{cases} D_m = \dfrac{D+d}{2} \\ h_g = \dfrac{D-d}{2} - 2c \end{cases} \quad (4.30)$$

式中，D 为花键外径；d 为花键内径；c 为倒角尺寸。

渐开线花键键齿的工作高度 h_g 和平均直径 D_m 按下式计算：

$$\begin{cases} D_m = D_f \\ h_g = m \end{cases} \quad (4.31)$$

式中，D_f 为花键分度圆直径；m 为模数。

2. 花键连接强度计算

花键连接是标准零件，它的设计计算与键连接相似，先选定类型及尺寸，然后校核强度。花键连接的强度计算公式为

$$\sigma_p = \frac{2T}{\psi z h_g l_g D_m} \leqslant [\sigma_p] \quad (4.32)$$

式中，T 为传递的转矩；ψ 为各键齿间载荷不均匀系数，常取 $0.7 \sim 0.8$；z 为齿数；h_g 为键齿的工作高度；l_g 为键齿的工作长度；D_m 为平均直径；$[\sigma_p]$ 为键、轴、轮毂三者中最弱材料的许用挤压应力，见表 4.10。

$$p = \frac{2T}{\psi z h_g l_g D_m} \leqslant [p] \quad (4.33)$$

式中，$[p]$ 为键、轴、轮毂三者中最弱材料的许用压力，见表 4.10。

例 4.3 已知减速器中某直齿圆柱齿轮安装在轴的两个支承点间，齿轮和轴的材料都是锻钢，用键构成静连接。齿轮的精度为 7 级，装齿轮处的轴径 $d = 70\text{mm}$，齿轮轮毂宽度为 100mm，需传递的转矩 $T = 2200\text{N} \cdot \text{m}$，载荷有轻微冲击。试设计此键连接。

解：1. 选择键连接的类型和尺寸

一般 8 级以上精度的齿轮有定心精度要求，应采用平键连接。由于齿轮不在轴端，故选用圆头普通平键（A 型）。

根据 $d = 70\text{mm}$ 从附表 E.1 中查得键的截面尺寸为：宽度 $b = 20\text{mm}$，高度 $h = 12\text{mm}$。由轮毂宽度并参考键的长度系列，取键长 $L = 90\text{mm}$（比轮毂宽度小些）。

2. 校核键连接的强度

键、轴和轮毂的材料都是钢，由表 4.9 查得许用挤压应力 $[\sigma_p] = 100 \sim 120\text{MPa}$。取平均值 $[\sigma_p] = 110\text{MPa}$；键的工作长度 $l = L - b = 90 - 20 = 70\text{mm}$；键与轮毂键槽的接触高度 $k = 0.5h = 0.5 \times 12 = 6\text{mm}$。由式(4.26)可得

$$\sigma_p = \frac{2T}{kld} = \frac{4T}{hld} = 169.7\text{MPa} > [\sigma_p] = 110\text{MPa}$$

可见连接的挤压强度不够。考虑到相差较大，因此改用双键，相隔 180° 布置。双键的工作长度 $l = 1.5 \times 70 = 105\text{mm}$。由式(4.26)可得：$\sigma_p = 99.8\text{MPa} < [\sigma_p]$，合适。

解毕。

4.3.7 键与花键的选择和标记

键与花键的选择包括类型选择和尺寸选择两个方面：设计时，根据连接的结构特点、使用要求和工作条件来选择键或花键的类型；键的主要尺寸为截面尺寸（键宽 b × 键高 h）与长度 L，截面尺寸 $b×h$ 按轴的直径 d 从标准中选出，键的长度 L 根据轮毂的宽度确定，一般小于轮毂的宽度，所选定的键长应符合标准中规定的长度系列（见附表 E.1）。花键主要确定齿数、模数、齿根圆角、公差等级和配合类别等内容，按轴的直径 d 选取。

键和花键标记举例：

(1) 圆头普通平键（A 型），$b=18\text{mm}, h=11\text{mm}, L=100\text{mm}$：

$$\text{键 } 18×100 \text{ GB/T } 1096-2003$$

(2) 方头普通平键（B 型），$b=18\text{mm}, h=11\text{mm}, L=100\text{mm}$：

$$\text{键 B } 18×100 \text{ GB/T } 1096-2003$$

(3) 圆头导向平键（A 型），$b=20\text{mm}, h=11\text{mm}, L=100\text{mm}$：

$$\text{键 } 20×100 \text{ GB/T } 1097-2003$$

(4) 半圆键（A 型），$b=6\text{mm}, h=10\text{mm}, d=25\text{mm}, L=24.5\text{mm}$：

$$\text{键 } 6×25 \text{ GB/T } 1099-2003$$

(5) 圆头楔键（A 型），$b=16\text{mm}, h=10\text{mm}, L=100\text{mm}$：

$$\text{键 } 16×100 \text{ GB/T } 1564-2003$$

(6) 方头楔键（B 型），$b=16\text{mm}, h=10\text{mm}, L=100\text{mm}$：

$$\text{键 B}16×100 \text{ GB/T } 1564-2003$$

(7) 钩头楔键，$b=16\text{mm}, h=10\text{mm}, L=100\text{mm}$：

$$\text{键 } 16×100 \text{ GB/T } 1565-2003$$

(8) 花键副：齿数 24、模数 2.5、30°圆齿根、公差等级 5 级、配合类别 H5/h5，标记方法为：

花键副	INT/EXT 24z×2.5m×30R×5H/5h GB/T 3478.1—2008
内花键	INT 24z×2.5m×30R×5H GB/T 3478.1—2008
外花键	EXT 24z×2.5m×30R×5h GB/T 3478.1—2008

4.4 销 连 接

销连接

销连接主要用于固定零件之间的相对位置，并能传递较小的载荷，它还可以用于过载保护。

4.4.1 销的类型

按形状的不同，销可分为圆柱销、圆锥销和槽销等。

圆柱销如图 4.29(a)所示,靠过盈配合固定在销孔中,如果多次装拆,定位精度会降低。图 4.29(b)的圆锥销和销孔均有 1∶50 的锥度,安装方便,定位精度高,多次装拆不影响定位精度。图 4.29(c)所示为端部带螺纹的圆锥销,可用于盲孔或拆卸困难的场合。图 4.29(d)所示为开尾圆柱销或圆锥销,它适用于有冲击、振动的场合。图 4.29(e)所示为槽销,槽销上有三条纵向沟槽,槽销压入销孔后,凹槽即产生收缩变形,借助材料的弹性而固定在销孔中。槽销多用于传递载荷,也适用于受振动载荷的连接;其销孔无须铰制,加工方便,可多次装拆。图 4.29(f)是圆管型弹簧圆柱销,在销打入销孔后,销由于弹性变形而挤紧在销孔中,可以承受冲击和变载荷。

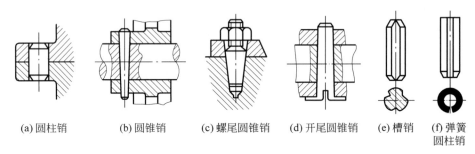

(a) 圆柱销　　(b) 圆锥销　　(c) 螺尾圆锥销　　(d) 开尾圆锥销　　(e) 槽销　　(f) 弹簧圆柱销

图 4.29　销连接

4.4.2　销标记举例

(1) 直径为 10mm,长为 100mm,直径允差为 d_4,材料为 35 钢,热处理硬度为 28HRC～38HRC,不经表面处理的圆柱销:

销 10×100 GB/T 119.2—2000

(2) 直径为 10mm,长为 100mm,材料为 35 钢,热处理硬度为 28HRC～38HRC,不经表面处理的圆锥销:

销 10×100 GB/T 117—2000

(3) 直径为 10mm,长为 50mm(总长为 68mm),材料为 35 钢,热处理硬度为 28HRC～38HRC,不经表面处理的螺尾锥销:

销 10×50 GB/T 881—2000

(4) 公称直径为 3mm,长为 20mm,材料为低碳钢,不经表面处理的开口销:

开口销 3×20 GB/T 91—2000

4.5　其他连接

4.5.1　铆钉连接

如图 4.30 所示,铆钉连接(简称铆接)是将铆钉穿过被连接件的预制孔经铆合后形成的不可拆连接。铆接的工艺简单、耐冲击、连接牢固可靠,但结构较笨重,被连接件上有钉孔使其强度削弱,铆接时噪声很大。目前,铆接主要用于桥梁、造船、重型机械及飞机制造等部门。

4.5.2 焊接

焊接是利用局部加热方法使两个金属元件在连接处熔融而构成的不可拆连接。常用的焊接方法有电弧焊、气焊和电渣焊等,其中电弧焊应用最为广泛。

常用的焊缝形式有对接焊缝和填角焊缝。图 4.31 所示为对接焊缝,它用来连接在同一平面内的焊接件,焊缝传力较均匀。

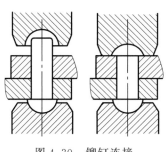
图 4.30 铆钉连接

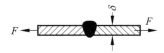
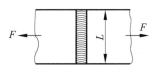
图 4.31 对接焊缝

对接焊缝的主要失效形式是:当焊缝受拉或者受压时,连接沿焊缝断裂。其强度条件为

$$\frac{F}{\delta L} \leqslant [\sigma] \tag{4.34}$$

或

$$\frac{F}{\delta L} \leqslant [\sigma_y] \tag{4.35}$$

式中,F 为作用力;δ 为被焊接件厚度;L 为焊缝长度;$[\sigma]$ 和 $[\sigma_y]$ 分别为焊缝的抗拉和抗压许用应力。

如图 4.32 所示,填角焊缝主要用来连接不在同一平面上的被焊接件,焊缝剖面通常是等腰直角三角形。垂直于载荷方向的焊缝称为横向焊接,如图 4.32(a) 所示;平行于载荷方向的焊缝称为纵向焊缝,如图 4.32(b) 所示;焊缝兼有横向、纵向或者斜向的称为混合焊缝,如图 4.32(c) 所示。

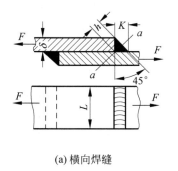
(a) 横向焊缝

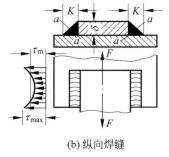
(b) 纵向焊缝

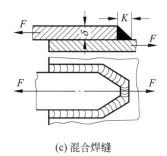
(c) 混合焊缝

图 4.32 各种填角焊缝形式

填角焊缝的应力情况复杂,主要失效形式是焊缝沿计算截面 $a-a$ 被剪断。因此,通常按焊缝危险截面高度 $h=K\cos45°=0.7K$ 来计算焊缝总截面积 S,即 $S=0.7K\sum L$,对焊缝强度作抗剪切条件性计算。受拉力或者压力时填角焊缝的强度条件为

$$\frac{F}{0.7K\sum L}\leqslant[\tau] \qquad (4.36)$$

式中,F 为拉力或压力;K 为焊缝腰长;$\sum L$ 为焊缝总长度;$[\tau]$ 为焊缝的许用剪切应力,可参考有关手册。

4.5.3 胶接

胶接是利用直接涂在被连接件表面上的胶黏剂凝固黏结而形成的连接。常用的胶黏剂有酚醛乙烯、聚氨酯、环氧树脂等。

如图 4.33 所示,胶接接头的基本形式有对接、正交和搭接。胶接接头设计时应尽可能使黏结层受剪或者受压,避免受拉。

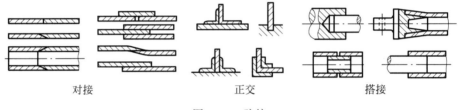

图 4.33 胶接

胶接工艺简单、便于不同材料及极薄金属间的连接,胶接的重量轻、耐腐蚀、密封性能好;但是,胶接接头一般不宜在高温及冲击、振动条件下工作,胶黏剂对胶接表面的清洁度有较高要求,结合速度慢,胶接的可靠性和稳定性易受环境影响。

4.5.4 过盈连接

利用零件间的过盈配合实现过盈连接。如图 4.34(a)所示,过盈配合连接件装配后,包容件和被包容件的径向变形使配合面间产生压力;工作时靠此压紧力产生的摩擦力(也称固持力)来传递载荷(见图 4.34(c));如图 4.34(b)所示,为了便于压入,毂孔和轴端的倒角尺寸均有一定要求。

过盈连接的装配方法有压入法和温差法两种。压入法是在常温下用压力机等将被包容件直接压入包容件中。压入过程中,配合表面易被擦伤,从而降低连接的可靠性。过盈量不大时,一般采用压入法装配。温差法就是加热包容件或者冷却被包容件,以形成装配间隙进行装配。采用温差法不易擦伤配合表面,连接可靠。过盈量较大或者对连接质量要求较高时,宜采用温差法装配。

过盈连接的过盈量不大时,允许拆卸,但多次拆卸会影响连接的质量,过盈量很大时,一般不能拆卸,否则会损坏配合表面或者整个零件。过盈连接结构简单,同轴性好,对轴的削弱小,抗冲击、振动性能好,但对装配面的加工精度要求高。承载能力主要取决于过盈量的

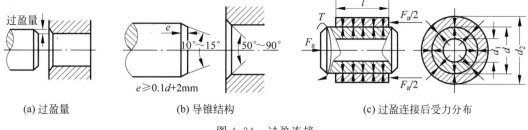

(a) 过盈量　　　　(b) 导锥结构　　　　(c) 过盈连接后受力分布

图 4.34　过盈连接

大小。必要时,可以同时采用过盈连接和键连接,以保证连接的可靠性。

4.6　螺旋传动

4.6.1　螺旋传动的类型

在机械中,有时需要将转动变为直线移动。螺旋传动是实现这种转变经常采用的一种传动。例如机床进给机构中采用螺旋传动实现刀具或工作台的直线进给,又如螺旋压力机和螺旋千斤顶的工作部分的直线运动都是利用螺旋传动来实现的,如图 4.35 所示。

螺旋传动由螺杆、螺母组成。按其用途可分为:

(1) 传力螺旋。以传递动力为主,一般要求用较小的转矩转动螺杆(或螺母)而使螺母(或螺杆)产生轴向运动和较大的轴向推力,例如螺旋千斤顶等。这种传力螺旋主要是承受很大的轴向力,通常为间歇性工作,每次工作时间较短,工作速度不高,而且需要自锁。

(2) 传导螺旋。以传递运动为主,要求能在较长的时间内连续工作,工作速度较高,因此,要求较高的传动精度,如精密车床的走刀螺杆。

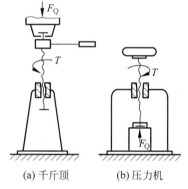

(a) 千斤顶　　(b) 压力机

图 4.35　螺旋传动机械

(3) 调整螺旋。用于调整并固定零部件之间的相对位置,它不经常转动,一般在空载下调整,要求有可靠的自锁性能和精度,用于测量仪器及各种机械的调整装置。如千分尺中的螺旋。

螺旋传动按其摩擦性质又可分为:

(1) 滑动螺旋。螺旋副作相对运动时产生滑动摩擦的螺旋。滑动螺旋结构比较简单,螺母和螺杆的啮合是连续的,工作平稳、易于自锁,常用于起重设备、调节装置中。但螺纹之间摩擦大、磨损大、效率低(一般在 0.25～0.70,自锁时效率小于 50%),滑动螺旋不适宜用于高速和大功率传动。

(2) 滚动螺旋。螺旋副作相对运动时产生滚动摩擦的螺旋。滚动螺旋的摩擦阻力小,传动效率高(90%以上),磨损小,精度高;但结构复杂,成本高,不能自锁。滚动螺旋主要用于对传动精度要求较高的场合。

(3) 静压螺旋。将静压原理应用于螺旋传动中。静压螺旋摩擦阻力小,传动效率高(可达90％以上);但结构复杂,需要供油系统;适用于要求高精度、高效率的重要传动中,如数控、精密机床、测试装置或自动控制系统的螺旋传动中。

4.6.2 滑动螺旋传动设计

滑动螺旋传动的主要失效形式为螺纹的磨损(多发生在螺母上)。磨损与螺纹工作面上的比压、滑动速度、粗糙度及润滑状态等因素有关。目前设计计算最主要的是控制螺纹工作面上的比压。因此,耐磨性计算主要是限制螺纹工作面的比压 p。

1. 滑动螺旋运动关系

图 4.36 是最简单的滑动螺旋传动。其中螺母 3 相对支架 1 可作轴向移动。设螺杆的导程为 S,螺距为 p,螺纹线数为 n,则螺母的位移 L 和螺杆的转角 φ 有如下关系:

$$L = \frac{S}{2\pi}\varphi = \frac{np}{2\pi}\varphi \tag{4.37}$$

图 4.37 是一种差动滑动螺旋传动,螺杆 2 分别与支架 1、螺母 3 组成螺旋副 A 和 B,导程分别为 S_A 和 S_B,螺母 3 只能移动不能转动。若 A、B 两段螺纹的螺旋方向相同,则螺母 3 的位移 L 与螺杆 2 的转角 φ 有如下关系:

$$L = (S_A - S_B)\frac{\varphi}{2\pi} \tag{4.38}$$

由式(4.38)可知,若 A、B 两螺旋副的导程 S_A 和 S_B 相差极小时,则位移 L 也很小,这种差动滑动螺旋传动广泛应用于各种微调装置中。

若图 4.37 中两段螺纹的螺旋方向相反,则螺杆 2 的转角 φ 与螺母 3 的位移 L 之间的关系为

$$L = (S_A + S_B)\frac{\varphi}{2\pi} \tag{4.39}$$

这时,螺母 3 将获得较大的位移,它能使被连接的两构件快速接近或分开。这种差动滑动螺旋传动常用于要求快速夹紧的夹具或锁紧装置中,例如钢索的拉紧装置、螺旋式夹具等。

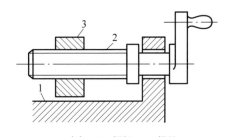

1—支架;2—螺杆;3—螺母。

图 4.36 简单的滑动螺旋传动

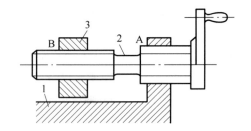

1—支架;2—螺杆;3—螺母。

图 4.37 差动滑动螺旋传动

2. 滑动螺旋的材料

为了减轻滑动螺旋的摩擦和磨损,螺杆和螺母的材料除应具有足够的强度外,还应具有

较好的减摩、耐磨性;由于螺母的加工成本比螺杆低,且更换较容易,因此应使螺母的材料比螺杆的材料软,使工作时所发生的磨损主要在螺母上。对于硬度不高的螺杆,通常采用45钢或50钢;对于硬度较高的重要传动,可选用 T12、65Mn、40Cr、40WMn、18CrMnTi 等,并经热处理以获得较高硬度;对于精密螺杆,要求热处理后有较好的尺寸稳定性,可选用 9Mn2V、CrWMn、38CrMoAlA 等。螺母常用材料为青铜和铸铁。在要求较高的情况下,可采用 ZCuSn10P1 和 ZCuSn5Pb5Zn5;在重载低速的情况下,可用无锡青铜 ZCuAl9Mn2;在轻载低速的情况下,可用耐磨铸铁或灰铸铁。

滑动螺旋传动的结构主要是指螺杆和螺母的固定与支承的结构形式。图 4.38 为螺旋起重器(千斤顶)的结构,螺母 1 与机架一起静止不动,而螺杆 2 则既转动又移动,单向传力(外载荷 F_Q 向下作用)。图 4.39 的结构,螺母 1 转动,螺杆 2 移动,单向传力(外载荷 F_Q 向上作用)。

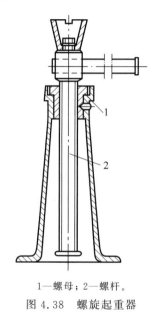

1—螺母;2—螺杆。

图 4.38 螺旋起重器

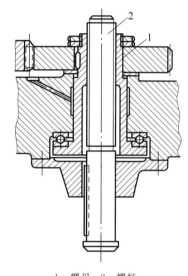

1—螺母;2—螺杆。

图 4.39 螺母转动螺杆移动

3. 滑动螺旋传动的设计

1) 耐磨性计算

如图 4.40 所示,设作用在螺杆上的轴向力 F 在被旋合螺纹上均匀承受,则螺纹工作面应满足下面的耐磨性条件:

$$p = \frac{F}{A} = \frac{F}{\pi d_2 h z} \leqslant [p] \tag{4.40}$$

式中,A 为螺纹承压面积,$A = \pi d_2 h z$;d_2 为螺纹中径;z 为螺纹的工作圈数,$z = H/P$,这里,H 为螺母高度,P 为螺距;h 为螺纹的接触高度;对梯形和矩形螺纹,$h = 0.5P$;对锯齿形螺纹,$h = 0.75P$;$[p]$ 为材料的许用压强,见表 4.11。

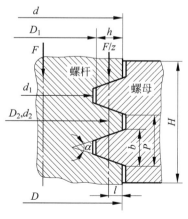

图 4.40 螺旋副的受力

表 4.11　滑动螺旋副材料的滑动速度及许用压强 [p]

螺杆-螺母的材料	滑动速度/(m/s)	许用压强/MPa
铜-青铜	低速	18~25
	≤0.05	11~16
	0.1~0.2	7~10
	>0.25	1~2
淬火钢-青铜	0.1~0.2	10~13
钢-铸铁	≤0.05	12~16
	0.1~0.2	4~7

注：表中数值适用于 $\phi=2.5~4$mm 的情况。当 $\phi<2.5$mm 或人力驱动时，[p]值可提高 20%；当为剖分螺母时，则 [p]值应降低 15%~20%。

变换式(4.40)，可对滑动螺旋进行设计。若令 $\phi=H/d_2$，即 $H=\phi d_2$，则设计公式为

$$d_2 \geqslant \sqrt{\frac{FP}{\pi \phi h [p]}} \tag{4.41}$$

为使载荷分布比较均匀，螺纹的工作圈数不宜大于 10。因整体式螺母磨损后间隙不能调整，取 $\phi=1.2~2.5$mm；对于剖分式螺母或螺母受载较大时，可取 $\phi=2.5~3.5$mm；当传动精度较高，载荷较大，要求寿命较长时，允许取 $\phi=4$mm。

2) 螺杆的强度校核

螺杆受力较大时需要进行强度校核。如果螺杆同时受轴向力 F 和转矩 T 作用时，螺杆危险剖面上既有压缩(或拉伸)应力 σ，也有剪切应力 τ。按第 4 强度理论，应满足下面的强度条件：

$$\sigma_{ca}\sqrt{\sigma^2+3\tau^2}=\sqrt{\left(\frac{4F}{\pi d_1^2}\right)^2+3\left(\frac{T}{0.2d_2^3}\right)} \leqslant [\sigma] \tag{4.42}$$

式中，T 为螺栓所受的转矩，$T=F\tan(\psi+\rho_v)\dfrac{d_2}{2}$；$\psi$ 为螺纹升角；ρ_v 为当量摩擦角，$\rho_v=\arctan\dfrac{f}{\cos\beta}$；$f$ 为摩擦系数，见表 4.12；β 为牙侧角，对称牙形的牙侧角 $\beta=\alpha/2$，而锯齿形螺纹的工作面牙侧角为 3°，非工作面的牙侧角为 30°；d_1、d_2 分别为螺杆螺纹的小径及中径；[σ] 为螺杆材料的许用应力，见表 4.13。

表 4.12　滑动螺旋副的摩擦系数 f（定期润滑）

螺杆-螺母的材料	摩擦系数 f	螺杆-螺母的材料	摩擦系数 f
钢-青铜	0.08~0.10	钢-钢	0.11~0.17
淬火钢-青铜	0.06~0.08	钢-铸铁	0.12~0.15

表 4.13　滑动螺旋副材料的许用应力

螺旋副材料		许用应力/MPa		
		[σ]	[σ_b]	[τ]
螺杆	钢	$\sigma_s/(3~5)$		

续表

螺旋副材料		许用应力/MPa		
		$[\sigma]$	$[\sigma_b]$	$[\tau]$
螺母	青铜		40～60	30～40
	铸铁		45～55	40
	钢		$(1.0～1.2)[\sigma]$	$0.6[\sigma]$

3) 螺纹牙的强度校核

螺母的螺纹牙多发生剪切与弯曲破坏,需校核其螺纹牙的强度。将螺母的一圈螺纹沿螺纹大径 D 展开(见图 4.41),则可看作宽度为 πD 的悬臂梁。设平均压力 F/z 作用在螺纹中径 D_2 圆周上,则螺纹牙根部应满足下面的剪切强度条件:

$$\tau = \frac{F}{\pi D b z} \leqslant [\tau] \tag{4.43}$$

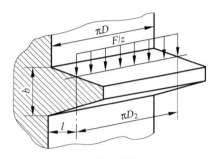

图 4.41 螺母螺纹圈受力

类似可得到应满足的弯曲强度条件为

$$\sigma_b = \frac{(F/z) \cdot l}{W} = \frac{(F/z) \cdot l}{\pi D b^2/6} = \frac{6Fl}{\pi z D b^2} \leqslant [\sigma_b] \tag{4.44}$$

式中,b 为螺纹牙根部宽度;对矩形螺纹,$b=0.5P$;对梯形螺纹,$b=0.65P$;对锯齿形螺纹,$b=0.75P$;l 为弯曲力臂,$l=\dfrac{D-D_2}{2}$;$[\tau]$ 为螺母材料的许用剪切应力,见表 4.13;$[\sigma_b]$ 为螺母材料的许用弯曲应力,见表 4.13。

若校核螺杆螺纹牙时,则式(4.43)和式(4.44)中的 D 应改为 d_1,$l=\dfrac{d-d_2}{2}$。

4) 自锁条件校核

对于要求自锁的螺旋传动,应满足如下的自锁条件:

$$\psi \leqslant \rho_v \tag{4.45}$$

为安全起见,宜取螺纹升角 $\psi \leqslant \rho_v - (1°～1.5°)$。

5) 螺杆的稳定性校核

对于长径比大的受压螺杆,还应对其进行压杆稳定性校核。这时,螺杆应满足如下的稳定性条件:

$$\frac{F_{cr}}{F} \geqslant S \tag{4.46}$$

式中,F_{cr} 为螺杆的临界轴向压力;F 为螺杆所受的轴向压力;S 为螺杆稳定性安全系数;对传力螺旋,$S=3.5～5.0$;对传导螺旋,$S=2.5～4.0$;对精密螺杆或水平螺杆,$S>4$。

临界轴向压力 F_{cr} 可根据螺杆柔度 λ 的大小,计算得到,具体计算公式可参考有关书籍。

4.6.3 滚动螺旋传动简介

滑动螺旋传动虽有很多优点,但传动精度较低,低速或微调时可能出现运动不稳定现象,不能满足某些机械的工作要求,为此可采用滚动螺旋传动。如图 4.42 所示,滚动螺旋传动是在螺杆和螺母的螺纹滚道内连续填装滚珠作为滚动体,使螺杆和螺母间的滑动摩擦变成滚动摩擦。螺母上有导管或反向器,使滚珠能循环滚动。滚珠的循环方式分为外循环和内循环两种,滚珠在回路过程中离开螺旋表面的称为外循环,如图 4.42(a)所示,外循环加工方便,但径向尺寸较大。滚珠在整个循环过程中始终不脱离螺旋表面的称为内循环,如图 4.42(b)所示。

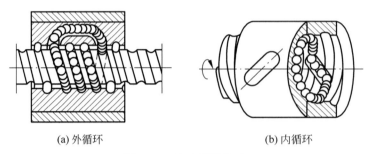

(a) 外循环　　　　　　　　(b) 内循环

图 4.42　滚动螺旋传动

滚动螺旋传动的特点:效率高,一般在 90% 以上;利用预紧可消除螺杆与螺母之间的轴向间隙,可得到较高的传动精度和轴向刚度;静、动摩擦力相差极小,启动时无颤动,低速时运动仍很稳定;工作寿命长;具有运动可逆性,即在轴向力作用下可由直线移动变为转动;为了防止机构逆转,需有防逆装置;滚珠与滚道理论上为点接触,不宜传递重载荷,抗冲击性能较差;结构较复杂;材料要求较高;制造较困难。滚动螺旋传动主要用于对传动精度要求高的场合,如精密机床中的进给机构等。

4.6.4　静压螺旋传动简介

静压螺旋传动的工作原理如图 4.43 所示,压力油通过节流阀由内螺纹牙侧面的油腔进入螺纹副的间隙,然后经回油孔(虚线所示)返回油箱。当螺杆不受力时,螺杆的螺纹牙位于螺母螺纹牙的中间位置,处于平衡状态。此时,螺杆螺纹牙的两侧间隙相等,经螺纹牙两侧流出的油的流量相等,因此油腔压力也相等。

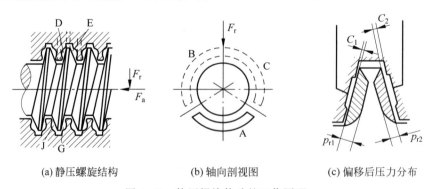

(a) 静压螺旋结构　　　　(b) 轴向剖视图　　　　(c) 偏移后压力分布

图 4.43　静压螺旋传动的工作原理

当螺杆受轴向力 F_a(见图 4.43(a))作用而向左移动时,间隙 C_1 减小、C_2 增大(见图 4.43(c)),由于节流阀的作用使牙左侧的压力大于右侧,从而产生一个与 F_a 大小相等、方向相反的平衡反力,从而使螺杆重新处于平衡状态。

当螺杆受径向力 F_r 作用而下移时,油腔 A 侧隙减小,B、C 侧隙增大(见图 4.43(b)),由于节流阀作用使 A 侧油压增高,B、C 侧油压降低,从而产生一个与 F_r 大小相等、方向相反的平衡反力,从而使螺杆重新处于平衡状态。

当螺杆一端受一径向力 F_r(见图 4.43(a))的作用形成一倾覆力矩时,螺纹副的 E 和 J 侧隙减小,D 和 G 侧隙增大,同理由于两处油压的变化产生一个平衡力矩,使螺杆处于平衡状态。因此螺旋副能承受轴向力、径向力和径向力产生的力矩。

习　题

1. 判断题

(1) 受横向载荷的紧螺栓连接主要是靠被连接件接合面之间的摩擦来承受横向载荷的。　　　　　　　　　　　　　　　　　　　　　　　　　　　　　　　(　)

(2) 螺栓组受转矩作用时,螺栓的工作载荷同时受到剪切和拉伸。　　　　(　)

(3) 受轴向变载荷的普通螺栓紧连接结构中,在两个被连接件之间加入橡胶垫片,可以提高螺栓的疲劳强度。　　　　　　　　　　　　　　　　　　　　　　　(　)

(4) 减小螺栓和螺母的螺距变化差可以改善螺纹牙间的载荷分配不均匀的程度。
　　　　　　　　　　　　　　　　　　　　　　　　　　　　　　　　　(　)

(5) 如图 4.44 所示,板 A 以 4 个加强杆用螺栓固定在板 B 上,受力为 F,则 4 个螺栓所受载荷相等。　　　　　　　　　　　　　　　　　　　　　　　　　　(　)

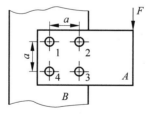

图 4.44　题(5)图

(6) 只要螺纹副具有自锁性,即螺纹升角小于当量摩擦角,则在任何情况下都无需考虑防松。　　　　　　　　　　　　　　　　　　　　　　　　　　　　　　(　)

(7) 受翻转(倾覆)力矩作用的螺栓组连接中,螺栓的位置应尽量远离接合面的几何形心。　　　　　　　　　　　　　　　　　　　　　　　　　　　　　　　(　)

(8) 一个双线螺纹副,螺距为 4mm,则螺杆相对螺母转过一圈时,它们沿轴向相对移动的距离应为 4mm。　　　　　　　　　　　　　　　　　　　　　　　　(　)

2. 选择题

(9) 用于连接的螺纹牙型为三角形,这是因为三角形螺纹_____。
  (A) 牙根强度高,自锁性能好 (B) 传动效率高
  (C) 防振性能好 (D) 自锁性能差

(10) 对于连接用螺纹,主要要求连接可靠、自锁性能好,故常选用_____。
  (A) 升角小、单线三角形螺纹 (B) 升角大、双线三角形螺纹
  (C) 升角小、单线梯形螺纹 (D) 升角大、双线矩形螺纹

(11) 计算紧螺栓连接的拉伸强度时,考虑到拉伸与扭转的复合作用,应将拉伸载荷增加到原来的_____倍。
  (A) 1.1 (B) 1.3 (C) 1.25 (D) 0.3

(12) 在下列4种具有相同公称直径和螺距,并采用相同配对材料的传动螺旋副中,传动效率最高的是_____。
  (A) 单线矩形螺旋副 (B) 单线梯形螺旋副
  (C) 双线矩形螺旋副 (D) 双线梯形螺旋副

(13) 在螺栓连接中,有时在一个螺栓上采用双螺母,其目的是_____。
  (A) 提高强度 (B) 提高刚度
  (C) 防松 (D) 减小每圈螺纹牙上的受力

(14) 在同一螺栓组中,螺栓的材料、直径和长度均应相同,这是为了_____。
  (A) 受力均匀 (B) 便于装配 (C) 外形美观 (D) 降低成本

(15) 螺栓的材料性能等级标成6.8级,其数字6.8代表_____。
  (A) 对螺栓材料的强度要求 (B) 对螺栓的制造精度要求
  (C) 对螺栓材料的刚度要求 (D) 对螺栓材料的耐腐蚀性要求

(16) 螺栓强度等级为6.8级,则螺栓材料的最小屈服极限近似为_____。
  (A) 480MPa (B) 6MPa (C) 8MPa (D) 0.8MPa

(17) 不控制预紧力时,螺栓的安全系数选择与其直径有关,是因为_____。
  (A) 直径小,易过载 (B) 直径小,不易控制预紧力
  (C) 直径大,材料缺陷多 (D) 直径大,安全

(18) 对工作时仅受预紧力 F' 作用的紧螺栓连接,其强度校核公式为 $\sigma_e \leqslant \frac{1.3F'}{\pi d_1^2/4} \leqslant [\sigma]$,式中的系数1.3是考虑_____。
  (A) 可靠性系数
  (B) 安全系数
  (C) 螺栓在拧紧时,同时受拉伸与扭转联合作用的影响
  (D) 过载系数

(19) 预紧力为 F' 的单个紧螺栓连接,受到轴向工作载荷 F 作用后,螺栓受到的总拉力 F_0 _____ $F' + F$。
  (A) 大于 (B) 等于 (C) 小于 (D) 大于或等于

(20) 在受轴向变载荷作用的紧螺栓连接中,为提高螺栓的疲劳强度,可采取的措施

是_____。

(A) 增大螺栓刚度 C_b，减小被连接件刚度 C_m

(B) 减小 C_b，增大 C_m

(C) 增大 C_b 和 C_m

(D) 减小 C_b 和 C_m

(21) 对于受轴向变载荷作用的紧螺栓连接，若轴向工作载荷 F 在 0～1000N 之间循环变化，则该连接螺栓所受拉应力的类型为_____。

(A) 非对称循环应力 (B) 脉动循环变压力

(C) 对称循环变应力 (D) 非稳定循环变应力

(22) 如图 4.45 所示，一螺栓连接拧紧后预紧力为 Q_p，工作时又受轴向工作拉力 F，被连接件上的残余预紧力为 Q'_p，则螺栓所受总拉力 Q 等于_____。$C_1/(C_1+C_2)$ 为螺栓连接的相对刚度。

(A) $Q_p + F$ (B) $Q'_p + F$

(C) $Q'_p + Q_p$ (D) $Q'_p + FC_1/(C_1+C_2)$

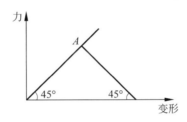

图 4.45　题(22)图

3. 问答题

(23) 何为松螺栓连接？何为紧螺栓连接？它们的强度计算有何区别？

(24) 为什么对重要的螺栓连接不宜使用直径小于 M12 的螺栓？

(25) 对承受横向载荷的紧螺栓连接采用普通螺栓时，强度计算公式中为什么要将预紧力提高 1.3 倍来计算？若采用加强杆用螺栓时是否也要这样做？为什么？

(26) 在承受横向载荷的紧螺栓连接中，螺栓是否一定受剪切作用？为什么？

(27) 为什么说螺栓的受力与被连接件承受的载荷既有联系又有区别？

(28) 为什么螺纹连接常需要防松？按防松原理，螺纹连接的防松方法可分为哪几类？试举例说明。

(29) 螺纹的主要参数有哪些？螺距和导程有什么区别？如何判断螺纹的线数和旋向？

(30) 试述螺旋传动的主要特点及应用，比较滑动螺旋传动和滚动螺旋传动的优缺点。

(31) 试比较螺旋传动和齿轮齿条传动的特点与应用。

4. 计算题

(32) 如图 4.46 所示，受轴向力紧螺栓连接的螺栓刚度为 $C_b = 400\,000$N/mm，被连接件刚度为 $C_m = 1\,600\,000$N/mm，螺栓受预紧力 $Q_p = 8000$N，螺栓承受工作载荷 $F = 4000$N。

要求：

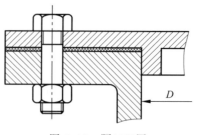

图 4.46 题(32)图

①计算螺栓所承受的总拉力 Q 和残余预紧力 Q'_p；②若工作载荷在 $0\sim 4000$N 变化，螺栓承载面积为 $A=96.6\text{mm}^2$，求螺栓的应力幅 σ_a 和平均应力 σ_m。

(33) 液压油缸盖螺栓组选用 6 个 M16 螺栓(内径 $d_c=14$mm)，螺栓材料许用拉应力 $[\sigma]=110$MPa，油压内径 $D=150$mm，油缸压为 $p=2$MPa，$F'=41\,000$N，$C_1/(C_1+C_2)=0.8$，进行下面计算：

①求螺栓的工作载荷与总拉力以及被连接件的残余预紧力；②校核螺栓的强度是否足够；③按比例画出螺栓与被连接件的受力变形图，并在图上标出 δ_1、δ_2、F'、F_0、F、F''。

(34) 如图 4.47 所示为一拉杆螺纹连接。已知拉杆所受的载荷 $F=56$kN，载荷稳定，拉杆材料为 Q235 钢，试设计此连接。

图 4.47 题(34)图

(35) 某螺栓连接的预紧力 $F=100\,000$N，且承受变动的轴向工作载荷 $F=0\sim 8000$N 的作用。现测得在预紧力作用下该螺栓的伸长量 $\lambda_b=0.2$mm，被连接件的缩短量为 $\lambda_m=0.05$mm。分别求在工作中螺栓及被连接件所受总载荷的最大值与最小值。

(36) 两块金属板用两个 M12 的普通螺栓连接，装配时不控制预紧力。若接合面的摩擦系数 $f=0.3$，螺栓用性能等级为 4.8 的中碳钢制造，求此连接所能传递的横向载荷。

(37) 普通螺栓组连接的方案如图 4.48 所示，已知：载荷 $F_\Sigma=12\,000$N，尺寸 $l=400$mm，$a=100$mm。

①分别比较两个方案中受力最大螺栓的横向力为多少；②试比较哪种螺栓布置方案合理。

(38) 一刚性联轴器结构尺寸如图 4.49 所示，用 6 个 M10 的加强杆用螺栓连接。螺栓材料为 45 钢，强度级别为 6.8 级，联轴器材料为铸铁。试计算该连接允许传递的最大转矩。若传递的最大转矩不变，改用普通螺栓连接，两个半联轴器接合面间的摩擦系数为 $f=0.16$，装配时不控制预紧力。试求螺栓直径。

(39) 如图 4.50 所示，在气缸盖连接中，已知气压 $p=3$MPa，气缸内径 $D=160$mm，螺栓分布圆直径 $D_0=200$mm。为保证气密性要求，螺柱间距不得大于 100mm，装配时要控制预紧力。试确定螺柱的数目(取偶数)和直径。

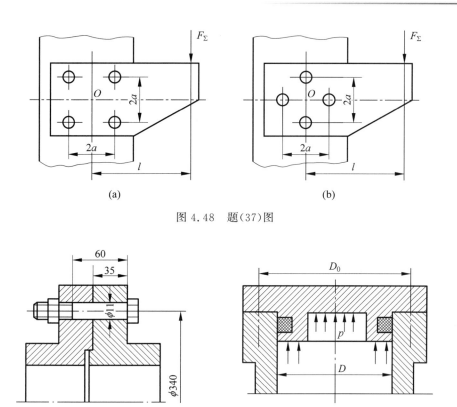

图 4.48 题(37)图

图 4.49 题(38)图

图 4.50 题(39)图

(40) 如图 4.51 所示的矩形钢板,用 4 个 M16 的加强杆用螺栓固定在高 250mm 的槽钢上,钢板悬臂端承受的外载荷为 16kN,试求:①作用在每个螺栓上的合成载荷;②螺栓的最大剪应力和挤压应力。

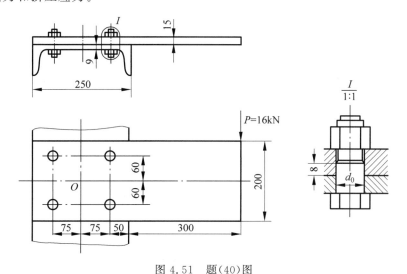

图 4.51 题(40)图

(41) 螺栓组连接的三种方案如图 4.52 所示,已知 $L=300$mm,$a=60$mm,试分别计算螺栓组三个方案中受力最大螺栓的剪力各为多少。哪个方案较好?

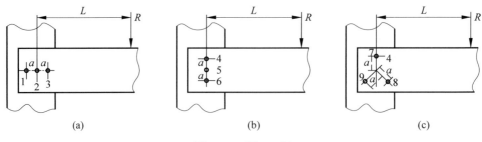

图 4.52　题(41)图

(42) 设计图 4.53 中的普通螺栓连接的螺栓直径。防滑系数(可靠性系数)$K_f=1.3$,被连接件间摩擦系数 $f=0.13$,螺栓许用拉伸应力$[\sigma]=130$MPa。普通螺栓尺寸如表 4.14 所示。

表 4.14　表普通螺栓的尺寸　　　　　　　　　　　　　　　　mm

大径 d	10	12	14	16	18	20	22
中径 d_2	9.026	10.863	12.701	14.701	16.376	18.376	20.376
小径 d_1	8.376	10.106	11.835	13.835	15.294	17.294	19.294

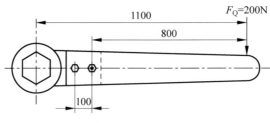

图 4.53　题(42)图

(43) 已知一普通粗牙螺纹,大径 $d=24$mm,中径 $d_2=22.051$mm,螺纹副间的摩擦系数 $f=0.17$。试求:①螺纹升角 λ;②该螺纹副能否自锁?若用于起重,其效率为多少?

(44) 如图 4.54 所示为一差动螺旋传动,机架 1 与螺杆 2 在 A 处用右旋螺纹连接,导程 $S_A=4$mm,螺母 3 相对机架 1 只能移动,不能转动;摇柄 4 沿箭头方向转动 5 圈时,螺母 3 向左移动 5mm,试计算螺旋副 B 的导程 S_B,并判断螺纹的旋向。

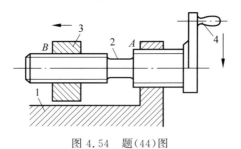

图 4.54　题(44)图

第 5 章

带 传 动

5.1 概 述

带

带传动通常是由主动轮、从动轮和张紧在两带轮间的环形传动带组成,如图5.1所示。当主动轮转动时,依靠带与主、从动轮接触面间的摩擦或啮合拖带,进而拖动从动轮转动,实现传动。

带传动的优点是:①带具有弹性,能缓冲、吸振,传动平稳,噪声小;②过载时带在带轮上打滑,防止其他零件损坏,起安全保护作用;③适用于中心距较大的场合;④结构简单,成本较低,装拆方便。

带传动的不足之处是:①带在带轮上有相对滑动,传动比不准确;②传动效率低,且带的寿命较短;③传动的外廓尺寸大;④需要张紧装置,支承带轮的轴及轴承受力较大;⑤不宜用于高温、易燃等场合。

图 5.1 带传动

常用的摩擦型带传动按带的截面形状分为平带(见图5.1(a))、V带(见图5.2(b))、齿形V带(见图5.2(c))、多楔带(见图5.2(d))和圆带(见图5.2(e))等。

(a) 平带　　(b) V带　　(c) 齿形V带　　(d) 多楔带　　(e) 圆带

图 5.2 摩擦型带传动

平带结构简单,带轮制造容易,常用于较远距离的传动。齿形V带结构与普通V带相同,承载层为绳芯结构,内表面制成均布横向齿,属摩擦啮合混合传动。多楔带是以平带为基础,带下缘设有纵向三角形楔,兼有平带柔性好和V带摩擦力大的特点,能传递的功率高,主要用于传递功率较大而结构要求紧凑的场合。圆带结构简单,传递的功率较小,一般用于轻、小型机械。

在机械传动中,V带传动应用最广,包括普通V带、窄V带、连组V带、大楔角V带、宽V带和齿形V带等。V带的横截面呈等腰梯形,带轮上也作出相应的轮槽,传动时,V带只和轮槽的两个侧面接触,即以两侧面为工作面。我们在第3章已经对图5.2(b)所示情况进行了当量摩擦系数 f_v 计算,即

$$f_v = \frac{F}{F_Q} = \frac{f}{\sin(\varphi/2)}$$

因 $\sin(\varphi/2) < 1$,由式(3.4)可知:在同样的张紧力下,V带传动较平带传动能产生较大的摩擦力,这是V带在传动性能上最主要的优点。加上V带传动允许的传动比较大,结构较紧凑,以及V带多已标准化并大量生产等优点,因而V带传动得到广泛应用,本书着重介绍V带传动。

带传动设计(1)

5.2 带传动受力与应力分析

5.2.1 带传动受力分析

安装带传动装置时,传动带以一定的预紧力 F_0 紧套在两个带轮上。由于预紧力 F_0 的作用,带和带轮的接触面上就产生了正压力。带传动不工作时,传动带两边的拉力相等,都等于 F_0(见图5.3(a))。

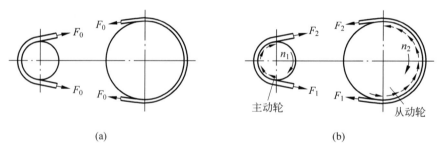

图 5.3 带传动的工作原理

如图5.3(b)所示,当带传动工作时,主动轮以转速 n_1 转动,因为正压力的存在,带与带轮的接触面间会产生摩擦力,主动轮作用在带上的摩擦力方向与主动轮的圆周速度方向相同,主动轮靠此摩擦力驱使带运动。带作用在从动轮上的摩擦力方向与带的运动方向相同。带靠着这一摩擦力驱使从动轮以转速 n_2 转动。这时,传动带两边的拉力也发生了变化。进入主动轮的带被拉紧,叫作紧边,紧边的拉力由 F_0 增加到 F_1。进入从动轮的带被放松,叫作松边,松边拉力由 F_0 减少到 F_2。如果近似地认为带工作时的总长度不变,则带的紧边拉力的增加量应等于松边拉力的减少量,即

$$F_1 - F_0 = F_0 - F_2 \tag{5.1}$$

对主动轮端而言,总摩擦力 F_f 和两边拉力对轴心的力矩的代数和为0,由此可得

$$F_f = F_1 - F_2 \tag{5.2}$$

式中,F_f 为带和带轮接触面上各点摩擦力的总和,它等于带的有效拉力,即 $F_e = F_f$。F_e 可通过带所能传递的功率 P 求得

$$P = \frac{F_e v}{1000} \tag{5.3}$$

式中，P 为功率，kW；F_e 为有效拉力，N；v 为带的速度，m/s。

将 $F_e = F_f$ 代入式(5.2)，再与式(5.1)联立，可解得

$$\begin{cases} F_1 = F_0 + \dfrac{F_e}{2} \\ F_2 = F_0 - \dfrac{F_e}{2} \end{cases} \tag{5.4}$$

因为带不能承受负拉力，从式(5.4)的第 2 式可得出：带的预紧力 F_0 必须大于有效拉力 $F_e/2$。由式(5.3)可知，有效拉力与传递功率有关。因此，当预紧力 F_0 和带速 v 一定时，带的传递功率是限定的。

5.2.2 欧拉公式与最大有效拉力

在带传动中，当带刚出现打滑时，表明摩擦力达到极限值。这时带传动的有效拉力亦达到最大值。下面来分析最大有效拉力的计算和影响因素。

1. 带传动的欧拉公式

设 f 为带和带轮间的摩擦系数（对于 V 带，用当量摩擦系数 f_v 代替 f，见式(3.4)）；α 为带在带轮上的包角。

图 5.4 中，取主动轮一端带的单元体 dl；径向箭头表示带轮作用于单元体上的正压力 dF_N；单元体所受的摩擦力为 fdF_N；单元体所受的拉力分别为 F 和 $F+dF$；该段单元体弧对应的角度为 $d\alpha$。

当忽略离心力的影响，分别列出切线方向和法向方向的力平衡方程，可得：

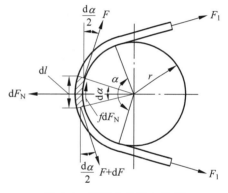

图 5.4 带传动的受力分析

$$\begin{cases} dF_N = F\sin\dfrac{d\alpha}{2} + (F+dF)\sin\dfrac{d\alpha}{2} \\ fdF_N + F\cos\dfrac{d\alpha}{2} = (F+dF)\cos\dfrac{d\alpha}{2} \end{cases} \tag{5.5}$$

由于 $d\alpha$ 很小，可取 $\sin\dfrac{d\alpha}{2} \approx \dfrac{d\alpha}{2}$，$\cos\dfrac{d\alpha}{2} \approx 1$，并略去二阶小量，由式(5.5)可得

$$\begin{cases} dF_N = Fd\alpha \\ fdF_N = dF \end{cases} \tag{5.6}$$

将式(5.6)的 dF_N 消去，可得

$$\dfrac{dF}{F} = fd\alpha \tag{5.7}$$

对式(5.7)两边沿带轮弧线积分

$$\int_{F_2}^{F_1} \dfrac{dF}{F} = \int_0^\alpha f d\alpha$$

整理可得

$$F_1 = F_2 e^{f\alpha} \tag{5.8}$$

式(5.8)是著名的柔韧体摩擦欧拉公式。将式(5.4)代入式(5.8)消去 F_1 和 F_2,可得到带的最大有效拉力 F_{emax} 为

$$F_{emax} = 2F_0 \frac{e^{f\alpha} - 1}{e^{f\alpha} + 1} \tag{5.9}$$

2. 影响带传动最大有效拉力因素

由式(5.9)可知:最大有效拉力 F_{emax} 与预紧力 F_0、包角 α 和摩擦系数 f 有关。

(1) 预紧力 F_0 过小时,最大有效拉力 F_{emax} 很小,带的传递能力过小,且容易发生打滑。F_0 增加,带与带轮间的正压力增大,所产生的摩擦力也增大,因此最大有效拉力 F_{emax} 增加。但 F_0 过大时,带的拉应力会很大,导致带的疲劳寿命缩短,同时摩擦力过大会加剧带磨损,也造成带工作寿命缩短。

(2) 包角 α 越大,带和带轮接触长度越大,总摩擦力就越大,因此 F_{emax} 越大,带的传动能力也就越高。

(3) 摩擦系数 f 越大,摩擦力就越大,因此 F_{emax} 越大,带的传动能力也就越高。

5.2.3 带的应力分析

带传动工作时主要有3种应力,分别是拉应力、弯曲应力和离心应力。

1. 拉应力 σ_1

若带的横截面面积为 A,则带的紧边和松边拉应力分别为

$$\begin{cases} \sigma_{l1} = \dfrac{F_1}{A} \\ \sigma_{l2} = \dfrac{F_2}{A} \end{cases} \tag{5.10}$$

2. 弯曲应力 σ_b

带绕在带轮上时要引起弯曲应力,带的弯曲应力可近似按梁弯曲的公式计算,为

$$\sigma_b \approx E \frac{h}{D} \tag{5.11}$$

式中,h 为带的高度,m;D 为带轮基准直径,m;E 为带材料的弹性模量,MPa。

3. 离心应力 σ_c

当带随带轮轮缘做圆周运动时,带本身的质量将引起离心力。由于离心力的作用,带中产生的离心拉力在带的横截面上产生离心应力 σ_c。需要指出:虽然离心拉力是由圆周运动产生的,但带的离心拉应力却作用在整个带的全长上。这个应力可用下式计算:

$$\sigma_c = \frac{qv^2}{A} \tag{5.12}$$

式中,q 为传动带单位长度的质量,kg/m,V 带的 q 值见表 5.1;A 为带的横截面面积,m^2;

v 为带的线速度,m/s。

表 5.1　V 带截面尺寸和单位长度质量(摘自 GB/T 11544—2012)

截　　面	Y	Z SPZ	A SPA	B SPB	C SPC	D	E
顶宽 b/mm	6.0	10.0	13.0	17.0	22.0	32.0	38.0
节宽 b_p/mm	5.3	8.5	11.0	14.0	19.0	27.0	32.0
高度 h/mm	4.0	6.0	8.0	11.0	14.0	19.0	25.0
楔角 α	40°						
单位长度质量/(kg/m)	0.04	0.06	0.10	0.17	0.30	0.60	0.87

因此,带的总应力为

$$\sigma \approx \sigma_1 + \sigma_b + \sigma_c \tag{5.13}$$

图 5.5 表示带工作时的应力分布情况。由图可知:带中产生的最大应力发生在带的紧边开始绕上小带轮处,为

$$\sigma_{\max} \approx \sigma_1 + \sigma_{b1} + \sigma_c \tag{5.14}$$

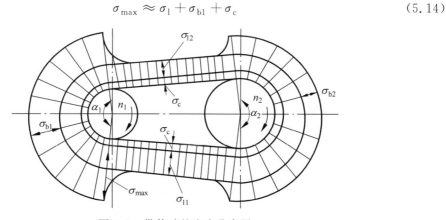

图 5.5　带传动的应力分布图

由图 5.5 还可看出:带是处于变应力状态下工作的。因此,当应力循环次数达到一定值后,带将产生疲劳破坏。为了提高带的工作寿命,应控制预紧力 F_0,以降低拉应力 σ_1;限制小带轮直径不能过小,以降低拉应力 σ_b;控制带的工作速度和选择轻型带,以降低离心应力 σ_c。

5.3　带的弹性滑动和打滑

带是弹性材料元件,受力会产生弹性变形,相对而言,带轮是刚性的,不发生变形。由于工作时紧边和松边的拉力不同,弹性变形量也不同,紧边的变形大,松边的变形小。当带从紧边(或松边)通过带轮转入松边(或紧边)时,变形逐渐减小(或增加),而带轮无变形,因此,带的变形必然在带轮上产生相对滑动,称为弹性滑动。

弹性滑动是带传动正常工作时固有的特性,它使带速低于主动轮圆周速度,并使从动轮

圆周速度低于带速。即,从动轮的圆周速度 v_2 低于主动轮的圆周速度 v_1,一般用滑动率 ε 来表示两速度的差率:

$$\varepsilon = \frac{v_1 - v_2}{v_1} \times 100\% \tag{5.15}$$

弹性滑动造成带的传动比不准确,因而带传动的实际平均传动比为

$$i = \frac{n_1}{n_2} = \frac{D_2}{D_1(1-\varepsilon)} \tag{5.16}$$

由于滑动率 ε 只有 $1\% \sim 2\%$,实际中可不考虑,所以传动比仍为

$$i = \frac{n_1}{n_2} \approx \frac{D_2}{D_1} \tag{5.17}$$

当有效拉力较小时,弹性滑动不是发生在全部包角接触区上,只发生在带离开主、从动轮前的一部分区域上。随着有效拉力的增大,弹性滑动区段逐渐扩大。当弹性滑动区段扩大到整个包角区时,带传动的有效拉力达到 F_{emax}。如果负载继续增加,带与带轮将发生显著相对滑动,即产生打滑。打滑将使带的磨损加剧,从动轮转速急剧降低,甚至使整个带传动失效,这种情况应当避免。

5.4　V 带类型与带轮结构

5.4.1　V 带类型

V 带有多种类型,其中普通 V 带和窄 V 带应用最广,并已标准化。

普通 V 带的带型分为 Y、Z、A、B、C、D、E 7 种,其截面尺寸依次增加,截面越大传递功率越大。普通 V 带都制成无接头的环形,由顶胶、抗拉体、底胶和包布等部分组成。抗拉体的结构分为帘布芯 V 带和绳芯 V 带两种,见图 5.6。帘布芯 V 带,制造较方便;绳芯 V 带柔韧性好,抗弯强度高,适用于转速较高、载荷不大和带轮直径较小的场合。

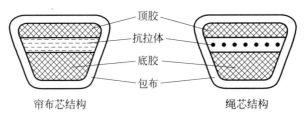

图 5.6　普通 V 带的结构

窄 V 带的带型分为 SPZ、SPA、SPB、SPC 4 种,是用合成纤维绳作抗拉体。与普通 V 带相比,当高度相同时,窄 V 带的宽度约缩小 1/3,而承载能力高 $1.5 \sim 2.5$ 倍,广泛应用于传递动力大而又要求传动装置紧凑的场合。

当 V 带受弯曲时,顶胶伸长,底胶缩短,顶底之间必有一长度不变的中性层,称为节面。带的节面宽度称为节宽 b_p(见表 5.1)。当带弯曲时,该宽度保持不变,V 带的高度 h 与其节宽 b_p 之比(h/b_p)称为相对高度,普通 V 带的相对高度约为 0.7,窄 V 带相对高度约为 0.9,它们的截面尺寸及单位长度质量见表 5.1。

在V带轮上,与所配用V带的节宽b_p相对应的带轮直径称为基准直径D,V带轮的最小基准直径参见表5.2。

表5.2　V带轮的最小基准直径D_{min}　　　　mm

槽型或带型	Z	A	B	C	SPZ	SPA	SPB	SPC
D_{min}	50	75	125	200	63	90	140	224

V带在规定的张紧力下,位于带轮基准直径上的圆周长度称为带的基准长度L_d,已标准化,见表5.3。

表5.3　V带的基准长度系列

带型	基准长度L_d/mm
Y	400,450,500
Z	400,450,500,560,630,710,800,900,1000,1120,1250,1400,1600
A	630,710,800,900,1000,1120,1250,1400,1600,1800,2000,2240,2500,2800
B	900,1000,1120,1250,1400,1600,1800,2000,2240,2500,2800,3150,3550,4000,4500,5000
C	1800,2000,2240,2500,2800,3150,3550,4000,4500,5000
D	2800,3150,3550,4000,4500,5000
E	4500,5000
SPZ	630,710,800,900,1000,1120,1250,1400,1600,1800,2000,2240,2500,2800,3150,3550
SPA	800,900,1000,1120,1250,1400,1600,1800,2000,2240,2500,2800,3150,3550,4000,4500,5000
SPB	1250,1400,1600,1800,2000,2240,2500,2800,3150,3550,4000,4500,5000
SPC	2000,2240,2500,2800,3150,3550,4000,4500,5000

5.4.2　V带轮结构设计

带轮

V带轮是带传动中的重要零件,典型的带轮由三部分组成:轮缘(带轮的外缘部分,其上开有轮槽,是传动带安装及带轮的工作部分);轮毂(带轮与轴的安装配合部分);轮辐或腹板(连接轮缘与轮毂的中间部分)。

V带轮的材料主要采用铸铁,常用材料的牌号为HT150或HT200;转速较高时宜采用铸钢;小功率时可用铸铝或塑料。V带轮与齿轮类似,轮径D较小时可采用实心式(见图5.7(a));中等轮径的带轮可采用腹板式(见图5.7(b))或孔板式(见图5.7(c));直径≥300mm时可采用轮辐式。

V带轮与所配用V带的节宽b_p相对应的直径称为基准直径D,已标准化。当其他条件不变时,带轮基准直径越小,带传动越紧凑,但带内的弯曲应力越大,导致带的疲劳强度下降,传动效率下降,因此设计时应限制小带轮的最小基准直径取值,见表5.2;大带轮基准直径按传动比要求计算获得,但一般情况下是在传动比误差允许的范围内按V带轮基准直径标准系列取值,见表5.4。

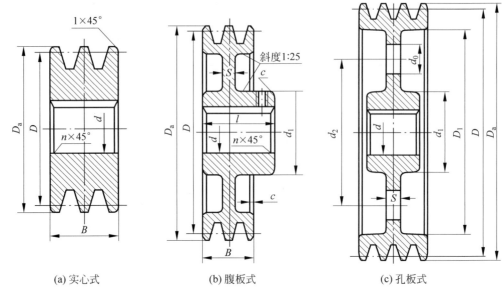

(a) 实心式　　　　　(b) 腹板式　　　　　(c) 孔板式

$d_0=0.25(D_1-d_1)$；$d_1=(1.8\sim2.0)d$；$d_2=0.5(D_1+d_1)$；$l=(1.5\sim2.0)d$；$c=(1\sim4)\times45°$；
$S=8\sim18\text{mm}$；n 根据过渡轴肩圆角确定,轮槽尺寸见表 5.4。

图 5.7　V 带轮的结构

表 5.4　V 带轮的基准直径系列　　　　　　　　　　　　　　　　　　　　　mm

基准直径 D	带型				基准直径 D	带型					
	Y	Z SPZ	A SPA	B SPB		Z SPZ	A SPA	B SPB	C SPC	D	E
	外径 D_a					外径 D_a					
50	53.2	54			170	—	—	177			
63	66.2	67			180	184	185.5	187			
71	74.2	75			200	204	205.5	207	209.6		
75	—	79	80.5		212			219	221.6		
80	83.2	84	85.5		224	228	229.5	231	233.6		
85	—	—	90.5		236			243	245.6		
90	93.2	94	95.5		250	254	255.5	257	259.6		
95	—	—	100.5		265				274.6		
100	103.2	104	105.5		280	284	285.5	287	289.6		
106	—	—	111.5		315	319	320.5	322	324.6		
112	115.2	116	117.5		355	359	360.5	362	364.6	371.2	
118			123.5		375					391.2	
125	128.2	129	130.5	132	400	404	405.5	407	409.6	416.2	
132		136	137.5	139	425					441.2	
140		144	145.5	147	450		455.5	457	459.6	466.2	
150		154	155.5	157	475					491.2	
160		164	165.5	167	500	504	505.5	507	509.6	516.2	519.2

带轮轮槽尺寸要精细加工(表面粗糙度为$\sqrt{Ra3.2}$),以减小带的磨损;各槽的尺寸和角度应保持一定的精度,使载荷分布较为均匀。带轮的结构设计,主要是根据带轮的基准直径选择结构形式;根据带的型号确定轮槽尺寸(见表5.5),带轮的其他结构尺寸可按图5.7中推荐的公式计算。

表 5.5 V 带轮的轮槽尺寸

	槽 型	Y	Z	A	B	C
	基准宽度 b_d	5.3	8.5	11	14	19
	基准线上槽深 h_{amin}	1.6	2.0	2.75	3.5	4.8
	基准线下槽深 h_{fmin}	4.7	7.0	8.7	10.8	14.3
	槽间距 e	8±0.3	12±0.3	15±0.3	19±0.4	25.5±0.5
	槽边距 f_{min}	6	7	9	11.5	16
	轮缘厚 δ_{min}	5	5.5	6	7.5	10
	外径 d_a	$d_a = d_d + 2h_a$				
φ 32°	基准直径 d_d	≤60	—	—	—	—
34°		—	≤80	≤118	≤190	≤315
36°		>60	—	—	—	—
38°		—	>80	>118	>190	>315

5.5 V 带传动设计

带传动设计(2)

5.5.1 设计准则

带传动是通过摩擦来传递运动和动力的,当摩擦力不足以传递运动时将无法正常工作。另外,带也可能拉断。带传动的主要失效形式为打滑和疲劳破坏,带传动的设计准则为:在保证带传动不打滑的条件下,具有一定的疲劳强度和寿命。

利用式(5.14)可将疲劳强度条件表达为

$$\sigma_{\max} = \sigma_{l1} + \sigma_{b1} + \sigma_c \leqslant [\sigma] \tag{5.18}$$

式中,$[\sigma]$为带的许用应力。在$10^8 \sim 10^9$次循环应力下,由实验可得$[\sigma]$为

$$[\sigma] = \sqrt[11.1]{\frac{cL_d}{jL_h v}} \tag{5.19}$$

式中,L_d为带基准长度,mm;j为带上某一点绕行一周时所绕过的带轮数;L_h为 V 带寿命,h;c为由带的材质和结构决定的实验常数。

由式(5.4)、式(5.8)~式(5.10),可得最大有效拉应力σ_{l1}为

$$\sigma_{l1} = \frac{F_{ec}}{A(1 - 1/e^{f_v \alpha})} \tag{5.20}$$

将式(5.20)代入式(5.18)和式(5.3),并整理可得单根 V 带最大传递功率为

$$P_0 = \frac{([\sigma] - \sigma_{b1} - \sigma_c)\left(1 - \dfrac{1}{e^{f_v \alpha}}\right) A v}{1000} \qquad (5.21)$$

5.5.2 设计方法

设计 V 带传动时,通常已知:传递功率 P,带轮转速 n_1、n_2(或传动比 i)和传动位置要求及工作条件。设计内容包括:带型号、长度、根数、传动中心距、带轮直径及结构尺寸等。

1. 功率计算

计算功率 P_{ca} 是根据传递功率 P(如电动机额定功率),并考虑到载荷性质和每天运转时间长短等因素的影响而确定的。即

$$P_{ca} = K_A P \qquad (5.22)$$

式中,K_A 为工作情况系数,见表 5.6。

表 5.6　工作情况系数 K_A

工况	K_A						使用场合
	空、轻载启动			重载启动			
	每天工作小时数/h						
	<10	10~16	>16	<10	10~16	>16	
载荷变动小	1.1	1.2	1.3	1.2	1.3	1.4	带式输送机,通风机,发电机,金属切削机床,印刷机,旋转筛,木工机械,旋转式水泵和压缩机
载荷变动大	1.2	1.3	1.4	1.4	1.5	1.6	制砖机,斗式提升机,起重机,磨粉机,冲剪机床,橡胶机械,振动筛,纺织机械,重载输送机,往复式水泵和压缩机
载荷变动很大	1.3	1.4	1.5	1.5	1.6	1.8	破碎机,磨碎机

2. 带型选择

根据计算功率 P_{ca} 和小带轮转速 n_1 按图 5.8 或图 5.9 选择带型。

3. 确定带轮基准直径

1)初选小带轮基准直径 D_1

根据 V 带型号,参考表 5.2 选取 $D_1 \geqslant D_{min}$。为了提高 V 带的寿命,宜选取较大的直径。

2)验算带速

根据下式计算带的速度:

$$v = \frac{\pi D_1 n_1}{60 \times 1000} (\text{m/s}) \qquad (5.23)$$

设计时,应使 $v \leqslant v_{max}$。对于普通 V 带,$v_{max} = 25 \sim 30 \text{m/s}$;对于窄 V 带,$v_{max} = 35 \sim 40 \text{m/s}$。若 $v > v_{max}$,则离心力过大,即应减小 D_1;若 v 过小(例如 $v < 5\text{m/s}$),则所选 D_1

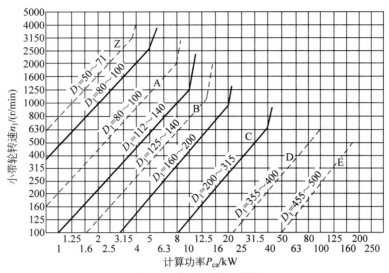

图 5.8 普通 V 带选型图

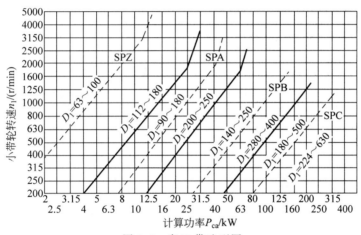

图 5.9 窄 V 带选型图

过小,应加大 D_1。一般以 $v \approx 20 \text{m/s}$ 为宜。

3) 计算从动轮基准直径

$$D_2 = iD_1 \tag{5.24}$$

按 V 带轮的基准直径系列(见表 5.4)选取基准值。

4. 确定中心距 a 和带的基准长度 L_d

中心距 a 可按 $0.7(D_1+D_2) < a_0 < 2(D_1+D_2)$ 初选,a_0 为初选中心距,然后,按下式估算带长 L'_d:

$$L'_d \approx 2a_0 + \frac{\pi}{2}(D_2+D_1) + \frac{(D_2-D_1)^2}{4a_0} \tag{5.25}$$

根据 L'_d 由表 5.3 选取相近的基准长度 L_d,再用下式近似计算实际中心距

$$a \approx a_0 + \frac{L_d - L'_d}{2} \tag{5.26}$$

考虑安装调整和补偿预紧力的需要,中心距的变动范围为

$$\begin{cases} a_{\min} = a - 0.015L_d \\ a_{\max} = a + 0.03L_d \end{cases} \quad (5.27)$$

5. 验算主动轮上的包角 α_1

带在小、大带轮上的包角分别为

$$\begin{cases} \alpha_1 \approx 180° - \dfrac{D_2 - D_1}{a} \times 60° \\ \alpha_2 \approx 180° + \dfrac{D_2 - D_1}{a} \times 60° \end{cases} \quad (5.28)$$

要求包角不得小于 90°,应尽量保证

$$\alpha_1 \approx 180° - \frac{D_2 - D_1}{a} \times 60° \geqslant 120° \quad (5.29)$$

6. 确定带的根数 z

按下式确定带的根数

$$z = \frac{P_{ca}}{(P_0 + \Delta P_0)K_\alpha K_L} \quad (5.30)$$

式中,P_0 为单根 V 带的基本额定功率,见表 5.7(a);ΔP_0 为考虑传动比影响时单根 V 带额定功率增量,见表 5.7(b)或表 5.7(c)。因为表 5.7 是在包角 α=180°、特定长度、平稳工作条件下由实验得到的,所以在式(5.30)中加入了 K_α 和 K_L 两个修正系数。K_α 为考虑包角不同时的影响系数,见表 5.8;K_L 为考虑带的长度不同时的影响系数,简称长度系数,查表 5.9。

在确定 V 带的根数 z 时,为了使各根 V 带受力均匀,根数不宜大于 10,否则应改选带的槽型或带型,重新计算。

表 5.7(a)　单根 V 带的基本额定功率 P_0　　　　　　　　　　kW

带型	小带轮基准直径 D_1/mm	小带轮转速 n_1/(r/min)						
		400	730	800	980	1200	1460	2800
Z	50	0.06	0.09	0.10	0.12	0.14	0.16	0.26
	63	0.08	0.13	0.15	0.18	0.22	0.25	0.41
	71	0.09	0.17	0.20	0.23	0.27	0.31	0.50
	80	0.14	0.20	0.22	0.26	0.30	0.36	0.56
A	75	0.27	0.42	0.45	0.52	0.60	0.68	1.00
	90	0.39	0.63	0.68	0.79	0.93	1.07	1.64
	100	0.47	0.77	0.83	0.97	1.14	1.32	2.05
	112	0.56	0.93	1.00	1.18	1.39	1.62	2.51
	125	0.67	1.11	1.19	1.40	1.66	1.93	2.98
B	125	0.84	1.34	1.44	1.67	1.93	2.20	2.96
	140	1.05	1.69	1.82	2.13	2.47	2.83	3.85
	160	1.32	2.16	2.32	2.72	3.17	3.64	4.89
	180	1.59	2.61	2.81	3.30	3.85	4.41	5.76
	200	1.85	3.05	3.30	3.86	4.50	5.15	6.43

续表

带型	小带轮基准直径 D_1/mm	小带轮转速 n_1/(r/min)						
		400	730	800	980	1200	1460	2800
C	200	2.41	3.80	4.07	4.66	5.29	5.86	5.01
	224	2.99	4.78	5.12	5.89	6.71	7.47	6.08
	250	3.62	5.82	6.23	7.18	8.21	9.06	6.56
	280	4.32	6.99	7.52	8.65	9.81	10.74	6.13
	315	5.14	8.34	8.92	10.23	11.53	12.48	4.16
	400	7.06	11.52	12.10	13.67	15.04	15.51	—
SPZ	63	0.35	0.56	0.60	0.70	0.81	0.93	1.45
	71	0.44	0.72	0.78	0.92	1.08	1.25	2.00
	80	0.55	0.88	0.99	1.15	1.38	1.60	2.61
	90	0.67	1.12	1.21	1.44	1.70	1.98	3.26
SPA	90	0.75	1.21	1.30	1.52	1.76	2.02	3.00
	100	0.94	1.54	1.65	1.93	2.27	2.61	3.99
	112	1.16	1.91	2.07	2.44	2.86	3.31	5.15
	125	1.40	2.33	2.52	2.98	3.50	4.06	6.34
	140	1.68	2.81	3.03	3.58	4.23	4.91	7.64
SPB	140	1.92	3.13	3.35	3.92	4.55	5.21	7.15
	160	2.47	4.06	4.37	5.13	5.98	6.89	9.52
	180	3.01	4.99	5.37	6.31	7.38	8.50	11.62
	200	3.54	5.88	6.35	7.47	8.74	10.07	13.41
	224	4.18	6.97	7.52	8.83	10.33	11.86	15.14
SPC	224	5.19	8.82	10.43	10.39	11.89	13.26	—
	250	6.31	10.27	11.02	12.76	14.16	16.26	—
	280	7.59	12.40	13.31	15.40	17.60	19.49	—
	315	9.07	14.82	15.90	18.37	20.88	22.92	—
	400	12.56	20.41	21.84	25.15	27.33	29.40	—

表 5.7(b) 单根普通 V 带额定功率的增量 ΔP_0 kW

带型	小带轮转速 n_1/(r/min)	传动比 i								
		1.00~1.01	1.02~1.04	1.05~1.08	1.09~1.12	1.13~1.18	1.19~1.24	1.25~1.34	1.35~1.51	1.52~1.99	≥2.0
Z	400	0.00	0.00	0.00	0.00	0.00	0.00	0.00	0.00	0.01	0.01
	730	0.00	0.00	0.00	0.00	0.00	0.00	0.01	0.01	0.01	0.02
	800	0.00	0.00	0.00	0.00	0.01	0.01	0.01	0.01	0.02	0.02
	980	0.00	0.00	0.00	0.00	0.01	0.01	0.01	0.02	0.02	0.02
	1200	0.00	0.00	0.01	0.01	0.01	0.01	0.02	0.02	0.02	0.03
	1460	0.00	0.00	0.01	0.01	0.01	0.02	0.02	0.02	0.02	0.03
	2800	0.00	0.01	0.02	0.02	0.03	0.03	0.03	0.04	0.04	0.04

续表

带型	小带轮转速 n_1/(r/min)	传动比 i									
		1.00~1.01	1.02~1.04	1.05~1.08	1.09~1.12	1.13~1.18	1.19~1.24	1.25~1.34	1.35~1.51	1.52~1.99	≥2.0
A	400	0.00	0.01	0.01	0.02	0.02	0.03	0.03	0.04	0.04	0.05
	730	0.00	0.01	0.02	0.03	0.04	0.05	0.06	0.07	0.08	0.09
	800	0.00	0.01	0.02	0.03	0.04	0.05	0.06	0.08	0.09	0.10
	980	0.00	0.01	0.03	0.04	0.05	0.06	0.07	0.08	0.10	0.11
	1200	0.00	0.02	0.03	0.05	0.07	0.08	0.10	0.11	0.13	0.15
	1460	0.00	0.02	0.04	0.06	0.08	0.09	0.11	0.13	0.15	0.17
	2800	0.00	0.04	0.08	0.11	0.15	0.19	0.23	0.26	0.30	0.34
B	400	0.00	0.01	0.03	0.04	0.06	0.07	0.08	0.10	0.11	0.13
	730	0.00	0.02	0.05	0.07	0.10	0.12	0.15	0.17	0.20	0.22
	800	0.00	0.03	0.06	0.08	0.11	0.14	0.17	0.20	0.23	0.25
	980	0.00	0.03	0.07	0.10	0.13	0.17	0.20	0.23	0.26	0.30
	1200	0.00	0.04	0.08	0.13	0.17	0.21	0.25	0.30	0.34	0.38
	1460	0.00	0.05	0.10	0.15	0.20	0.25	0.31	0.36	0.40	0.46
	2800	0.00	0.10	0.20	0.29	0.39	0.49	0.59	0.69	0.79	0.89
C	400	0.00	0.04	0.08	0.12	0.16	0.20	0.23	0.27	0.31	0.35
	730	0.00	0.07	0.14	0.21	0.27	0.34	0.41	0.48	0.55	0.62
	800	0.00	0.08	0.16	0.23	0.31	0.39	0.47	0.55	0.63	0.71
	980	0.00	0.09	0.19	0.27	0.37	0.47	0.56	0.65	0.74	0.83
	1200	0.00	0.12	0.24	0.35	0.47	0.59	0.70	0.82	0.94	1.06
	1460	0.00	0.14	0.28	0.42	0.58	0.71	0.85	0.99	1.14	1.27
	2800	0.00	0.27	0.55	0.82	1.10	1.37	1.64	1.92	2.19	2.47

表 5.7(c)　单根窄 V 带额定功率的增量 ΔP_0　　　　kW

带型	小带轮转速 n_1/(r/min)	传动比 i									
		1.00~1.01	1.02~1.05	1.06~1.11	1.12~1.18	1.19~1.26	1.27~1.38	1.39~1.57	1.58~1.94	1.95~3.38	≥3.39
SPZ	400	0.00	0.01	0.01	0.03	0.03	0.04	0.05	0.06	0.06	0.06
	730	0.00	0.01	0.03	0.05	0.06	0.08	0.09	0.10	0.11	0.12
	800	0.00	0.01	0.03	0.05	0.07	0.08	0.10	0.11	0.12	0.13
	980	0.00	0.01	0.04	0.06	0.08	0.10	0.12	0.13	0.15	0.15
	1200	0.00	0.02	0.04	0.08	0.10	0.13	0.15	0.17	0.18	0.19
	1460	0.00	0.02	0.05	0.09	0.13	0.15	0.18	0.20	0.22	0.23
	2800	0.00	0.04	0.10	0.18	0.24	0.30	0.35	0.39	0.43	0.45
SPA	400	0.00	0.01	0.04	0.07	0.09	0.11	0.13	0.14	0.16	0.16
	730	0.00	0.02	0.07	0.12	0.16	0.20	0.23	0.26	0.28	0.30
	800	0.00	0.03	0.08	0.13	0.18	0.22	0.25	0.29	0.31	0.33
	980	0.00	0.03	0.09	0.16	0.21	0.26	0.30	0.34	0.37	0.40
	1200	0.00	0.04	0.11	0.20	0.27	0.33	0.38	0.43	0.47	0.49
	1460	0.00	0.05	0.14	0.24	0.32	0.39	0.46	0.51	0.56	0.59
	2800	0.00	0.10	0.26	0.46	0.63	0.76	0.89	1.00	1.09	1.15

续表

带型	小带轮转速 n_1/(r/min)	传动比 i									
		1.00~1.01	1.02~1.05	1.06~1.11	1.12~1.18	1.19~1.26	1.27~1.38	1.39~1.57	1.58~1.94	1.95~3.38	≥3.39
SPB	400	0.00	0.03	0.08	0.14	0.19	0.22	0.26	0.30	0.32	0.34
	730	0.00	0.05	0.14	0.25	0.33	0.40	0.47	0.53	0.58	0.62
	800	0.00	0.06	0.16	0.27	0.37	0.45	0.53	0.59	0.65	0.68
	980	0.00	0.07	0.19	0.33	0.45	0.54	0.63	0.71	0.78	0.82
	1200	0.00	0.09	0.23	0.41	0.56	0.67	0.79	0.89	0.97	1.03
	1460	0.00	0.10	0.28	0.49	0.67	0.81	0.95	1.07	1.16	1.23
	2800	0.00	0.20	0.55	0.96	1.30	1.57	1.85	2.08	2.26	2.40
SPC	400	0.00	0.09	0.24	0.41	0.56	0.68	0.79	0.89	0.97	1.03
	730	0.00	0.16	0.42	0.74	1.00	1.22	1.43	1.60	1.75	1.85
	800	0.00	0.17	0.47	0.82	1.12	1.35	1.58	1.78	1.94	2.06
	980	0.00	0.21	0.56	0.98	1.34	1.62	1.90	2.14	2.33	2.47
	1200	0.00	0.26	0.71	1.23	1.67	2.03	2.38	2.67	2.91	3.09
	1460	0.00	0.31	0.85	1.48	2.01	2.43	2.85	3.21	3.50	3.70

表 5.8 包角系数 K_α

小带轮包角/(°)	180	175	170	165	160	155	150	145	140	135	130	125	120
K_α	1	0.99	0.98	0.96	0.95	0.93	0.92	0.91	0.89	0.88	0.86	0.84	0.82

表 5.9 长度系数 K_L

基准长度 L_d/mm	K_L										
	普通 V 带							窄 V 带			
	Y	Z	A	B	C	D	E	SPZ	SPA	SPB	SPC
400	0.96	0.87									
450	1.00	0.89									
500	1.02	0.91									
560		0.94									
630		0.96	0.81					0.82			
710		0.99	0.82					0.84			
800		1.00	0.85					0.86	0.81		
900		1.03	0.87	0.81				0.88	0.83		
1000		1.06	0.89	0.84				0.90	0.85		
1120		1.08	0.91	0.86				0.93	0.87		
1250		1.11	0.93	0.88				0.94	0.89	0.82	
1400		1.14	0.96	0.90				0.96	0.91	0.84	
1600		1.16	0.99	0.93	0.84			1.00	0.93	0.86	
1800		1.18	1.01	0.95	0.85			1.01	0.95	0.88	
2000			1.03	0.98	0.88			1.02	0.96	0.90	0.81
2240			1.06	1.00	0.91			1.05	0.98	0.92	0.83
2500			1.09	1.03	0.93			1.07	1.00	0.94	0.86
2800			1.11	1.05	0.95	0.83		1.09	1.02	0.96	0.88
3150			1.13	1.07	0.97	0.86		1.11	1.04	0.98	0.90
3550			1.17	1.10	0.98	0.89		1.13	1.06	1.00	0.92

续表

基准长度	K_L									
L_d/mm	普通 V 带						窄 V 带			
	Y	Z	A	B	C	D	E	SPZ	SPA	SPB	SPC
4000			1.19	1.13	1.02	0.91		1.08	1.02	0.94
4500				1.15	1.04	0.93	0.90	1.09	1.04	0.96
5000				1.18	1.07	0.96	0.92		1.06	0.98

7. 确定预紧力 F_0

由式(5.9),并考虑离心力的影响,单根 V 带的预紧力为

$$F_0 = \frac{1}{2} F_{ec} \frac{e^{f\alpha_v}+1}{e^{f\alpha_v}-1} + qv^2 \tag{5.31}$$

将 $F_{emax} = \dfrac{1000 P_{ca}}{zv}$ 代入式(5.31),并考虑包角对预紧力的影响,F_0 为

$$F_0 = 500 \frac{P_{ca}}{zv}\left(\frac{2.5}{K_\alpha}-1\right) + qv^2 \tag{5.32}$$

由于新带容易松弛,所以对非自动张紧的带传动,安装新带时的预紧力应为上述预紧力的 1.5 倍。

在带传动中,预紧力是通过在带与两带轮的切点跨距的中点 M,加上一个垂直于两轮上部外公切线的适当载荷 G(见图 5.10),使带沿跨距每长 100mm 所产生的挠度 y 为 1.6mm(挠角为 1.8°)来控制的。G 值见表 5.10。其中 v 为带速,D_1 为小带轮直径。

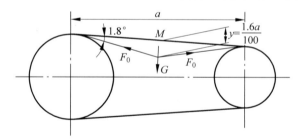

图 5.10 控制预紧力的方法

表 5.10 载荷 G 值   N/根

带型		小带轮直径 D_1/mm	v/(m/s)			带型		小带轮直径 D_1/mm	v/(m/s)		
			0~10	10~20	20~30				0~10	10~20	20~30
普通 V 带	Z	50~100	5~7	4.2~6	3.5~5.5	窄 V 带	SPZ	67~95	9.5~14	8~13	6.5~11
		>100	7~10	6~8.5	5.5~7			>95	14~21	13~19	11~18
	A	75~140	9.5~14	8~12	6.5~10		SPA	100~140	18~26	15~21	12~18
		>140	14~21	12~18	10~15			>140	26~38	21~32	18~27
	B	125~200	18.5~28	15~22	12.5~18		SPB	160~265	30~45	26~40	22~34
		>200	28~42	22~23	18~27			>265	45~58	40~52	34~47
	C	200~400	36~54	30~45	25~38		SPC	224~355	58~82	48~72	40~64
		>400	54~85	45~70	38~56			>355	82~106	72~96	64~90

8. 计算带传动作用在轴上的力(简称压轴力)

为了设计安装带轮的轴和轴承,必须确定带传动作用在轴上的力 F_Q。如果不考虑带两边的拉力差,则压轴力可以近似地按带两边的预紧力 F_0 的合力来计算,见图 5.11。即

$$F_Q = 2zF_0\cos\frac{\beta}{2} = 2zF_0\cos\left(\frac{\pi}{2} - \frac{\alpha_1}{2}\right) = 2zF_0\sin\frac{\alpha_1}{2} \tag{5.33}$$

式中,z 为带的根数;F_0 为单根带的预紧力;α_1 为主动轮上的包角。

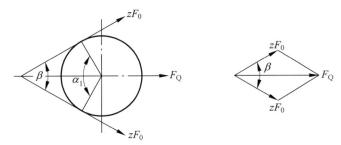

图 5.11 带传动的压轴力

例 5.1 设计例 1.1 中的 V 带传动。其中,电动机功率 $P = 10.12\text{kW}$,转速 $n_1 = 1460\text{r/min}$,减速箱高速轴转速 $n_2 = 608.33\text{r/min}$。

解:V 带传动设计

1) 功率计算

根据载荷性质和每天运转时间,根据表 5.6 确定工作情况系数 $K_A = 1.2$,则

$$P_{ca} = K_A P_d = 1.2 \times 10.12 = 12.14(\text{kW})$$

2) 带型选择

根据 P_{ca}、n_d,由图 5.8 确定选用 B 型普通 V 带。

3) 确定带轮基准直径

由表 5.2 取小带轮基准直径 $D_1 = 132\text{mm}$。根据式(5.24),计算从动轮基准直径 D_2

$$D_2 = iD_1 = 2.4 \times 132 = 316.8(\text{mm})$$

根据表 5.4,取 $D_2 = 315\text{mm}$。

按式(5.23)验算带的速度

$$v = \frac{\pi D_1 n_1}{60 \times 1000} = \frac{\pi \times 132 \times 1460}{60 \times 1000} = 10.08(\text{m/s}) < 30(\text{m/s})$$

带的速度合适。

4) 确定 V 带的基准长度和传动中心距

根据 $0.7(D_1 + D_2) < a_0 < 2(D_1 + D_2)$,初选中心距 $a_0 = 600\text{mm}$。根据式(5.25),带长约为 $L'_d = 2a_0 + \frac{\pi}{2}(D_1 + D_2) + \frac{(D_2 - D_1)^2}{4a_0} = 1915.7\text{mm}$。

由表 5.3 选带的基准长度 $L_d = 2000\text{mm}$。按式(5.26)计算实际中心距 a 为

$$a = a_0 + \frac{L_d - L'_d}{2} = 642.2\text{mm}$$

案例分析:带传动设计

5) 验算主动轮上的包角 α_1

由式(5.29)得 $\alpha_1 = 180° - \dfrac{D_2 - D_1}{a} \times 60° = 180° - \dfrac{315 - 132}{642.2} \times 60° = 162.91° > 120°$

小带轮上包角合适。

6) 计算 V 带的根数 z

由 $n_1 = 1460 \text{r/min}, D_1 = 132 \text{mm}, i = 2.4$，查表 5.7(a)和表 5.7(b)得 $P_0 = 2.51 \text{kW}, \Delta P_0 = 0.46 \text{kW}$，查表 5.8 得 $K_\alpha = 0.95$，查表 5.9 得 $K_L = 0.98$，则由式(5.30)得

$$z = \dfrac{P_{ca}}{(P_0 + \Delta P_0) K_\alpha K_L} = \dfrac{12.14}{(2.51 + 0.46) \times 0.95 \times 0.98} = 4.4$$

取 $z = 5$ 根。

7) 计算预紧力 F_0

查表 5.1 得 $q = 0.17 \text{kg/m}$，由式(5.32)得

$$F_0 = 500 \dfrac{P_{ca}}{vz} \left(\dfrac{2.5}{K_\alpha} - 1 \right) + qv^2 = 228.15(\text{N})$$

8) 计算作用在轴上的压轴力 F_Q

由式(5.33)得

$$F_Q = 2zF_0 \sin \dfrac{\alpha_1}{2} = 2 \times 5 \times 228.15 \sin 81.46 = 2256.17(\text{N})$$

9) 带轮结构尺寸

V 带轮采用 HT200 制造，允许最大圆周速度为 25m/s，如图 5.12 所示。由于轮毂宽 B_4 的尺寸决定了高速轴伸出段的最小阶梯轴长度，在图 5.12 中给出了轮毂宽 B_4 要比带轮宽 B_3 窄些的情况，取 $B_4 = 90 \text{mm}$。

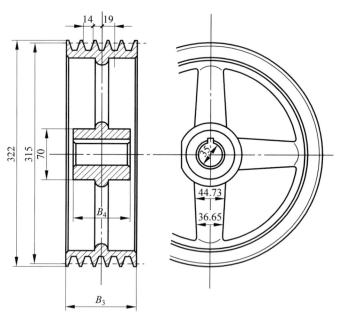

图 5.12 V 带大带轮简图

5.6 带传动的张紧装置

5.6.1 V带传动的张紧装置

在预紧力的作用下,经过一定时间的运转后,带发生塑性变形,使预紧力 F_0 降低,导致摩擦力降低。为了保证带传动能力不降低,应定期检查预紧力数值,发现不足,必须重新张紧。常见张紧装置有定期张紧装置、自动张紧装置和张紧轮。

定期张紧装置是在带工作一段时间后,通过调节中心距使带重新张紧。如图 5.13(a) 和(b)所示,通过旋转螺钉 A,靠顶紧力或重力调节中心距。

自动张紧装置依靠机器的自重或砝码重量,使中心距随带的伸长而增加,以保证带的张紧,如图 5.13(c)和(d)所示。

张紧轮是当中心距不能或不便调节时,通过辅助装置——张紧轮将带张紧。图 5.13(e) 所示是定期张紧轮,应使其尽量靠近大轮,以免过分影响带在小轮上的包角。图 5.13(f) 所示是自动张紧轮,当小带轮的包角过小时,可将张紧轮放在松边外侧,靠近小轮端,以增大小轮的包角。张紧轮直径小于小带轮的直径。

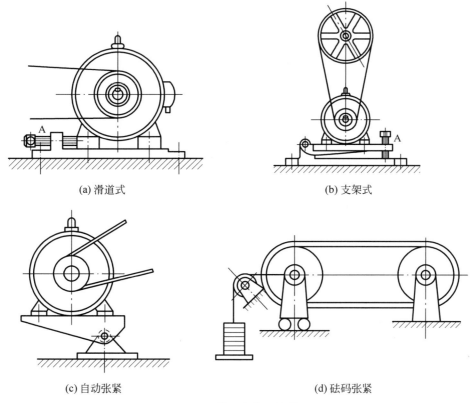

(a) 滑道式　　　　　　　　　　(b) 支架式

(c) 自动张紧　　　　　　　　　(d) 砝码张紧

图 5.13　带的定期张紧装置

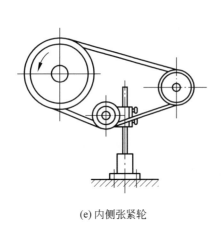
(e) 内侧张紧轮

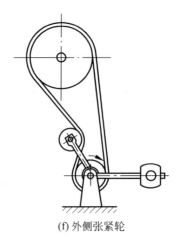
(f) 外侧张紧轮

图 5.13(续)

5.6.2 带的维护

为了保证正常运转,延长带的寿命,使用时须注意以下事项:

(1) 安装带时,应先缩短中心距,安上带后,再调整至正常位置,不应硬撬,以免损坏胶带,降低其使用寿命。

(2) 严禁使带与油、酸、碱等介质接触,或在阳光下暴晒,以免变质。

(3) 更换传动带时,应一次全部更换,不要只更换部分,否则会造成载荷分配不匀,反而加速新带损坏。

(4) 带传动须设计和安装防护罩以保证安全。

5.7 同步带传动简介

啮合型带传动有同步带传动,它是由主动带轮、从动带轮和套在两个带轮上的环形同步带组成。如图 5.14 所示,同步带传动是利用带上的凸齿与带轮齿槽的相互啮合作用来传递运动和动力的。

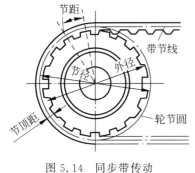

图 5.14 同步带传动

1. 同步带传动的分类和特点

同步带传动按用途可分为:①一般工业用同步带传动,齿形为梯形,主要用于各种中、小功率的机械中;②高转矩同步带传动,齿形为圆弧形,主要用于重型机械中。梯形同步齿形带已标准化,而圆弧齿只有企业标准。

同步带传动兼有摩擦型带传动和齿轮传动的特性

和优点,与其他挠性传动相比,同步带传动优点是:①由于是啮合传动,故传动比较准确,工作时无滑动;②传动效率高,可达98%;③传动平稳,能吸振、噪声小;④传动比可达10,且带轮直径比V带小很多,结构紧凑,带速可达50m/s;⑤能应用于高速运转,承载能力大,传递功率可达300kW;⑥维护保养方便,能在高温、灰尘、积水及腐蚀介质中工作,无须润滑。

同步带传动不足之处有:①制造安装精度要求高,对两带轮轴线的平行度及中心距要求严格;②带与带轮的制造工艺复杂。

2. 同步带的结构

如图5.15所示,同步带一般由包布层1、带齿2、带背3和承载绳4组成。其中,承载绳的作用是传递动力和保持节距不变,采用抗拉强度较高、伸长率较小的材料制造,目前承载绳的常用材料为钢丝、玻璃纤维以及芳香族聚酰胺纤维;带齿直接与带轮啮合,要求剪切强度和耐磨性高,耐热性和耐油性好;带背用于连接和包覆承载绳(要求柔韧性和抗弯强度高),以及与承载绳的粘结性好,目前带背的常用材料为氯丁橡胶和聚氨酯橡胶;包布层一般要求抗拉强度高、耐磨性好,并与氯丁橡胶基体的粘结性好,在受拉时经线方向伸长小而纬线方向伸长大,一般用尼龙或锦纶丝织成。

3. 同步带轮

同步带轮一般由齿圈1、挡圈2和轮毂3组成,如图5.16所示。常用的带轮分为直线齿形与渐开线齿形两种:直线齿形带轮与带接触面大,其缺点是要用特制的刀具加工;而渐开线齿形带轮可用标准滚刀加工,因此一般推荐采用渐开线齿形。

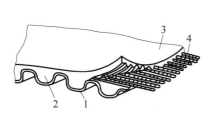

1—包布层;2—带齿;3—带背;4—承载绳。

图5.15 同步带结构

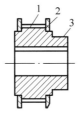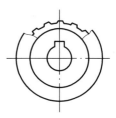

1—齿圈;2—挡圈;3—轮毂。

图5.16 同步带轮

例5.2 带标记举例。

(1) 基准长度为1000mm的普通A型V带:

A1000 GB/T 11544—2012

(2) 基准长度为2240mm的SPB型窄V带:

SPB 2240 GB/T 11544—2012

(3) 带型340,带宽100mm,带长3150mm的普通平带:

340×100-3.15 GB/T 524—2007

(4) 带长代号为240(节线长609.60mm),带宽代号100(带宽25.4mm)的H型(节距为12.7mm)的单面同步带:

240 H 100 GB/T 11616—2013

(5) 带长代号为300(节线长762.00mm),带宽代号075(带宽19.1mm)的L型(节距为9.525mm)的双面交错齿型同步带：

$$300 \text{ DB L } 075 \text{ GB/T } 11616\text{—}2013$$

习　题

1. 判断题

(1) 带的弹性滑动使传动比不准确，传动效率低，带磨损加快，因此在设计中应避免带出现弹性滑动。　　　　　　　　　　　　　　　　　　　　　　　　　　　（　　）

(2) 弹性滑动对带传动性能的影响是：传动比不准确，主、从动轮的圆周速度不等，传动效率低，带的磨损加快，温度升高，因而弹性滑动是一种失效形式。　　（　　）

(3) V 带的公称长度是指它的内周长。　　　　　　　　　　　　　　　　（　　）

(4) V 带传动的效率比平带传动的效率高，所以 V 带应用更为广泛。　　（　　）

(5) 在传动比不变的条件下，当 V 带传动的中心距较大时，小带轮的包角就较大，因而承载能力也较高。　　　　　　　　　　　　　　　　　　　　　　　　　　（　　）

2. 选择题

(6) 带传动采用张紧轮的目的是_____。
　　(A) 减轻带的弹性滑动　　　　　　　(B) 提高带的寿命
　　(C) 改变带的运动方向　　　　　　　(D) 调节带的初拉力

(7) 与齿轮传动和链传动相比，带传动的主要优点是_____。
　　(A) 工作平稳，无噪声　　　　　　　(B) 传动的重量轻
　　(C) 摩擦损失小，效率高　　　　　　(D) 寿命较长

(8) 带传动中，两带轮与带的摩擦系数相同，直径不等，如有打滑则先发生在_____轮上。
　　(A) 大　　　　(B) 小　　　　(C) 两带　　　　(D) 不一定哪个

(9) 采用张紧轮调节带传动中带的张紧力时，张紧轮应安装在_____。
　　(A) 紧边外侧，靠近小带轮处　　　　(B) 紧边内侧，靠近小带轮处
　　(C) 松边外侧，靠近大带轮处　　　　(D) 松边内侧，靠近大带轮处

(10) 带传动正常工作时，紧边拉力 F_1 和松边拉力 F_2 满足关系_____。
　　(A) $F_1 = F_2$　　　　　　　　　　(B) $F_1 - F_2 = F_e$
　　(C) $F_1/F_2 = e^{f\alpha}$　　　　　　(D) $F_1 = F_2 = F_0$

(11) 带传动的设计准则为_____。
　　(A) 保证带传动时，带不被拉断
　　(B) 保证带传动在不打滑条件下，带不磨损
　　(C) 保证带在不打滑条件下，具有足够的疲劳强度
　　(D) 以上都对

(12) 设计 V 带传动时，为防止_____，应限制小带轮的最小直径。

（A）带内的弯曲应力过大　　　　　　（B）小带轮上的包角过小
（C）带的离心力过大　　　　　　　　（D）带的长度过长

3．问答题

（13）包角对传动有什么影响？为什么只考察小带轮包角 α_1？

（14）什么是弹性滑动？什么是打滑？在工作中是否都能避免？为什么？

（15）提高单根 V 带承载能力的途径有哪些？

（16）带传动的失效形式和设计准则是什么？

（17）试分析主要参数 d_1、α、i、a 对带传动有哪些影响？设计时应如何选取？

（18）V 带剖面楔角 α 均为 $40°$，而带轮槽角 φ 却随着带轮的直径变化，一般制成 $32°$、$34°$、$36°$、$38°$，这是为什么？

（19）摩擦系数一定的条件下，连接螺纹和传动螺纹的差别有哪些？

4．计算题

（20）V 带传动的 $n_1=1450\text{r/min}$，带与带轮的当量摩擦系数 $f_v=0.51$，包角 $\alpha_1=180°$，预紧力 $F_0=360\text{N}$。试问：①该传动所能传递的最大有效拉力为多少？②若 $D_1=100\text{mm}$，其传递的最大转矩为多少？③若传动效率为 0.95，弹性滑动忽略不计，从动轮输出功率为多少？

（21）V 带传动传递的功率 $P=7.5\text{kW}$，带速 $v=10\text{m/s}$，紧边拉力是松边拉力的两倍，即 $F_1=2F_2$，试求紧边拉力 F_1、有效拉力 F_e 和预紧力 F_0。

（22）已知单根普通 V 带能传递的最大功率 $P=6\text{kW}$，主动带轮基准直径 $d_1=100\text{mm}$，转速为 $n_1=1460\text{r/min}$，主动带轮上的包角 $\alpha_1=150°$，带与带轮之间的当量摩擦系数 $f_v=0.51$。试求带的紧边拉力 F_1、松边拉力 F_2、预紧力 F_0 及最大有效圆周力 F_e（不考虑离心力）。

（23）设计一减速机用普通 V 带传动。动力机为 Y 系列三相异步电动机，功率 $P=7\text{kW}$，转速 $n_1=1420\text{r/min}$，减速机工作平稳，转速 $n_2=700\text{r/min}$，每天工作 8h，希望中心距大约为 600mm。（已知工作情况系数 $K_A=1.0$，选用 A 型 V 带，取主动轮基准直径 $d_1=100\text{mm}$，单根 A 型 V 带的基本额定功率 $P_0=1.30\text{kW}$，功率增量 $\Delta P_0=0.17\text{kW}$，包角系数 $K_\alpha=0.98$，长度系数 $K_L=1.01$，带的每米长质量 $q=0.1\text{kg/m}$。）

（24）有一 V 带传动，传动功率为 $P=3.2\text{kW}$，带的速度为 $v=8.2\text{m/s}$，带的根数 $z=4$。安装时测得预紧力 $F_0=120\text{N}$。试计算有效拉力 F_e、紧边拉力 F_1、松边拉力 F_2。

（25）V 带传动大小包角为 $180°$。带与带轮的当量摩擦系数为 $f_v=0.51$，若带的初拉力 $F_0=100\text{N}$，不考虑离心力的影响。传递有效圆周力 $F_t=130\text{N}$ 时，带传动是否打滑？为什么？

（26）V 带传动中，已知主动带轮基准直径 $d_{d1}=180\text{mm}$，从动带轮基准直径 $d_{d2}=180\text{mm}$，两轮的中心距 $a=630\text{mm}$，主动带轮转速 $n_1=1450\text{r/min}$，能传递的最大功率 $P=10\text{kW}$，B 型带。试计算 V 带中的各应力，并画出各应力分布图。

附：V 带的弹性模量 $E=170\text{MPa}$，V 带每米长质量 $q=0.18\text{kg/m}$，带与带轮间的当量摩擦系数 $f=0.51$，B 型带截面面积 $A=1.38\text{cm}^2=138\text{mm}^2$，B 型带的高度 $h=10.5\text{mm}$。

5. 结构题

(27) 如图 5.17 所示，采用张紧轮将带张紧，小带轮为主动轮。在图(a)、(b)、(c)、(d)、(e)、(f)、(g)和(h)所示的 8 种张紧轮的布置方式中，指出哪些是合理的，哪些是不合理的。为什么？（注：最小轮为张紧轮。）

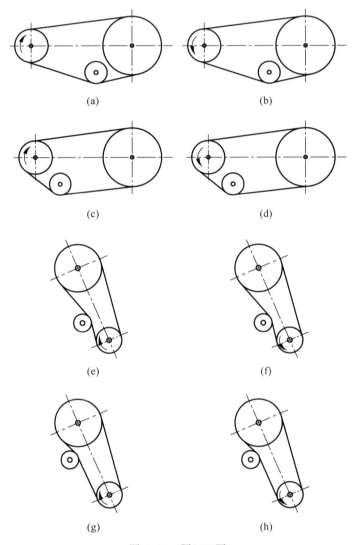

图 5.17 题(27)图

6. 系列题

X-1-2：在第 1 章的系列题 X-1-1 中，已经设计了传动装置的总传动比，请为传动装置的各级传动分配合理的传动比，并对 V 带进行设计。

第 6 章

链 传 动

6.1 概 述

链

链传动是在两个或多个链轮之间用链条作为挠性拉曳元件的一种啮合传动,链传动由主动链轮、从动链轮和链条组成,如图 6.1 所示。

与带传动相比,链传动的优点是:没有弹性滑动和打滑,能保证准确的平均传动比,传动效率高,不需要很大的张紧力,轴压力较小,传递功率大,过载能力强,能在低速、重载下较好地工作,可在温度较高、湿度较大、有油污、腐蚀等恶劣条件下工作。与齿轮传动相比,链传动的优点是:容易安装,成本低廉,能实现远距离传动,而结构比较轻便。但链传动不能保证恒定的瞬时链速和瞬时传动比,磨损后易发生跳齿,工作时有冲击和噪声,且只能用于平行轴间的传动。

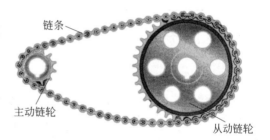

图 6.1 链传动

6.2 滚子链结构与标准

6.2.1 链的类型

按用途不同,链可分为传动链、起重链和曳引链。传动链主要用于传递运动和动力,其工作速度 $v \leqslant 15 \mathrm{m/s}$;起重链主要用于起重机械中提升重物,其工作速度 $v \leqslant 0.25 \mathrm{m/s}$;曳引链主要用于运输机械中移动重物,其工作速度 $v \leqslant (2 \sim 4) \mathrm{m/s}$。在一般机械传动中,常用的是传动链。

传动链的类型主要有短节距传动用精密滚子链(见图 6.2(a))和传动用齿形链(见图 6.2(b))。短节距传动用精密滚子链简称滚子链,是机械传动中应用最为广泛的标准链,本章将重点介绍。齿形链比滚子链工作平稳,噪声小,承受冲击载荷能力强,允许的线速度较高($v \leqslant 30 \mathrm{m/s}$);但结构较复杂,质量大,成本较高。

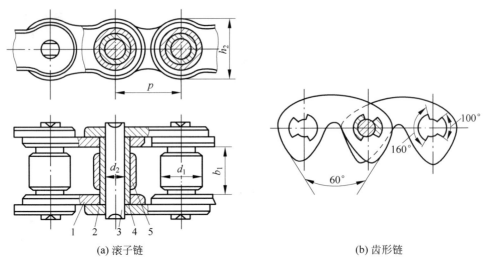

(a) 滚子链 (b) 齿形链

1—内链板；2—外链板；3—销轴；4—套筒；5—滚子。

图 6.2　链传动类型

6.2.2　滚子链

滚子链的结构如图 6.2(a)所示，由内链板 1、外链板 2、销轴 3、套筒 4 和滚子 5 组成。内链板与套筒之间、外链板与销轴之间为过盈配合；滚子与套筒之间、套筒与销轴之间均为间隙配合。当内、外链板相对挠曲时，套筒可绕销轴自由转动，滚子是活套在套筒上的，当链条与链轮轮齿啮合时，滚子与轮齿间基本上为滚动摩擦，这样就可减轻齿廓的磨损。

链板一般做成 8 字形，以使各截面接近等强度，同时减少链的质量和运动时的惯性力。

链条除了接头的链节外，各链节都是不可分离的，链的长度用链节数表示。滚子链的接头形式如图 6.3 所示：当链节数为偶数时，接头处可用开口销(见图 6.3(a))或弹簧卡片(见图 6.3(b))来固定，通常前者用于大节距，后者用于小节距。当链节数为奇数时，需采用过渡链节来连接(见图 6.3(c))，因为过渡链节的链板要受附加弯矩的作用，并且过渡链节的链板要单独制造，故尽量不采用奇数链节。

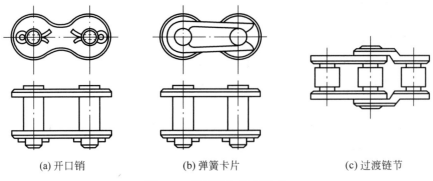

(a) 开口销　　(b) 弹簧卡片　　(c) 过渡链节

图 6.3　滚子链的接头形式

滚子链是标准件,其主要参数是链的节距 p(指相邻两滚子中心线之间的距离)。表 6.1 列出了国家标准规定的一些规格的滚子链。其中链号表示英制的节距;链号数×25.4/16mm=公制节距值 p。链号的后缀 A 为起源于美国的 A 系列链,是世界流行的标准链。后缀 B 为起源于英国的 B 系列链,是欧洲流行的标准链。两种系列相互补充,在我国均有生产和应用。

表 6.1 滚子链规格和主要参数

链号	节距 p/mm	排距 p_t/mm	滚子外径 d_1/mm	内链节内宽 b_1/mm	销轴直径 d_2/mm	内链板高度 h_2/mm	极限拉伸载荷(单排) F_Q[①]/kN	每米质量(单排) q/(kg/m)
05B	8.00	5.64	5.00	3.00	2.31	7.11	4.4	0.18
06B	9.525	10.24	6.35	5.72	3.28	8.26	8.9	0.40
08B	12.70	13.92	8.51	7.75	4.45	11.81	17.8	0.70
08A	12.70	14.38	7.95	7.85	3.96	12.07	13.8	0.60
10A	15.875	18.11	10.16	9.40	5.08	15.09	21.8	1.00
12A	19.05	22.78	11.91	12.57	5.94	18.08	31.1	1.50
16A	25.40	29.29	15.88	15.75	7.92	24.13	55.6	2.60
20A	31.75	35.76	19.05	18.90	9.53	30.18	86.7	3.80
24A	38.10	45.44	22.23	25.22	11.10	36.20	124.6	5.60
28A	44.45	48.87	25.40	25.22	12.70	42.24	169.0	7.50
32A	50.80	58.55	28.58	31.55	14.27	48.26	222.4	10.10
40A	63.50	71.55	39.68	37.85	19.84	60.33	347.0	16.10
48A	76.20	87.83	47.63	47.35	23.80	72.39	500.4	22.60

① 过渡链节取 F_Q 值的 80%。

滚子链的标记为:

| 链号 | 排数 | 整链链节数 | 标准编号 |

例 6.1 标记 A 系列、节距 12.7mm、单排、87 节的滚子链:

08A-1-87 GB/T 1243—2006

6.2.3 滚子链链轮

滚子链链轮

1. 链轮结构

链轮是链传动的主要零件,可采用图 6.4 的结构形式。小直径链轮可制成实心式(见图 6.4(a));中等直径的链轮可制成孔板式(见图 6.4(b));直径较大的链轮可设计成组合式(见图 6.4(c)),当轮齿被磨损后可更换齿圈。链轮轮毂部分的尺寸可参考 V 带轮结构设计的尺寸。

滚子链链轮和齿槽各部分主要尺寸及计算公式见表 6.2。

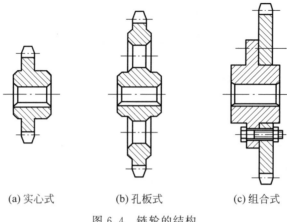

(a) 实心式　　　　(b) 孔板式　　　　(c) 组合式

图 6.4　链轮的结构

表 6.2　滚子链链轮的主要尺寸参数

名　　称	计 算 公 式	备注(表内公式名称意义见图 6.5)
分度圆直径 d	$d = p/\sin(180°/z)$	z 为链轮齿数；p 为链轮节距
齿顶圆直径 d_a	$d_{a\max} = d + 1.25p - d_1$ $d_{a\min} = d + (1 - 1.6/z)p - d_1$	可在 $d_{a\max}$、$d_{a\min}$ 范围内任意选取；但选用 $d_{a\max}$ 时，应考虑采用展成法加工有发生顶切的可能性。d_1 为滚子直径
齿根圆直径 d_f	$d_f = d - d_1$	
分度圆弦齿高 h_a	$h_{a\max} = (0.625 + 0.8/z)p - 0.5d_1$ $h_{a\min} = 0.5(p - d_1)$	h_a 为简化放大齿形图的绘制而引入的辅助尺寸(见图 6.6)。$h_{a\max}$ 相应于 $d_{a\max}$；$h_{a\min}$ 相应于 $d_{a\min}$
齿侧凸缘(或排间槽)直径 d_H	$d_H \leqslant p\cot(180°/z) - 1.04h_2 - 0.76$	h_2 为内链板高度

注：d_a、d_H 取整数值，其他尺寸精确到 0.01mm。

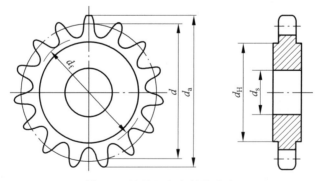

图 6.5　链轮上各直径的含义

2. 链轮齿形

虽然链轮齿形与齿轮齿形相似，但由于链轮和链条的齿廓不是共轭齿廓，因此链轮齿形的设计具有很大的灵活性。链轮齿形的设计应保证：①尽量减少链节与链轮啮合时的冲击和接触应力；②有一定适应链条因磨损而导致的节距增长的能力；③方便加工制造和安装。

链轮齿形已经标准化。常用的链轮齿形有：三圆弧一直线齿形（见图 6.6）、双圆弧齿形（见图 6.7）和直线一圆弧齿形。

最常用的齿廓为三圆弧一直线齿形，它由 $\overset{\frown}{aa}$、$\overset{\frown}{ab}$、$\overset{\frown}{cd}$ 和 $\overline{bc}$ 组成，$abcd$ 为齿廓工作段，见图 6.6。当选用三圆弧一直线齿形和相应的标准刀具加工时，链轮齿形在零件图上可不必画出，只需注明"齿形按 3R GB/T 1243—2006《传动用短节距精密滚子链和套筒滚子链链轮齿形和公差》规定制造"即可。

双圆弧齿形如图 6.7 所示，由 GB/T 1243—2006 规定，齿形由 r_i 和 r_e 两个圆弧构成，也能较好地满足性能要求。

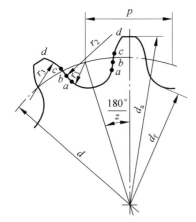

图 6.6 三圆弧一直线齿形

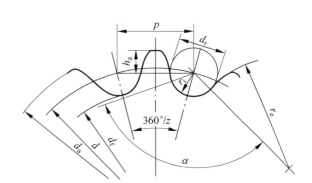

图 6.7 滚子链链轮的齿槽形状

链轮的实际齿廓形状应在图 6.6、图 6.7 和表 6.2 中所规定的最大齿槽形状和最小齿槽形状的范围内，组成齿槽的各段曲线应光滑连接。

图 6.8 所示的是滚子链链轮的轴面齿形，可以是圆弧或直线，以利于链节的啮入和啮出。带轮端面和轴面齿形的几何尺寸计算公式可参考有关手册。

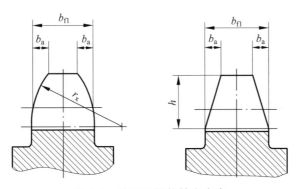

图 6.8 滚子链链轮轴向齿廓

6.3 链传动运动与受力分析

6.3.1 链传动运动分析

1. 链传动的平均速度与平均传动比

当链绕在链轮上,链节与相应的轮齿啮合,这段链条将折曲成多边形一部分,如图 6.9 所示。

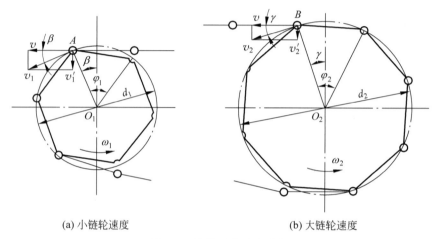

(a) 小链轮速度　　　　　　　(b) 大链轮速度

图 6.9 链传动的速度分析

该多边形的边长为链条的节距 p,边数等于链轮齿数 z。链轮每转一圈,随之转过的链长为 zp,故链的平均速度为

$$v = \frac{z_1 n_1 p}{60 \times 1000} = \frac{z_2 n_2 p}{60 \times 1000} \text{(m/s)} \tag{6.1}$$

式中,z_1、z_2 分别为主、从动链轮齿数;n_1、n_2 分别为主、从动链轮转速,r/min;p 为链的节距,mm。

链传动的平均传动比为

$$i = \frac{n_1}{n_2} = \frac{z_2}{z_1} \tag{6.2}$$

2. 链传动的运动不均匀性

如图 6.9(a)所示,链轮转动时,绕在链轮上的链条销轴轴心沿链轮节圆运动,但链节其余部分的运动轨迹不在节圆上。

为了便于分析,设链传动工作时主动边始终处于水平位置。若主动链轮的节圆半径为 R_1,并以等角速度 ω_1 转动时,轴心 A 作等速圆周运动,其速度 $v_1 = R_1 \omega_1$。这样 v_1 可分解为沿链条前进方向的水平速度 v 和垂直运动的分速度 v_1'。它们分别为

$$\begin{cases} v = v_1 \cos \beta = R_1 \omega_1 \cos \beta \\ v'_1 = v_1 \sin \beta = R_1 \omega_1 \sin \beta \end{cases} \quad (6.3)$$

式中,β 为过轴心 A 的半径与铅垂线间的夹角。

由图 6.9(a)可知:链条的每一链节在主动链轮上对应的中心角为 φ_1($\varphi_1 = 360°/z$),则 β 角的变化范围为($-\varphi_1/2 \sim \varphi_1/2$)。显然,当 $\beta = \pm \varphi_1/2$ 时,链速最小;当 $\beta = 0$ 时,链速最大。所以,当主动链轮作等速回转时,链条前进的速度 v 周期性地由小变大,又由大变小,每转过一个节距就变化一次。与此同时,v'_1 也在周期性地变化,导致链条在铅垂方向产生周期性的振动。

设从动轮角速度为 ω_2,圆周速度为 v_2,由图 6.9(b)可知

$$v_2 = \frac{v}{\cos \gamma} = \frac{v_1 \cos \beta}{\cos \gamma} = R_2 \omega_2 \quad (6.4)$$

式中,γ 为过轴心和 B 的半径与铅垂线间的夹角。

又因 $v_1 = R_1 \omega_1$,从而有

$$\frac{R_1 \omega_1 \cos \beta}{\cos \gamma} = R_2 \omega_2$$

所以链传动的瞬时传动比为

$$i_i = \frac{\omega_1}{\omega_2} = \frac{R_2 \cos \gamma}{R_1 \cos \beta} \quad (6.5)$$

随着 β 角和 γ 角的不断变化,链传动的瞬时传动比也是不断变化的。当主动链轮以等角速度回转时,从动链轮的角速度将周期性地变化。只有在 $z_1 = z_2$,且传动的中心距恰为节距 p 的整数倍时,传动比才可能在啮合过程中保持不变,恒为 1。

由上面分析可知,链轮的齿数 z 越小,链条节距 p 越大,链传动的运动不均匀性越严重。

上述链传动运动不均匀性的特征是由于围绕在链轮上的链条形成了正多边形这一特点所造成的,故称为链传动的多边形效应,它是链传动的固有特性。链传动的多边形效应会引起在传动过程中的冲击和动载荷。

3. 链传动的动载荷影响因素

链传动的动载荷主要由链速 v 周期性变化产生的加速度引起的,对式(6.3)第 1 式求导,有

$$\frac{\mathrm{d}v}{\mathrm{d}t} = -R_1 \omega_1^2 \sin \beta \quad (6.6)$$

当销轴位于 $\beta = \pm \varphi_1/2$ 时,$\sin \beta$ 最大,因此加速度也为最大值,即

$$\left(\frac{\mathrm{d}v}{\mathrm{d}t}\right)_{\max} = \pm R_1 \omega_1^2 \sin \frac{\varphi_1}{2} = \pm R_1 \omega_1^2 \sin \frac{180°}{z_1} = \pm \frac{\omega_1^2 p}{2} \quad (6.7)$$

式(6.7)中利用了 $R_1 = \dfrac{p}{2\sin(180°/z)}$ 的关系。

由式(6.7)可知,链轮转速越高,节距越大,链的动载荷越大。链的垂直方向分速度 v' 周期性变化会导致链传动的横向振动,也是链传动动载荷中重要的一部分。链节与链轮啮

合瞬间所产生的相对速度也会造成冲击和动载荷。

6.3.2 受力分析

如果不考虑动载荷,链在传动中的主要作用力有工作拉力、离心拉力和悬垂拉力。工作拉力 F_e 取决于传递功率和链速,可按下式计算:

$$F_e = \frac{1000P}{v} \tag{6.8}$$

式中,P 为传递功率,kW;v 为链速,m/s。

离心拉力 F_c 与单位长度链条的质量 q 和链速 v 有关,为

$$F_c = qv^2 \tag{6.9}$$

式中,q 值可查表 6.1;当 $v<6$m/s 时,F_c 可忽略不计。

悬垂拉力 F_y 主要取决于传动的布置方式及链条松边的垂度,如图 6.10 所示。按下式计算

$$F_y = K_y q g a \tag{6.10}$$

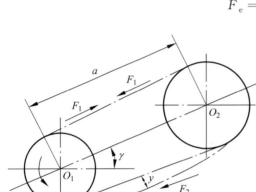

图 6.10 链的布置方式及松边的垂度

式中,a 为链传动的中心距;g 为重力加速度;K_y 为垂度系数,可查表 6.3。

表 6.3 垂度系数 K_y($y=0.02a$)

$\gamma/(°)$	0	30	60	75	90
K_y	7	6	4	2.5	1

注:γ 为两轮中心连线与水平线的倾斜角。

由式(6.8)~式(6.10)可得链的紧边拉力 F_1 和松边拉力 F_2 分别为

$$\begin{cases} F_1 = F_e + F_c + F_y \\ F_2 = F_c + F_y \end{cases} \tag{6.11}$$

作用在轴上的力(简称压轴力)F_Q 可近似地取为紧边和松边总拉力之和。离心拉力对压轴力没有影响,不应计算在内;又由于悬垂拉力不大,故近似取

$$F_Q \approx K_A(F_1 + F_2) \approx 1.2 K_A F_e \tag{6.12}$$

式中,K_A 为工作情况系数,查表 6.4。

表 6.4 链传动工作情况系数

工 况	K_A		
	内燃机-液力传动	电动机或汽轮机	内燃机-机械传动
平稳载荷	1.0	1.1	1.2
中等冲击	1.2	1.3	1.4
严重冲击	1.4	1.5	1.7

6.4 滚子链设计

6.4.1 链传动的失效形式

链传动常见的失效形式有以下几种。

(1) 疲劳破坏　在工作时,链条不断地经松边到紧边,各个元件受变应力作用,经过一定循环次数后,链板、套筒或滚子会产生疲劳断裂或点蚀。

(2) 链条铰链的磨损　由于销轴与套筒间承受较大的压力,它们间的相对转动会使铰链磨损,使链条伸长,增大动载荷、引起跳齿和加大噪声等。

(3) 链条铰链的胶合　因链节啮入时会受到冲击,销轴和套筒间润滑油膜若破坏会使表面在高温和高压下接触产生胶合失效。

(4) 链条的静载拉断　低速(v<0.6m/s)的链条过载并超过了链条静力强度的情况下,链条就会被拉断。

6.4.2 疲劳强度设计

滚子链疲劳强度设计

在正常润滑条件下,链传动的主要失效形式是疲劳破坏或胶合。实践表明:对于设计和安装正确、润滑适当和质量合乎标准的套筒滚子链传动,在运转中,因磨损产生的伸长率尚未达到全长的3%时,链的零件已先产生疲劳破坏或胶合。所以,确定套筒滚子链传动的承载能力,都采用以疲劳强度为主的多种失效形式的计算方法。套筒滚子链的设计根据功率曲线图来选定链条的规格。

1. 额定功率曲线

在一定使用寿命和润滑良好的条件下,链传动各种失效形式限定的额定功率曲线如图6.11所示。曲线1为铰链磨损极限功率线;曲线2为链板疲劳强度极限功率线;曲线3为滚子、套筒冲击疲劳强度极限功率线;曲线4为销轴和套筒胶合极限功率线;曲线5是非正常润滑条件下铰链磨损极限功率线。由图6.11可见:在润滑良好、中等速度的链传动中,链传动应当在曲线2、曲线3和曲线4所包围的区域内工作,其传动能力主要取决于链板的疲劳强度;随着转速的逐渐增加,因链传动的多边形效应增大,传动能力主要取决于滚子和套筒的冲击疲劳强度;当转速很高时,传动能力取决于铰链的抗胶合能力。

图6.12给出了A系列滚子链的额定功率曲线供设计时使用,它是在下述实验条件下得出的,如果实际情况与此不符,则需要加以修正。

(1) 两链轮安装在水平轴上,两链轮共面;

(2) 小链轮齿数z_1=19,链长L_p=100kn;

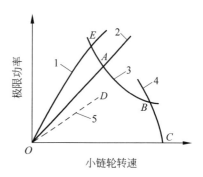

图6.11　链传动失效曲线

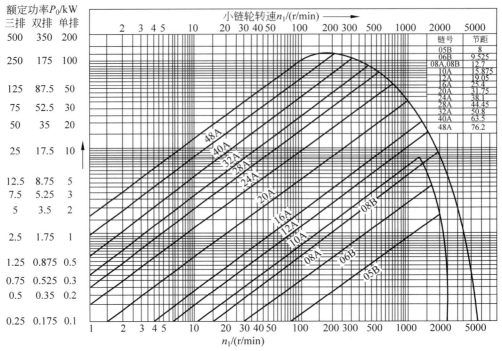

$z_1=19$，$L_p=100$，$i=3$，载荷平稳，寿命15 000h，润滑正常

图 6.12 滚子链额定功率曲线

(3) 载荷平稳,按推荐的方式润滑(见图 3.15);
(4) 能连续 15 000h 满负荷运转;
(5) 链条因磨损引起的相对伸长量不超过 3%。

2. 设计方法

滚子链传动的设计,一般先按所传递功率、载荷性质、工作条件和链轮转速等选定链轮齿数,然后确定链节距、链条列数、中心距和润滑方式等。

1) 额定功率计算与链型选择

对给定传递功率 P,可由下式求得链传动的计算功率 P_{ca}

$$P_{ca}=K_A P \tag{6.13}$$

式中,P 为链所需传递的功率;P_{ca} 为链传动的计算功率;K_A 为工作情况系数,见表 6.4。

再通过对不符实验条件的修正,按下式求得链的额定功率

$$P_0=\frac{P_{ca}}{K_Z K_L K_P}=\frac{K_A P}{K_Z K_L K_P} \tag{6.14}$$

式中,P_0 为在图 6.12 下面给出的工况条件下单根带可承载的功率;K_Z 为小链轮齿数系数,见表 6.5;K_L 为链长系数,见图 6.13;K_P 为多排链系数,见表 6.6。

在得到额定功率 P_0 后,利用 P_0 和给定的小链轮转速 n_1 可从图 6.12 中查得适合的链的型号(应保证设计点在该型号链的铰链磨损极限功率线(斜直线)下方)。

表 6.5 小链轮齿数及其系数 K_Z

z_1	9	11	13	15	17	19	21	23	25	27	29	31	33	35	37
K_Z	0.446	0.555	0.667	0.775	0.893	1.00	1.12	1.23	1.35	1.46	1.58	1.70	1.81	1.94	2.12

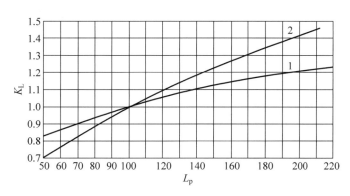

1—链板疲劳；2—滚子套筒冲击疲劳。

图 6.13 链长系数

表 6.6 多排链系数 K_P

排数	1	2	3	4	5	6	≥7
K_P	1.0	1.7	2.5	3.3	4.1	5.0	与生产厂商定

链传动的润滑见 3.5 节。若链传动不能保证图 3.15 中所推荐的润滑方式而导致润滑不良时,则图 6.12 中所规定的功率 P_0 应降到下述数值后才能使用：

$v < 0.6\text{m/s}$ 　　　　　　按静强度设计计算；

$0.6\text{m/s} \leqslant v \leqslant 1.5\text{m/s}$ 　润滑不良时,降至 $(0.3\sim 0.6)P_0$,无润滑时,降至 $0.15P_0$；

$1.5\text{m/s} < v \leqslant 7\text{m/s}$ 　润滑不良时,降至 $(0.15\sim 0.3)P_0$；

$v > 7\text{m/s}$ 　　　　　　润滑不良时则传动不可靠,不宜采用。

2) 链长计算

链的长度常用链节数 L_p 表示,L_p 与中心距 a 之间的关系为

$$L_p = \frac{z_1+z_2}{2} + 2\frac{a}{p} + \left(\frac{z_2-z_1}{2\pi}\right)^2 \frac{p}{a} \tag{6.15}$$

计算出的链节数 L_p 后要圆整为整数,最好取为偶数。再根据圆整后的链节数计算理论中心距,即：

$$a = \frac{p}{4}\left[\left(L_p - \frac{z_1+z_2}{2}\right) + \sqrt{\left(L_p - \frac{z_1+z_2}{2}\right)^2 - 8\left(\frac{z_2-z_1}{2\pi}\right)^2}\right] \tag{6.16}$$

为了保证链条的松边有一个合适的安装垂度 $(0.01a \sim 0.02a)$,实际中心距应较理论中心距 a 小一些。

3. 影响链传动性能的因素

1) 传动比 i

滚子链的传动比一般要求 $i \leqslant 7$，推荐值为 $i = 2 \sim 3.5$。当载荷平稳、速度不高时，i 可达 10。但传动比过大时，链条在小链轮上的包角会过小，啮合齿数减少，轮齿磨损加速并容易出现跳齿。

2) 链轮的齿数 z_1、z_2

小链轮齿数 z_1 对链传动的平稳性和使用寿命有较大的影响。齿数少可减小外廓尺寸，但齿数过少，将会导致传动的不均匀性和动载荷增大，从而加速了链条和链轮的损坏。因此，增加小链轮齿数 z_1 对传动是有利的。但是，链轮齿数也不宜过多，链轮齿数越多，分度圆直径增量越大，链就越容易出现跳齿和脱齿现象。在动力传动中，滚子链的小链轮齿数 z_1 按表 6.7 选取。当链速很低时，允许最少齿数为 9。

表 6.7 小链轮齿数 z_1 选择

链速 $v/(\text{m/s})$	$0.6 \sim 3$	$3 \sim 8$	$>8 \sim 25$	>25
齿数 z_1	$\geqslant 17$	$\geqslant 21$	$\geqslant 25$	$\geqslant 35$

在选取链轮齿数时，还要考虑均匀磨损的问题，由于链节数选用偶数，链轮齿数一般应取与链节数互为质数的奇数。

3) 链速 v

链速越大动载荷越大，因此链速一般不超过 12m/s。对高精度的链传动，以及用合金钢制造的链，链速允许到 $20 \sim 30$m/s。

4) 链节距 p

允许采用的链节距是根据功率 P_0 和小链轮转速 n_1 由图 6.12 选取的。链节距 p 越大，链的承载能力就越高，但传动的多边形效应也增大，振动、冲击、噪声也越严重。故承载能力足够时宜选小节距单排链，高速重载时可选小节距多排链，载荷大、中心距小、传动比大时，选小节距多排链。低速重载、中心距较大时才选用大节距单排链。

5) 中心距 a 和链长 L_p

当链速不变，中心距小、链节数少的传动，在单位时间内同一链节的曲伸次数会增多，因此会加速链的磨损。中心距太大，会引起从动边垂度过大，传动时造成松边颤动，造成传动运行不稳定。若中心距不受其他条件限制，一般可取 $a = (30 \sim 50)p$，最大中心距 $a_{\max} = 80p$。

6.4.3 链的静强度计算

链的静强度计算

当链速 $v < 0.6$m/s 时，传动的主要失效形式是链条受静力拉断，故应进行静强度设计。静强度安全系数 S 应满足下式要求：

$$S = \frac{F_Q n}{K_A F_1} \geqslant (4 \sim 8) \tag{6.17}$$

式中，S 为链的抗拉静力强度的计算安全系数；F_Q 为单排链的极限拉伸载荷，查表 6.1；n

为链的排数；K_A 为工作情况系数，查表 6.4；F_1 为链的紧边工作拉力。

6.5 链传动的布置与张紧

在链传动中，两链轮的转动平面应在同一平面内，两轴线必须平行，最好成水平布置（见图 6.14(a)），如需倾斜布置时，两链轮中心连线与水平线的夹角 φ 应小于 45°（见图 6.14(b)）。同时链传动应使紧边（即主动边）在上，松边在下，以便链节和链轮轮齿可以顺利地进入和退出啮合。如果松边在上，可能会因松边垂度过大而出现链条与轮齿的干扰，甚至会引起松边与紧边的碰撞。

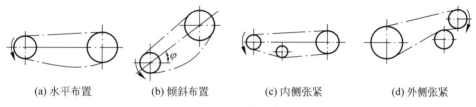

(a) 水平布置　　　(b) 倾斜布置　　　(c) 内侧张紧　　　(d) 外侧张紧

图 6.14　链传动布置

为防止链条垂度过大造成啮合不良和松边的颤动，有时需用张紧装置。当中心距可以调节时，可用调节中心距来控制张紧程度；若中心距不可调节，可用张紧轮。张紧轮应安装在链条松边靠近小链轮处，放在链条内、外侧均可，分别如图 6.14(c) 和 (d) 所示。张紧轮可以是链轮，也可以是无齿的滚轮，其直径可比小链轮略小些。

例 6.2　设计一带动压缩机的链传动。已知，电动机的额定转速 $n_1=1450\text{r/min}$，压缩机转速 $n_2=500\text{r/min}$，传递功率 $P=10.7\text{kW}$，两班制工作，载荷平稳，水平布置，并要求中心距 a 不大于 700mm，电动机可在滑轨上移动。

解：1) 选择链轮齿数 z_1、z_2

传动比
$$i=\frac{n_1}{n_2}=\frac{1450}{500}=2.9$$

按表 6.7 取小链轮齿数 $z_1=25$，大链轮齿数 $z_2=iz_1=2.9\times25=72.5$，取 $z_2=73$。

2) 求计算功率 P_c

因载荷平稳、电动机输入，由表 6.4 查得 $K_A=1.1$，计算功率为
$$P_c=K_A P=1.1\times10.7=11.77\text{kW}$$

3) 确定中心距 a_0 及链节数 L_p

初定中心距 $a_0=(30\sim50)p$，取 $a_0=30p$。由式 (6.15) 求得 L_p 为
$$L_p=\frac{2a_0}{p}+\frac{z_1+z_2}{2}+\left(\frac{z_2-z_1}{2\pi}\right)^2\frac{p}{a_0}=110.94$$

取 $L_p=110$。

4) 确定链条型号和节距 p

首先确定系数 K_Z、K_L、K_P。

根据链速估计链传动可能产生链板疲劳破坏，由表 6.5 查得小链轮齿数系数 $K_Z=1.35$，由图 6.13 查得 $K_L=1.02$，考虑传递功率不大，故选单排链，由表 6.6 查得 $K_P=1$。

所能传递的额定功率
$$P_0=\frac{P_c}{K_Z K_L K_P}=\frac{10.7}{1.35\times1.02\times1}=8.55\text{kW}$$

案例分析：
链传动设计

由图 6.12 选择滚子链型号为 10A,链节距 $p=15.875$mm,由图 6.12 证实工作点落在曲线顶点左侧,主要失效形式为链板疲劳,前面假设成立。

5) 验算链速 v

$$v = \frac{z_1 p n_1}{60 \times 1000} = \frac{25 \times 15.875 \times 1450}{60 \times 1000} = 9.59 \text{m/s} < 12 \text{m/s}$$

6) 确定链长 L 和中心距 a

链长

$$L = \frac{L_p \times p}{1000} = \frac{110 \times 15.875}{1000} = 1.746 \text{m}$$

中心距

$$a = \frac{p}{4}\left[\left(L_p - \frac{z_1+z_2}{2}\right) + \sqrt{\left(L_p - \frac{z_1+z_2}{2}\right)^2 - 8\left(\frac{z_2-z_1}{2\pi}\right)^2}\right]$$

$$= \frac{15.875}{4}\left[\left(110 - \frac{25+73}{2}\right) + \sqrt{\left(110 - \frac{25+73}{2}\right)^2 - 8\left(\frac{73-25}{2\pi}\right)^2}\right]$$

$$= 468.49 \text{mm} < 700 \text{mm}$$

7) 求压轴力

由式(6.12)得

$$F_Q = 1.2 K_A F_e = 1.2 \times 1.1 \times 1227 = 1619 \text{N}$$

8) 选择润滑方式

根据链速 $v=9.59$m/s,节距 $p=15.875$mm,按图 3.15 应选择喷油润滑方法。

设计结果:滚子链型号 10A-1-110 GB/T 1243—2006,链轮齿数 $z_1=25, z_2=73$,中心距 $a=468.49$mm,压轴力 $F_Q=1619$N。

9) 结构设计(略)

解毕。

习　　题

1. 判断题

(1) 链传动中,当一根链的链节数为偶数时需采用过渡链节。　　　　　　　　　　(　　)

(2) 链传动的运动不均匀性是造成瞬时传动比不恒定的原因。　　　　　　　　　　(　　)

(3) 链传动的平均传动比恒定不变。　　　　　　　　　　　　　　　　　　　　　(　　)

(4) 一般情况下,链传动的多边形效应只能减小,不能消除。　　　　　　　　　　(　　)

(5) 与齿轮传动相比较,链传动的优点是承载能力大。　　　　　　　　　　　　　(　　)

2. 选择题

(6) 滚子链传动中,滚子的作用是_____。

　　(A) 缓和冲击　　　　　　　　　　　　(B) 减小套筒与轮齿间的磨损

　　(C) 提高链的破坏载荷　　　　　　　　(D) 保证链条与轮齿间的良好啮合

(7) 链传动中,链条数常采用偶数,这是为了使链传动_____。

　　(A) 工作平稳　　　　　　　　　　　　(B) 链条与链轮轮齿磨损均匀

　　(C) 提高传动效率　　　　　　　　　　(D) 避免采用过渡链节

(8) 与带传动相比较,链传动的优点是_____。
　　(A) 工作平稳,无噪声　　　　　(B) 寿命长
　　(C) 制造费用低　　　　　　　　(D) 能保持准确的瞬时传动比
(9) 链传动作用在轴和轴承上的载荷比带传动要小,这主要是因为_____。
　　(A) 链传动只用来传递较小功率
　　(B) 链速较高,在传递相同功率时,圆周力小
　　(C) 链传动是啮合传动,无须大的张紧力
　　(D) 链的质量大,离心力大
(10) 与齿轮传动相比较,链传动的优点是_____。
　　(A) 传动效率高　　　　　　　　(B) 工作平稳,无噪声
　　(C) 承载能力大　　　　　　　　(D) 能传递的中心距大

3. 问答题

(11) 链传动多边形效应含义是什么？小链轮齿数 z_1 不允许过少,大链轮齿数 z_2 不允许过多。这是为什么？链轮齿数 z、链节距 p 对其有何影响？

(12) 链传动的传动比写成 $i_{12}=\dfrac{z_2}{z_1}=\dfrac{n_1}{n_2}=\dfrac{d_2}{d_1}$ 是否正确？为什么？

(13) 电动机通过三套减速装置驱动运输带,三套减速装置为：圆柱齿轮减速器、套筒滚子链传动和 V 带传动,其排列次序应如何？为什么？

4. 计算题

(14) 设计一套筒滚子链传动。已知功率 $P_1=7\text{kW}$,小链轮转速 $n_1=200\text{r/min}$,大链轮转速 $n_2=102\text{r/min}$。载荷有中等冲击,三班制工作(已知小链轮齿数 $z_1=21$,大链轮齿数 $z_2=41$,工作情况系数 $K_A=1.3$,小链轮齿数系数 $K_z=1.114$。链长系数 $K_L=1.03$)

(15) 试设计一驱动运输机的链传动。已知：传递功率 $P=20\text{kW}$,小链轮转速 $n_1=720\text{r/min}$,大链轮转速 $n_2=200\text{r/min}$,运输机载荷不够平稳。同时要求大链轮的分度圆直径最好不超过 700mm。

(16) 一滚子链传动,已知主动链轮齿数 $z_1=19$,采用 10A 滚子链,中心距 $a=500\text{mm}$,水平布置；传递功率 $P=2.8\text{kW}$,主动轮转速 $n_1=110\text{r/min}$。设工作情况系数 $K_A=1.2$,静力强度许用安全系数 $S=6$,试验算此传动。

5. 系列题

X-2-1：悬挂输送机是工厂内常用的运输设备之一,它不占地面面积,常用于大批量工业生产线上零部件的毛坯制造、加工、喷涂、装配等的流水作业。如图 6.15 所示为一种悬挂输送机的传动方案简图,该机运送小型较轻零件,链条传递功率 2kW,试对链传动进行设计,并选择电动机(这里的两级圆柱齿轮减速器 4 选用标准减速器,无须设计)。

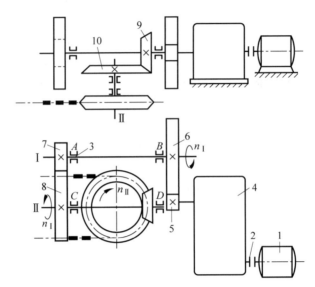

1—电动机;2—联轴器;3—轴承;4—两级圆柱齿轮减速器;5~8—圆柱齿轮;9、10—圆锥齿轮。

图 6.15 悬挂输送机的传动简图

第 7 章

齿 轮 设 计

7.1 概 述

齿轮

齿轮传动是机械传动中最重要的一种啮合传动,可以用来传递运动和动力,广泛应用于各种机械领域,如图 7.1 所示。

齿轮传动的主要特点是传递功率和速度范围很广、传动效率高、工作可靠、寿命长、传动比准确、结构紧凑,但制造精度要求高、制造费用大、精度低时振动和噪声大、不宜用于轴间距离较大的传动。

按传动方式,齿轮传动可分为平行轴、相交轴和交错轴间齿轮传动。直齿、斜齿和人字齿圆柱齿轮用于两平行轴传动;直齿、斜齿和曲齿的圆锥齿轮用于两相交轴传动;交错轴斜齿轮用于交错轴传动。直齿制造方便,应用最广泛;斜齿和曲齿传动更平稳,承载能力更高。外啮合传动两齿轮转向相反;内啮合传动两齿轮转向相同,结构紧凑;齿轮齿条传动可以将旋转运动变为直线运动。

齿轮传动按工作条件可以分为开式传动、半开式传动和闭式传动三种。开式传动没有防尘罩和机壳,齿轮

图 7.1 外啮合斜齿轮传动

完全暴露在外,润滑条件差,外界杂物很容易进入啮合面间隙,因而易于出现磨损,只用于低速场合。闭式传动被封闭在加工精密的箱体内,润滑条件良好,重要的齿轮传动都采用闭式传动。半开式传动介于两者之间,有未完全密封的简单防护罩,有时候大齿轮浸入油池。

按齿面硬度齿轮可分为硬齿面齿轮和软齿面齿轮。硬齿面齿轮的 HB>350(或 HRC>38),软齿面齿轮的 HB≤350(或 HRC≤38)。

7.2 齿轮的失效形式与设计准则

齿轮传动
失效形式

7.2.1 失效形式

齿轮的失效与齿面硬度、工作条件有关,主要有轮齿折断、齿面接触疲劳、齿面胶合、齿

面塑性变形和齿面磨损 5 种失效形式,如图 7.2 所示。

(a) 轮齿折断

(b) 齿面接触疲劳(点蚀)

(c) 齿面胶合

(d) 齿面塑性变形

(e) 齿面磨损

图 7.2 5 种齿轮失效形式

1. 轮齿折断

轮齿折断一般发生在受拉一侧齿根部位,因轮齿受力时类似一悬臂梁,其齿根部位的弯曲应力最大,且齿根过渡部分形状和尺寸的突变及沿齿向的加工刀痕均会引起应力集中,从而导致折断。

轮齿折断有疲劳折断和过载折断两种。在正常的工作条件下,由于反复交变的齿根弯曲应力的作用而产生的折断为疲劳折断,在短时过载及冲击载荷作用下会产生过载折断。

直齿轮初始疲劳裂纹一般是在受拉一侧的齿根部位产生,裂纹沿着齿宽方向扩展,直至全齿折断。斜齿轮的疲劳裂纹是从齿根向齿顶斜向扩展,产生局部折断。较宽的直齿轮也可能会因载荷分布不均而造成局部折断,如图 7.2(a)所示。

可采用如下措施提高轮齿的抗折断能力:①采用合适的热处理方法提高齿芯材料的韧性;②采用喷丸、碾压等工艺方法进行表面强化,防止初始疲劳裂纹的产生;③增大齿根过渡圆弧半径,减轻加工刀痕,以降低应力集中的影响;④增大轴及支承的刚性,减轻因轴变形而产生的载荷沿齿向分布不均现象。

2. 齿面接触疲劳

齿面接触疲劳,又称点蚀,表现为齿面有麻点状微小物质脱落的现象,如图 7.2(b)所示。因齿面承受脉动接触应力,在多次作用后,靠近节线附近的表层会出现若干微小的裂纹,随着裂纹扩展导致表层金属呈小片状脱落,在齿面留下微小凹坑。点蚀使原来光滑的表面破坏和实际接触面积减少,因而使齿轮的承载能力和精度降低,并引起振动和噪声。

点蚀是润滑良好的闭式齿轮传动最常见的失效形式。开式传动由于磨粒磨损很快,一般没有点蚀现象。

提高齿面接触疲劳强度,防止或减轻点蚀的措施有:①提高齿面硬度和降低表面粗糙度值;②采用黏度较高的润滑油;③采用变位齿轮,增大两齿轮节圆处的曲率半径以降低接触应力。

3. 齿面胶合

胶合发生在高速重载且润滑不良条件下的齿轮传动中。因为齿面间的压力及相对滑动速度大,会造成瞬时高温且使相啮合的两齿面黏结在一起,相对滑动会使相黏结的部位撕脱,造成齿面形成明显伤痕,如图7.2(c)所示。低速重载下的齿轮传动有时也会发生胶合,因瞬时温度并不高,故称为冷胶合。

提高抗胶合能力的措施有:①提高齿面硬度和降低粗糙度值;②选用抗胶合性能好的材料做齿轮材料;③采用抗胶合性能好的润滑油(如硫化油);④减小模数和齿高,降低齿面间相对滑动速度。

4. 齿面塑性变形

重载下,齿面较软的齿轮会产生齿面塑性变形,如图7.2(d)所示。由于在主动轮齿面的节线两侧,齿顶部分和齿根部分的摩擦力方向相背,因此在节线附近形成凹槽;从动轮则因摩擦力方向相对而形成凸脊,这样造成齿面永久性的变形,破坏了正确的齿形。

提高齿面抵抗塑性变形能力的措施有:①提高齿面硬度;②采用黏度大的润滑油或使用含有极压添加剂的润滑油。

5. 齿面磨损

当进入齿面间的硬颗粒(如沙粒、金属屑等),由于相对滑动,划伤较软的齿面,从而出现齿面磨损,这是开式传动中最易出现的失效形式,如图7.2(e)所示。由于磨损造成齿厚变薄,导致最终因强度不足而发生轮齿折断。

避免磨粒磨损最有效的方法是采用闭式传动。对开式传动,应特别注意保持环境清洁,减少磨粒侵入。

7.2.2 设计准则

设计齿轮传动依据两个准则:齿面接触疲劳强度准则和齿根弯曲疲劳强度准则。具体做法如下:

对闭式齿轮传动,因失效形式主要是点蚀、轮齿折断和胶合,一般按齿面接触疲劳强度设计,再按齿根弯曲疲劳强度进行校核;也可以先按齿根弯曲疲劳强度进行设计,再按齿面接触疲劳强度校核。对高速大功率的齿轮传动,还需进行齿面抗胶合能力的校核或设计。

对开式齿轮传动,其主要失效形式是轮齿弯曲疲劳折断和磨粒磨损。因为目前齿面抗磨损能力的计算尚不够完善,故按弯曲疲劳强度进行设计或校核,并适当增大模数来考虑磨损的影响。

齿轮材料与许用应力

7.3 齿轮材料与许用应力

7.3.1 齿轮材料

齿轮要求齿面硬,齿芯韧。齿面有足够硬度,则有较高的抗点蚀、胶合、磨损和塑性变形的能力;齿芯有足够韧性,则有较高的抗折断的能力。

最常用的齿轮材料是钢,且可通过热处理方法提高其齿芯及齿面的力学性能。另外,齿轮材料也有铸铁及非金属材料。常用齿轮材料及其力学性能可参考表7.1。

表 7.1 常用齿轮材料及其力学特性

	材料牌号	热处理方法	强度极限 σ_b/MPa	屈服极限 σ_s/MPa	硬度(标注的单位即为 HB)	
					齿芯部	齿面
灰铸铁	HT250		250			170~241
	HT300		300			187~255
	HT350		350			197~296
球墨铸铁	QT500-5		500			147~241
	QT600-2	常化	600			229~302
铸钢	ZG310-570		580	320		156~217
	ZG340-640		650	350		169~229
	ZG340-640	调质	700	380		241~269
锻钢	45	常化	580	290		162~217
			650	360		217~255
	30CrMnSi	调质	1100	900		310~360
	35SiMn		750	450		217~269
	38SiMnMo		700	550		217~269
	40Cr		700	500		241~286
	45	调质后表面淬火			217~255	40HRC~50HRC
	40Cr				241~286	48HRC~55HRC
	20Cr	渗碳后淬火	650	400	300	58HRC~62HRC
	20CrMnTi		1100	850		
	12Cr2Ni4		1100	850	320	
	20Cr2Ni4		1200	1100	350	
	35CrAl	调质后氮化,氮化层厚 $\delta \geq (0.3 \sim 0.5)$mm	950	750	255~321	>850HV
	38CrMoAl		1000	850		
非金属	夹布塑胶		100			25~35

1. 锻钢

除了尺寸过大或者结构形状复杂的齿轮只宜铸造外,通常齿轮毛坯多用锻钢制造。一般用中碳钢(如 45 钢)或中碳合金钢(如 40Cr)。用锻钢制造的齿轮按齿面硬度不同分为软齿面齿轮和硬齿面齿轮。

软齿面齿轮的表面硬度 HB≤350 或 HRC≤38。制造工艺过程简单，为：齿坯→加工外圆和端面→调质或常化→切齿→成品。齿轮精度较低，一般为 8 级精度，精切时可达 7 级，主要用于速度、载荷均不大的场合。

硬齿面齿轮的表面硬度 HBW＞350 或 HRC＞38。制造工艺过程复杂，为：齿坯→加工外圆和端面→调质或常化→切齿→表面强化热处理→齿面精加工（如磨齿）→成品。硬齿面齿轮精度较高，可达 5 级或 4 级精度，多用于高速重载，且要求重量轻、结构紧凑的场合。表面强化热处理方法有：整体淬火、表面淬火、渗碳淬火、氮化和碳氮共渗等。

2. 铸钢

直径较大（齿顶圆直径 d_a≥400mm）的齿轮或外形复杂的齿轮采用铸钢制造，其毛坯应经退火或常化处理以消除残余应力和硬度不均匀现象。

3. 铸铁

铸铁齿轮一般用于低速、无冲击和大尺寸的场合。铸铁的铸造性能和切削性能好、价格低廉、抗点蚀和胶合能力强，铸铁中的石墨有自润滑作用，适用于开式传动。但是铸铁的弯曲强度较低，抗冲击性能也差。另外，由于铸铁是脆性材料，应力集中易引起轮齿折断，故设计时齿宽系数不宜过大。

4. 非金属材料

非金属材料的弹性模量小，可减轻因制造和安装不准确所引起的不利影响；传动时噪声低，可用于高速、轻载和精度要求不高的场合。由于非金属导热性较差，故与其配对的齿轮应采用金属，以利散热。

选择齿轮材料时，应尽可能体现等强度原则。如金属制的软齿面齿轮，应保持 HB_1≥HB_2＋（30～50），因闭式软齿面齿轮传动的失效形式主要为点蚀，抗点蚀能力与齿面硬度密切相关，而小齿轮的应力循环次数多，工作情况恶劣，齿面宜硬些，这样可使两齿轮的齿面接触疲劳强度较为接近。

7.3.2 许用应力

齿轮的许用应力与材料、应力循环次数有关，可按下式计算：

$$[\sigma] = \frac{K_N \sigma_{\lim}}{S} \tag{7.1}$$

式中，S 为许用安全系数，对接触疲劳，$S=S_H=1$，对弯曲疲劳，$S=S_F=1.25\sim1.5$；K_N 为寿命系数，对接触疲劳，$K_N=K_{HN}$，取值如图 7.3 所示，对弯曲疲劳，$K_N=K_{FN}$，取值如图 7.4 所示；$\sigma_{\lim}$ 为齿轮疲劳极限应力，对接触疲劳，$\sigma_{\lim}=\sigma_{Hlim}$，对弯曲疲劳，$\sigma_{\lim}=\sigma_{Flim}$，见表 7.2 或表 7.3。

图 7.3 和 7.4 中的应力循环次数 $N=60njL_h$，其中 n 为齿轮的转速，r/min；j 为齿轮

每转一圈时同一齿面啮合的次数；L_h 为工作小时数，h。

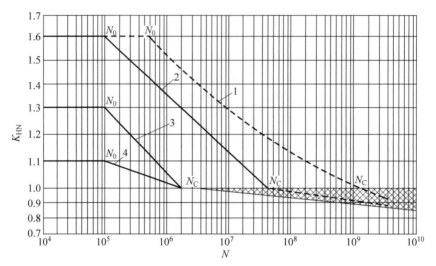

1—允许一定点蚀时的结构钢，调质钢，球墨铸铁（珠光体、贝氏体），珠光体可锻铸铁，渗碳淬火的渗碳钢；
2—结构钢，调质钢，渗碳淬火钢，火焰或感应淬火的钢，球墨铸铁（珠光体、贝氏体），珠光体可锻铸铁；
3—灰铸铁，球墨铸铁（铁素体），渗氮的渗氮钢，调质钢，渗碳钢；4—氮碳共渗的调质钢，渗碳钢。

图 7.3　接触疲劳寿命系数 K_{HN} 曲线（当 $N > N_C$ 时可根据经验在网纹区内取 K_{HN} 值）

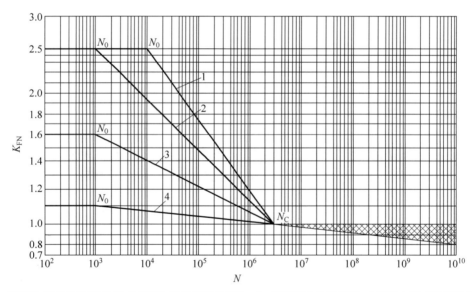

1—调质钢，球墨铸铁（珠光体、贝氏体），珠光体可锻铸铁；2—渗碳淬火的渗碳钢，全齿廓火焰或感应淬火的钢，球墨铸铁；3—渗氮钢；球墨铸铁（铁素体），灰铸铁，结构钢；4—氮碳共渗的调质钢，渗碳钢。

图 7.4　弯曲疲劳寿命系数 K_{FN} 曲线（当 $N > N_C$ 时，可根据经验在网纹区内取 K_{HN} 值）

在表 7.2 和表 7.3 中，每种材料的一种疲劳方式下共有 3 组数据，ME 代表材料品质和热处理质量很高时的极限应力；MQ 中等；ML 要求最低。为安全起见，若没有特别说明材质状况和热处理质量，一般在 MQ 和 ML 之间取值。若齿面硬度介于节点中间或超过范围,可采用(外)插值法获取。另外,表中 σ_{Flim} 为脉动循环时的极限应力,若实际弯曲应力按对称循环变化,则极限应力为查得值的 70%。

表 7.2 齿轮材料的接触疲劳强度极限 σ_{Hlim} 和弯曲疲劳强度极限 σ_{Flim} MPa

材料	强度极限	极限	HBW 100	HBW 150	HBW 200	材料	HBW 150	HBW 200	HBW 250	HBW 300	材料	HBW 150	HBW 200	HBW 250	HBW 300	HBW 350
常化处理结构钢	σ_{Hlim}	ML	290	340	380	常化处理铸钢	275	330	385		黑色可锻铸铁	350	410	480		
		MQ	300	350	400		280	340	400			360	430	510		
		ME	400	480	555		410	470	530			470	540	600		
	σ_{Flim}	ML	370	280	315		220	250	280			280	320	350		
		MQ	220	290	330		250	275	300			380	410	450		
		ME	250	410	445		350	370	390			430	430	500		
调质碳素铸钢	σ_{Hlim}	ML	360	420	480	灰铸铁	280	340	400	460	调质合金钢	440	510	575	645	
		MQ	450	500	550		340	420	480	540		640	705	770	835	
		ME	510	560	605		75	80	110	140		700	775	845	915	
	σ_{Flim}	ML	210	230	250		90	110	150	190		370	415	460	500	
		MQ	265	300	320		130	180	200	220		530	590	630	680	
		ME	380	415	430		275	325	375	425		600	645	685	735	
调质碳钢	σ_{Hlim}	ML	360	420	480	球墨铸铁	380	420	480	560	调质合金铸钢	375	440	505	570	
		MQ	450	500	550		410	490	570	640		550	615	680	745	
		ME	515	560	605		460	550	620	700		630	695	760	825	
	σ_{Flim}	ML	260	290	315		250	280	320	360		300	330	360	395	
		MQ	380	400	420		300	330	360	390		470	510	540	575	
		ME	450	485	520		275	325	375	425		520	550	580	615	

表 7.3 表面强化齿轮材料的接触疲劳强度极限 σ_{Hlim} 和弯曲疲劳强度极限 σ_{Flim} MPa

材料	疲劳强度	极限	HRC 30	HRC 45	HRC 50	HRC 55	HRC 60	HRC 65	材料	HB 55～65 调质钢	HB 55～65 氮化钢
表面硬化钢[①]	σ_{Hlim}	ML			970	1010	1045	1080	调质、气体氮化处理	790	1130
		MQ			1150	1180	1220	1240		1000	1250
		ME			1260	1290	1325	1350		1220	1450
	σ_{Flim}	ML			440	480	520	550		510	530
		MQ			705	710	720	740		720	840
		ME			730	770	800	870		850	930
调质或常化、碳氮共渗处理的调质钢	σ_{Hlim}	ML	680	790		790			渗碳淬火钢[②]	1300	
		MQ	680	800		800				1500	
		ME	780	930		930				1650	
	σ_{Flim}	ML			440					615	
		MQ	500	640		640				850、920、1000[③]	
		ME	580	760		760				1050	

①弯曲疲劳强度要求全齿廓淬火,镍的质量分数≥1.5%,接触疲劳强度要求火焰或感应淬火;②保证适当的有效层深;③800MPa芯部硬度≥28HRC,920MPa芯部硬度≥32HRC,100MPa芯部硬度≥36HRC。

7.4 齿轮传动载荷计算

齿轮实际工作时,由于各种因素的影响,会引起附加动载荷,使实际所受的载荷比名义载荷大。用载荷系数 K 来考虑这些因素的影响,如名义法向载荷为 F_n,则其相应的计算载荷 F_{ca} 为

$$F_{ca} = KF_n \tag{7.2}$$

式中,K 为工况系数,由 4 个参数组成,即 $K = K_A K_V K_\alpha K_\beta$。其中,$K_A$ 为工作情况系数;K_V 为动载系数;K_α 为齿间载荷分配系数;K_β 为齿向载荷分布系数。

1. 使用系数 K_A

K_A 为考虑非齿轮自身的外部因素引起的附加动载荷影响的系数,如原动机和工作机的运转特性、联轴器的缓冲性能等,K_A 值可查表 7.4。

表 7.4 使用系数 K_A

载荷状态	工作机器	K_A			
		电动机、均匀运转的蒸汽机、燃气汽轮机	蒸汽机、燃气汽轮机液压装置	多缸内燃机	单缸内燃机
均匀平稳	发电机、均匀传送的带式输送机或板式输送机、螺旋输送机、轻型升降机、包装机、机床进给机构、通风机、均匀密度材料搅拌机等	1.00	1.10	1.25	1.50
轻微冲击	不均匀传送的带式输送机或板式输送机、机床的主传动机构、重型升降机、工业与矿用风机、重型离心机、变密度材料搅拌机等	1.25	1.35	1.50	1.75
中等冲击	橡胶挤压机、橡胶和塑料作间断工作的搅拌机、轻型球磨机、木工机械、钢坯初轧机、提升装置、单缸活塞泵等	1.50	1.60	1.75	2.00
严重冲击	挖掘机、重型球磨机、橡胶糅合机、破碎机、重型给水泵、旋转式钻探装置、压砖机、带材冷轧机、压坯机等	1.75	1.85	2.00	2.25 或更大

注:表中所列 K_A 值仅适用于减速传动;若为增速传动,其值均为表值的 1.1 倍。当外部机械与齿轮装置间有挠性连接时,通常 K_A 值可适当减小。

2. 动载系数 K_V

动载系数 K_V 即考虑齿轮副在啮合过程中因齿轮自身的啮合误差而引起的内部附加动载荷影响的系数。一对理想的渐开线齿廓,只有基圆齿距相等($p_{b1} = p_{b2}$)时才能正确啮合,瞬时传动比才保持恒定。但实际上,由于制造误差和轮齿受载后所产生的弹性变形,导致

主、从动轮的实际基圆齿距不完全相等。这时,当主动轮角速度 ω_1 为常数时,从动轮瞬时角速度 ω_2 将发生变化,从而产生附加动载荷。动载系数 K_V 与齿轮制造精度及圆周速度有关,可按图 7.5 所示取值。

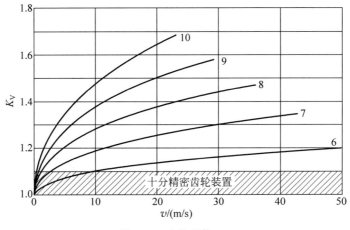

图 7.5　动载系数 K_V

图 7.5 中的曲线 6、7、8、9、10 指齿轮的制造精度等级;若为直齿圆锥齿轮传动,应按图中低一级的精度线及圆锥齿轮平均分度圆处的圆周速度 v_m 查取。

3. 齿间载荷分配系数 K_α

齿轮传动的端面重合度一般大于 1。工作时,单对齿啮合与双对齿啮合交替进行。这样,载荷有时由一对齿承担,有时由两对齿承担,两对齿承担时也并非是平均分配的。载荷在啮合齿对间的分配不均现象,会引起附加动载荷。齿间载荷分配系数 K_α 主要考虑这种影响。对一般传动用的齿轮,国家标准规定了精确的 K_α 的计算方法,其值可查表 7.5。

表 7.5　齿间载荷分配系数 K_α

精度等级Ⅱ组	5	6	7	8
经表面硬化的直齿轮	1.0	1.0	1.1	1.2
经表面硬化的斜齿轮	1.0	1.1	1.2	1.4
未经表面硬化的直齿轮	1.0	1.0	1.0	1.1
未经表面硬化的斜齿轮	1.0	1.0	1.1	1.2

注:① $K_{H\alpha}$ 为按齿面接触疲劳强度计算时用的齿间载荷分配系数,$K_{F\alpha}$ 为按齿根弯曲疲劳强度计算时用的齿间载荷分配系数;②对修形齿轮,取 $K_{H\alpha}=K_{F\alpha}=1$;③如大、小齿轮精度等级不同时,按精度等级较低者取值。

4. 齿向载荷分布系数 K_β

齿向载荷分布系数 K_β 用于考虑因载荷沿接触线分布不均、轴承和支座的弹性变形以及制造和装配误差等引起的附加动载荷。一般齿宽越大,这种影响越严重。

齿向载荷分布对齿面接触疲劳和根弯曲疲劳的影响不同,对于接触疲劳,$K_\beta=K_{H\beta}$,其值可查表7.6；对于弯曲疲劳，$K_\beta = K_{F\beta}$，其值可通过先计算 $K_{H\beta}$ 再查图7.6得到。

表7.6 接触疲劳强度计算用齿向载荷分布系数 $K_{H\beta}$ 的简化计算公式

	精度等级	小齿轮相对支承的布置	$K_{H\beta}$
调质齿轮	6	对称	$K_{H\beta}=1.11+0.18\phi_d^2+0.15\times10^{-3}b$
		非对称	$K_{H\beta}=1.11+0.18(1+0.6\phi_d^2)\phi_d^2+0.15\times10^{-3}b$
		悬臂	$K_{H\beta}=1.11+0.18(1+6.7\phi_d^2)\phi_d^2+0.15\times10^{-3}b$
	7	对称	$K_{H\beta}=1.12+0.18\phi_d^2+0.23\times10^{-3}b$
		非对称	$K_{H\beta}=1.12+0.18(1+0.6\phi_d^2)\phi_d^2+0.23\times10^{-3}b$
		悬臂	$K_{H\beta}=1.12+0.18(1+6.7\phi_d^2)\phi_d^2+0.23\times10^{-3}b$
	8	对称	$K_{H\beta}=1.15+0.18\phi_d^2+0.31\times10^{-3}b$
		非对称	$K_{H\beta}=1.15+0.18(1+0.6\phi_d^2)\phi_d^2+0.31\times10^{-3}b$
		悬臂	$K_{H\beta}=1.15+0.18(1+6.7\phi_d^2)\phi_d^2+0.31\times10^{-3}b$

	精度等级	限制条件	小齿轮相对支承的布置	$K_{H\beta}$
硬齿面齿轮	5	$K_{H\beta}\leqslant 1.34$	对称	$K_{H\beta}=1.05+0.26\phi_d^2+0.10\times10^{-3}b$
			非对称	$K_{H\beta}=1.05+0.26(1+0.6\phi_d^2)\phi_d^2+0.10\times10^{-3}b$
			悬臂	$K_{H\beta}=1.05+0.26(1+6.7\phi_d^2)\phi_d^2+0.10\times10^{-3}b$
		$K_{H\beta}>1.34$	对称	$K_{H\beta}=0.99+0.31\phi_d^2+0.12\times10^{-3}b$
			非对称	$K_{H\beta}=0.99+0.31(1+0.6\phi_d^2)\phi_d^2+0.12\times10^{-3}b$
			悬臂	$K_{H\beta}=0.99+0.31(1+6.7\phi_d^2)\phi_d^2+0.12\times10^{-3}b$
	6	$K_{H\beta}\leqslant 1.34$	对称	$K_{H\beta}=1.05+0.26\phi_d^2+0.16\times10^{-3}b$
			非对称	$K_{H\beta}=1.05+0.26(1+0.6\phi_d^2)\phi_d^2+0.16\times10^{-3}b$
			悬臂	$K_{H\beta}=1.05+0.26(1+6.7\phi_d^2)\phi_d^2+0.16\times10^{-3}b$
		$K_{H\beta}>1.34$	对称	$K_{H\beta}=1.0+0.31\phi_d^2+0.19\times10^{-3}b$
			非对称	$K_{H\beta}=1.0+0.31(1+0.6\phi_d^2)\phi_d^2+0.19\times10^{-3}b$
			悬臂	$K_{H\beta}=1.0+0.31(1+6.7\phi_d^2)\phi_d^2+0.19\times10^{-3}b$

注：①表中所列公式适用于装配时经过检验调整或对研跑合的齿轮传动（不作检验调整时用的公式见 GB/T 3480.1—2019）；②b 为齿宽的数值；③ϕ_d 为齿宽系数，按表7.7确定。

表7.7 圆柱齿轮的齿宽系数 ϕ_d

布置形式	两支承相对小齿轮作对称布置	两支承相对小齿轮作不对称布置	小齿轮作悬臂布置
ϕ_d	0.9～1.4 (1.2～1.9)	0.7～1.15 (1.1～1.65)	0.4～0.6

注：①大小齿轮皆为硬齿面时，ϕ_d 取偏下限的数值；若皆为软齿面或大齿轮为软齿面时，ϕ_d 取偏上限的数值；②括号内的数值用于人字齿轮时，b 为人字齿轮的总宽度；③机床中的齿轮传动，若功率不大时 ϕ_d 可小到0.2；④非金属齿轮可取 $\phi_d=0.5～1.2$。

减轻载荷沿接触线分布不均的措施有：增大轴、轴承和支座的刚度，适当减少齿轮宽度，降低齿轮相对于支承的不对称程度，尽可能避免齿轮作悬臂布置。对比较重要的齿轮，

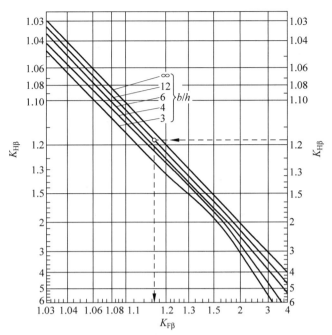

图 7.6 齿向载荷分布系数曲线

还可制成鼓形齿,减少轮齿两端的应力集中。

7.5 齿轮传动强度计算

7.5.1 标准直齿圆柱齿轮传动的强度计算

1. 受力分析

在计算齿轮力时,认为作用力沿着接触线(直齿轮为齿宽)方向均匀分布,并作用在节圆处,且忽略摩擦力,如图 7.7 所示。为了便于分析,常把法向力 $\boldsymbol{F}_n$ 分解为圆周力 F_t 和径向力 F_r。

各力大小用下式计算如下:

圆周力 $$F_t = \frac{2T_1}{d_1}$$

径向力 $$F_r = F_t \tan\alpha \tag{7.3}$$

法向力 $$F_n = \frac{F_t}{\cos\alpha}$$

式中,T_1 为小齿轮轴传递的转矩,N·m;d_1 为小齿轮分度圆直径,m;α 为分度圆压力角,对于标准齿轮,$\alpha=20°$;下标 t 为圆周分量;下标 r 为径向分量;下标 n 为法向分量;下标 1 为主动轮参量。

各力方向的判定方法:①主动轮上的圆周力方向与力作用点处的速度方向相反,从动轮上圆周力方向与力作用点处的速度方向相同;②径向力则分别指向各自轮心。

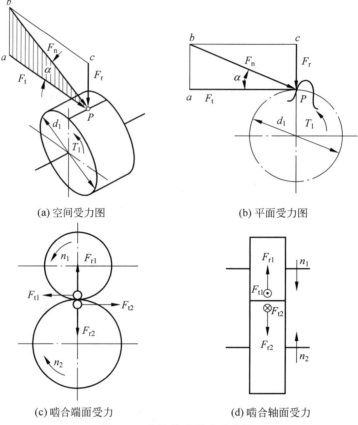

(a) 空间受力图　　(b) 平面受力图

(c) 啮合端面受力　　(d) 啮合轴面受力

图 7.7　齿轮传动受力示意图

主、从动轮上作用力与反作用力的关系可用下式表示：

$$\begin{cases} F_{t2} = -F_{t1} \\ F_{r2} = -F_{r1} \end{cases} \tag{7.4}$$

式中，下标 2 为从动轮参量。

为了方便分析，常采用平面受力简图来表示各力方向，如图 7.7(c)、(d)所示。图中 ⊙ 表示垂直于纸面向外，⊗ 表示垂直于纸面向里。各力需在啮合点处标明。

标准直齿圆柱齿轮齿面接触疲劳强度计算

2. 齿面接触疲劳强度计算

1）接触强度校核公式

齿面接触疲劳强度计算的目的是防止齿面出现点蚀。在 2.6 节中已给出两圆柱体接触时的最大 Hertz 接触应力公式为

$$\sigma_H = Z_E \sqrt{\frac{p}{\rho}} \leqslant [\sigma_H]$$

现以计算压力 p_{ca} 代替名义压力 p，则

$$\sigma_H = Z_E \sqrt{\frac{p_{ca}}{\rho}} \leqslant [\sigma_H] \tag{7.5}$$

式中，p_{ca} 为单位接触线长度上的计算压力；ρ 为接触点综合半径；Z_E 为弹性影响系数，与

配对齿轮的材料有关,可查表 7.8。

表 7.8 弹性影响系数 Z_E

配对齿轮材料	弹性模量 E/MPa	Z_E/MPa$^{1/2}$			
		锻钢	铸钢	球墨铸铁	灰铸铁
灰铸铁	11.8×10^4	162.0	161.4	156.6	143.7
球墨铸铁	17.3×10^4	181.4	180.5	173.9	—
铸钢	20.2×10^4	188.9	188.0	—	—
锻钢	20.6×10^4	189.8	—	—	—
夹布塑胶	0.785×10^4	56.4	—	—	—

式(7.5)中的计算压力 p_{ca} 按下式计算:

$$p_{ca}=\frac{F_{ca}}{L}=\frac{KF_n}{b}=\frac{KF_t}{b\cos\alpha}=\frac{2KT_1}{bd_1\cos\alpha} \tag{7.6}$$

式中,L 为接触线长度,$L=b$;b 为齿宽;α 为压力角。

式(7.5)中接触处的综合曲率半径 ρ 表示为

$$\frac{1}{\rho}=\frac{1}{\rho_1}\pm\frac{1}{\rho_2}=\frac{\rho_2/\rho_1\pm1}{\rho_1(\rho_2/\rho_1)} \tag{7.7a}$$

由

$$\frac{\rho_2}{\rho_1}=\frac{d_2}{d_1}=\frac{z_2}{z_1}=i$$

$$\rho_1=\frac{d_1\sin\alpha}{2}$$

得到

$$\frac{1}{\rho}=\frac{2}{d_1\sin\alpha}\cdot\frac{i\pm1}{i} \tag{7.7b}$$

式中,d_1 为主动轮分度圆直径;i 为传动比;+、- 分别对应外啮合或内啮合齿轮。

将式(7.6)和式(7.7b)代入式(7.5),可得到齿面接触疲劳强度条件为

$$\sigma_H=Z_H Z_E\sqrt{\frac{2KT_1}{b}\cdot\frac{i\pm1}{i}}\leqslant[\sigma_H] \tag{7.8}$$

式中,Z_H 称为节点区域系数,$Z_H=\sqrt{2/(\sin\alpha\cos\alpha)}$。标准直齿轮的压力角 $\alpha=20°$,因此 $Z_H=2.5$。

式(7.8)为齿面接触疲劳强度的校核公式。由式(7.8)可看出:齿面接触疲劳强度取决于齿轮的直径 d_1(或中心距 a)和齿宽 b,而与齿轮模数 m 的大小无关。

2) 接触强度设计公式

按齿面接触疲劳强度设计齿轮传动,须先求出齿轮的直径 d_1 和(或)齿宽 b。为方便计算,一般取某一个主要几何参数作为设计变量。因此,建立设计公式以小齿轮直径 d_1 作为唯一的设计变量,令齿宽系数 $\phi_d=b/d_1$,其值在表 7.7 中给出。

以 $b=\phi_d d_1$ 代入式(7.8),并整理得按齿面接触疲劳强度设计公式为

$$d_1\geqslant\sqrt[3]{\frac{2KT_1}{\phi_d}\cdot\frac{i\pm1}{i}\left(\frac{Z_H Z_E}{[\sigma_H]}\right)^2} \tag{7.9}$$

利用接触疲劳强度设计公式得到小齿轮分度圆后,可以利用 $d_1=mz_1$ 求出模数 m,从

而进一步计算其他齿轮参数。

3) 强度计算说明

(1) 因配对齿轮的工作接触应力相同,即 $\sigma_{H1}=\sigma_{H2}$,若许用应力不同,即 $[\sigma_H]_1 \neq [\sigma_H]_2$,则进行校核或设计时,式中的$[\sigma_H]$取小者。

(2) 设计时,先给载荷系数 K 一初值 K',求出小齿轮直径 d'_1 后,再按得到的 d_1、b 及 ϕ_d 计算的圆周速度查 K_V 值、计算 $K_{H\beta}$,从而求得新的 $K''=K_A K_V K_\alpha K_{H\beta}$。若 K'' 与 K' 相差不大,可不必修改原计算结果,否则用下式修正小齿轮直径,并用 d''_1 重新计算 K,直至接近。

$$d''_1 = d'_1 \sqrt[3]{\frac{K''}{K'}} \tag{7.10}$$

标准直齿圆柱齿轮齿根弯曲疲劳强度计算

3. 齿根弯曲疲劳强度计算

1) 弯曲强度校核公式

轮齿受载时,齿根处的弯曲应力最大,因此折断的部位多发生在齿根。由于轮缘部分的刚度较大,可把轮齿简化成一悬臂矩梁。弯曲强度条件的基本公式为

$$\sigma_F = \frac{M}{W} \leqslant [\sigma_F] \tag{7.11}$$

式中,σ_F 和 $[\sigma_F]$ 分别为工作弯曲应力和许用弯曲应力;M 为齿根处所受的弯矩;W 为齿根部位的抗弯截面模量。

为此,首先需确定准确的危险截面位置。危险截面用 30°切线法确定,如图 7.8 所示。作与轮齿对称中心线呈 30°并与齿根圆相切的斜线,两切点 A、B 的连线即为危险截面位置。设危险截面处齿厚为 S,则轮齿的抗弯模量 W 为

$$W = bS^2/6 \tag{7.12}$$

式中,b 为齿轮宽度。

危险截面处弯矩 M 为

$$M = F_{ca} h \cos\gamma = K F_n h \cos\gamma = K F_t h \frac{\cos\gamma}{\cos\alpha} \tag{7.13}$$

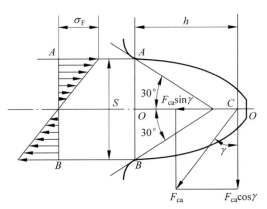

图 7.8 弯曲危险截面与力分析

式中,h 为受力点 C 到危险截面距离;γ 为 F_{ca} 与力臂垂线间夹角;α 为压力角。

因此最大弯曲应力为

$$\sigma_F = \frac{M}{W} = \frac{KF_t h \cos\gamma / \cos\alpha}{bS^2/6} = \frac{KF_t}{b} \cdot \frac{6h\cos\gamma}{S^2 \cos\alpha} \tag{7.14}$$

分析表明:力臂 h 和危险截面齿厚 S 与模数 m 成正比,即 $h=K_h m$,$S=K_S m$,则式(7.14)可改写为

$$\sigma_F = \frac{KF_t}{b} \frac{6(K_h m)\cos\gamma}{(K_S m)^2 \cos\alpha} = \frac{KF_t}{bm} \frac{6K_h \cos\gamma}{K_S^2 \cos\alpha} \tag{7.15}$$

令

$$Y_{F\alpha}=\frac{6K_{h}\cos\gamma}{K_{S}^{2}\cos\alpha} \tag{7.16}$$

式中，$Y_{F\alpha}$ 称为齿形系数，是一个与模数 m 无关的量纲一化参数，取决于齿数和变位系数。载荷作用于齿顶时，标准齿轮的 $Y_{F\alpha}$ 可查表 7.9。查表时，斜齿轮和锥齿轮的齿数用当量值 z_v。

表 7.9 齿形系数 $Y_{F\alpha}$ 及应力校正系数 Y_{Sa}

$z(z_v)$	17	18	19	20	21	22	23	24	25	26	27	28	29
$Y_{F\alpha}$	2.97	2.91	2.85	2.80	2.76	2.72	2.69	2.65	2.62	2.60	2.57	2.55	2.53
Y_{Sa}	1.52	1.53	1.54	1.55	1.56	1.57	1.575	1.58	1.59	1.595	1.60	1.61	1.62
$z(z_v)$	30	35	40	45	50	60	70	80	90	100	150	200	∞
$Y_{F\alpha}$	2.52	2.45	2.40	2.35	2.32	2.28	2.24	2.22	2.20	2.18	2.14	2.12	2.06
Y_{Sa}	1.625	1.65	1.67	1.68	1.70	1.73	1.75	1.77	1.78	1.79	1.83	1.865	1.97

注：①标准外齿轮齿形参数为 $\alpha=20°$、$h_a^*=1$、$c^*=0.25$、$\rho=0.38m$（m 为齿轮模数）；②对内齿轮：当 $\alpha=20°$、$h_a^*=1$、$c^*=0.25$、$\rho=0.15m$ 时，齿形系数 $Y_{F\alpha}=2.053$；应力校正系数 $Y_{Sa}=2.65$。

考虑到齿根危险截面处的应力集中，引入系数 Y_{Sa}，将其一并代入式(7.15)，得

$$\sigma_F=\frac{KF_t}{bm}Y_{F\alpha}Y_{Sa}\leqslant[\sigma_F] \tag{7.17}$$

式中，Y_{Sa} 称为应力校正系数，其值亦在表 7.9 中给出。

式(7.17)为齿根弯曲疲劳强度的校核公式。由此式可看出：齿根弯曲疲劳强度取决于模数 m 和齿宽 b。

2) 弯曲强度设计公式

类似接触疲劳设计情况，以 $b=\phi_d d_1$、$F_t=2T_1/d_1$ 和 $d_1=mz_1$ 代入式(7.17)，并整理得到齿根弯曲疲劳强度设计公式为

$$m\geqslant\sqrt[3]{\frac{2KT_1}{\phi_d z_1^2}\frac{Y_{F\alpha}Y_{Sa}}{[\sigma_F]}} \tag{7.18}$$

利用弯曲疲劳强度设计公式得到齿轮的模数后，就可以计算其他齿轮参数了。

3) 弯曲强度计算说明

(1) 一对齿轮啮合时，因 $Y_{F\alpha 1}\neq Y_{F\alpha 2}$，$Y_{Sa1}\neq Y_{Sa2}$，所以有 $\sigma_{F1}\neq\sigma_{F2}$，$[\sigma_F]_1\neq[\sigma_F]_2$，因此应分别校核大小齿轮的弯曲应力：

$$\sigma_{F1}=\frac{KF_t}{bm}Y_{F\alpha 1}Y_{Sa1}\leqslant[\sigma_F]_1$$

$$\sigma_{F2}=\frac{KF_t}{bm}Y_{F\alpha 2}Y_{Sa2}\leqslant[\sigma_F]_2 \quad\text{或}\quad \sigma_{F2}=\sigma_{F1}\frac{Y_{F\alpha 2}Y_{Sa2}}{Y_{F\alpha 1}Y_{Sa1}}\leqslant[\sigma_F]_2$$

(2) 设计时，应取 $(Y_{F\alpha 1}Y_{Sa1}/[\sigma_F]_1)$ 与 $(Y_{F\alpha 2}Y_{Sa2}/[\sigma_F]_2)$ 中的大者计算。

(3) 设计时，可如前述先估取 K'，求得模数的初算值 m'，再确定 K''，若两者差别很小，则无须修改计算结果；否则按下式修正模数，重新计算：

$$m''=m'\sqrt[3]{\frac{K''}{K'}}$$

4. 合理选择主要设计参数

影响渐开线齿轮传动工作能力的主要设计参数有模数 m、压力角 α、齿数 z 和齿宽 b 等。合理选择这些参数,一方面可以充分发挥齿轮的工作能力,另一方面可以体现机械设计中非常重要的原则——等强度原则。

1) 压力角 α

普通标准齿轮传动的分度圆压力角规定为 $\alpha=20°$。适当增大压力角 α,可使节点处的曲率半径增大,降低齿面接触应力,提高接触强度。还可使齿厚增大,并且减小齿根弯曲应力、提高弯曲强度。例如航空用齿轮,为增大其接触强度和弯曲强度,航空齿轮传动标准规定 $\alpha=25°$。然而,过大的压力角会降低齿轮传动的效率和增加径向力。

2) 模数 m

根据齿轮弯曲强度条件计算出的模数应按表 7.10 圆整为标准值。对开式传动,因其主要失效形式是磨损,模数小的齿轮不耐磨,故模数 m 要取大些。齿宽一定时,弯曲强度只与模数有关,故选择模数主要考虑的是保证足够的弯曲强度。一般在保证弯曲强度的条件下,尽可能选择小的模数。相同分度圆直径条件下,模数越小,齿数越多,则重合度也越大,传动平稳性越好。另外还可降低齿高,减小齿面相对滑动速度,不易产生齿面胶合。但模数小的齿轮加工精度要求相对高些。

表 7.10 标准模数

第一系列	1	1.25	1.5	2	2.5	3	4	5	6	8	10	12	16	20	25	32	40	50
第二系列	1.75	2.25	2.75	(3.25)	3.5	(3.75)	4.5	5.5	(6.5)	7	9	(11)	14	18	22	28	36	45

注:应优先采用第一系列,括号内的模数尽可能不用。

3) 齿数 z_1

对标准齿轮,应使 $z_1 \geq 17$,以免根切。对闭式传动,为保证传动平稳性、减少噪声及振动,宜取多一些齿数,一般可取 $z_1=20\sim40$。对闭式软齿面传动(即大齿轮为软齿面),因承载能力主要取决于接触强度,故在保证弯曲强度的条件下,尽量取多一些的 z_1。对闭式硬齿面齿轮传动,工作能力主要取决于弯曲强度,故 z_1 不宜取过大。

若保持齿轮传动中心距不变,则齿数多必然造成模数小。齿宽一定的齿轮,接触应力取决于直径(或中心距)。因此,只要中心距不变,模数和齿数的改变不影响接触应力的大小,所以改变模数和齿数主要考虑弯曲强度等其他方面的因素影响。

4) 齿宽系数 ϕ_d

齿轮接触强度和弯曲强度除分别取决于直径和模数外,还取决于齿宽 b。齿宽 b 越大,σ_H 和 σ_F 越小。但若齿宽 b 太大,则载荷沿接触线分布不均匀现象越严重,提高了对轴及支承的加工和安装精度方面的要求。若齿宽 b 太小,则为满足接触和弯曲强度,须增大直径,这必然使得整个传动装置的外廓尺寸增大,故从强度及尺寸协调两方面考虑,ϕ_d 应取得适当。对多级减速齿轮传动,高速级的 ϕ_d 宜取小些,低速级的 ϕ_d 可大些,具体选取范围见表 7.7。

计算齿宽 $(b=\phi_d d_1)$ 后,取大齿轮实际齿宽 $b_2 \geq b$,并作圆整,小齿轮齿宽 $b_1=b_2+$

(5～10),以保证装配时因两齿轮错位或轴窜动时仍然有足够的有效接触宽度。

例 7.1 设计例 1.1 中带式输送机的两级齿轮减速器的齿轮传动。已知高速齿轮轴Ⅰ转矩 $T_\mathrm{I}=150.86\mathrm{N\cdot m}$,齿轮轴Ⅱ转矩 $T_\mathrm{II}=811.44\mathrm{N\cdot m}$,齿轮轴Ⅲ转矩 $T_\mathrm{III}=2765.13\mathrm{N\cdot m}$。

解:

高速级齿轮设计

1) 选择齿轮类型、材料、精度及参数

(1) 大小齿轮都选用硬齿面。选大、小齿轮的材料均为表面硬化钢,并经调质后表面淬火,齿面硬度均为 50HRC。

(2) 选取等级精度。初选 7 级精度(GB/T 10095.1—2022)。

(3) 选小齿轮齿数 $z_1=25$,大齿轮齿数 $z_2=i_2z_1=5.6\times25=140$,取 $z_2=140$。

2) 按齿面接触疲劳强度设计

考虑到闭式硬齿面齿轮传动失效形式可能是点蚀,也可能为疲劳折断,故按接触疲劳强度设计后,按齿根弯曲强度校核。

按设计计算公式(7.9)进行试算,有

$$d_1 \geqslant \sqrt[3]{\frac{2KT_1}{\phi_\mathrm{d}}\cdot\frac{i\pm1}{i}\left(\frac{Z_\mathrm{H}Z_\mathrm{E}}{[\sigma_\mathrm{H}]}\right)^2}$$

下面确定公式内的各计算数值。

(1) 载荷系数 K:试选 $K=1.5$。

(2) 小齿轮传递的转矩:$T_1=150.86\mathrm{N\cdot m}=150\,860\mathrm{N\cdot mm}$。

(3) 齿宽系数 ϕ_d:由表 7.7 选取 $\phi_\mathrm{d}=1$。

(4) 弹性影响系数 Z_E:由表 7.8 查得 $Z_\mathrm{E}=189.8\mathrm{MPa}^{1/2}$。

(5) 节点区域系数 Z_H:标准直齿轮压力角 $\alpha=20°$时,$Z_\mathrm{H}=2.5$。

(6) 接触疲劳强度极限 σ_Hlim:由表 7.3 按齿面硬度查得 $\sigma_\mathrm{Hlim1}=\sigma_\mathrm{Hlim2}=1050\mathrm{MPa}$。

(7) 应力循环次数:

$$N_1=60n_1jL_\mathrm{h}=60\times608.33\times1\times(2\times8\times300\times10)=1.792\times10^9$$

$$N_2=\frac{N_1}{i_2}=\frac{1.752\times10^9}{5.6}=3.129\times10^8$$

(8) 接触疲劳寿命系数 K_HN:由图 7.3 查得 $K_\mathrm{HN1}=0.92$,$K_\mathrm{HN2}=0.96$。

(9) 接触疲劳许用应力 $[\sigma_\mathrm{H}]$:取失效概率为 1%,安全系数 $S_\mathrm{H}=1$,得

$$[\sigma_\mathrm{H}]_1=K_\mathrm{HN1}\sigma_\mathrm{H\,lim1}/S_\mathrm{H}=0.92\times1050/1=966\mathrm{MPa}$$

$$[\sigma_\mathrm{H}]_2=K_\mathrm{HN2}\sigma_\mathrm{H\,lim2}/S_\mathrm{H}=0.96\times1050/1=1008\mathrm{MPa}$$

因 $\dfrac{[\sigma_\mathrm{H}]_1+[\sigma_\mathrm{H}]_2}{2}=987\mathrm{MPa}<1.23[\sigma_\mathrm{H}]_2=1239.8\mathrm{MPa}$,故取$[\sigma_\mathrm{H}]=987\mathrm{MPa}$。

3) 计算

(1) 试算小齿轮分度圆直径 $d_{1\mathrm{t}}$

$$d_{1\mathrm{t}}\geqslant\sqrt[3]{\frac{2KT_1}{\phi_\mathrm{d}}\cdot\frac{i+1}{i}\left(\frac{Z_\mathrm{H}Z_\mathrm{E}}{[\sigma_\mathrm{H}]}\right)^2}=\sqrt[3]{\frac{2\times1.5\times150\,860}{1}\cdot\frac{5.6+1}{5.6}\times\left(\frac{2.5\times189.8}{987}\right)^2}=49.77\mathrm{mm}$$

(2) 计算圆周速度 v

$$v=\frac{\pi d_{1\mathrm{t}}n_1}{60\times1000}=\frac{\pi\times49.77\times608.33}{60\,000}=1.59\mathrm{m/s}$$

(3) 计算齿宽 b

$$b=\phi_\mathrm{d}d_{1\mathrm{t}}=1\times49.77=49.77\mathrm{mm}$$

(4) 计算齿宽与齿高之比 b/h

$$b/h = \phi_d d_{1t}/2.25m_n = \phi_d m z_1/2.25m = \phi_d z_1/2.25 = 1 \times 25/2.25 = 11.11$$

(5) 计算载荷系数 K

根据 $v=1.59\text{m/s}$，7级精度，由图 7.5 查得动载系数 $K_v=1.10$；由表 7.5 查得 $K_\alpha=1.1$；由表 7.4 查得使用系数 $K_A=1$；由表 7.6 查得 $K_{H\beta}=1.0+0.31(1+0.6\phi_d^2)\phi_d^2+0.19\times10^{-3}b=1.51$；由图 7.6 查得齿向载荷分布系数 $K_{F\beta}=1.40$；载荷系数为

$$K = K_A K_v K_\alpha K_{H\beta} = 1.0 \times 1.10 \times 1.1 \times 1.51 = 1.827$$

(6) 按实际的载荷系数修正分度圆直径

$$d_1 = d_{1t}\sqrt[3]{\frac{K}{K_t}} = 49.77 \times \sqrt[3]{\frac{1.827}{1.5}} = 53.15\text{mm}$$

(7) 计算模数 m

$$m = \frac{d_1}{z_1} = \frac{53.15}{25} = 2.13\text{mm}$$

按表 7.10 取 $m=2.5\text{mm}$。

4) 按齿根弯曲疲劳强度校核

校核公式为式(7.17)

$$\sigma_F = \frac{KF_t}{bm}Y_{F\alpha}Y_{Sa} \leqslant [\sigma_F]$$

公式中的各参数确定如下。

(1) 载荷系数 K。

前面已查得 $K_A=1, K_v=1.1, K_\alpha=1.1, K_{F\beta}=1.40$，则有

$$K = K_A K_v K_\alpha K_{F\beta} = 1 \times 1.10 \times 1.1 \times 1.40 = 1.694$$

(2) 齿形系数 $Y_{F\alpha}$ 和应力校正系数 Y_{Sa}。

查表 7.9，$Y_{F\alpha 1}=2.62, Y_{Sa1}=1.59$，

$$Y_{F\alpha 2} = 2.18 + (2.14-2.18) \times \frac{140-100}{150-100} = 2.228$$

$$Y_{Sa2} = 1.79 + (1.83-1.79) \times \frac{140-100}{150-100} = 1.822$$

(3) 圆周力 F_t。

$$F_t = \frac{2T_1}{d_1} = 2 \times \frac{150\,860}{2.5 \times 25} = 4827.52\text{N}$$

(4) 许用弯曲应力 $[\sigma_F]$。

查图 7.4 得 $K_{FN1}=0.87, K_{FN2}=0.89$；

查表 7.2 得 $\sigma_{Flim1}=770\text{MPa}, \sigma_{Flim2}=770\text{MPa}$；

取安全系数 $S_F=1.0$，则

$$[\sigma_F]_1 = K_{FN1}\sigma_{Flim1}/S_F = 0.87 \times 770/1.0 = 669.9\text{MPa}$$

$$[\sigma_F]_2 = K_{FN2}\sigma_{Flim2}/S_F = 0.89 \times 770/1.0 = 685.3\text{MPa}$$

(5) 校核。

小齿轮：

$$\sigma_{F1} = \frac{2KF_t}{bm}Y_{F\alpha 1}Y_{Sa1} = \frac{2 \times 1.694 \times 4827.52}{2.5 \times 25 \times 2.5} \times 2.62 \times 2.159 = 592.11 \leqslant [\sigma_F]_1$$

大齿轮：

$$\sigma_{F2} = \sigma_{F1}\frac{Y_{F\alpha_2}Y_{Sa2}}{Y_{F\alpha_1}Y_{Sa1}} = 592.11 \times \frac{2.228 \times 1.822}{2.62 \times 1.59} = 576.88\text{MPa} < [\sigma_F]_2$$

大小齿轮齿根弯曲疲劳强度均满足。

齿轮设计通常是按接触强度设计,确定方案后,再按弯曲强度核校,这样计算比较简单。也可分别按两种强度设计,分析对比,确定方案,这样有时可以得出更优的解。

5) 齿轮传动几何尺寸计算

(1) 中心距：$a = m(z_1+z_2)/2 = 2.5 \times (25+140)/2 = 206.25 \text{mm}$。

(2) 分度圆直径：
$$d_1 = mz_1 = 2.5 \times 25 = 62.5 \text{mm}$$
$$d_2 = mz_2 = 2.5 \times 140 = 350 \text{mm}$$

(3) 齿宽：
$$b = \phi_d d_1 = 1.0 \times 62.5 = 62.5 \text{mm}$$

取 $B_1 = 65\text{mm}$，$B_1 = B_2 + 5 = 70\text{mm}$。

7.5.2 标准斜齿圆柱齿轮传动的强度计算

标准斜齿圆柱齿轮的强度计算

1. 受力分析

作用于轮齿上的力可简化为作用在齿宽中点的节点 P 处的法向力 F_n。沿齿轮的周向、径向及轴向将 F_n 分解成相互垂直的三个分力：圆周力 F_t、径向力 F_r 和轴向力 F_a，如图 7.9 所示。

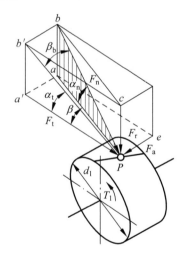
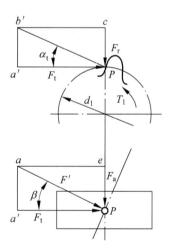

图 7.9 斜齿轮受力分析

三个分力的大小为：

圆周力
$$F_t = 2T_1/d_1 \tag{7.19a}$$

径向力
$$F_r = F' \tan\alpha_n = \frac{F_t \tan\alpha_n}{\cos\beta} \tag{7.19b}$$

轴向力

$$F_a = F_t \tan\beta \tag{7.19c}$$

式中，T_1 为转矩；d_1 为主动轮分度圆直径；F' 为法向力在齿轮端面上的投影；α_n 为法面压力角；β 为节圆螺旋角（对标准齿轮，即分度圆螺旋角）。

为了正确分析各分力的方向或螺旋线的旋向，应当遵循以下几个基本原则：
(1) 径向力的方向始终指向圆心。
(2) 主动轮的圆周力方向与其旋转方向相反，从动轮的圆周力方向与其旋转方向相同。
(3) 圆周力与轴向力的合力必定与螺旋线垂直。
(4) 螺旋线必定与圆周力和轴向力的合力垂直。

注意上面的原则(3)和(4)是互补的，也就是：在已知圆周力与轴向力的方向后，可以得到螺旋线旋向；或者在已知螺旋线旋向和圆周力或轴向力其中之一的方向后，可以得到另一个分力的方向。

主动轮与从动轮各力关系可用下式表示：

$$\begin{cases} F_{t2} = -F_{t1} \\ F_{r2} = -F_{r1} \\ F_{a2} = -F_{a1} \end{cases} \tag{7.20}$$

为方便分析，常采用受力简图的平面图表示方法，如图 7.10 所示。

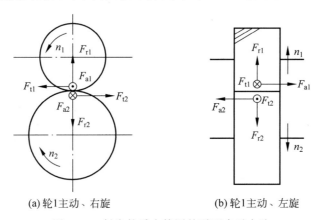

(a) 轮1主动、右旋　　(b) 轮1主动、左旋

图 7.10　斜齿轮受力简图的平面表示方法

2. 齿面接触疲劳强度

圆柱斜齿轮传动的齿面接触疲劳强度公式与圆柱直齿轮传动相似，但有以下两点区别：①斜齿圆柱齿轮的法向齿廓为渐开线，故综合曲率半径 ρ 应在法向求取；②斜齿圆柱齿轮传动由于接触线的倾斜及重合度的增大，使接触线长度加大，但接触线长度随啮合点不同而变化，且受重合度的影响，所以实际接触线长度 L 的计算较复杂。

1) 单位接触线长度上的计算压力 p_{ca}

$$p_{ca} = \frac{KF_n}{L} \tag{7.21}$$

式中，L 为接触线总长。

一条齿宽为 b 的接触线长为 $b/\cos\beta_b$，若端面重合度为 ε_α，则 L 为

$$L = \frac{b\varepsilon_\alpha}{\cos\beta_b} \qquad (7.22)$$

端面重合度 ε_α 可按机械原理方面的公式计算,具体步骤见例7.2。

将式(7.22)代入式(7.21)有

$$p_{ca} = \frac{KF_n}{L} = \frac{KF_t}{\cos\alpha_t \cos\beta_b \cdot \dfrac{b\varepsilon_\alpha}{\cos\beta_b}} = \frac{KF_t}{b\varepsilon_\alpha \cos\alpha_t} \qquad (7.23)$$

2) 综合曲率半径 ρ

斜齿轮节点在法面的曲率半径 $\rho_n = \rho_t/\cos\beta_b$,斜齿轮节点在端面的曲率半径 $\rho_t = d\sin\alpha_t/2$。因此它的综合曲率半径 ρ 为

$$\frac{1}{\rho} = \frac{1}{\rho_{n1}} \pm \frac{1}{\rho_{n2}} = \frac{2\cos\beta_b}{d_1 \sin\alpha_t}\left(\frac{i \pm 1}{i}\right) \qquad (7.24)$$

将式(7.23)中的 p_{ca} 和式(7.24)中的 $1/\rho$ 代入接触应力公式(7.5)得

$$\sigma_H = \sqrt{\frac{p_{ca}}{\rho}} \cdot Z_E = \sqrt{\frac{KF_t}{bd_1\varepsilon_\alpha}\left(\frac{i \pm 1}{i}\right)\frac{2\cos\beta_b}{\sin\alpha_t \cos\alpha_t}} Z_E \leqslant [\sigma_H] \qquad (7.25)$$

再令

$$Z_H = \sqrt{\frac{2\cos\beta_b}{\sin\alpha_t \cos\alpha_t}} \qquad (7.26)$$

斜齿轮传动齿面接触疲劳强度的校核公式为

$$\sigma_H = Z_H Z_E \sqrt{\frac{KF_t}{bd_1\varepsilon_\alpha}\left(\frac{i \pm 1}{i}\right)} \leqslant [\sigma_H] \qquad (7.27)$$

取 $\phi_d = b/d_1$、$F_t = 2T_1/d_1$,斜齿轮传动接触疲劳强度的设计公式为

$$d_1 \geqslant \sqrt[3]{\frac{2KT_1}{\phi_d \varepsilon_\alpha} \cdot \frac{i \pm 1}{i}\left(\frac{Z_H Z_E}{[\sigma_H]}\right)^2} \qquad (7.28)$$

需要指出的是,在式(7.27)和式(7.28)中,许用接触应力 $[\sigma_H]$ 不像直齿轮传动那样直接取两个啮合齿轮中接触应力最小者。因为斜齿轮传动接触线是倾斜的,因此在确定 $[\sigma_H]$ 时,应取 $0.5([\sigma_H]_1 + [\sigma_H]_2)$ 和 $1.23[\sigma_H]_2$ 两者中的较小值。

3. 齿根弯曲疲劳强度

斜齿轮传动的接触线是倾斜的,故轮齿的折断往往是局部折断,齿根弯曲应力比较复杂,很难精确计算,考虑到重合度大及接触线倾斜对弯曲强度有利,斜齿轮强度公式比直齿轮的多两个参数:端面重合度 ε_α 和螺旋角影响系数 Y_β。

校核公式为

$$\sigma_F = \frac{KF_t Y_{F\alpha} Y_{Sa} Y_\beta}{bm_n \varepsilon_\alpha} \leqslant [\sigma_F] \qquad (7.29)$$

设计公式为

$$m_n \geqslant \sqrt[3]{\frac{2KT_1 Y_\beta \cos^2\beta}{\phi_d z_1^2 \varepsilon_\alpha}\left(\frac{Y_{F\alpha} Y_{Sa}}{[\sigma_F]}\right)} \qquad (7.30)$$

式中，$Y_{F\alpha}$ 为齿形系数；Y_{Sa} 为应力校正系数；$Y_{F\alpha}$ 和 Y_{Sa} 应按当量齿数 $z_v = z/\cos^3\beta$ 查表 7.9。Y_β 为螺旋角影响系数，按下式计算

$$Y_\beta = 1 - \varepsilon_\beta \frac{\beta}{120°} \tag{7.31}$$

式中，ε_β 为斜齿轮传动的轴面重合度，$\varepsilon_\beta = b\sin\beta/(\pi m_n)$，初步计算时可按 $\varepsilon_\beta = 0.318\phi_d z_1 \tan\beta$ 计算；$\varepsilon_\beta \geq 1$ 时，取 $\varepsilon_\beta = 1$；$Y_\beta \leq 0.75$ 时，取 $Y_\beta = 0.75$。

例 7.2 设计例 1.1 中带式输送机的两级齿轮减速器的齿轮传动。已知高速齿轮轴Ⅰ转矩 $T_Ⅰ = 150.86$ N·m，齿轮轴Ⅱ转矩 $T_Ⅱ = 811.44$ N·m，齿轮轴Ⅲ转矩 $T_Ⅲ = 2765.13$ N·m。改用斜齿轮传动，设计该斜齿轮传动。

解：

1. 高速级齿轮设计

1) 选择齿轮类型、材料、精度及参数

（1）大小齿轮都选用硬齿面。选大、小齿轮的材料均为 45 钢，并经调质后表面淬火，齿面硬度均为 45HRC。

（2）选取等级精度。初选 7 级精度（GB/T 10095.1—2022）。

（3）选小齿轮齿数 $z_1 = 25$，大齿轮齿数 $z_2 = i_2 z_1 = 5.6 \times 25 = 140$，取 $z_2 = 140$。

（4）初选螺旋角 $\beta = 15°$。

2) 按齿面接触疲劳强度设计

考虑到闭式硬齿面齿轮传动失效形式可能是点蚀，也可能为疲劳折断，故按接触疲劳强度设计后，按齿根弯曲强度校核。

按设计计算公式(7.28)进行试算，有

$$d_1 = \sqrt[3]{\frac{2KT_1}{\phi_d \varepsilon_\alpha} \cdot \frac{i \pm 1}{i} \left(\frac{Z_H Z_E}{[\sigma_H]}\right)^2}$$

下面确定公式内的各计算数值。

（1）载荷系数 K：试选 $K = 1.5$。

（2）小齿轮传递的转矩：$T_1 = 150.86$ N·m $= 150\,860$ N·mm。

（3）齿宽系数 ϕ_d：由表 7.7 选取 $\phi_d = 1$。

（4）弹性影响系数 Z_E：由表 7.8 查得 $Z_E = 189.8 \text{MPa}^{1/2}$。

（5）节点区域系数 Z_H：因为 $Z_H = \sqrt{\dfrac{2\cos\beta_b}{\sin\alpha_t \cos\alpha_t}}$，由 $\tan\alpha_t = \dfrac{\tan\alpha_n}{\cos\beta}$，$\tan\beta_b = \tan\beta\cos\alpha_t$ 得

$$\alpha_t = \arctan\left(\frac{\tan\alpha_n}{\cos\beta}\right) = \arctan\left(\frac{\tan 20°}{\cos 15°}\right) = 20.65°$$

$$\beta_b = \arctan(\tan\beta\cos\alpha_t) = \arctan(\tan 15°\cos 20.65°) = 14.08°$$

$$Z_H = \sqrt{\frac{2\cos 14.08°}{\sin 20.65°\cos 20.65°}} = 2.425$$

（6）按《机械原理》给出端面重合度 ε_α：

$$\varepsilon_\alpha = \frac{Z_1(\tan\alpha_{at1} - \tan\alpha_{at}) + Z_2(\tan\alpha_{at2} - \tan\alpha_{at})}{2\pi}$$

根据

$$\alpha_{at1} = \arccos\left(\frac{z_1 \cos\alpha_t}{z_1 + 2h_{an}^* \cos\beta}\right) = \arccos\left(\frac{25 \times \cos 20.65°}{25 + 2 \times 1 \times \cos 15°}\right) = 29.70°$$

$$\alpha_{at2} = \arccos\left(\frac{z_2 \cos\alpha_t}{z_2 + 2h_{an}^* \cos\beta}\right) = \arccos\left(\frac{140 \times \cos 20.65°}{140 + 2 \times 1 \times \cos 15°}\right) = 22.63°$$

代入上式得
$$\varepsilon_\alpha = \frac{25 \times (\tan 29.70° - \tan 20.65°) + 140 \times (\tan 22.63° - \tan 20.65°)}{2\pi} = 1.662$$

(7) 接触疲劳强度极限 σ_{Hlim}：由表 7.3 按齿面硬度查得 $\sigma_{Hlim1} = \sigma_{Hlim2} = 1000\text{MPa}$。

(8) 应力循环次数：
$$N_1 = 60 n_1 j L_h = 60 \times 608.33 \times 1 \times (2 \times 8 \times 300 \times 10) = 1.792 \times 10^9$$
$$N_2 = \frac{N_1}{i_2} = \frac{1.752 \times 10^9}{5.6} = 3.129 \times 10^8$$

(9) 接触疲劳寿命系数 K_{HN}：由图 7.3 查得 $K_{HN1} = 0.88, K_{HN2} = 0.92$。

(10) 接触疲劳许用应力 $[\sigma_H]$：取失效概率为 1%，安全系数 $S_H = 1$，得
$$[\sigma_H]_1 = K_{HN1} \sigma_{Hlim1}/S_H = 0.87 \times 1000/1 = 870\text{MPa}$$
$$[\sigma_H]_2 = K_{HN2} \sigma_{Hlim2}/S_H = 0.92 \times 1000/1 = 920\text{MPa}$$

因 $\dfrac{[\sigma_H]_1 + [\sigma_H]_2}{2} = 895\text{MPa} < 1.23[\sigma_H]_2 = 1131.6\text{MPa}$，故取 $[\sigma_H] = 895\text{MPa}$。

3) 计算

(1) 计算小齿轮分度圆直径 d_{1t}。
$$d_{1t} \geqslant \sqrt[3]{\frac{2KT_1}{\phi_d} \cdot \frac{i+1}{i}\left(\frac{Z_H Z_E}{[\sigma_H]}\right)^2} = \sqrt[3]{\frac{2 \times 1.5 \times 150\,860}{1 \times 1.662} \times \frac{5.6+1}{5.6} \times \left(\frac{2.425 \times 189.8}{895}\right)^2} = 43.947\text{mm}$$

(2) 计算圆周速度 v。
$$v = \frac{\pi d_{1t} n_1}{60 \times 1000} = \frac{\pi \times 43.947 \times 608.33}{60\,000} = 1.399\text{m/s}$$

(3) 计算齿宽 b。
$$b = \phi_d d_{1t} = 1 \times 43.947 = 43.947\text{mm}$$

(4) 计算齿宽与齿高之比 b/h。
$$b/h = \phi_d d_{1t}/2.25 m_n = \phi_d m_t z_1/2.25 m_n = \phi_d z_1/(2.25 \times \cos 15°) = 1 \times 25/(2.25 \times \cos 15°) = 11.5$$

(5) 计算载荷系数 K。

根据 $v = 1.399\text{m/s}$，7 级精度，由图 7.5 查得动载系数 $K_V = 1.06$；由表 7.5 查得 $K_\alpha = 1.2$；由表 7.4 查得使用系数 $K_A = 1$；由表 7.6 查得 $K_{H\beta} = 1.0 + 0.31(1 + 0.6\phi_d^2)\phi_d^2 + 0.19 \times 10^{-3} b = 1.55$；由图 7.6 查得齿向载荷分布系数 $K_{F\beta} = 1.37$；载荷系数为
$$K = K_A K_V K_\alpha K_{H\beta} = 1.0 \times 1.06 \times 1.2 \times 1.55 = 1.972$$

(6) 按实际的载荷系数修正分度圆直径。
$$d_1 = d_{1t}\sqrt[3]{\frac{K}{K_t}} = 43.947 \times \sqrt[3]{\frac{1.972}{1.5}} = 48.15\text{mm}$$

(7) 计算模数 m。
$$m_n = \frac{d_1 \cos\beta}{z_1} = \frac{48.15 \times \cos 15°}{25} = 1.86\text{mm}$$

按表 7.10 取 $m_n = 2\text{mm}$。

4) 按齿根弯曲疲劳强度校核

校核公式为式(7.29)：
$$\sigma_F = \frac{2KT_1 Y_\beta \cos^2\beta}{\phi_d \varepsilon_\alpha z_1^2 m_n^3} Y_{Fa} Y_{Sa} \leqslant [\sigma_F]$$

公式中的各参数确定如下。

(1) 载荷系数 K：

前面已查得 $K_A = 1, K_V = 1.06, K_\alpha = 1.2, K_{F\beta} = 1.37$，则有
$$K = K_A K_V K_\alpha K_{F\beta} = 1 \times 1.06 \times 1.2 \times 1.37 = 1.743$$

(2) 齿形系数 Y_{Fa} 和应力校正系数 Y_{Sa}：

小齿轮当量齿数 $z_{v1} = z_1/\cos^3\beta = \dfrac{25}{\cos^3 15°} = 27.8$，大齿轮当量齿数 $z_{v2} = z_2/\cos^3\beta = \dfrac{140}{\cos^3 15°} = 155.3$

查表7.9, $Y_{Fa1}=2.62$, $Y_{Sa1}=1.59$, $Y_{Fa2}=2.148$, $Y_{Sa1}=1.822$。

(3) 螺旋角影响系数 Y_β:
轴面重合度 $\varepsilon_\beta = 0.318\phi_d z_1 \tan\beta = 0.318 \times 1 \times 25 \times \tan15° = 2.130$, 取 $\varepsilon_\beta=1$, 则

$$Y_\beta = 1 - \varepsilon_\beta \times \frac{\beta}{120°} = 1 - 1 \times \frac{15}{120} = 0.875$$

(4) 许用弯曲应力 $[\sigma_F]$:
查图7.4得 $K_{FN1}=0.84$, $K_{FN2}=0.88$;
查表7.2得 $\sigma_{Flim1}=500\text{MPa}$, $\sigma_{Flim2}=500\text{MPa}$。
取安全系数 $S_F=1.4$, 则

$$[\sigma_F]_1 = K_{FN1}\sigma_{Flim1}/S_F = 0.84 \times 500/1.4 = 300\text{MPa}$$
$$[\sigma_F]_2 = K_{FN2}\sigma_{Flim2}/S_F = 0.88 \times 500/1.4 = 314\text{MPa}$$

(5) 校核:
小齿轮

$$\sigma_{F1} = \frac{2KT_1 Y_\beta \cos^2\beta}{\phi_d \varepsilon_\alpha z_1^2 m_n^3} Y_{Fa1} Y_{Sa1}$$

$$= \frac{2 \times 1.743 \times 150\,860 \times 0.875 \times \cos^2\beta}{1 \times 2.13 \times 25^2 \times 2^3} \times 2.62 \times 2.148 = 191.93 \leqslant [\sigma_F]_1$$

大齿轮

$$\sigma_{F2} = \frac{2KT_2 Y_\beta \cos^2\beta}{\phi_d \varepsilon_\alpha z_2^2 m_n^3} Y_{Fa2} Y_{Sa2}$$

$$= \frac{2 \times 1.743 \times 811\,440 \times 0.875 \times \cos^2\beta}{1 \times 2.13 \times 140^2 \times 2^3} \times 2.148 \times 1.822 = 180.31 \leqslant [\sigma_F]_2$$

大小齿轮齿根弯曲疲劳强度均满足。

由上述结果可见齿轮传动的弯曲强度有相当大的余量,故通常是按接触强度设计,确定方案后,再按弯曲强度核校,这样计算比较简单。也可分别按两种强度设计,分析对比,确定方案,这样有时可以得出更优的解。

5) 齿轮传动几何尺寸计算
(1) 中心距: $a = m_n(z_1+z_2)/(2\cos\beta) = 2\times(25+140)/(2\cos15°) = 170.82\text{mm}$, 取 $a=171\text{mm}$。
(2) 修正螺旋角: $\beta = \arccos[m_n(z_1+z_2)/(2a)] = \arccos[2\times(25+140)/(2\times171)] = 15.22°$。
(3) 分度圆直径:

$$d_1 = m_n z_1/\cos\beta = 2\times25/\cos15.22° = 51.82\text{mm}$$
$$d_2 = m_n z_2/\cos\beta = 2\times140/\cos15.22° = 290.18\text{mm}$$

(4) 齿宽:

$$b = \phi_d d_1 = 1 \times 51.82 = 51.82\text{mm}$$

取 $B_2=55\text{mm}$, $B_1=B_2+5=60\text{mm}$。
具体设计参数如表7.11所示。

表7.11 高速级齿轮几何尺寸

名 称	代 号	计算公式与结果
法向模数	m_n	2mm
端面模数	m_t	$m_t = \dfrac{m_n}{\cos\beta} = 2.07\text{mm}$
螺旋角	β	15.22°
法向压力角	α_n	20°
端面压力角	α_t	$\alpha_t = \arctan(\tan\alpha_n/\cos\beta) = 20.67°$

续表

名 称	代 号	计算公式与结果
分度圆直径	d_1,d_2	51.82mm,290.18mm
齿顶高	h_a	2mm
齿根高	h_f	2.5mm
全齿高	h	4.5mm
顶隙	c	0.5mm
齿顶圆直径	d_{a1},d_{a2}	55.82mm,294.18mm
齿根圆直径	d_{f1},d_{f2}	46.82mm,285.18mm
中心距	a	171mm
传动比	i	5.6
齿数	z_1,z_2	25,140
齿宽	b_1,b_2	60mm,55mm
螺旋方向		小齿轮右旋,大齿轮左旋
大齿轮轮毂宽	B_2	60mm

高速级大齿轮的结构如图7.11所示。

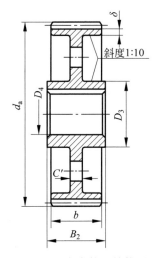

图7.11 大齿轮的结构图

2. 低速级齿轮设计

低速级大、小齿轮都选用硬齿面。选大、小齿轮的材料均为45钢,并经调质后表面淬火,齿面硬度为45HRC。选7级精度。这里略去具体设计过程,具体参数如表7.12所示。

表7.12 低速级齿轮几何尺寸

名 称	代 号	计算公式与结果
法向模数	m_n	4mm
端面模数	m_t	$m_t=\dfrac{m_n}{\cos\beta}=4.14$mm

续表

名称	代号	计算公式与结果
螺旋角	β	14.94°
法向压力角	α_n	20°
端面压力角	α_t	$\alpha_t = \arctan(\tan\alpha_n/\cos\beta) = 20.67°$
分度圆直径	d_1, d_2	91.08mm, 322.92mm
齿顶高	h_a	4mm
齿根高	h_f	5mm
全齿高	h	9mm
顶隙	c	1mm
齿顶圆直径	d_{a1}, d_{a2}	99.08mm, 330.92mm
齿根圆直径	d_{f1}, d_{f2}	81.08mm, 312.92mm
中心距	a	207mm
传动比	i	3.55
齿数	z_1, z_2	22, 78
齿宽	b_1, b_2	100mm, 95mm
螺旋方向		小齿轮左旋,大齿轮右旋
大齿轮轮毂宽	B_2	95mm

7.5.3 标准锥齿轮传动的强度计算

标准锥齿轮传动的强度计算

锥齿轮用于传递两相交轴之间的运动和动力,有直齿、斜齿、曲齿之分。两轴交角 Σ 可为任意角度,最常用的是 90°。

下面介绍应用最多的两轴交角 $\Sigma = 90°$ 的直齿锥齿轮传动的强度计算。

锥齿轮沿着齿宽方向的齿廓大小不同。距锥顶(两轴交点)越远,齿廓越大。因齿廓是变化的,故其强度计算比较复杂。一般采用简化的计算方法:将一对直齿锥齿轮传动看作齿宽中点处一对当量直齿圆柱齿轮传动来计算,这样就可直接利用前述直齿圆柱齿轮传动的强度公式。国家标准规定锥齿轮大端参数(如大端模数 m)为标准值,故强度公式中的几何参数应为大端参数。

1. 几何计算

如图 7.12 所示,$\Sigma = \delta_1 + \delta_2 = 90°$,$\delta_1$、$\delta_2$ 分别为两锥齿轮的锥角。通过几何分析可知:

$$R = \sqrt{\left(\frac{d_1}{2}\right)^2 + \left(\frac{d_2}{2}\right)^2} = \frac{d_1\sqrt{(d_2/d_1)^2 + 1}}{2} = \frac{d_1\sqrt{i^2 + 1}}{2} \qquad (7.32)$$

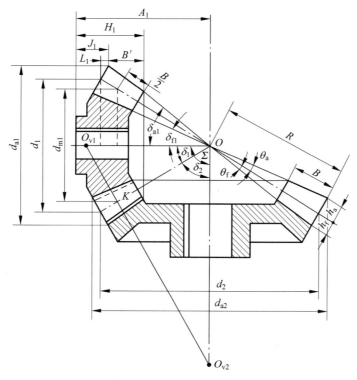

图 7.12 直齿圆锥齿轮传动的几何参数

$$\tan\delta_1 = \frac{d_1/2}{d_2/2} = \frac{z_1}{z_2} = \frac{1}{i}, \quad \cos\delta_1 = \frac{i}{\sqrt{i^2+1}} \tag{7.33}$$

$$\tan\delta_2 = \frac{d_2/2}{d_1/2} = \frac{z_2}{z_1} = i, \quad \cos\delta_2 = \frac{1}{\sqrt{i^2+1}} \tag{7.34}$$

$$d_{v1} = \frac{d_{m1}}{\cos\delta_1} = d_{m1}\frac{\sqrt{i^2+1}}{i}, \quad d_{v2} = d_{m2}\sqrt{i^2+1} \tag{7.35}$$

$$\frac{d_{m1}}{d_1} = \frac{d_{m2}}{d_2} = \frac{R-0.5b}{R} = 1 - \frac{0.5b}{R} \tag{7.36}$$

式中，b 为齿宽；R 为锥距；下标 v 表示当量参数；下标 m 表示齿宽中点参数。

令锥齿轮的齿宽系数 $\phi_R = b/R$，则式(7.36)可改写为

$$d_{m1} = d_1(1-0.5\phi_R) \tag{7.37}$$

由式(7.37)得

$$\frac{d_{m1}}{z_1} = \frac{d_1(1-0.5\phi_R)}{z_1} \tag{7.38}$$

即

$$m_m = m(1-0.5\phi_R) \tag{7.39}$$

当量直齿圆柱齿轮的模数 $m_v = m_m = m(1-0.5\phi_R)$，当量齿轮的齿数为

$$z_{v1} = \frac{d_{v1}}{m_v} = \frac{d_{m1}/\cos\delta_1}{m_m} = \frac{m_m z_1/\cos\delta_1}{m_m} = \frac{z_1}{\cos\delta_1} \tag{7.40}$$

同理

$$z_{v2} = \frac{z_2}{\cos\delta_2} \tag{7.41}$$

当量齿轮的齿数比（即传动比）为

$$i_v = \frac{z_{v2}}{z_{v1}} = \frac{z_2 \cos\delta_1}{z_1 \cos\delta_2} = \frac{z_2}{z_1}\tan\delta_2 = i^2 \tag{7.42}$$

2. 受力分析

直齿圆锥齿轮所受的法向力作用在平均分度圆上，如图 7.13 所示。

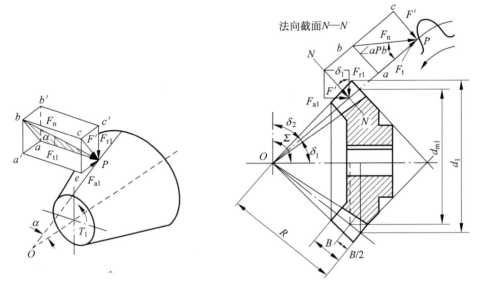

图 7.13　直齿圆锥齿轮的受力

F_n 作用在 $Pabc$ 平面内，与圆柱齿轮一样，将法向载荷 F_n 分解为切于分度圆锥面的圆周力 F_t 及垂直于分度圆锥母线的分力 F'，再将 F' 分解为径向分力 F_{r1} 和轴向分力 F_{a1}。各力方向如图 7.13 所示。

各力大小为

$$\begin{cases} F_{t1} = \dfrac{2T_1}{d_{m1}} = F_{t2} \\ F' = F_{t1}\tan\alpha \\ F_{r1} = F'\cos\delta_1 = F_{t1}\tan\alpha\cos\delta_1 = F_{a2} \\ F_{a1} = F'\sin\delta_1 = F_{t1}\tan\alpha\sin\delta_1 = F_{r2} \\ F_n = \dfrac{F_t}{\cos\alpha} \end{cases} \tag{7.43}$$

式中，F' 为法向力在齿轮轴面上的投影；下标 1、2 分别代表主动轮和从动轮。

圆周力与径向力方向的判定方法与直齿轮传动相同,轴向力由小端指向大端,主动轮与从动轮各力关系可用下式表示

$$F_{t2}=-F_{t1}, \quad F_{r2}=-F_{a1}, \quad F_{a2}=-F_{r1} \quad (7.44)$$

为方便分析,常用受力简图的平面图表示方法,如图 7.14 所示。

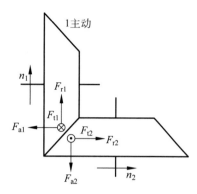

图 7.14 圆锥齿轮受力简图

3. 齿面接触疲劳强度

推导接触疲劳强度公式可直接套用直齿圆柱齿轮传动的接触强度校核公式(7.5)。因已把圆锥齿轮化成当量直齿轮,把式(7.5)中 d_1、i 分别用式(7.35)和式(7.43)中的 d_{v1}、i_v 替换,则式(7.5)成为

$$\sigma_H = Z_E Z_H \sqrt{\frac{KF_t}{bd_{v1}} \frac{i_v+1}{i_v}} \leqslant [\sigma_H] \quad (7.45)$$

将 $F_t = \dfrac{2T_1}{d_{m1}} = \dfrac{2T_1}{d_1(1-0.5\phi_R)}$, $d_{v1} = \dfrac{d_{m1}\sqrt{i^2+1}}{i} = \dfrac{d_1\sqrt{i^2+1}}{i}(1-0.5\phi_R)$, $b = \phi_R R = \dfrac{\phi_R d_1 \sqrt{i^2+1}}{2}$ 和 $i_v = i^2$,代入式(7.45),可得

$$\sigma_H = Z_E Z_H \sqrt{\frac{4KT_1}{\phi_R(1-0.5\phi_R)^2 d_1^3 i}} \leqslant [\sigma_H] \quad (7.46)$$

对 $\alpha = 20°$ 的直齿圆锥齿轮,$Z_H = 2.5$,由式(7.46)得圆锥齿轮接触疲劳强度校核公式为

$$\sigma_H = 5 Z_E \sqrt{\frac{KT_1}{\phi_R(1-0.5\phi_R)^2 d_1^3 i}} \leqslant [\sigma_H] \quad (7.47)$$

移项整理可得圆锥齿轮接触疲劳设计公式为

$$d_1 \geqslant 2.92 \sqrt[3]{\frac{KT_1}{\phi_R(1-0.5\phi_R)^2 i} \left(\frac{Z_E}{[\sigma_H]}\right)^2} \quad (7.48)$$

4. 齿根弯曲疲劳强度

利用上述处理方法,直接套用公式(7.17),用 $m_v = m_m = m(1-0.5\phi_R)$ 替换式中的 m 得圆锥齿轮弯曲疲劳强度校核公式为

$$\sigma_F = \frac{KF_t}{bm(1-0.5\phi_R)} Y_{F\alpha} Y_{Sa} \leqslant [\sigma_F] \quad (7.49)$$

圆锥齿轮弯曲疲劳强度设计公式为

$$m \geqslant \sqrt[3]{\frac{4KT_1}{\phi_R(1-0.5\phi_R)^2 z_1^2 \sqrt{i^2+1}} \left[\frac{Y_{F\alpha} Y_{Sa}}{[\sigma_F]}\right]} \quad (7.50)$$

式中,$Y_{F\alpha}$、Y_{Sa} 按 $z_v = z/\cos\delta$ 查表 7.9;K 为载荷系数,$K = K_A K_V K_\alpha K_\beta$,其中 K_A 查表 7.4,K_V 按 v_m(其中 v_m 为齿宽中点分度圆速度)查图 7.5 中低一级的精度线,K_α 取 1,

K_β 按表 7.13 查取。

表 7.13 锥齿轮传动的齿面载荷系数 K_β

应 用	小齿轮和大齿轮的支承		
	两者都在支承之间	一个悬臂布置	两者都是悬臂布置
飞机	1.00	1.60	1.90
车辆	1.00	1.60	1.90
工业用、船舶用	1.60	1.90	2.25

7.6　齿轮的结构

齿轮的结构设计与齿轮的几何尺寸、毛坯、材料、加工方法、使用要求及经济性等因素有关。进行齿轮的结构设计时，通常是先按齿轮的直径大小，选定合适的结构形式，再进行结构设计。

当齿轮的齿根圆到键槽底面的距离 x 很小时，如圆柱齿轮 $x \leqslant 2.5 m_t$，圆锥齿轮的小端 $x \leqslant 1.6 m_t$，为保证轮毂有足够强度，可以做成如图 7.15(a) 所示的齿轮轴，这样可以节省加工轴、孔、键、键槽的时间。当顶圆直径 $d_a \leqslant 160 \text{mm}$ 时可做成图 7.15(b) 所示的实心式结构，齿轮毛坯可以是锻造或铸造的。

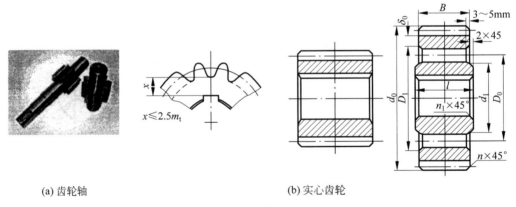

(a) 齿轮轴　　　　　　　　　(b) 实心齿轮

$d_0 \geqslant 10 \text{mm}$；$d_1 = 1.6 d$；$l = (1.2 \sim 1.5) d \geqslant B$；$D_0 = 0.5(D_1 + d_1)$；$D_1 = d_a - 10 m_n$；
$n = 0.5 m_n$；n_1 根据轴肩过渡圆角确定；$\delta_0 \geqslant 8 \sim 10 \text{mm}$。

图 7.15　齿轮轴和实心齿轮

如果齿轮的直径比轴的直径大得多，则应把齿轮和轴分开制造。顶圆直径 $d_a \leqslant 500 \text{mm}$ 的齿轮通常采用图 7.16 所示的腹板式结构。

顶圆直径 $d_a \geqslant 400 \text{mm}$ 的齿轮可用图 7.17 所示的铸造轮辐式结构。

齿轮传动润滑方式见第 3 章。

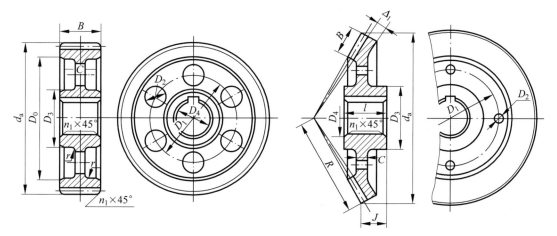

图 7.16 腹板式齿轮

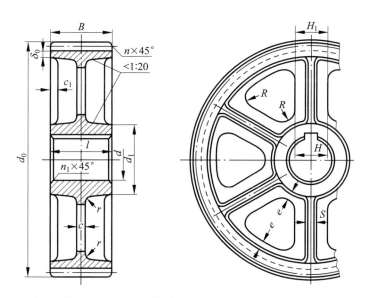

$d_0 \geqslant (2.5 \sim 4) m_n$；$d_1 = 1.6d$，铸钢；$d_1 = 1.8d$，铸铁；$l = (1.2 \sim 1.5)d \geqslant B$；$D_1 = d_f - 2\delta_0$；$n = 0.5 m_n$；$H = 0.8d$；$H_1 = 0.8H$；$c = 0.25H \geqslant 10 \text{mm}$；$c_1 = 0.8c$；$S = 0.17H \geqslant 10 \text{mm}$；$e = 0.8\delta_0$；$n$、$r$、$R$ 根据具体结构确定。

图 7.17 轮辐式结构齿轮

习　　题

1. 判断题

(1) 有一对传动齿轮，已知主动轮的转速 $n_1 = 960 \text{r/min}$，齿数 $z_1 = 20$，从动齿轮的齿数 $z_2 = 50$，这对齿轮的传动比 $i_{12} = 2.5$，那么从动轮的转速应当为 $n_2 = 2400 \text{r/min}$。　　(　　)

(2) 齿轮的标准压力角和标准模数都在分度圆上。　　(　　)

(3) 润滑良好的闭式软齿面齿轮,齿面点蚀失效不是设计中考虑的主要失效形式。
( )

(4) 用范成法加工标准齿轮时,为了不产生根切现象,规定最小齿数不得小于17。
( )

(5) 一对啮合的直齿圆柱齿轮材料相同,$z_1=18,z_2=44$,则两轮齿根弯曲应力相同。
( )

(6) 一对相互啮合的齿轮,如果两齿轮的材料和热处理情况均相同,则它们的工作接触应力和许用接触应力均相等。 ( )

(7) 当按照齿面接触疲劳强度设计齿轮传动时,如果两齿轮的许用接触应力$[\sigma_H]_1 \neq [\sigma_H]_2$,则在计算公式中应代入较大者进行计算。 ( )

(8) 直齿圆锥齿轮的模数是以大端为基础的,所以其强度计算也应以大端为基础。
( )

2. 选择题

(9) 高速重载齿轮传动,当润滑不良时,最可能出现的失效形式是:
(A) 齿面胶合 (B) 齿面疲劳点蚀
(C) 齿面磨损 (D) 齿面疲劳折断

(10) 齿轮传动引起附加动载荷和冲击振动的根本原因是_____。
(A) 齿面误差 (B) 周节误差
(C) 基节误差 (D) 中心距误差

(11) 设计一对减速软齿面齿轮传动时,从等强度要求出发,选择大、小齿轮的硬度时,应使_____。
(A) 两者硬度相等
(B) 小齿轮硬度高于大齿轮硬度
(C) 大齿轮硬度高于小齿轮硬度
(D) 小齿轮采用硬齿面,大齿轮采用软齿面

(12) 某齿轮箱中一对45钢调质齿轮,经常发生齿面点蚀,修配更换时_____。
(A) 可用40Cr调质代替 (B) 可适当增大模数 m
(C) 仍可用45钢,改为齿面高频淬火 (D) 改用铸钢ZG310-570

(13) 在直齿圆柱齿轮设计中,若中心距保持不变,而增大模数时,则可以_____。
(A) 提高齿面的接触强度 (B) 提高轮齿的弯曲强度
(C) 弯曲与接触强度均可提高 (D) 弯曲与接触强度均不变

(14) 为了提高齿轮传动的接触强度,可采取_____的方法。
(A) 采用闭式传动 (B) 增大传动中心距
(C) 减少齿数 (D) 增大模数

(15) 一对圆柱齿轮,通常把小齿轮的齿宽做得比大齿轮宽一些,其主要原因是_____。
(A) 使传动平稳 (B) 提高传动效率
(C) 提高齿面接触强度 (D) 便于安装,保证接触线长度

(16) 斜齿圆柱齿轮的动载荷系数 K 和相同尺寸精度的直齿圆柱齿轮相比较是_____的。

  （A）相等   （B）较小

  （C）较大   （D）可能大、也可能小

3．问答题

(17) 一对圆柱齿轮的实际齿宽为什么做成不相等？哪个齿轮的齿宽大？在强度计算公式中的齿宽 b 应以哪个齿轮的齿宽代入？为什么？锥齿轮的齿宽是否也是这样？

(18) 圆柱齿轮设计中，齿数和模数的选择原则是什么？

(19) 齿轮传动的主要失效形式有哪些？开式、闭式齿轮传动的失效形式有什么不同？设计准则通常是按哪些失效形式制订的？

(20) 齿根弯曲疲劳裂纹首先发生在危险截面的哪一边？为什么？为提高轮齿抗弯曲疲劳折断的能力，可采取哪些措施？

(21) 齿轮为什么会产生齿面点蚀与剥落？点蚀首先发生在什么部位？为什么？防止点蚀有哪些措施？

(22) 常用齿轮材料有哪些？各用于什么场合？

(23) 分析直齿圆柱齿轮传动、斜齿圆柱齿轮传动和直齿圆锥齿轮传动 3 种传动工作时受力的不同。

(24) 如何建立齿面接触疲劳强度和齿根弯曲疲劳强度两种强度的公式？

(25) 影响齿轮啮合时载荷分布不均匀的因素有哪些？采取什么措施可使载荷分布均匀？

(26) 为什么设计齿轮时所选齿宽系数 ϕ_d 既不能太大，又不能太小？

(27) 在选择齿轮传动比时，为什么锥齿轮的传动比常比圆柱齿轮选得小些？为什么斜齿圆柱齿轮的传动比又可比直齿圆柱齿轮选得大些？

(28) 一对齿轮传动中，大、小齿轮的接触应力是否相等？如大、小齿轮的材料及热处理情况相同，它们的许用接触应力是否相等？如许用接触应力相等，则大、小齿轮的接触疲劳强度是否相等？

4．分析题

(29) 采用受力简图的平面图表示方法标出图 7.18 所给两图中各齿轮的受力，已知齿轮 1 为主动，其转向如图所示。

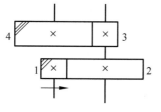
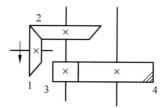

(a) 圆柱齿轮传动   (b) 圆锥-圆柱齿轮传动

图 7.18 题(29)图

(30) 有两级斜齿圆柱齿轮传动如图 7.19 所示。已知：$z_1=12, z_2=30, z_3=12, z_4=45$，两对齿轮的模数分别为：$m_n=10$ 和 $m_n'=14$，第一对齿轮的螺旋角 $\beta_1=19°$。现若使轴 Ⅱ 所受的轴向力大小抵消，试确定第二对齿轮的螺旋角 β_2 及其旋向。

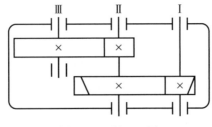

图 7.19 题(30)图

(31) 图 7.20 为直齿圆锥齿轮和斜齿圆柱齿轮组成的两级传动装置，动力由轴Ⅰ输入，轴Ⅲ输出，轴Ⅲ的转向如图箭头所示，试：

① 在图中画出各轮的转向；

② 为使中间轴Ⅱ所受的轴向力可以抵消一部分，确定斜齿轮 3 和斜齿轮 4 的螺旋方向；

③ 画出圆锥齿轮 2 和斜齿轮 3 所受各分力的方向。

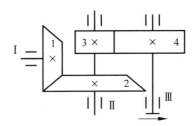

图 7.20 题(31)图

(32) 一对标准直齿圆柱齿轮传动，已知：$z_1=23, z_2=45$，小轮材料为 40Cr，大轮材料为 45 钢，齿形系数 $Y_{F\alpha 1}=2.69, Y_{F\alpha 2}=2.35$，应力修正系数 $Y_{Sa1}=1.575, Y_{Sa2}=1.68$，许用应力 $[\sigma_H]_1=600\text{MPa}, [\sigma_H]_2=500\text{MPa}, [\sigma_F]_1=175\text{MPa}, [\sigma_F]_2=144\text{MPa}$。试分析：

① 哪个齿轮接触强度小？

② 哪个齿轮的弯曲强度小？

5. 系列题

X-1-3：在第 5 章的系列题 X-1-2 中，已经完成了 V 带传动的设计。若第二级传动选用斜齿圆柱齿轮传动，试对该齿轮传动进行设计。

X-2-2：在第 6 章的系列题 X-2-1 中，选用开式齿轮传动，要求齿轮设计寿命为 10 年，每年工作 300 天，两班制工作，若第一级传动和第二级传动均选用直齿圆柱齿轮传动，试进行设计。（两级圆柱齿轮减速器 4 的传动比为 28.64）

X-2-3：在上述系列题 X-2-2 中，已经完成了开式两级圆柱齿轮传动的设计，若第三级传动选用直齿圆锥齿轮传动，试进行设计。

第 8 章

蜗杆传动

8.1 概 述

蜗杆与蜗轮

蜗杆传动是由蜗杆和蜗轮组成的传动副,用于传递空间两交错轴之间的运动和动力。通常两轴线的交错角为 90°,如图 8.1 所示。蜗杆传动的特点是:能实现大的传动比(在动力传动中,一般传动比为 $i=5\sim80$;在分度机构中,i 可达 1000),结构紧凑,传动平稳,噪声低,具有自锁性;但由于在啮合齿面间产生很大的相对滑动速度,摩擦发热大,传动效率低,且常需耗用有色金属,故不适用于大功率和长期连续工作的传动。

按蜗杆的形状可分为圆柱蜗杆传动(见图 8.2(a))、圆弧面蜗杆传动(见图 8.2(b))和锥面蜗杆传动(见图 8.2(c))等。下面主要介绍圆柱蜗杆传动,圆弧面蜗杆传动和锥面蜗杆传动设计等可参考有关文献。

图 8.1 蜗杆传动

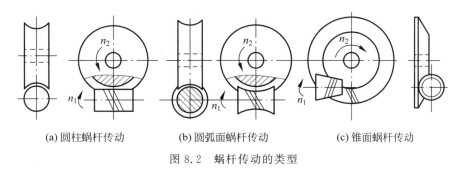

(a) 圆柱蜗杆传动　　(b) 圆弧面蜗杆传动　　(c) 锥面蜗杆传动

图 8.2 蜗杆传动的类型

8.2 圆柱蜗杆传动

圆柱蜗杆传动分为普通圆柱蜗杆传动和圆弧圆柱蜗杆传动。

8.2.1 普通圆柱蜗杆传动

1. 普通圆柱蜗杆传动类型

普通圆柱蜗杆传动多用直线刀刃加工,按齿廓曲线的不同,普通圆柱蜗杆传动可分为如表8.1所示的4种。

表8.1 普通圆柱蜗杆的类型

类型名称	例 图	说 明
阿基米德蜗杆（ZA蜗杆）	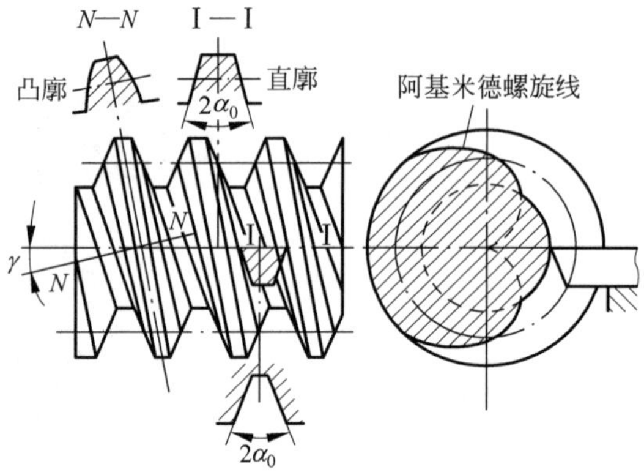	蜗杆的齿面为阿基米德螺旋面,在轴向剖面 I—I 上具有直线齿廓,端面齿廓为阿基米德螺旋线,加工时,车刀切削平面通过蜗杆轴线,车削简单,但当导程角较大时,加工不便,且难于磨削,不易保证加工精度,一般用于低速、轻载或不太重要的传动
渐开线蜗杆（ZI蜗杆）	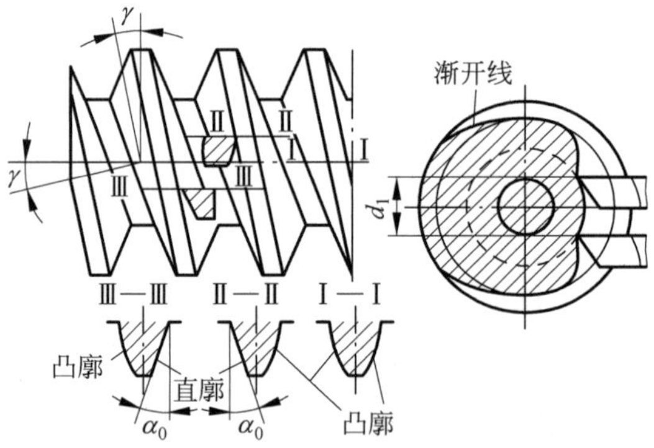	蜗杆的齿面为渐开线螺旋面,端面齿廓为渐开线,加工时,车刀刀刃平面与基圆相切,可以磨削,易保证加工精度,一般用于蜗杆头数较多、转速较高和较精密的传动
法向直廓蜗杆（ZN蜗杆）	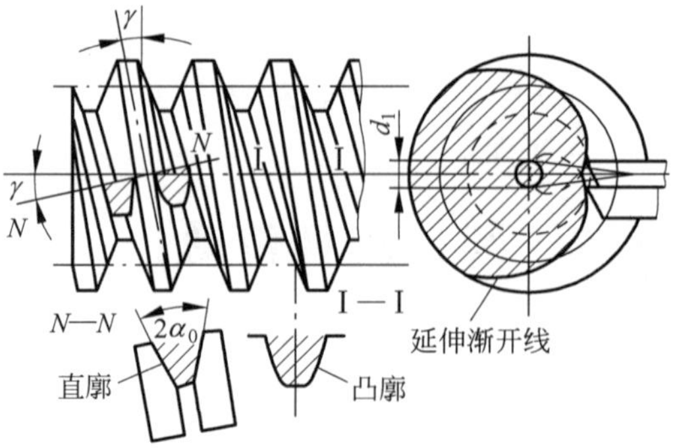	蜗杆的端面齿廓为延伸渐开线,法面 N—N 齿廓为直线,车削时,车刀刀刃平面置于螺旋线的法面上,加工简单,可用砂轮磨削,常用于多头、精密的传动

类型名称	例　图	说　明
锥面包络圆柱蜗杆(ZK 蜗杆)	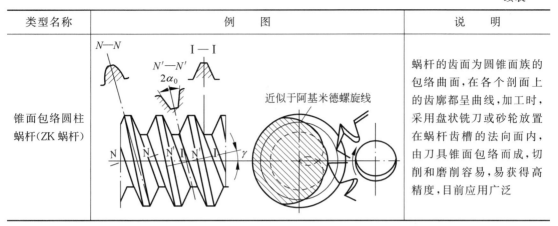	蜗杆的齿面为圆锥面族的包络曲面，在各个剖面上的齿廓都呈曲线，加工时，采用盘状铣刀或砂轮放置在蜗杆齿槽的法向面内，由刀具锥面包络而成，切削和磨削容易，易获得高精度，目前应用广泛

2. 普通圆柱蜗杆传动主要参数

对于阿基米德蜗杆传动，在中间平面上，相当于齿条与齿轮的啮合传动，如图8.3所示。在设计时，取此平面内的参数和尺寸作为计算基准。普通圆柱蜗杆传动的主要参数有模数 m、压力角 α、传动比 i、导程角 γ、蜗杆头数 z_1、蜗轮的齿数 z_2、蜗杆传动中心距 a 和变位系数 x_2。

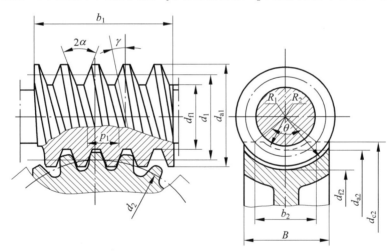

图 8.3　普通圆柱蜗杆传动的几何尺寸

1) 模数 m 和压力角 α

蜗杆和蜗轮啮合时，在中间平面上，蜗杆的轴向模数 m_x、轴向压力角 α_x 分别与蜗轮的端面模数 m_t、端面压力角 α_t 相等，即 $m_{x1}=m_{t2}=m$；$\alpha_{x1}=\alpha_{t2}=\alpha$。模数 m 取标准值，ZA 蜗杆的轴向压力角为标准值，$\alpha=20°$，其余三种(ZN、ZI、ZK)蜗杆的法向压力角为标准值 $\alpha_n=20°$。

2) 蜗杆分度圆直径 d_1 和直径系数 q

加工蜗轮时，常用与之配对的具有同样参数和直径的蜗轮滚刀来加工，这样，只要有一种尺寸的蜗杆，就必须有一与之配对的蜗轮滚刀。为了减少蜗轮滚刀的数目，便于刀具的标准化，将蜗杆分度圆直径 d_1 定为标准值，即对应于每一种标准模数规定一定数量的蜗杆分

度圆直径 d_1,并把 d_1 与 m 的比值称为蜗杆直径系数 q,即

$$q = \frac{d_1}{m} \tag{8.1}$$

m、d_1 和 q 的匹配见表 8.2。

表 8.2 圆柱蜗杆传动常用参数的匹配

中心距 a/mm	模数 m/mm	分度圆直径 d_1/mm	$m^2 d_1$/mm³	蜗杆头数 z_1	直径系数 q	分度圆导程角 γ/(°)	蜗轮齿数 z_2	变位系数 x_2
40	1	18	18	1	18.00	3°10′47″	62	0
50							82	0
40	1.25	20	31.25	1	16.00	3°34′35″	49	−0.500
50		22.4	35		17.92	3°11′38″	62	+0.040
63							82	+0.440
50	1.6	20	51.2	1	12.50	4°34′26″	51	−0.500
				2		9°05′25″		
				4		17°44′41″		
63		28	71.68	1	17.50	3°16′14″	61	+0.125
80							82	+0.250
40	2	22.4	89.6	1	11.20	5°06′08″	29	−0.100
(50)				2		10°07′29″	(39)	(−0.100)
(63)				4		19°39′14″	(51)	(+0.400)
				6		28°10′43″		
80		35.5	142	1	17.75	3°13′28″	62	+0.125
100							82	
50	2.5	28	175	1	11.20	5°06′08″	29	−0.100
(63)				2		10°07′29″	(39)	(+0.100)
(80)				4		19°39′14″	(53)	(−0.100)
				6		28°10′43″		
100		45	281.25	1	18.00	3°10′47″	62	0
63	3.15	35.5	352.25	1	11.27	5°04′15″	29	−0.1349
(80)				2		10°03′48″	(39)	(+0.2619)
(100)				4		19°32′29″	(53)	(−0.3889)
				6		28°01′50″		
125		56	555.66	1	17.778	3°13′10″	62	−0.2063
80	4	40	640	1	10.00	5°42′38″	31	−0.500
(100)				2		11°18′36″	(41)	(−0.500)
(125)				4		21°48′05″	(51)	(+0.750)
				6		30°57′50″		
160		71	1136	1	17.75	3°13′28″	62	+0.125
100	5	50	1250	1	10.00	5°42′38″	31	−0.500
(125)				2		11°18′36″	(41)	(−0.500)
(160)				4		21°48′05″	(53)	(+0.500)
(180)				6		30°57′50″	(61)	(+0.500)
200		90	2250	1	18.00	3°10′47″	62	0

续表

中心距 a/mm	模数 m/mm	分度圆直径 d_1/mm	$m^2 d_1$/mm³	蜗杆头数 z_1	直径系数 q	分度圆导程角 γ/(°)	蜗轮齿数 z_2	变位系数 x_2
125	6.3	63	2500.47	1	10.00	5°42′38″	31	−0.6587
(160)				2		11°18′36″	(41)	(−0.1032)
(180)				4		21°48′05″	(48)	(−0.4286)
(200)				6		30°57′50″	(53)	(+0.2460)
250		112	4445.28	1	17.778	3°13′10″	61	+0.2937
160	8	80	5120	1	10.00	5°42′38″	31	−0.500
(200)				2		11°18′36″	(41)	(−0.500)
(225)				4		21°48′05″	(47)	(−0.375)
(250)				6		30°57′50″	(52)	(+0.250)

注：①本表中导程角 $\gamma < 3°30′$ 的圆柱蜗杆均为自锁蜗杆；②括号中的参数不适用于蜗杆头数 $z_1 = 6$ 时；③本表摘自 GB/T 10085—2018；④国家标准规定了普通圆柱蜗杆传动减速装置的中心距 a，应按下列数值（单位为 mm）选取：40，50，63，80，100，125，160，(180)，200，(225)，250，(280)，315，(355)，400，(450)，500，括号中的数值尽可能不选用。

3）传动比 i

通常蜗杆传动是以蜗杆为主动件的减速装置，故其传动比 i 为

$$i = \frac{n_1}{n_2} = \frac{z_2}{z_1} \tag{8.2}$$

式中，n_1、n_2 分别为蜗杆和蜗轮的转速，r/min；z_1、z_2 分别为蜗杆头数和蜗轮齿数。

蜗杆传动减速装置的传动比 i 的公称值，可按以下数值选取：5，8.5，10，12.5，15，20，25，30，40，50，60，70，80，其中，10，20，40，80 为基本传动比。

4）导程角 γ

将蜗杆分度圆柱螺旋线展开成为图 8.4 所示的直角三角形的斜边，图中，p_z 为导程，对于多头蜗杆，$p_z = z_1 p_x$，其中，$p_x = \pi m$ 为蜗杆的轴向齿距，蜗杆分度圆柱导程角为

$$\gamma = \arctan \frac{p_z}{\pi d_1} = \arctan \frac{z_1 p_x}{\pi d_1} = \arctan \frac{z_1 m}{d_1} = \arctan \frac{z_1}{q} \tag{8.3}$$

由蜗杆传动的正确啮合条件可知，当两轴线的交错角为 90°时，导程角 γ 与蜗轮分度圆柱螺旋角 β 相等且方向相同。

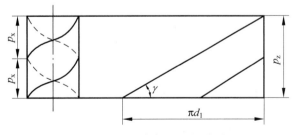

图 8.4 导程角与导程的关系

5）蜗杆头数 z_1 和蜗轮的齿数 z_2

选择蜗杆头数时主要考虑传动比、传动效率及制造难易程度三个方面。单头蜗杆的传动比可以较大，自锁性能好，但传动效率较低。蜗杆头数越多，导程角越大，传动效率越高，

故传递动力、要求效率高时,应选用多头蜗杆。蜗杆头数越多,导程角越大,加工困难,故蜗杆头数 z_1 不宜选得过多,通常取为 1、2、4、6。

蜗轮齿数 $z_2=iz_1$,用蜗轮滚刀切制蜗轮时,不产生根切的最小蜗轮齿数为 17,但对蜗杆传动而言,当 $z_2<26$ 时其啮合区要显著减小,将影响传动的平稳性,为保证蜗杆传动的平稳性和承载能力,蜗轮齿数应大于 27;为防止蜗轮尺寸过大,造成与之相啮合的蜗杆支承间距增大,降低蜗杆的弯曲刚度,蜗轮齿数一般不大于 80。

蜗杆头数与蜗轮齿数的荐用值见表 8.3,具体选择时应考虑与表 8.2 的匹配关系。

表 8.3 蜗杆头数与蜗轮齿数的荐用值

$i=z_2/z_1$	z_1	z_2	$i=z_2/z_1$	z_1	z_2
≈5	6	29~31	14~30	2	29~61
7~15	4	29~61	29~80	1	29~80

6) 蜗杆传动中心距 a

中心距的大小反映能够传递功率的大小,蜗杆传动中心距为

$$a=\frac{1}{2}(d_1+d_2)=\frac{m}{2}(q+z_2) \tag{8.4}$$

设计时,选取的蜗杆直径 d_1 与中心距 a 的比值 $d_1/a=0.2\sim 0.6$。

7) 变位系数 x_2

普通圆柱蜗杆传动变位的主要目的是配凑中心距和传动比,使之符合标准或推荐值。蜗杆传动的变位方法与齿轮传动相同,也是在切削时,将刀具相对于蜗轮移位。

配凑中心距时,蜗轮变位系数 x_2 为

$$x_2=\frac{a'}{m}-\frac{1}{2}(q+z_2)=\frac{a'-a}{m} \tag{8.5}$$

式中,a 和 a' 分别为未变位前和变位后的中心距。

配凑传动比时,变位前、后的传动中心距不变,即 $a=a'$,通过改变蜗轮齿数 z_2 来达到传动比略作调整的目的。变位系数 x_2 为

$$x_2=\frac{z_2-z_2'}{2} \tag{8.6}$$

式中,z_2' 为变位蜗轮齿数。

变位系数 x_2 取得过大会使蜗轮齿顶变尖,过小又会使蜗轮根切。对普通圆柱蜗杆传动,一般取 $x_2=0.4\sim 0.7$。

8.2.2 圆弧圆柱蜗杆(ZC 型)传动

1. 圆弧圆柱蜗杆(ZC 型)的传动类型

圆弧圆柱蜗杆的齿形分为两种:一种是蜗杆轴向剖面为圆弧形齿廓,用圆弧形车刀加工,切削时,刀刃平面通过蜗杆轴线(见图 8.5(a));另一种是蜗杆用轴向剖面为圆弧的环面砂轮,装置在蜗杆螺旋线的法面内,由砂轮面包络而成(见图 8.5(b)),可获得很高的精度。

圆弧圆柱蜗杆传动,在中间平面上蜗杆的齿廓为内凹弧形,与之相配的蜗轮齿廓则为凸弧形,是一种凹凸弧齿廓相啮合的传动(见图 8.5(c)),其综合曲率半径大,承载能力高,一般较普通圆柱蜗杆传动高 50%～150%。同时,由于瞬时接触线与滑动速度方向交角大(见图 8.5(d)),有利于啮合面间的油膜形成,使摩擦减小,传动效率一般可达 90% 以上。另外能通过磨削加工,因此加工精度高,广泛应用于冶金、矿山、化工、起重运输等机械中。

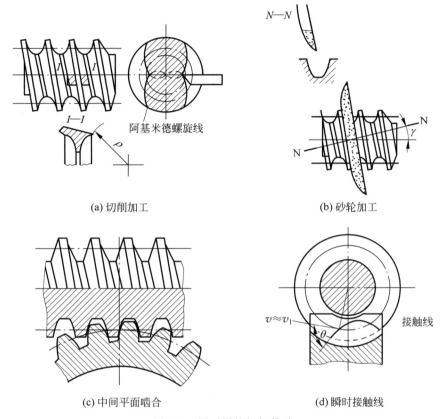

图 8.5 圆弧圆柱蜗杆传动

2. 圆弧圆柱蜗杆(ZC 型)的传动参数

圆弧圆柱蜗杆的基本齿廓是指通过蜗杆分度圆柱的法截面齿形,如图 8.6 所示。圆弧圆柱蜗杆传动的主要参数有模数 m、齿形角 α_0、齿廓圆弧半径 ρ 和蜗轮变位系数 x_2 等,砂轮轴截面齿形角 $\alpha_0 = 23°$,砂轮轴截面圆弧半径 $\rho = (5\sim6)m$,蜗轮变位系数 $x_2 = 0.5\sim1.5$。对圆弧圆柱蜗杆传动,一般取 $x_2 = 0.5\sim1.5$,常用 $x_2 = 0.5\sim1.0$。圆弧圆柱蜗杆传动常用的参数匹配可参考有关标准。

8.2.3 圆柱蜗杆传动的几何尺寸计算

普通圆柱蜗杆传动和圆弧圆柱蜗杆传动的主要参数及几何尺寸计算见表 8.4 和表 8.5 (参见图 8.3 和图 8.6)。

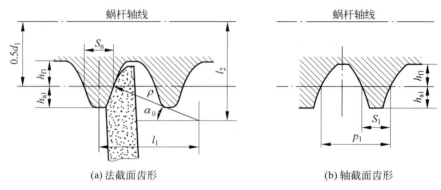

(a) 法截面齿形 (b) 轴截面齿形

图 8.6 圆弧圆柱蜗杆齿形

表 8.4 圆柱蜗杆传动的主要几何尺寸的计算公式

名称	符号	普通圆柱蜗杆传动	圆弧圆柱蜗杆传动
中心距	a	$a=0.5m(q+z_2)$ $a'=0.5m(q+z_2+x_2)$（变位）	$a=0.5m(z_1+z_2)$
齿形角	α	$\alpha_x=20°$（ZA 型） $\alpha_n=20°$（ZN、ZI、ZK 型）	$\alpha_n=23°$ 或 $24°$
蜗轮齿数	z_2	$z_2=iz_1$	$z_2=iz_1$
传动比	i	$i=z_2/z_1$	$i=z_2/z_1$
模数	m	$m=m_x=m_n/\cos\gamma$（m 取标准）	$m=m_x=m_n/\cos\gamma$（m 取标准）
蜗杆分度圆直径	d_1	$d_1=mq$	$d_1=mq$
蜗杆轴向齿距	p_x	$p_x=m\pi$	$p_x=m\pi$
蜗杆导程	p_z	$p_z=z_1 p_x$	$p_z=z_1 p_x$
蜗杆分度圆柱导程角	γ	$\gamma=\arctan(z_1/q)$	$\gamma=\arctan(z_1/q)$
顶隙	c	$c=c^* m,c^*=0.2$	$c=0.16m$
蜗杆齿顶高	h_{a1}	$h_{a1}=h_a^* m$ 一般,$h_a^*=1$；短齿,$h_a^*=0.8$	$z_1\leqslant 3$; $h_{a1}=m$ $z_1>3$; $h_{a1}=0.9m$
蜗杆齿根高	h_{f1}	$h_{f1}=h_a^* m+c$	$h_{f1}=1.16m$
蜗杆齿高	h_1	$h_1=h_{a1}+h_{f1}$	$h_1=h_{a1}+h_{f1}$
蜗杆齿顶圆直径	d_{a1}	$d_{a1}=d_1+2h_{a1}$	$d_{a1}=d_1+2h_{a1}$
蜗杆齿根圆直径	d_{f1}	$d_{f1}=d_1-2h_{f1}$	$d_{f1}=d_1-2h_{f1}$
蜗杆螺纹部分长度	b_1	根据表 8.5 计算	$b_1=2.5m\sqrt{z_2+2+2x_2}$
蜗杆轴向齿厚	S_{x1}	$S_{x1}=0.5m\pi$	$S_{x1}=0.4m\pi$
蜗杆法向齿厚	S_{n1}	$S_{n1}=S_{x1}\cos\gamma$	$S_{n1}=S_{x1}\cos\gamma$
蜗轮分度圆直径	d_2	$d_2=z_2 m$	$d_2=z_2 m$
蜗轮齿顶高	h_{a2}	$h_{a2}=h_a^* m$ $h_{a2}=m(h_a^*+x_2)$（变位）	$z_1\leqslant 3$; $h_{a2}=m+x_2 m$ $z_1>3$; $h_{a2}=0.9m+x_2 m$
蜗轮齿根高	h_{f2}	$h_{f2}=m(h_a^*+c^*)$ $h_{f2}=m(h_a^*+c^*-x_2)$（变位）	$h_{f2}=1.16m-x_2 m$
蜗轮喉圆直径	d_{a2}	$d_{a2}=d_2+2h_{a2}$	$d_{a2}=d_2+2h_{a2}$
蜗轮齿根圆直径	d_{f2}	$d_{f2}=d_2-2h_{f2}$	$d_{f2}=d_2-2h_{f2}$
蜗轮齿宽	b_2	$b_2\approx 2m(0.5+\sqrt{q+1})$	$b_2\approx 2m(0.5+\sqrt{q+1})$
蜗轮齿根圆弧半径	R_1	$R_1=0.5d_{a1}+c$	$R_1=0.5d_{a1}+c$

续表

名　　称	符号	普通圆柱蜗杆传动	圆弧圆柱蜗杆传动
蜗轮齿顶圆弧半径	R_2	$R_2=0.5d_{f1}+c$	$R_2=0.5d_{f1}+c$
蜗轮顶圆直径	d_{e2}	按表 8.5 选取	$d_{e2}=d_{a2}+2(0.3\sim0.5)m$
蜗轮轮缘宽度	B	按表 8.5 选取	$B=0.45(d_1+6m)$
齿廓圆弧中心到蜗杆齿厚对称线的距离	l_1		$l_1=\rho\cos\alpha_n+0.5S_{n1}$
齿廓圆弧中心到蜗杆轴线的距离	l_2		$l_1=\rho\sin\alpha_n+0.5d_1$

表 8.5　普通圆柱蜗杆传动的蜗轮宽度 B、顶圆直径 d_{e2} 及蜗杆螺旋部分长度 b_1 的计算公式

z_1	B	d_{e2}	x_2	b_1	
1		$\leqslant d_{a2}+2m$	0	$\geqslant(11+0.06z_2)m$	当变位系数 x_2 为中间值时，b_1 取 x_2 邻近两公式所求值的较大者。经磨削的蜗杆，按左式所求的长度应再增加下列值： 当 $m<10$mm 时，增加 25mm； 当 $m=10\sim16$mm 时，增加 $35\sim40$mm； 当 $m>16$mm 时，增加 50mm
			-0.5	$\geqslant(8+0.06z_2)m$	
2	$\leqslant0.75d_{a1}$		-0.1	$\geqslant(10.5+6z_1)m$	
			0.5	$\geqslant(11+0.1z_2)m$	
		$\leqslant d_{a2}+1.5m$	1.0	$\geqslant(12+0.1z_2)m$	
3			0	$\geqslant(12.5+0.09z_2)m$	
			-0.5	$\geqslant(9.5+0.09z_2)m$	
			-0.1	$\geqslant(10.5+z_1)m$	
4	$\leqslant0.67d_{a1}$	$\leqslant d_{a2}+m$	0.5	$\geqslant(12.5+0.1z_2)m$	
			1.0	$\geqslant(13+0.1z_2)m$	

8.3　蜗杆传动的结构、材料与设计准则

1. 蜗杆与蜗轮的结构

1) 蜗杆结构

蜗杆传动效率较低、发热较高，由于发热的影响，其轴向尺寸变化较大，因此在结构设计中必须充分考虑，并在散热、材料的抗胶合性能、润滑条件等方面采取必要的措施。

蜗杆绝大多数和轴制成一体，称为蜗杆轴。其中图 8.7(a)所示的结构无退刀槽，加工螺旋部分时只能用铣制的办法，图 8.7(b)所示的结构有退刀槽，螺旋部分可以用车削或铣削加工，但刚度稍差。

(a) 无退刀槽　　　　(b) 有退刀槽

图 8.7　蜗杆的结构形式

2) 蜗轮结构

蜗轮可以制成的整体式结构如图 8.8(a)所示。为了节省贵金属，对直径较大的蜗轮通常采用组合式结构，即齿圈用铜合金，而齿芯用钢或铸铁制成。这种结构常用于尺寸

较大或磨损后需更换齿圈的场合。采用组合式结构时,齿圈和轮芯可用加强杆用螺栓连接(见图 8.8(b)),齿圈和轮芯间也可用过盈配合连接,并沿接合面圆周装 4~8 个螺钉(见图 8.8(c))。对于成批制造的蜗轮,常在铸铁轮芯上浇铸出青铜齿圈。

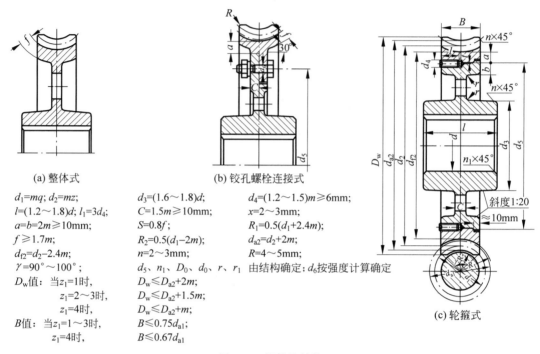

图 8.8 蜗轮的结构

蜗轮的几何尺寸可按表 8.4 和表 8.5 中的计算公式或图 8.8 中给出的公式计算,轮芯部分的结构尺寸可参照齿轮的结构尺寸设计。

2. 蜗杆与蜗轮的材料

蜗杆一般是用碳钢或合金钢制成的。高速重载蜗杆常用 15Cr 或 20Cr,并经渗碳淬火;也可用 40 钢、45 钢或 40Cr,并经淬火;这样可以提高表面硬度,增加耐磨性。通常要求蜗杆淬火后的硬度为(40~55)HRC,经氮化处理后的硬度为(55~62)HRC。一般不太重要的低速中载的蜗杆,可采用 40 钢或 45 钢,并经调质处理,其硬度为(220~300)HBW。

常用的蜗轮材料为铸造锡青铜(ZCuSn10P1,ZCuSn5Pb5Zn5)、铸造铝铁青铜(ZCuAl10Fe3)及灰铸铁(HT150、HT200)等。锡青铜耐磨性最好,但价格较高,用于相对滑动速度 $v_s > 3\text{m/s}$ 的重要传动。铝铁青铜的耐磨性较锡青铜差一些,但价格便宜,一般用于相对滑动速度 $v_s < 4\text{m/s}$ 的传动。如果相对滑动速度不高($v_s < 2\text{m/s}$),对效率要求也不高时,可采用灰铸铁。为了防止变形,常对蜗轮进行时效处理。

3. 蜗杆传动的设计准则

蜗杆传动的主要失效形式与齿轮相似,有齿面胶合、磨损、折断和点蚀。由于蜗杆与蜗轮齿面间有较大的相对滑动,容易出现胶合和磨损失效,所以,蜗杆和蜗轮的材料不仅要求具有足够的强度,而且要具有良好的磨合和耐磨性能。另外在润滑不良等条件下,蜗杆传动因齿面胶合而失效的可能性更大。因此,闭式蜗杆传动通常应作热平衡核算。

由于材料和结构上的原因,蜗杆螺旋齿部分的强度总是高于蜗轮轮齿的强度,所以失效经常发生在蜗轮轮齿上。因此,一般只对蜗轮轮齿进行承载能力计算。蜗杆传动的设计准则为:开式蜗杆传动以保证蜗轮齿根弯曲疲劳强度进行设计;闭式蜗杆传动对蜗轮齿面接触疲劳强度进行设计,校核齿根弯曲疲劳强度。此外,直径过小或支撑跨距较大的蜗杆可能会刚度不足,必要时需验算蜗杆刚度。

8.4 蜗杆传动的受力分析和效率计算

8.4.1 受力分析

图 8.9 所示给出一右旋蜗杆为主动件的情况。不考虑摩擦力,可认为法向力 F_n 集中作用于节点 C 处。类似斜齿轮,可把 F_n 分解为互相垂直的三个分力,分别为圆周力 F_t、径向力 F_r 和轴向力 F_a。在蜗杆和蜗轮间,F_{t1} 与 F_{a2}、F_{r1} 与 F_{r2} 及 F_{a1} 与 F_{t2} 是作用力与反作用力。它们大小相等、方向相反。各力的大小可按下式计算:

$$\begin{cases} F_{t1} = F_{a2} = \dfrac{2T_1}{d_1} \\ F_{a1} = F_{t2} = \dfrac{2T_2}{d_2} \\ F_{r1} = F_{r2} = F_{t2} \tan\alpha \\ F_n = \dfrac{F_{a1}}{\cos\alpha_n \cos\gamma} = \dfrac{F_{t2}}{\cos\alpha_n \cos\gamma} = \dfrac{2T_2}{d_2 \cos\alpha_n \cos\gamma} \end{cases} \quad (8.7)$$

式中,T_1 和 T_2 分别为蜗杆和蜗轮上的转矩;d_1 和 d_2 分别为蜗杆及蜗轮的分度圆直径;下标 1 和 2 分别对应蜗杆和蜗轮;下标 n、t、a 和 r 分别对应法向、切向、轴向和径向。

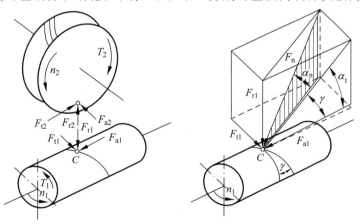

图 8.9 蜗杆传动的受力分析

蜗杆传动的受力分析与斜齿圆柱齿轮传动相似,其受力方向分析与斜齿轮情况类似,不同之处是:一对斜齿轮的旋向相反,而蜗杆、蜗轮的旋向相同。

8.4.2 效率计算

闭式蜗杆传动的功率损耗一般包括三部分:啮合损耗、轴承摩擦损耗和浸入油池中的零件搅油时的溅油损耗。

一般以啮合损耗的效率 η_1 计算为主。当蜗杆主动时,啮合损耗的效率 η_1 按下式计算

$$\eta_1 = \frac{\tan\gamma}{\tan(\gamma + \phi_v)} \tag{8.8}$$

式中,γ 为普通圆柱蜗杆分度圆柱上的导程角;ϕ_v 为当量摩擦角,$\phi_v = \arctan f_v$,其值可根据蜗杆和蜗轮间的相对滑动速度 v_s 从表8.6中选取。

表8.6 普通圆柱蜗杆传动的 v_s、f_v、ϕ_v 值

蜗轮齿圈材料	锡青铜				无锡青铜		灰铸铁			
蜗杆齿面硬度	≥45HRC		其他		≥45HRC		≥45HRC		其他	
滑动速度 v_s/(m/s)	f_v	ϕ_v	f_v	ϕ_v	f_v	ϕ_v	f_v	ϕ_v	f_v	ϕ_v
0.01	0.110	6°17′	0.120	6°51′	0.180	10°12′	0.180	10°12′	0.190	10°45′
0.05	0.090	5°09′	0.100	5°43′	0.140	7°58′	0.140	7°58′	0.160	9°05′
0.10	0.080	4°34′	0.090	5°09′	0.130	7°24′	0.130	7°24′	0.140	7°58′
0.25	0.065	3°43′	0.075	4°17′	0.100	5°43′	0.100	5°43′	0.120	6°51′
0.50	0.055	3°09′	0.065	3°43′	0.090	5°09′	0.090	5°09′	0.100	5°43′
1.0	0.045	2°35′	0.055	3°09′	0.070	4°00′	0.070	4°00′	0.090	5°09′
1.5	0.040	2°17′	0.050	2°52′	0.065	3°43′	0.065	3°43′	0.080	4°34′
2.0	0.035	2°00′	0.045	2°35′	0.055	3°09′	0.055	3°09′	0.070	4°00′
2.5	0.030	1°43′	0.040	2°17′	0.050	2°52′				
3	0.028	1°36′	0.035	2°00′	0.045	2°35′				
4	0.024	1°22′	0.031	1°47′	0.040	2°17′				
5	0.022	1°16′	0.029	1°40′	0.035	2°00′				
8	0.018	1°02′	0.026	1°29′	0.030	1°43′				
10	0.016	0°55′	0.024	1°22′						
15	0.014	0°48′	0.020	1°09′						
24	0.013	0°45′								

①如滑动速度与表中数值不一致时,可用插入法求得 f_v 和 ϕ_v 值;②蜗杆齿面经磨削或抛光并仔细磨合、正确安装、采用黏度合适的润滑油进行充分的润滑时。

由图8.10得蜗杆和蜗轮间的相对滑动速度 v_s 为

$$v_s = \frac{v_1}{\cos\gamma} = \frac{v_2}{\sin\gamma} \tag{8.9}$$

式中,v_1 和 v_2 分别为蜗杆和蜗轮分度圆的圆周速度。

在蜗杆传动中,轴承摩擦及溅油这两项功率损耗不大,两项的效率乘积 $\eta_2 \cdot \eta_3 = 0.95 \sim 0.96$。这样总效率 η 为

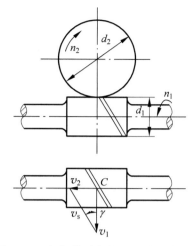

图 8.10 蜗杆传动的相对滑动速度分析

$$\eta = \eta_1 \eta_2 \eta_3 = (0.95 \sim 0.96) \frac{\tan\gamma}{\tan(\gamma + \phi_v)} \tag{8.10}$$

在设计之初,为了近似地求出蜗轮上的扭矩 T_2,可按 $z_1=1,\eta=0.7$;$z_1=2,\eta=0.8$;$z_1=4,\eta=0.9$;$z_1=6,\eta=0.95$ 估取。在设计后,再进行修正。

8.5 蜗杆传动的设计

本节只介绍普通圆柱蜗杆传动的设计计算。

8.5.1 应力计算与强度设计

蜗杆传动疲劳强度设计

1. 蜗轮齿面接触应力计算与疲劳强度设计

蜗轮齿面接触应力采用 Hertz 公式(2.18)代入蜗杆和蜗轮节点处的几何参数来计算,得接触应力为

$$\sigma_H = Z_E \sqrt{\frac{KF_n}{L_0 \rho}} \tag{8.11}$$

式中,F_n 为法向力;L_0 为接触线总长;K 为载荷系数;ρ 为接触点的当量曲率半径;Z_E 为材料的弹性影响系数。

将式(8.11)中的法向载荷 F_n 换算成蜗轮分度圆直径 d_2 与蜗轮转矩 T_2 的表达式,再将 d_2、L_0、ρ 换算成中心距 a 的函数后,即得到蜗轮齿面接触疲劳强度的验算公式为

$$\sigma_H = Z_E Z_\rho \sqrt{KT_2/a^3} \leqslant [\sigma_H] \tag{8.12}$$

式中,对青铜或铸铁蜗轮与钢制蜗杆配的 Z_E,可近似取 $Z_E = 160 \mathrm{MPa}^{1/2}$;$Z_\rho$ 为蜗杆传动的接触线长度和曲率半径对接触强度的影响系数,从图 8.11 中查取;$[\sigma_H]$ 为蜗轮齿面的许用

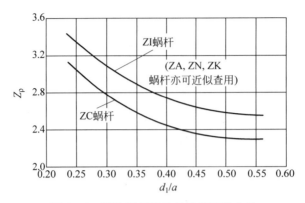

图 8.11 圆柱蜗杆传动的影响系数曲线

接触应力,MPa,见表 8.7;K 为载荷系数,按下式计算:

$$K = K_A K_\beta K_V \tag{8.13}$$

式中,K_A 为使用系数;K_β 为齿向载荷分布系数;K_V 为动载系数,它们的取值见表 8.8。

表 8.7 灰铸铁及铸铝铁青铜蜗轮的许用接触应力 $[\sigma_H]$ MPa

材料		相对滑动速度 v_s/(m/s)						
蜗杆	蜗轮	<0.25	0.25	0.5	1	2	3	4
20 或 20Cr 渗碳、淬火,45 钢淬火,齿面硬度大于 45HRC	灰铸铁 HT150	206	166	150	127	95	—	—
	灰铸铁 HT200	250	202	182	154	115	—	—
	铸铝铁青铜 ZCuAl10Fe3	—	—	250	230	210	180	160
45 钢或 Q275	灰铸铁 HT150	172	139	125	106	79	—	—
	灰铸铁 HT200	208	168	152	128	96	—	—

表 8.8 使用系数 K_A、齿向载荷分布系数 K_β 和动载系数 K_V

载荷与启动情况	K_A	载荷情况	K_β	蜗轮圆周速度 v_2	K_V
载荷均匀、无冲击;启动载荷小;每小时启动次数<25	1	载荷平稳,分布不均	1	≤3m/s	1.0~1.1
载荷不均匀、小冲击;启动载荷较大;每小时启动次数 25~50	1.15	载荷变化较大,或有冲击、振动时,分布不均	1.3~1.6	>3m/s	1.1~1.2
载荷不均匀、大冲击;启动载荷大;每小时启动次数>50	1.2				

当蜗轮材料为灰铸铁或高强度青铜($\sigma_b \geqslant 300$MPa)时,蜗杆传动的承载能力主要取决于齿面胶合强度。但因目前尚无完善的胶合强度计算公式,故采用接触强度计算代替。在查取蜗轮齿面的许用接触应力时,要考虑蜗杆与蜗轮间的相对滑动速度的大小。由于胶合不属于疲劳失效,$[\sigma_H]$ 的值与应力循环次数 N 无关,因而可直接从表 8.7 中查出许用接触应力 $[\sigma_H]$ 的值。

若蜗轮材料为强度极限 $\sigma_b<300\text{MPa}$ 的锡青铜,因蜗轮主要为接触疲劳失效,故应先从表8.9中查出蜗轮的基本许用接触应力$[\sigma_H]'$,按$[\sigma_H]=K_{HN}[\sigma_H]'$算出许用接触应力的值。这里,$K_{HN}$为接触强度的寿命系数,按下式计算:

$$K_{HN}=\sqrt[8]{10^7/N} \tag{8.14}$$

式中,应力循环次数 $N=60jn_2L_h$,此处 n_2 为蜗轮转速,r/min;L_h 为工作寿命,h;j 为蜗轮每转一圈,每个轮齿啮合的次数。

表8.9 蜗轮的基本许用接触应力$[\sigma_H]'$和弯曲应力$[\sigma_F]'$

	蜗轮材料		铸造方法	蜗杆螺旋面硬度	
				≤45HRC	>45HRC
基本许用接触应力$[\sigma_H]'$/MPa	铸锡磷青铜 ZCuSn10P1		砂模铸造	150	180
			金属模铸造	220	268
	铸锡锌铅青铜 ZCuSn5Pb5Zn5		砂模铸造	113	135
			金属模铸造	128	140
				单侧工作$[\sigma_F]'$	双侧工作$[\sigma_F]'$
基本许用弯曲应力$[\sigma_F]'$/MPa	铸锡磷青铜 ZCuSn10P1		砂模铸造	40	29
			金属模铸造	56	40
	铸锡锌铅青铜 ZCuSn5Pb5Zn5		砂模铸造	26	22
			金属模铸造	32	26
	铸铝铁青铜 ZCuAl10Fe3		砂模铸造	80	57
			金属模铸造	90	64
	灰铸铁	HT150	砂模铸造	40	28
		HT200		48	34

注:①锡青铜的基本许用接触应力为应力循环次数 $N=10^7$ 时之值,当 $N\neq10^7$ 时,需将表中数值乘以寿命系数 K_{HN};当 $N>25\times10^7$ 时,取 $N=25\times10^7$;当 $N<2.6\times10^5$ 时,取 $N=2.6\times10^5$;②表中各种青铜的基本许用弯曲应力为应力循环次数 $N=10^6$ 时之值,当 $N\neq10^6$ 时,需将表中数值乘以寿命系数 K_{FN};当 $N>25\times10^7$ 时,取 $N=25\times10^7$;当 $N<10^5$ 时,取 $N=10^5$。

从式(8.12)可得到按蜗轮接触疲劳强度条件的设计公式为

$$a\geqslant\sqrt[3]{KT_2\left(\frac{Z_EZ_\rho}{[\sigma_H]}\right)^2} \tag{8.15}$$

从式(8.15)算出蜗杆传动的中心距 a 后,从表8.2中选择合适的 a 值及相应的蜗杆和蜗轮参数。

2. 蜗轮齿根弯曲应力计算

蜗轮轮齿因弯曲强度不足而失效的情况,多发生在蜗轮齿数较多(如 $z_2>90$)时或开式传动中。因此,对闭式蜗杆传动通常只作弯曲强度的校核,但这种计算是必须进行的。因为校核蜗轮轮齿的弯曲强度不只是为了判别其弯曲断裂的可能性,对那些承受重载的动力蜗杆副,蜗轮轮齿的弯曲变形量还会直接影响到蜗杆副的运动平稳性精度。

由于蜗轮轮齿的齿形比较复杂,要精确计算齿根的弯曲应力是比较难的,通常是把蜗轮近似地当作斜齿圆柱齿轮来考虑。将齿根弯曲疲劳强度式(7.17)修正,加入重合度系数 Y_ε 和螺旋角系数 Y_β,从而有蜗轮齿根弯曲应力为

$$\sigma_F = \frac{KF_{t2}}{\hat{b}_2 m_n} Y_{Fa2} Y_{Sa2} Y_\varepsilon Y_\beta \tag{8.16}$$

式中,$\hat{b}_2$ 为蜗轮轮齿弧长,$\hat{b}_2 = \dfrac{\pi d_1 \theta}{360° \cos\gamma}$,其中 θ 为蜗轮齿宽角,可按100%计算;Y_{Fa2} 为蜗轮齿形系数,可由蜗轮的当量齿数 $z_{v2} = z_2/\cos^3\gamma$ 及蜗轮的变位系数 x_2 从图8.12中查得;Y_{Sa2} 为齿根应力校正系数,放在 $[\sigma_F]$ 中考虑;Y_ε 为弯曲疲劳强度的重合度系数,取 $Y_\varepsilon = 0.667$;Y_β 为螺旋角影响系数,$Y_\beta = 1 - \dfrac{\gamma}{120°}$。

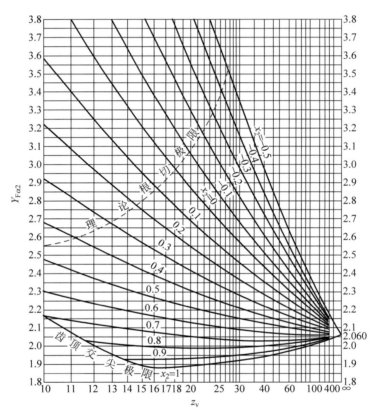

图8.12 蜗轮的齿形系数 Y_{Fa2}($\alpha = 20°, h_a^* = 1, \rho_{a0} = 0.3 m_n$)

将以上参数代入上式,并将圆周力 F_{t2} 由转矩 T_2 和轴径 d_2 代替,得

$$\sigma_F = \frac{1.53 K T_2}{d_1 d_2 m \cos\gamma} Y_{Fa2} Y_\beta \leqslant [\sigma_F] \tag{8.17}$$

式中,$[\sigma_F]$ 为蜗轮的许用弯曲应力,$[\sigma_F] = K_{FN} [\sigma_F]'$;$[\sigma_F]'$ 为计入齿根应力校正系数 Y_{Sa2} 后蜗轮的弯曲基本许用应力,由表8.9中选取;K_{FN} 为寿命系数,$K_{FN} = \sqrt[9]{\dfrac{10^6}{N}}$,其中应力循环次数 N 的计算与接触疲劳时的做法相同。

式(8.17)为蜗轮弯曲疲劳强度的校核公式,经整理后可得蜗轮轮齿按弯曲疲劳强度设计公式为

$$m^2 d_1 \geqslant \frac{1.53KT_2}{z_2\cos\gamma[\sigma_F]} Y_{Fa2} Y_\beta \qquad (8.18)$$

计算出 $m^2 d_1$ 后,可从表 8.2 查出相应的参数值。

8.5.2 蜗杆的刚度设计

由于蜗杆属于细长杆件,如果蜗杆受力后产生较大弯曲变形,就可能造成轮齿上的载荷分配不均,从而影响蜗杆与蜗轮的正确啮合。因此,蜗杆必要时还须进行刚度校核。校核时,通常是把蜗杆螺旋部分看作以蜗杆齿根圆直径为直径的轴段,其最大挠度 y 可按下式作近似计算,并要求刚度满足如下条件:

$$y = \frac{\sqrt{F_{t1}^2 + F_{r1}^2}}{48EI} L'^3 \leqslant [y] \qquad (8.19)$$

式中,E 为蜗杆材料的弹性模量;I 为蜗杆危险截面的惯性矩,$I = \frac{\pi d_{f1}^4}{64}$(其中 d_{f1} 为蜗杆齿根圆直径);L' 是蜗杆两端支承间的跨距,视具体结构要求而定,初步计算时可取 $L' = 0.9 d_2$;$[y]$ 为许用最大挠度,一般 $[y] = \frac{d_1}{1000}$。

8.5.3 闭式蜗杆传动的热平衡计算

蜗杆传动热平衡计算

由于蜗杆工作时发热量大,如果产生的热量不能及时散逸或排出,必将导致润滑油温度明显升高。温度的升高会使润滑油稀释,从而加大摩擦表面的接触机会,增加啮合摩擦损耗。同时,温度过高还会导致胶合的发生。所以,对闭式蜗杆传动而言,必须进行热平衡计算,以保证油温处于允许的范围内。

由于摩擦损耗的功率 $P_f = P(1-\eta)$,其产生的热流量为

$$H_1 = 1000P(1-\eta) \qquad (8.20)$$

式中,P 为蜗杆传递的功率,kW;η 为蜗杆传动总效率,按式(8.10)计算。

以自然冷却方式,从箱体外壁散发到周围空气中去的热量为

$$H_2 = \alpha_d S(t_0 - t_a) \qquad (8.21)$$

式中,α_d 为箱体的表面传热系数,可取 $\alpha_d = 8.15 \sim 17.45 \text{W}/(\text{m}^2 \cdot ℃)$,当周围空气流通良好时,可取大值;$S$ 为散热面积,m^2;t_0 为润滑油工作温度,℃;t_a 为室温,℃。

根据单位时间内的发热量 H_1 等于同时间内的散热量 H_2 的条件,可求得工作油温为

$$t_0 = t_a + \frac{1000P(1-\eta)}{\alpha_d S} \qquad (8.22)$$

或保持正常工作温度所需要的散热面积为

$$S = \frac{1000P(1-\eta)}{\alpha_d(t_0 - t_a)} \qquad (8.23)$$

润滑油工作温度 t_0 一般限制在 60～70℃，最高不应超过许用温度 $[t]=80$℃。当 $t_0>80$℃ 或有效的散热面积不足时，为提高散热能力须采取以下措施：

(1) 加散热片以增大散热面积（见图 8.13(a)）；
(2) 在蜗杆轴端加装风扇以加速空气的流通（见图 8.13(b)）；
(3) 在传动箱内装循环冷却管路（见图 8.13(c)）。

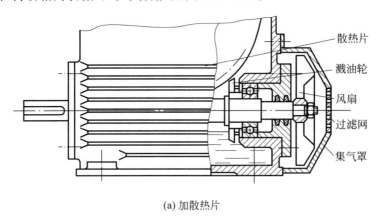

(a) 加散热片

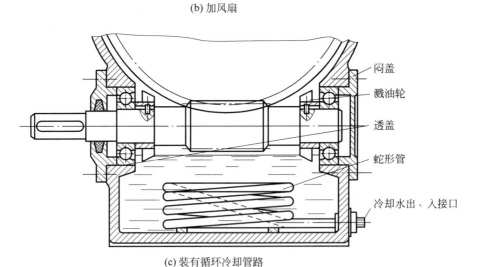

(b) 加风扇

(c) 装有循环冷却管路

图 8.13 蜗杆传动散热装置

在蜗杆轴端加装风扇会增加功率损耗，因此总的功率损耗为

$$P_f = (P - \Delta P_F)(1 - \eta) \tag{8.24}$$

式中，ΔP_F 为风扇消耗的功率，按下式估算

$$\Delta P_F \approx \frac{1.5 v_F^3}{10^5} \tag{8.25}$$

式中，v_F 为风扇叶轮的圆周速度，m/s，可按下式计算：

$$v_F = \frac{\pi D_F n_F}{60\,000} \tag{8.26}$$

式中，D_F 为风扇叶轮外径，mm；n_F 为风扇叶轮转速，r/min。

由摩擦消耗的功率所产生的热流量为

$$H_1 = 1000(P - \Delta P_F)(1 - \eta) \tag{8.27}$$

散发到空气中的热流量为

$$H_2 = (\alpha_d' S_1 + \alpha_d S_2)(t_0 - t_a) \tag{8.28}$$

式中，S_1、S_2 分别为风冷面积及自然冷却面积，m^2；α_d' 为风冷时的表面传热系数，按表 8.10 选取。

表 8.10 风冷时的表面传热系数 α_d'

蜗杆转速/(r/min)	750	1000	1250	1550
$\alpha_d'/[W/(m^2 \cdot ℃)]$	27	31	35	38

关于散热片，冷却管路的设计计算参见有关文献。关于闭式蜗杆传动润滑方法参见 3.4.2 节。

例 8.1 若一闭式蜗杆减速器的传递功率 $P = 6$kW，转速 $n_1 = 980$r/min，传动比 $i_{12} = 15$，减速器单向传动、工作载荷稳定，有微冲击，要求寿命 $L_h \geq 15\,000$h，试设计该普通圆柱蜗杆传动。

解：1. 选择蜗杆传动类型

根据 GB/T 10085—2018 的推荐，采用阿基米德蜗杆（ZA）。

2. 选择材料

考虑到蜗杆传动功率和速度均适中，故蜗杆材料选用 45 钢；为提高效率，增加耐磨性，蜗杆齿面须淬火，硬度为 (45~55)HRC；为了节约贵金属，选用组合式蜗轮结构，齿圈选用铸锡磷青铜 ZCuSn10P1，用砂模铸造，轮芯用灰铸铁 HT100 制造。

3. 按齿面接触疲劳强度进行设计

根据闭式蜗杆传动的设计准则，先按齿面接触疲劳强度进行设计，再校核齿根弯曲疲劳强度。

1) 确定作用在蜗轮上的转矩 T_2

按式(8.10)下的推荐值，试取 $z_1 = 2$，效率 $\eta = 0.8$，则

$$T_2 = 9.55 \times 10^6 \frac{P\eta}{n_1/i_{12}} = 9.55 \times 10^6 \times \frac{6 \times 0.8}{980/15} = 701\,632.7 \text{N} \cdot \text{mm}$$

2) 确定载荷系数 K

因工作载荷较稳定，转速不高，冲击不大，由表 8.8 选取 $K_A = 1.15$，$K_\beta = 1$，$K_V = 1.05$，则

$$K = K_A K_\beta K_V = 1.15 \times 1 \times 1.05 \approx 1.21$$

3) 确定弹性影响系数 Z_E

因选用的是铸锡青铜蜗轮和钢蜗杆相配，故 $Z_E = 160\sqrt{\text{MPa}}$。

4) 确定接触系数 Z_ρ

按中心距推荐,可初选 $\dfrac{d_1}{a}=0.4$,从图 8.11 中可查得 $Z_\rho=2.7$。

5) 确定许用接触应力 $[\sigma_H]$

根据蜗轮材料为铸锡磷青铜 ZCuSn10P1,砂模铸造,蜗杆螺旋齿面硬度>45HRC,可从表 8.9 中查得蜗轮的基本许用应力 $[\sigma_H]'=180\mathrm{MPa}$。

应力循环次数

$$N=60jn_2L_h=60\times 1\times \dfrac{980}{15}\times 15\,000=5.88\times 10^7$$

寿命系数

$$K_{HN}=\sqrt[8]{\dfrac{10^7}{5.88\times 10^7}}=0.8013$$

则

$$[\sigma_H]=K_{NH}\cdot [\sigma_H]'=0.8013\times 180=144\mathrm{MPa}$$

6) 计算中心距

$$a\geqslant \sqrt[3]{1.21\times 701\,632.7\times \left(\dfrac{160\times 2.7}{180}\right)^2}=169.74\mathrm{mm}$$

取中心距 $a=160\mathrm{mm}$,因 $i=15$,故从表 8.2 中取,模数 $m=8\mathrm{mm}$,直径系数 $q=10$,分度圆导程角 $\gamma=11°18'36''$,蜗杆分度圆直径 $d_1=80\mathrm{mm}$。这时 $\dfrac{d_1}{a}=0.5$,从图 8.11 中可查得接触系数 $Z'_\rho=2.74$,因为 $Z'_\rho\approx Z_\rho$,因此上述计算结果可用。

4. 蜗杆和蜗轮的主要参数和几何尺寸

1) 蜗杆

按表 8.4,轴向齿距 $p_x=\pi m=25.133$,取齿顶高系数 $h_a^*=1$ 和顶隙系数 $c^*=0.2$ 均为标准值,得齿顶圆直径和齿根圆直径分别为 $d_{a1}=96\mathrm{mm}$,$d_{f1}=60.8\mathrm{mm}$;蜗杆轴向齿厚 $S_x=12.5664\mathrm{mm}$。

2) 蜗轮

由表 8.2 查得,蜗轮齿数 $z_2=31$;变位系数 $x_2=-0.5$。

验算传动比 $i=\dfrac{z_2}{z_1}=\dfrac{31}{2}=15.5$,这时传动比误差为 $\dfrac{15.5-15}{15}=0.0333\approx 3.3\%\leqslant 5\%$,允许。

蜗轮分度圆直径:$d_2=mz_2=8\times 31=248\mathrm{mm}$

蜗轮喉圆直径:$d_{a2}=d_2+2m(h_a^*+x_2)=248+2\times 8\times(1-0.5)=256\mathrm{mm}$

蜗轮齿根圆直径:$d_{f2}=d_2-2m(h_a^*+c^*-x_2)=248+2\times 8\times(1+0.2+0.5)=275.2\mathrm{mm}$

蜗轮齿根圆弧半径:$R_1=0.5d_{a1}+c^*m=0.5\times 96+0.2\times 8=49.6\mathrm{mm}$

蜗轮齿顶圆弧半径:$R_2=0.5d_{f1}+c^*m=0.5\times 60.8+0.2\times 8=32\mathrm{mm}$

5. 校核齿根弯曲疲劳强度

当量齿数

$$z_{v2}=\dfrac{z_2}{\cos^3\gamma}=\dfrac{31}{(\cos 11.31°)^3}=32.88$$

根据 $x_2=-0.5$,$z_{v2}=32.88$,从图 8.12 中可查得齿形系数 $Y_{Fa2}=3.25$。

螺旋角系数

$$Y_\beta=1-\dfrac{\gamma}{120°}=1-\dfrac{11.31°}{120°}=0.905\,75$$

从表 8.9 中查得由 ZCuSn10P1 砂模铸造的蜗轮基本许用弯曲应力 $[\sigma_F]'=40\mathrm{MPa}$

寿命系数

$$K_{HN} = \sqrt[9]{\frac{10^6}{5.88 \times 10^7}} = 0.636$$

$$[\sigma_F] = K_{FN}[\sigma_F]' = 40 \times 0.636 = 25.44 \text{MPa}$$

$$\sigma_F = \frac{1.53KT_2}{d_1 d_2 m} Y_{Fa2} Y_\beta = \frac{1.53 \times 1.21 \times 701632.9}{80 \times 248 \times 8} \times 3.25 \times 0.9192$$

$$= 24.44 \text{MPa} \leqslant [\sigma_F]$$

弯曲强度是满足的。

6. 验算效率 η

从表 8.6 可知，摩擦系数 f_v 与滑动速度 v_s 有关，滑动速度为

$$v_s = \frac{\pi d_1 n_1}{60 \times 1000 \cos\gamma} = \frac{\pi \times 80 \times 980}{60 \times 1000 \cos 11.31°} = 4.19 \text{m/s}$$

从表 8.6 中用插值法查得 $f_v = 0.0238$，将 $\phi_v = \arctan f_v = 1.36°$ 和 $\gamma = 11°18'36'' = 11.31°$ 代入式(8.10)，得

$$\eta = (0.95 \sim 0.96) \frac{\tan\gamma}{\tan(\gamma + \phi_v)} \geqslant 0.95 \times \frac{\tan 11.31°}{\tan 12.67°} = 0.889 > 0.8(\text{初选值})$$

因此不用重算。

7. 精度等级公差和表面粗糙度的确定

按附录 G.3 节，考虑到所设计的蜗杆传动是动力传动，属于通用机械减速器，从"GB/T 10089—2018 圆柱蜗杆、蜗轮精度"中选择 8 级精度，侧隙种类为 f，标注为：

蜗轮 8 f GB/T 10089—2018

可从附录中查取公差、表面粗糙度等，此处从略。

8. 热平衡计算

按照进油温度 $t_a = 25°$，工作温度 $t_0 = 65°$ 计算，并按式(8.21)的建议，取中间值 $\alpha_d = 12.8 \text{W/(m}^2 \cdot \text{℃)}$，代入式(8.23)，得

$$S = \frac{1000P(1-\eta)}{\alpha_d(t_0 - t_a)} = \frac{1000 \times 5 \times (1 - 0.889)}{12.8 \times (65 - 25)} = 1.08 \text{m}^2$$

如果实际减速箱表面积小于 1.08m^2，则需要采取强制散热措施。

9. 蜗杆轴的刚度验算

减速箱蜗杆一般不属细长蜗杆，如无特殊说明无须进行刚度验算。

10. 绘制工作图(从略)

解毕。

习　　题

1. 判断题

（1）在蜗杆传动中，由于蜗轮的工作次数较少，因此采用强度较低的有色金属材料
　　　　　　　　　　　　　　　　　　　　　　　　　　　　　　　　　　　　（　　）

（2）设计蜗杆传动时，为了提高传动效率，可以增加蜗杆的头数。　　　　　（　　）

（3）为提高蜗杆轴的刚度，应增大蜗杆的直径系数 q。　　　　　　　　　　（　　）

（4）闭式蜗杆传动的主要失效形式是磨损。　　　　　　　　　　　　　　　（　　）

2. 选择题

(5) 蜗杆传动较为理想的材料是_____。
  (A) 钢和铸铁   (B) 钢和青铜   (C) 钢和铝合金   (D) 钢和钢

(6) 选择蜗杆头数 z_1 时，从增大传动比来看，宜选择 z_1 _____些；从提高效率来看宜选择 z_1 _____些；从制造来看，宜选择 z_1 _____些。
  (A) 大   (B) 小   (C) 1、2 或 4   (D) 无关

(7) 计算蜗杆传动比时，公式_____是错误的。
  (A) $i=\dfrac{\omega_1}{\omega_2}$ (B) $i=\dfrac{n_1}{n_2}$ (C) $i=\dfrac{d_2}{d_1}$ (D) $i=\dfrac{z_2}{z_1}$

(8) 对闭式蜗杆传动进行热平衡计算，其主要目的是_____。
  (A) 防止润滑油受热后外溢，造成环境污染
  (B) 防止润滑油黏度过高使润滑条件恶化
  (C) 防止蜗轮材料在高温下机械性能下降
  (D) 防止蜗杆蜗轮发生热变形后正确啮合受到破坏

(9) 蜗杆传动中，将蜗杆分度圆直径 d_1 定为标准值是为了：_____。
  (A) 使中心距也标准化
  (B) 避免蜗杆刚度过小
  (C) 提高加工效率
  (D) 减少蜗轮滚刀的数目，便于刀具标准化

3. 问答题

(10) 蜗杆传动与齿轮传动相比有何特点？常用于什么场合？

(11) 影响蜗杆传动效率的主要因素有哪些？为什么传递大功率时很少用普通圆柱蜗杆传动？

(12) 选择蜗杆的头数 z_1 和蜗轮的齿数 z_2 应考虑哪些因素？

(13) 蜗杆传动的正确啮合条件是什么？自锁条件是什么？

4. 计算题

(14) 如图 8.14 所示，蜗杆主动，$T_1=20$ N·m，$m=4$ mm，$z_1=2$，$d_1=50$ mm，蜗轮齿数 $z_2=50$，传动的啮合效率 $\eta=0.75$，试确定：①蜗轮的转向；②蜗杆与蜗轮上作用力的大小和方向。

(15) 如图 8.15 所示为一标准蜗杆传动，蜗杆主动，转矩 $T_1=25\,000$ N·mm，模数 $m=4$ mm，压力角 $\alpha=20°$，头数 $z_1=2$，直径系数 $q=10$，蜗轮齿数 $z_2=54$，传动的啮合效率 $\eta=0.75$。试确定：①蜗轮的转向；②作用在蜗杆、蜗轮上的各力的大小及方向。

5. 分析题

(16) 如图 8.16 所示为蜗杆传动和圆锥齿轮传动的组合。已知输出轴上的锥齿轮 z_4 的转向 n_4。

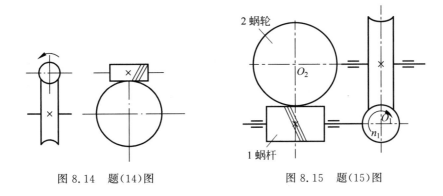

图 8.14　题(14)图　　　　图 8.15　题(15)图

①欲使中间轴上的轴向力能部分抵消,试确定蜗杆传动的螺旋线方向和蜗杆的转向;
②在图中标出各轮轴向力的方向。

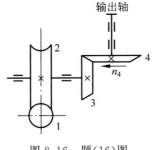

图 8.16　题(16)图

6．设计题

(17) 设计一个由电动机驱动的单级圆柱蜗杆减速器,电动机功率为 7kW,转速为 1440r/min,蜗轮轴转速为 80r/min,载荷平稳,单向传动,蜗轮材料选 ZCuSn10P1,砂型;蜗杆选用 40Cr,表面淬火。

(18) 一圆柱蜗杆减速器,蜗杆轴功率 $P_1=10$kW,传动总效率 $\eta=0.8$,三班制工作,试按当地工业用电价格(每度电若干元)计算五年中用于功率损耗的费用。

第 9 章

轴

轴

9.1 概　　述

轴是机器中重要的零件之一,主要用来支承旋转的机械零件(如齿轮、蜗轮、带轮、链轮和联轴器等)及传递运动和动力。

9.1.1 轴的类型

按照轴的承载情况不同,轴可以分为转轴、心轴和传动轴三种。工作中既承受弯矩又承受扭矩的轴称为转轴。这类轴在各种机器中最为常见,如齿轮减速器中的轴(见图 9.1(a))。只

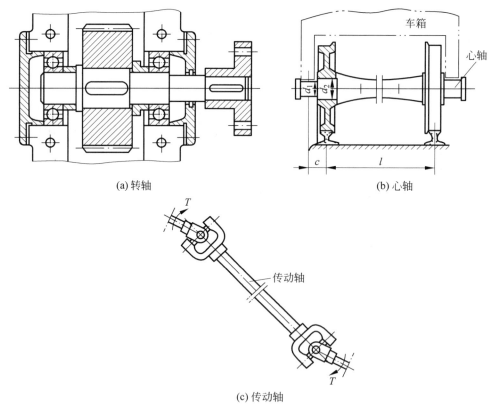

图 9.1　转轴、心轴和传动轴

承受弯矩而不承受扭矩的轴称为心轴,如铁路车辆的轴(见图9.1(b))。只承受扭矩而不承受弯矩(或弯矩很小)的轴称为传动轴,如汽车的传动轴(见图9.1(c))。

按照轴线形状不同,轴可分为直轴和曲轴。直轴可分为光轴(见图9.1(c))和阶梯轴(见图9.1(a))。光轴直径相同,形状简单,加工容易,应力集中源少,但轴上零件不易装配和定位,主要用于心轴或传动轴。阶梯轴常用于转轴。曲轴通常和连杆、活塞等零部件装配,可以将旋转运动变为往复直线运动,或作相反的运动变换,见图9.2。

图9.2 曲轴

有时根据机器结构的要求需要在轴中装设其他零件或为了减轻轴的重量,可将轴制成空心轴,如图9.3所示。

另外,还有软轴,又称钢丝挠性轴,见图9.4。它由多组钢丝分层卷绕而成,具有良好的挠性,两轴线可处于任意位置,且允许工作时彼此有相对运动,用于空间传动。

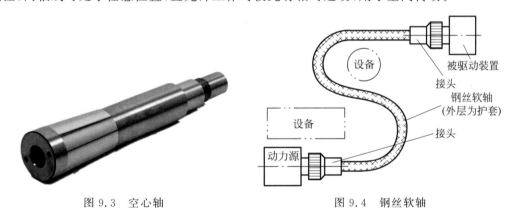

图9.3 空心轴　　　　图9.4 钢丝软轴

9.1.2 轴的设计内容

轴的设计包括结构设计和工作能力计算两方面的内容。

轴的结构设计是根据轴上零件的安装、定位及轴的制造工艺等方面的要求,合理地确定轴的结构形式和尺寸。

轴的工作能力计算指的是轴的强度和刚度等的计算。因为轴的工作能力主要取决于轴的强度,一般只需对轴进行强度计算,防止轴断裂和塑性变形。对刚度要求高的轴(如车床主轴)和受力大的细长轴,还应进行刚度校核,以防止过大的弹性变形影响机器的精度和稳定运行。对高速轴,有时为避免共振要进行振动稳定性计算。

轴的设计一般步骤是:①选择轴的材料;②初步估算轴的最小直径;③设计轴的结构;校核轴的强度;④绘制轴的零件图等。

9.1.3 轴的材料

轴工作时产生的应力多为对称循环变应力,其失效多为疲劳破坏。因此轴的材料应具有足够的疲劳强度,对应力集中敏感性小;同时还应具有良好的耐磨性、耐腐蚀性和加工性能等。

轴的材料主要是碳钢和合金钢。由于碳钢比合金钢价廉,对应力集中的敏感性低,同时还可以利用热处理或化学热处理的办法提高其耐磨性和抗疲劳强度,故采用碳钢制造的轴尤为广泛,最常用的是45钢。

合金钢比碳钢具有更高的力学性能和更好的淬火性能,主要用于传递大动力和要求减小尺寸与质量的场合,以及对轴颈的耐磨性要求高以及处于高温或低温工作条件下。合金钢的弹性模量与碳钢的相差不多,因此采用合金钢替代碳钢不能提高轴的刚度。

高强度的铸铁和球墨铸铁容易做成形状复杂的轴,如曲轴。它们具有价廉、良好的吸振性和耐磨性以及对应力集中敏感性低等优点,但铸件的强度较低,质量不易控制。

轴的毛坯一般采用轧制的圆钢或锻钢。锻钢的内部组织比较均匀,强度较好,常用于重要的或直径变化较大的轴。

表9.1列出了轴的常用材料及其主要力学性能。

表 9.1 轴的常用材料及其主要力学性能

材料牌号	热处理	毛坯直径/mm	硬度(除注外,HB)	抗拉强度极限 σ_b	屈服强度极限 σ_s	弯曲疲劳极限 σ_{-1}	剪切疲劳极限 σ_{-1}	许用弯曲应力 $[\sigma_{-1}]$	备注
						MPa			
Q235-A	热轧或锻后空冷	≤100		400~420	225	170	105	40	不重要及受载荷不大的轴
		>100~250		375~390	215				
45	正火回火	≤100	170~217	590	295	255	140	55	应用最广泛
		>100~300	162~217	570	285	245	135		
	调质	≤200	217~255	640	355	275	155	60	
40Cr	调质	≤100	241~286	735	540	355	200	70	载荷较大,无很大冲击的重要轴
		>100~300		685	490	335	185		
40CrNi	调质	≤100	270~300	900	735	430	260	75	很重要的轴
		>100~300	240~270	785	570	370	210		
38SiMnMo	调质	≤100	229~286	735	590	365	210	70	重要的轴,性能近于40CrNi
		>100~300	217~269	685	540	345	195		
38CrMoAlA	调质	≤60	293~321	930	785	440	280	75	要求高耐磨性,高强度且热处理(氮化)变形很小的轴
		>60~100	277~302	835	685	410	270		
		>100~160	241~277	785	590	375	220		
20Cr	渗碳淬火回火	≤60	渗碳56HRC~62HRC	640	390	305	160	60	要求强度及韧性均较高的轴

续表

材料牌号	热处理	毛坯直径/mm	硬度（除注外，HB）	抗拉强度极限 σ_b	屈服强度极限 σ_s	弯曲疲劳极限 σ_{-1}	剪切疲劳极限 σ_{-1}	许用弯曲应力 $[\sigma_{-1}]$	备注
						MPa			
3Cr13	调质	≤100	≥241	835	635	395	230	75	腐蚀条件下的轴
1Cr18-Ni9Ti	淬火	≤100	≤192	530	195	190	115	45	高、低温及腐蚀条件下的轴
		>100～200		490		180	110		
QT600-3			190～270	600	370	215	185		制造复杂外形的轴
QT800-2			245～335	800	480	290	250		

注：①表中所列疲劳极限 σ_{-1} 值是按下列关系式计算的，供设计时参考。碳钢：$\sigma_{-1} \approx 0.43\sigma_b$；合金钢：$\sigma_{-1} \approx 0.2(\sigma_b + \sigma_s) + 100$；不锈钢：$\sigma_{-1} \approx 0.27(\sigma_b + \sigma_s)$；$\tau_{-1} \approx 0.156(\sigma_b + \sigma_s)$；球墨铸铁：$\sigma_{-1} \approx 0.36\sigma_b$，$\tau_{-1} \approx 0.31\sigma_b$。②1Cr18Ni9Ti 可选用，但不推荐。

9.2 轴的强度设计

多数情况下轴所受的载荷是变化的，因此以疲劳强度分析为主。但是，当载荷的变化很小时，则应按静强度进行分析。另外，在轴较细或较长的情况下，要考虑轴的刚度问题（见9.4节）。轴的强度计算主要有三种方法：扭转法、弯扭组合法（轴向力引起的压应力相对较小，可忽略）和精确校核法。下面对这几种方法加以介绍。

9.2.1 轴的支承反力位置

由于轴所受载荷的性质、分布、方向及大小各不相同，因此，在复杂的受载条件下，需找出载荷的等效作用点，这将直接影响到轴的计算方法的合理性及精确度。

通常作用在轴上的载荷是由轴上零件传来的，并沿装配宽度分布。沿宽度分布的力常简化为集中力，它的作用点可按图9.5确定，滚动轴承的有关数据可查附录 H。载荷均布时可取轮毂宽的中点。

9.2.2 按扭转强度估算轴的最小直径

对承受弯扭复合作用的轴，可用本方法初步估算轴径。对不重要的轴、仅承受扭矩或主要承受扭矩的传动轴，也可作为最终计算结果。

作用在轴上的扭矩，一般从传动件轮毂宽度的中点算起。轴的扭转强度条件为

$$\tau_T = \frac{T}{W_T} \times 10^3 \approx \frac{9.55 \times 10^6 P}{0.2 d^3 n} \leq [\tau_T] \qquad (9.1)$$

式中，τ_T 为扭转切应力，MPa；T 为轴所受的扭矩，N·mm；W_T 为轴的抗扭截面系数，mm^3，对直径为 d 的圆轴 $W_T = \frac{\pi d^3}{16} \approx 0.2 d^3$；$n$ 为轴的转速，r/min；P 为轴传递的功率，kW；d 为计算截面处轴的直径，mm；$[\tau_T]$ 为许用扭转切应力，MPa；见表9.2。

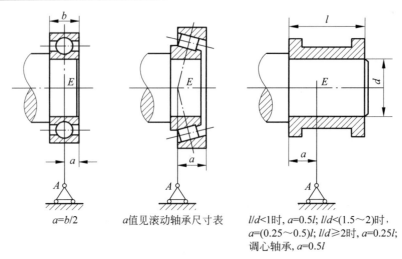

图 9.5 轴的支承反力位置

表 9.2 轴常用几种材料的 $[\tau_T]$ 及 A 值

轴的材料	A3	1Cr18Ni9Ti	45	40Cr、35SiMn、42SiMn、38SiMnMo
$[\tau_T]$/MPa	15～25	20～35	25～45	35～55
A	149～126	135～112	126～103	112～97

注：①表中 $[\tau_T]$ 值考虑了弯矩影响而降低了许用扭转切应力。②在下述情况下，$[\tau_T]$ 取较大值，A 取较小值：弯矩较小或只受扭矩作用、载荷较平稳、无轴向载荷或只有较小的轴向载荷、减速器的低速轴、轴只作单向旋转；反之 $[\tau_T]$ 取较小值，A 取较大值。

由式(9.1)可得轴的直径设计公式为

$$d \geqslant \sqrt[3]{\frac{9.55 \times 10^6 P}{0.2[\tau]_T \cdot n}} = \sqrt[3]{\frac{9.55 \times 10^6}{0.2[\tau]_T}} \cdot \sqrt[3]{\frac{P}{n}} = A\sqrt[3]{\frac{P}{n}} \tag{9.2}$$

式中，$A = \sqrt[3]{9.55 \times 10^6 / 0.2[\tau_T]}$，可根据不同材料查表 9.2。

当弯矩相对扭矩很小或只受扭矩时，$[\tau_T]$ 取较大值，A 取较小值；反之，$[\tau_T]$ 取较小值，A 取较大值。当轴上有键槽时，会削弱轴的强度。因此，开一个键槽，轴径应增大 3%；开两个键槽，轴径应增大 7%。

对于空心轴，可将式(9.2)中的 $\sqrt[3]{\dfrac{P}{n}}$ 换成 $\sqrt[3]{\dfrac{P}{n(1-\beta^4)}}$。其中，$\beta = d_1/d$，为空心轴的内径 d_1 与外径 d 之比。

轴的强度计算

9.2.3 轴的弯扭组合强度计算

通过轴的结构设计，轴的主要结构尺寸、轴上零件的位置、外载荷和支反力的作用位置均已确定（见图 9.6(a)），轴上的弯矩和扭矩可以求得，因而可按弯扭组合强度条件对轴进行强度校核和计算。其计算步骤如下：

(1) 作出轴的力学简图，如图 9.6(b)所示。

(2) 画出水平面的受力图，并求出水平面上的支反力，再作出水平面上的弯矩图 M_H，如图 9.6(c)所示。

(3) 画出垂直面的受力图,求出垂直面上的支反力,再作出垂直面上的弯矩图 M_V,如图 9.6(d)所示。

(4) 求出总弯矩 $M=\sqrt{M_H^2+M_V^2}$ 并作出总弯矩图 M,如图 9.6(e)所示。

(5) 作出扭矩图 αT,如图 9.6(f)所示。α 为扭矩应力特性系数。当扭转应力为静应力时,取为 0.3;为脉动循环应力时,取为 0.6;为对称循环应力时,取为 1.0。

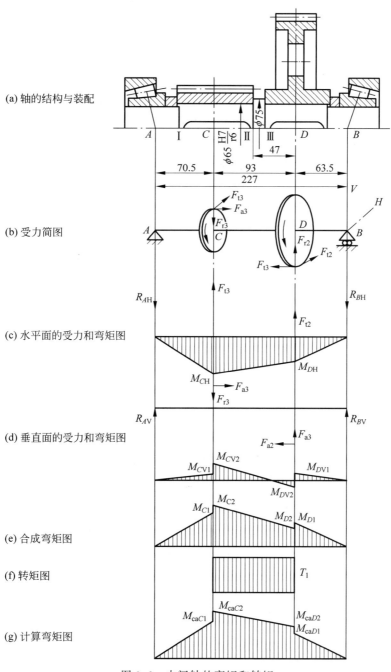

图 9.6 中间轴的弯矩和转矩

(6) 作出计算弯矩图。

根据已作出的总弯矩图和扭矩图(见图9.6(g)),求出计算弯矩 M_{ca},其计算公式为

$$M_{ca} = \sqrt{M^2 + (\alpha T)^2} \tag{9.3}$$

已知轴的计算弯矩 M_{ca} 后,即可针对某些危险截面作强度校核计算。按第三强度理论计算弯曲应力:

$$\sigma_{ca} = \frac{M_{ca}}{W} = \frac{\sqrt{M^2 + (\alpha T)^2}}{W} \leqslant [\sigma_{-1}] \tag{9.4}$$

式中,W 为轴的抗弯截面系数,对直径为 d 的圆轴 $W = \frac{\pi d^3}{32} \approx 0.1 d^3$;$[\sigma_{-1}]$ 为材料的许用弯曲应力,可由表9.1查得。

按弯扭组合计算适用于一般转轴的强度计算,而且是偏于安全的。当需要精确评定轴的安全性时,应按2.4节介绍的方法对轴的危险截面进行精确校核计算,确保安全性。精确校核计算包括疲劳强度和静强度校核计算两项内容。

轴的疲劳强度设计

9.2.4 轴的疲劳强度精确校核

在已知轴的外径、尺寸及载荷的基础上,通过对弯曲应力和扭转切应力沿轴线的分布以及轴径尺寸和应力集中程度等因素的综合分析,确定出一个或几个危险截面,求出计算安全系数 S_{ca},并使其大于或至少等于设计安全系数 S,即

$$S_{ca} = \frac{S_\sigma \cdot S_\tau}{\sqrt{S_\sigma^2 + S_\tau^2}} \geqslant S \tag{9.5}$$

仅有法向应力时,应满足

$$S_\sigma = \frac{\sigma_{-1}}{K_\sigma \sigma_a + \psi_\sigma \sigma_m} \geqslant S \tag{9.6}$$

仅有扭转切应力时,应满足

$$S_\tau = \frac{\tau_{-1}}{K_\tau \tau_a + \psi_\tau \tau_m} \geqslant S \tag{9.7}$$

设计安全系数 S 可按表9.3选取。

表9.3 轴的安全系数的选取

按疲劳强度精确校核		按静强度精确校核	
材料、载荷与轴径情况	S	材料情况	S_S
材料均匀、载荷与应力计算精确、$d<200$mm	1.3~1.5	高塑性钢轴($\sigma_s/\sigma_b \leqslant 0.6$)	1.2~1.4
材料不够均匀、计算精确度较低、$d<200$mm	1.5~1.8	中等塑性钢轴($\sigma_s/\sigma_b = 0.6$~0.8)	1.4~1.8
材料均匀性差、计算精确度很低、$d<200$mm	1.8~2.5	低塑性钢轴	1.8~2.0
轴的直径 $d>200$mm	1.8~2.5	铸造轴	2~3

9.2.5 按静强度精确校核

静强度校核的目的在于检查轴对塑性变形的能力。有时轴所受的瞬时过载即使作用的时间很短和出现次数很少,虽不至于引起疲劳,却能使轴产生塑性变形。

静强度校核的强度条件为

$$S_{Sca} = \frac{S_{S\sigma}S_{S\tau}}{\sqrt{S_{S\sigma}^2 + S_{S\tau}^2}} \geqslant S_S \tag{9.8}$$

式中,S_{Sca} 为危险截面静强度的计算安全系数;S_S 为按屈服强度设计的安全系数,见表 9.3。$S_{S\sigma}$ 为弯曲安全系数,按下式计算

$$S_{S\sigma} = \frac{\sigma_s}{\dfrac{M_{max}}{W} + \dfrac{F_{amax}}{A}} \tag{9.9}$$

$S_{S\tau}$ 为扭转安全系数,按下式计算

$$S_{S\tau} = \frac{\tau_s}{T_{max}/W_T} \tag{9.10}$$

式(9.9)、式(9.10)中,σ_s、τ_s 分别为材料的抗弯和抗扭屈服极限;$\tau_s = (0.55 \sim 0.62)\sigma_s$;$M_{max}$、$T_{max}$ 分别为轴的危险截面上所受的最大弯矩和最大扭矩;F_{amax} 为轴的危险截面上所受的最大轴向力;A 为轴的危险截面的面积。

9.3 轴的刚度设计

如果轴的刚度不足,在工作中就会产生过大的变形,从而影响轴上零件的正常工作。对于一般的轴颈,如果弯矩所产生的偏转角过大,就会引起轴承上的载荷集中,造成不均匀的磨损和过度发热;轴上安装齿轮的地方如有过大的偏转角或扭转角,也会使轮齿啮合发生偏载。因此,在设计有刚度要求的轴时,必须进行刚度的校核计算。

轴的扭转刚度以扭转角来量度;弯曲刚度以挠度或偏转角来量度。轴的刚度校核计算通常是计算出轴在受载时的变形量,并控制其不大于允许值。

9.3.1 轴的弯曲刚度

当轴受弯矩作用时,会发生弯曲变形,产生挠度 y 和偏角,如图 9.7 所示。

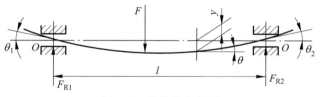

图 9.7 轴的弯曲变形

圆光轴的挠度或偏转角可直接用材料力学中的公式计算。对阶梯圆轴,可利用当量直径法把阶梯转轴化成当量直径为 d_v 的光轴,然后再计算其挠度或偏转角。当量直径的计算如下:

$$d_v = \sqrt[4]{\frac{L}{\sum_{i=1}^{z}(l_i/d_i^4)}} \tag{9.11}$$

式中，l_i 为阶梯轴第 i 段的长度；d_i 为阶梯轴第 i 段的直径；L 为阶梯轴计算长度；z 为阶梯轴计算长度内的轴段数。

轴的弯曲刚度条件为

挠度
$$y \leqslant [y] \tag{9.12}$$

偏转角
$$\theta \leqslant [\theta] \tag{9.13}$$

式中，$[y]$ 为轴的允许挠度；$[\theta]$ 为轴的允许偏转角。二者的取值见表 9.4。

表 9.4 轴的许用挠度 $[y]$、许用偏转角 $[\theta]$ 和许用扭转角 $[\phi]$

使用场合	许用挠度 $[y]$/mm	轴的变形部位	许用偏转角 $[\theta]$/rad	使用场合	许用扭转角 $[\phi]$/((°)/m)
一般用途的轴	$\leqslant (0.0003 \sim 0.0005)l$	滑动轴承	$\leqslant 0.001$	要求不高的传动轴	$\geqslant 1$
刚度要求高的轴	$\leqslant 0.0002l$	向心球轴承	$\leqslant 0.005$		
齿轮轴	$\leqslant (0.01 \sim 0.05)m_n$	调心球轴承	$\leqslant 0.05$	一般传动轴	$\approx 0.5 \sim 1$
蜗轮轴	$\leqslant (0.02 \sim 0.05)m_t$	圆柱滚子轴承	$\leqslant 0.0025$		
蜗杆轴	$\leqslant (0.01 \sim 0.02)m_t$	圆锥滚子轴承	$\leqslant 0.0016$	精密传动轴	$\approx 0.25 \sim 0.5$
电机轴	$\leqslant 0.1\Delta$	安装齿轮处	$\leqslant 0.001 \sim 0.002$		

注：Δ 为电机定子与转子间气隙。

9.3.2 轴的扭转刚度

如图 9.8(a)所示，与轴线平行的轴表面的直线 $\overline{ab}$ 在扭转后变成螺旋线 $\overline{ab'}$。在图 9.8(b)中从轴端面看，夹角 $\angle bOb'$ 称为扭转角，用 ϕ 来表示。

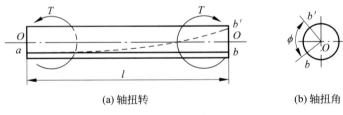

(a) 轴扭转　　　　(b) 轴扭角

图 9.8 轴的扭转变形

从材料力学可知，n 段阶梯圆轴的单位长度扭转角 ϕ 的计算公式为

$$\phi = 5.73 \times 10^4 \frac{1}{LG} \sum_{i=1}^{n} \frac{T_i L_i}{I_{\rho i}} \tag{9.14}$$

式中，T_i 为第 i 段轴上所受的扭矩，N·mm；G 为轴材料的剪切弹性模量，MPa，对于钢材，$G = 8.1 \times 10^6$ MPa；$I_{\rho i}$ 为第 i 段轴切面的极惯性矩，mm^4，对于圆轴，$I_\rho = (\pi d^4/32)$；L_i 为阶梯轴受扭矩作用的长度，mm；n 为阶梯轴受扭矩作用的轴段数。

轴的扭转刚度条件为

$$\phi \leqslant [\phi] \tag{9.15}$$

式中，$[\phi]$ 为轴每米长的允许扭转角，与轴的使用场合有关，见表 9.4。

9.4 轴结构设计

轴的结构是由许多因素决定的,如轴在机器中的安装位置和形式;轴上安装零件的类型、尺寸、数量以及和轴连接的方式;轴所受载荷的性质、大小、方向及分布情况;轴的加工工艺等。

轴的结构设计应满足以下原则:轴和装在轴上的零件应有准确的工作位置;轴上零件要便于装拆;轴应具有良好的结构工艺性,能保证足够的强度和刚度;对高速传动或速度不高的细长轴,还应保证振动稳定性。

在进行轴的结构设计时,一般已知轴的转速、传递的功率、传动零件(如齿轮、链轮、带轮)的主要参数尺寸等。

9.4.1 拟订轴上零件的装配方案

拟订轴上零件的装配方案是进行轴的结构设计的第一步,内容包括:预定出轴上主要零件的装配方向、顺序、相互关系和定位方式等。不同的装配方案可以得出轴的不同结构形式。设计时一般拟订几种不同的装配方案,以便进行分析对比与选择。

如一输出轴有两种不同方案:①如图9.9(a),大部分零件从轴的左端装入;②图9.9(b)中的零件要从轴的两端装入,右段中间需要一个较长的套筒作轴向定位。相比之下,方案1合理些。

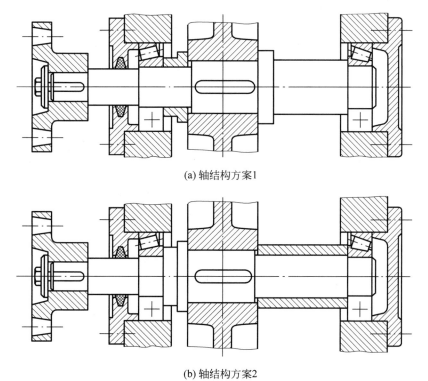

(a) 轴结构方案1

(b) 轴结构方案2

图 9.9 输出轴的两种不同方案

9.4.2 轴上零件的定位与固定

为了防止零件受力时发生沿轴向或周向的相对运动，轴上零件除了有游动或空转的要求外，都必须进行轴向和周向定位，以保证其准确的工作位置。

1. 轴上零件的轴向定位（见表 9.5）

另外，轴承端盖（见图 9.9）用螺钉或榫槽与箱体连接而使滚动轴承的外圈得到轴向定位。在一般情况下，整根轴的轴向定位也常利用轴承端盖来实现。

表 9.5 零件的轴向定位

方式	示意图	使用场合	要求
轴肩定位	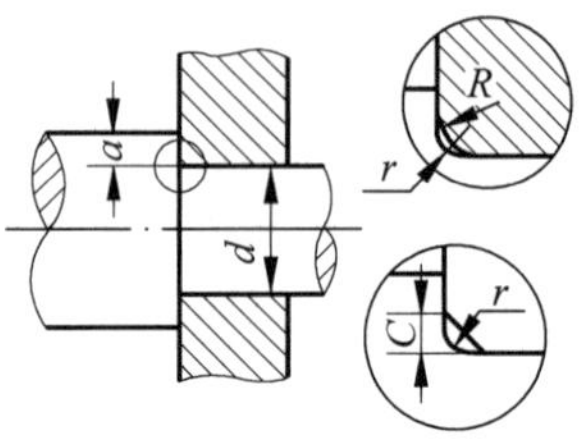	轴肩和轴环是零件轴向定位最方便而有效的方法，但采用轴肩和轴环就必然会使轴的直径加大，而且轴肩处将因截面突变而引起应力集中。另外，轴肩过多时也不利于加工。因此轴肩多用于轴向力较大的场合。	轴肩的高度 $a=(0.07\sim 0.1)d$，d 为零件相配处的轴径尺寸。非定位轴肩高度一般取为 $1\sim 2$ mm
轴环定位	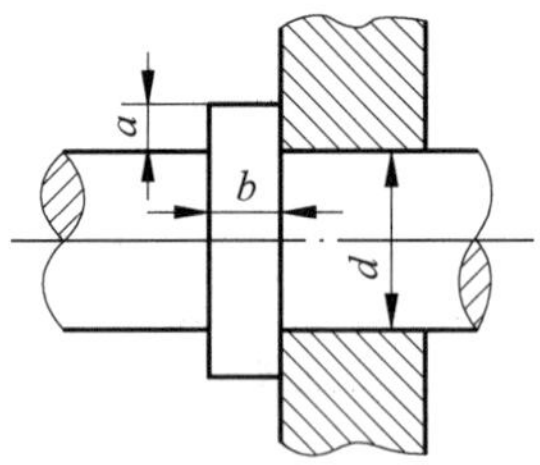	过渡圆角半径 r 须小于轴上零件毂孔端部的圆角半径 R 或倒角 C，即 $r<R$ 或 $r<C$，滚动轴承的定位轴肩的高度必须低于轴承内圈的高度。	轴环宽度 b 一般可取 $b\approx 1.4a$
套筒定位	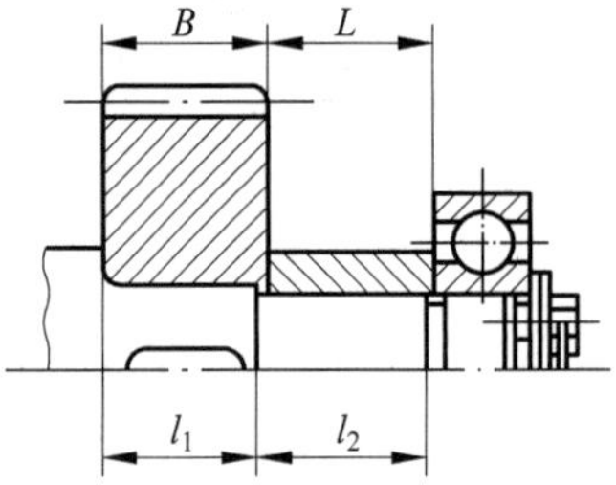	如两零件的间距较大时，不宜采用套筒定位，以免增大套筒的质量及材料用量。 一般用于轴上两个零件之间的定位。套筒定位结构简单、定位可靠，轴上不需开槽、钻孔和切制螺纹，因而不影响轴的疲劳强度	套筒定位时，装零件的轴头长度比轮毂宽度短 $(2\sim 3)$ mm，以保证轴向定位可靠。 $B-l_1=2\sim 3$ mm， $(B+L)-(l_1+l_2)=2\sim 3$ mm
圆螺母	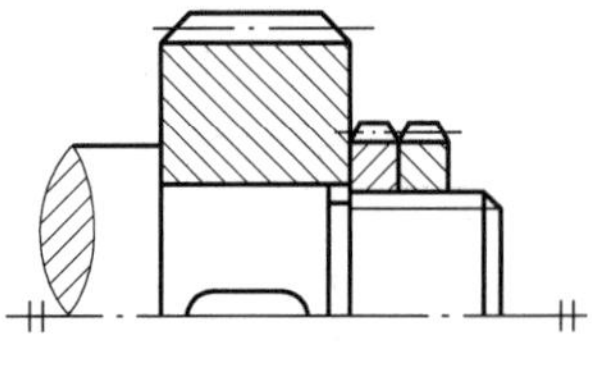	可承受大的轴向力，但轴上螺纹处有较大的应力集中，会降低轴的疲劳强度，故一般用于固定轴端的零件，为防止松脱，常用双螺母或圆螺母加止动垫圈防松	

续表

方式	示 意 图	使 用 场 合	要 求
轴端挡圈	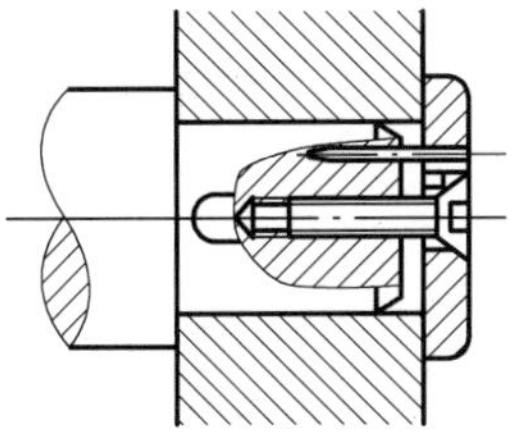	轴端挡圈定位适用于轴端零件的固定,可承受较大的轴向力,一般用于轴端上零件的定位	
弹性挡圈	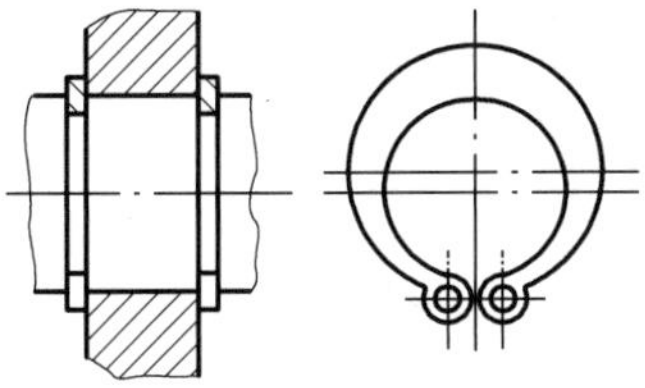	弹性挡圈定位结构简单紧凑,但只能承受很小的轴向力,常用于滚动轴承或光轴上零件的轴向定位	
圆锥面	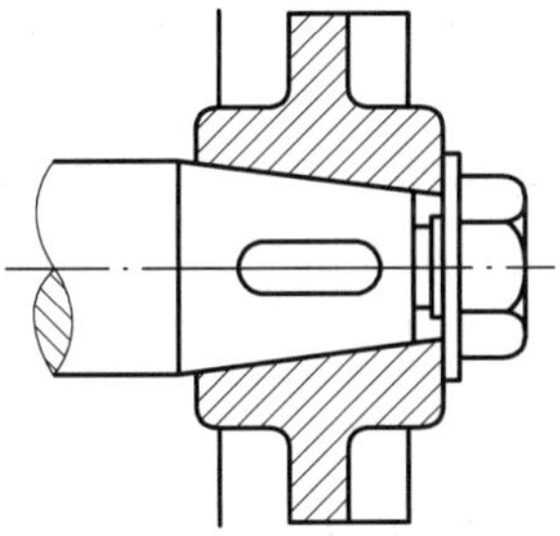	圆锥面定位适用于对于承受冲击载荷或轴上零件与轴的同轴度要求较高的轴端零件	
紧定螺钉	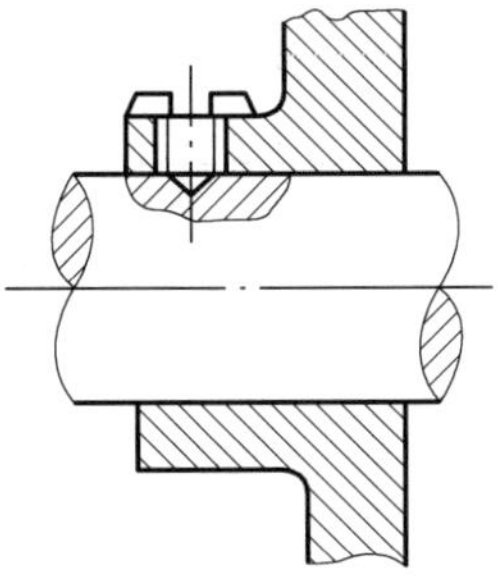	用紧定螺钉固定轴上零件结构简单,但只能承受很小的轴向力	

2. 轴上零件的周向定位

周向定位的目的是限制轴上零件与轴发生相对转动。常用的周向定位零件及方式有键、花键、销、紧定螺钉以及过盈配合等,其中紧定螺钉只用在传力不大之处。

9.4.3 轴的结构工艺性

轴的结构形式应便于加工和装配轴上的零件,在满足功能要求的前提下,轴的结构应尽量简单。轴的结构工艺性对轴的强度有很大的影响,为此应采用下面合理的工艺措施:

(1) 为便于轴上零件装拆,轴常制成阶梯轴,相邻两轴段的直径相差不应过大,并应有圆角过渡,过渡圆角直径应尽可能大些,以减小应力集中。

(2) 为使轴上零件容易装配,轴端应有 45°的倒角,倒角尺寸可根据轴径参照相关标准确定。

(3) 需要磨削的轴段应有砂轮越程槽(见图 9.10(a));需要车制螺纹的轴段应有退刀槽(见图 9.10(b))。它们的尺寸可参考标准或手册。

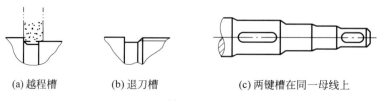

(a) 越程槽　　　　(b) 退刀槽　　　　(c) 两键槽在同一母线上

图 9.10　轴的合理结构工艺

(4) 当轴上有几个键槽时,应尽可能使各键槽布置在同一母线上(见图 9.10(c)),以便于键槽加工。

(5) 与标准件(如滚动轴承、联轴器、密封圈等)配合的轴段,其尺寸应取为相应的标准值,并选择与标准件配合的公差。

(6) 为使齿轮、轴承等有配合要求的零件装拆方便,并减少配合表面的擦伤,在配合轴段前应采用较小的直径。为使与轴作过盈配合的零件易于装配,相配轴段的压入端可制出锥度(见图 9.11);或在同一轴段的两个部位上采用不同的尺寸公差(见图 9.12)。

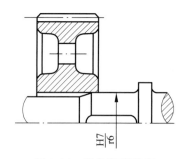

图 9.11　轴的装配锥度

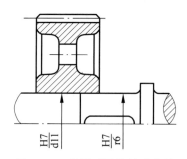

图 9.12　采用不同的尺寸公差

机械结构的合理布置

9.5　提高轴系性能的措施

轴和轴上零件的结构、工艺以及轴上零件的安装布置等对轴的工作性能有很大的影响,所以应该在这些方面进行充分的考虑,以利提高轴的承载能力,减少轴的尺寸和机器的质量,降低制造成本。

1. 合理布置轴上零件以减少轴的载荷

为了减少轴所承受的弯矩,轴上传动件尽量靠近支承,并尽量避免使用悬臂支承形式,力求缩短支承跨距及悬臂长度等。

当转矩由一个传动件输入,而由几个传动件输出时,为了减少轴上的扭矩,应将输入件放在中间,而不要置于一端。如图 9.13(a)所示,最大扭矩为 $T_{max}=T_1+T_2$;若轴上各轮如图 9.13(b)所示的布置方式,轴所受的最大扭矩为 T_1。因此,在不影响机器工作时,可改变轴上零件的布置,合理安排动力传递路线。又如图 9.13(c)中齿轮啮合力及带传动周向拉力在轴承 1 上分担较重,改成图 9.13(d)的布置后,齿轮啮合力在轴承 2 上分担重于轴承 1,使 1、2 两轴承的载荷接近,结构合理。

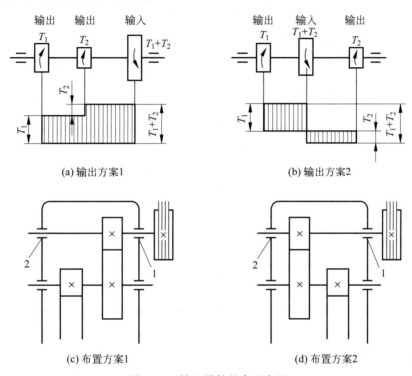

图 9.13 轴上零件的合理布置

2. 改进轴上零件的结构进行载荷分流

通过改进轴上零件的结构也可以减少轴上的载荷。例如图 9.14 所示起重卷筒的两种安装方案中,图 9.14(a)的方案是大齿轮和卷筒连在一起,转矩经大齿轮直接传给卷筒,卷筒轴只受弯矩而不受扭矩;而图 9.14(b)的方案是大齿轮将转矩通过轴传到卷筒,因而卷筒轴既受弯矩又受扭矩。在同样载荷 F_Q 作用下,图 9.14(a)中的轴径显然比图 9.14(b)中的轴径小。

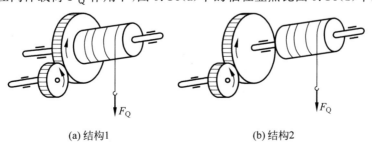

图 9.14 轴上载荷分流结构

图 9.15 为车床主轴箱 V 带轮的分流结构，V 带轮上的拉力通过滚动轴承 3、4 和套筒 2、7 作用于箱体上，使得轴端不受径向载荷作用，转矩通过与带轮固联的端盖输入，使轴 1 只承受扭矩，而不承受弯矩。

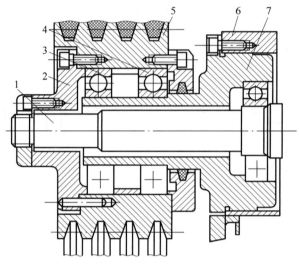

1—轴；2—套筒；3、4—轴承；5—V 带轮；6—机体；7—套筒。

图 9.15 车床主轴箱带轮分流结构

3. 改进轴的结构以减少应力集中的影响

轴通常是在变应力条件下工作的，轴的截面突变处要产生应力集中，轴的疲劳破坏往往在此处发生。为了提高轴的疲劳强度，应尽量减少应力集中源和降低应力集中的程度。为此，轴肩处应采用较大的过渡圆角半径 r 来降低应力集中。但对定位轴肩，还必须保证零件得到可靠的定位。当靠轴肩定位的零件的圆角半径很小时（如滚动轴承内圈的圆角），为了增大轴肩处的圆角半径，可采用内凹圆角（见图 9.16(a)）或加装隔离环（见图 9.16(b)）。

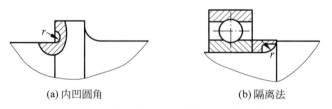

(a) 内凹圆角   (b) 隔离法

图 9.16 增大轴肩过渡圆角半径的结构

另外，当轴与轮毂为过盈配合时，配合边缘处会产生较大的应力集中（见图 9.17(a)），为了减少应力集中，可在轮毂上或轴上开减载槽（见图 9.17(b)、(c)），或者加大配合部分的直径（见图 9.17(d)）。由于配合的过盈量愈大，引起的应力集中也愈严重，因而在设计中应合理选择零件与轴的配合。

对于周向定位结构，渐开线花键比矩形花键在齿根处的应力集中小；用盘铣刀加工的键槽比用键槽铣刀加工的键槽在过渡处对轴的截面削弱较为平缓，因而应力集中较小。上

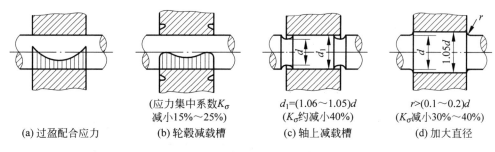

图 9.17 减少应力集中的措施

述情况在轴的设计制造中应妥善考虑。此外,由于切制螺纹处的应力集中较大,应尽可能避免轴上受载较大的区段切制螺纹。

4. 改进轴的表面质量以提高轴的疲劳强度

轴的表面粗糙度和表面强化处理方法也会对轴的疲劳强度产生影响。轴的表面越粗糙,疲劳强度也越低。因此,应合理减小轴的表面及圆角处的加工粗糙度值。当采用对应力集中甚为敏感的高强度材料制作轴时,表面质量尤应重视。

表面强化处理的方法有:表面高频淬火等热处理;表面渗碳、氰化、氮化等化学热处理;碾压、喷丸等强化处理。通过碾压、喷丸进行表面强化处理时,可使轴的表层产生预压应力,从而提高轴的抗疲劳能力。

例 9.1 按照例 7.2 斜齿圆柱齿轮设计的结果,设计例 1.1 中间轴、高速轴、低速轴的结构尺寸。

解:在二级齿轮减速器设计时,轴的长度直接决定了减速箱的尺寸。因为在高速轴和低速轴上分别只有一个齿轮,所以它们都有一段自由长度。而在中间轴上的两个齿轮宽度就直接决定了减速箱内部的宽度,所以应当首先设计中间轴。在中间轴确定之后,就可以通过确定减速箱内宽而确定高速轴和低速轴的长度,从而确定它们各自的自由段长。

1. 中间轴结构设计

1) 选择轴材料

选用 45 钢,调质,硬度为 230HBS。

2) 初步估算中间轴最小直径

根据式(9.1)及表 9.2,取 $A=110$,则

$$d \geqslant A\sqrt[3]{\frac{P}{n}} = 110 \times \sqrt[3]{\frac{9.23}{108.63}} = 48.36 \text{mm}$$

因为中间轴两端弯矩和转矩均为零,也没有键槽,所以可选其最小直径 $d=55$mm。

3) 中间轴尺寸

考虑轴的结构及轴的刚度,取装滚动轴承处轴径 $d=60$mm,根据轴的直径初选滚动轴承,选定圆锥滚子轴承,由轴径 $d=60$mm 选定滚动轴承 30212 正装布置。查附表 H.1 可得,滚动轴承宽度 $T'=23.75$mm,$B'=22$mm,$a'=22.40$mm。

由齿轮设计可知,高速级大齿轮轮毂宽 $B_2=60$mm,低速级小齿轮宽 $B_3=100$mm,选两齿轮端面间距 $\Delta=10$mm,齿轮端面到箱内壁距离 $\Delta_1=12$mm,滚动轴承端面到箱内壁距离 $\Delta_2=10$mm,则箱内壁宽为

$$b_内 = B_2 + B_3 + \Delta + 2\Delta_1 = 60 + 100 + 10 + 24 = 194 \text{mm}$$

中间轴总长为

$$L_{中} = b_{内} + 2\Delta_2 + 2T' = 194 + 20 + 47.5 = 261.5\text{mm}$$

具体结构和装配关系如图 9.18 和图 9.19 所示。

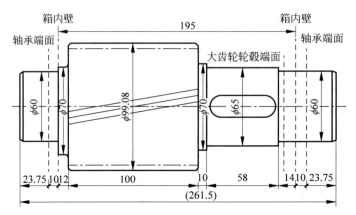

图 9.18 中间轴结构图

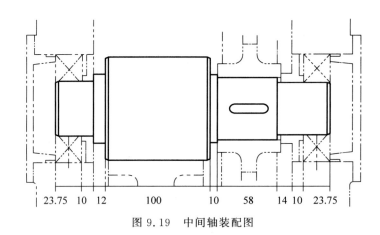

图 9.19 中间轴装配图

2. 高速轴结构设计

1) 选择轴材料

选用 45 钢，调质，硬度为 230HBS。

2) 初步估算中间轴最小直径

根据式(9.1)及表 9.2，取 $A = 110$，则

$$d \geqslant A\sqrt[3]{\frac{P}{n}} = 110 \times \sqrt[3]{\frac{9.61}{608.33}} = 27.61\text{mm}$$

3) 中间轴尺寸

考虑带轮需要键槽等结构要求，以及轴的刚度，取装带轮处轴径 $d = 35\text{mm}$，取密封处的直径 $d = 40\text{mm}$，那么滚动轴承处轴径 $d = 45\text{mm}$。根据轴的直径初选滚动轴承，选定圆锥滚子轴承，由轴颈 $d = 45\text{mm}$ 滚动轴承 30209，正装布置。查附表 H.1 可得，滚动轴承 $T = 20.75\text{mm}, B = 19\text{mm}, a = 18.60\text{mm}$。

按滚动轴承 30209 结构，安装尺寸 $d_a = 52\text{mm}$，高速齿轮的分度圆直径 $d_1 = 55.8\text{mm}$，齿根圆直径为 $d_{f1} = 46.82\text{mm}$。因此，选带退刀槽结构的齿轮轴，退刀槽直径为 45mm。

选带轮侧端面距端盖螺钉的距离为 $l_3 = 20\text{mm}$；端盖螺钉为 M8，对应的螺钉头高度为 $k = 5.3\text{mm}$；轴承端盖厚度 $t = 10\text{mm}$；并由前面已知带轮宽度 $B_3 = 100\text{mm}$，可得高速轴各轴段长为

伸出段：$l_s = B_3 + l_3 + k + t = 100 + 20 + 5.3 + 10 = 135.3 \text{mm}$

圆整为136mm，即取 $l_3 = 20.7 \text{mm}$。

取滚动轴承端面到箱内壁的距离 $\Delta_2 = 10 \text{mm}$，则另一未伸出端在箱体凸缘内的长度为

$$l_4 = T + \Delta_2 = 20.75 + 10 = 30.75 \text{mm}$$

高速轴总长为

$$L_{高} = l_s + h_1 + b_{内} + l_4 = 136 + 60 + 194 + 30.75 = 420.75 \text{mm}$$

高速轴的结构和装配关系见图9.20和图9.21。

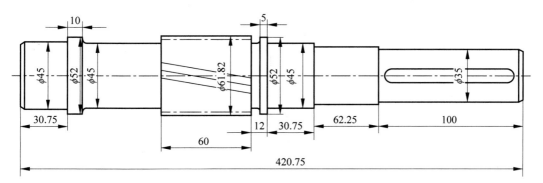

图9.20 高速轴结构图

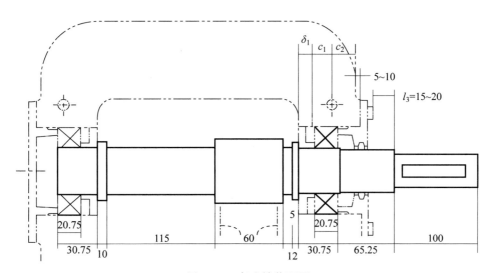

图9.21 高速轴装配图

3. 低速轴结构设计（略）

三根轴在减速箱中的位置和装配情况见图9.22。

4. 轴强度校核

这里仅校核中间轴，高速轴和低速轴强度校核从略。

1）按弯扭合成校核中间轴的强度

首先计算作用在轴上的力和力矩。

大齿轮受力：

$$\text{圆周力 } F_{t2} = F_{t1} = 5822.46 \text{N}$$

$$\text{径向力 } F_{r2} = F_{r1} = 2196.24 \text{N}$$

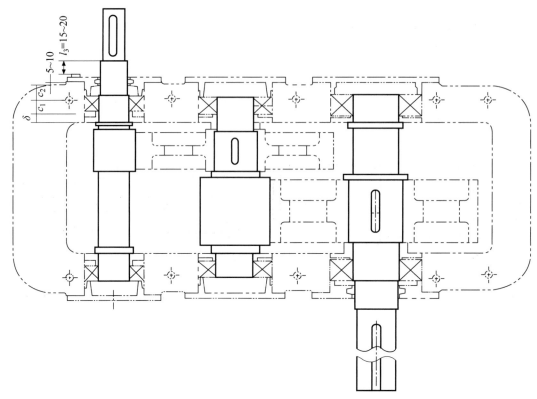

图 9.22 三轴在减速箱中的装配草图

$$轴向力\ F_{a2} = F_{a1} = 1584.11\text{N}$$

小齿轮受力：

$$圆周力\ F_{t3} = \frac{2T_{\text{II}}}{d_3} = \frac{2 \times 811\,440}{91.08} = 17\,818.18\text{N}$$

$$径向力\ F_{r3} = \frac{17\,818.18 \times \tan 20°}{\cos 14.94°} = 6712.20\text{N}$$

$$轴向力\ F_{a3} = F_{t3}\tan\beta = 4754.39\text{N}$$

然后校核中间轴的强度。

(1) 水平平面支反力：

$$R_{AH} = 13\,220.42\text{N},\quad R_{DH} = 10\,420.23\text{N}$$

(2) 垂直平面支反力：

$$R_{AV} = -1839.74\text{N},\quad R_{DV} = -2676.22\text{N}$$

(3) 水平平面弯矩：

$$M_{BH} = 969\,717.71\text{N}\cdot\text{mm},\quad M_{CH} = 555\,919.03\text{N}\cdot\text{mm}$$

(4) 垂直平面弯矩：

$$M_{BV1} = -134\,944.63\text{N}\cdot\text{mm},\quad M_{BV2} = -351\,459.37\text{N}\cdot\text{mm}$$

$$M_{CV1} = 87\,062.61\text{N}\cdot\text{mm},\quad M_{CV2} = -142\,776.57\text{N}\cdot\text{mm}$$

(5) 合成弯矩：

$$M_{B1} = 979\,062.05\text{N}\cdot\text{mm},\quad M_{B2} = 1\,031\,443.71\text{N}\cdot\text{mm}$$

$$M_{C1} = 562\,695.18\text{N}\cdot\text{mm},\quad M_{C2} = 573\,960.90\text{N}\cdot\text{mm}$$

(6) 扭矩：
$$T = 811\,440\text{N} \cdot \text{mm}$$

(7) 计算弯矩：
$$M_{caB1} = 979\,062.05\text{N} \cdot \text{mm}, \quad M_{caB2} = 114\,575.59\text{N} \cdot \text{mm}$$
$$M_{caC1} = 744\,084.96\text{N} \cdot \text{mm}, \quad M_{caC2} = 573\,960.90\text{N} \cdot \text{mm}$$

(8) 绘制弯矩、扭矩图：见图 9.23。

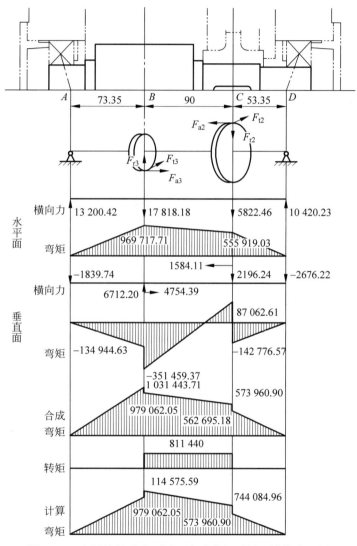

图 9.23 中间轴的受力、弯矩、合成弯矩、转矩、计算弯矩图

(9) 危险截面应力校核：轴材料为 45 钢，经调质处理，由教材或设计手册中查得弯曲疲劳极限 $[\sigma_{-1}] = 60\text{MPa}$。由图 9.23 可得 B 剖面弯矩最大，$d_B = 81\text{mm}$；C 剖面直径偏小，$d_C = 65\text{mm}$，弯矩次大，则有

$$\sigma_{caB} = \frac{M_{caB}}{W} = \frac{1\,140\,757.59}{0.1 \times 81.08^3} = 21.40\text{MPa} < [\sigma_{-1}]$$

又有

$$\sigma_{caC} = \frac{M_{caC}}{W} = \frac{744\,084.96}{0.1 \times 65^3} = 27.09\text{MPa} < [\sigma_{-1}]$$

故安全。

从结果可以看出:最大应力出现在弯矩次大的直径较小处,而不是最大弯矩处。事实上,大齿轮轴段最左侧的截面(Ⅱ—Ⅱ截面)是最危险的截面。下面将给出对该截面进行精确校核的结果。

2) 按精确法校核轴的疲劳强度

由图 9.23 中的弯矩图和转矩图可知,受载最大的剖面为 B 和 C。虽然剖面 B 上的计算弯矩最大,但该处的直径较大,且无显著的应力集中。从应力集中对轴的疲劳强度的影响来看,剖面 C、Ⅱ—Ⅱ 处直径较小,且过盈配合引起的应力集中在Ⅱ—Ⅱ处最严重,且该处弯矩大于 C 处,因此只对剖面Ⅱ—Ⅱ的疲劳强度进行精确校核。

(1) 弯矩及弯曲应力。近似认为Ⅱ—Ⅱ截面处的弯矩等于两侧弯矩峰值的平均值,即

$$M = \frac{1\,140\,575.59 + 744\,084.96}{2} = 942\,330.27 \text{N} \cdot \text{mm}$$

抗弯剖面模量为 0.1,则

$$W \approx 0.1 d^3 = 0.1 \times 65^3 = 27\,462.50 \text{mm}^3$$

弯曲应力

$$\sigma_b = \frac{M}{W} = 34.31 \text{MPa}$$

因为弯曲应力为对称循环,因此其应力幅

$$\sigma_a = \sigma_b = 34.31 \text{MPa}$$

平均应力

$$\sigma_m = 0 \text{MPa}$$

(2) 转矩及扭转应力。转矩

$$T = T_{\text{Ⅱ}} = 811\,440 \text{N} \cdot \text{mm}$$

抗扭剖面模量

$$W_T \approx 0.2 d^3 = 0.2 \times 65^3 = 54\,925 \text{mm}^3$$

扭转剪应力

$$\tau_T = \frac{T}{W_T} = 14.77 \text{MPa}$$

因为扭转应力为脉动循环,因此其应力的均值和幅值为

$$\tau_a = \tau_m = \frac{1}{2}\tau_T = 9.39 \text{MPa}$$

(3) 各项系数。过盈配合处的有效应力集中系数由教材或设计手册中查得,查表 2.2 可求得过盈配合 $\phi 55 \frac{\text{H7}}{\text{r6}}$ 处的 $\frac{k_\sigma}{\varepsilon_\sigma} = \frac{k_\tau}{\varepsilon_\tau} = 3.66$。由图 2.5 和图 2.6 查得尺寸系数 $\varepsilon_\sigma = 0.70$,$\varepsilon_\tau = 0.70$;表面质量系数,精车加工 $\beta_\sigma = \beta_\tau = 0.88$。轴未经表面强化处理,故强化系数 $\beta_q = 1$。弯曲疲劳极限的综合影响系数为

$$K_\sigma = \left(\frac{k_\sigma}{\varepsilon_\sigma} + \frac{1}{\beta_\sigma} - 1\right)\frac{1}{\beta_q} = 3.66 + \frac{1}{0.88} - 1 = 3.80$$

$$K_\tau = \left(\frac{k_\tau}{\varepsilon_\tau} + \frac{1}{\beta_\tau} - 1\right)\frac{1}{\beta_q} = 3.66 + \frac{1}{0.88} - 1 = 3.80$$

材料特性系数,对碳钢 $\psi_\sigma = 0.1 \sim 0.2$,取 $\psi_\sigma = 0.1$,$\psi_\tau = 0.5\psi_\sigma = 0.05$。

(4) 计算安全系数。按式(2.13)得:

$$S_\sigma = \frac{\sigma_{-1}}{K_\sigma \sigma_a + \psi_\sigma \sigma_m} = \frac{300}{3.80 \times 34.31 + 0.1 \times 0} = 2.30$$

$$S_\tau = \frac{\tau_{-1}}{K_\tau \tau_a + \psi_\tau \tau_m} = \frac{155}{3.80 \times 7.39 + 0.05 \times 7.39} = 5.45$$

$$S_{ca} = \frac{S_\sigma S_\tau}{\sqrt{S_\sigma^2 + S_\tau^2}} = \frac{2.30 \times 5.45}{\sqrt{2.30^2 + 5.45^2}} = 2.12 > S = 1.5$$

安全。

其他剖面计算方法与剖面Ⅱ—Ⅱ相类似,计算过程从略,结果安全。可见精确校核计算表面:轴的疲劳强度是足够的。

习　　题

1. 判断题

（1）对所有的轴都应当先用扭矩估算轴径,再按弯扭合成校核轴的危险截面。（　）
（2）轴的最大应力出现在轴段最大弯矩处的表面上。（　）
（3）设计轴时,应该先做结构设计,然后再进行强度校核。（　）
（4）转动的轴,受不变的载荷,其所受的弯曲应力的性质为脉动循环。（　）
（5）实际的轴多做成阶梯形,主要是为了减轻轴的重量,降低制造费用。（　）
（6）轴的结构设计中,一般应尽量避免轴截面形状的突然变化。宜采用较大的过渡圆角,也可以改用内圆角、凹凸圆角。（　）

2. 选择题

（7）工作时只承受弯矩,不传递转矩的轴,称为_____。
　　（A）心轴　　　　（B）转轴　　　　（C）传动轴　　　　（D）曲轴
（8）采用_____的措施不能有效地改善轴的刚度。
　　（A）改用高强度合金钢　　　　（B）改变轴的直径
　　（C）改变轴的支承位置　　　　（D）改变轴的结构
（9）按弯扭合成计算轴的应力时,要引入系数 α,这是考虑_____。
　　（A）轴上键槽削弱轴的强度
　　（B）合成正应力与切应力时的折算系数
　　（C）正应力与切应力的循环特性不同的系数
　　（D）正应力与切应力方向不同
（10）对轴进行表面强化处理,可以提高轴的_____。
　　（A）静强度　　　　（B）刚度　　　　（C）疲劳强度　　　　（D）耐冲击性能
（11）轴环的用途是_____。
　　（A）作为轴加工时的定位面　　　　（B）提高轴的强度
　　（C）提高轴的刚度　　　　（D）使轴上的零件获得轴向定位
（12）当轴上零件要求承受轴向力时,采用_____来进行轴向固定,所能承受的轴向力较大。
　　（A）圆螺母　　　　（B）紧定螺钉　　　　（C）弹性挡圈　　　　（D）卡簧

3. 问答题

(13) 在齿轮减速器中，为什么低速轴轴径要比高速轴轴径大很多？

(14) 转轴所受弯曲应力的性质如何？其所受扭转应力的性质又怎样考虑？

(15) 转轴设计时为什么不能先按弯扭合成强度计算，然后再进行结构设计，而必须按初估直径、结构设计、弯扭合成强度验算三个步骤来进行？

(16) 轴受载荷的情况可分哪三类？试分析自行车的前轴、中轴、后轴的受载情况，判断它们各属于哪类轴？

4. 计算题

(17) 如图 9.24 所示的齿轮轴由 D 输出转矩。其中 AC 段的轴径为 $d_1=70$mm，CD 段的轴径为 $d_2=55$mm。作用在轴的齿轮上的受力点距轴线 $a=160$mm。转矩校正系数（折合系数）$\alpha=0.6$。其他尺寸见图，单位为 mm。另外，已知：圆周力 $F_t=5800$N、径向力 $F_r=2100$N、轴向力 $F_a=800$N，试求轴上最大应力点位置和应力值。

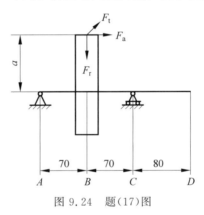

图 9.24 题(17)图

(18) 一钢制等直径轴，只传递转矩，许用剪切应力 $[\tau]=50$MPa。长度为 1800mm，要求轴每米长的扭转角 φ 不超过 $0.5°$，试求该轴的直径。

(19) 已知某传动轴传递的功率为 40kW，转速 $n=1000$r/min，如果轴上的剪切应力不许超过 40MPa，求该轴的直径。

(20) 已知某传动轴直径 $d=35$mm，转速 $n=1450$r/min，如果轴上的剪切应力不许超过 55MPa，问该轴能传递多少功率？

(21) 已知某转轴在直径 $d=55$mm 处受不变的转矩 $T=15\times10^3$N·m 和弯矩 $M=7\times10^3$N·m，轴的材料为 45 钢调质处理，问该轴能否满足强度要求？

(22) 已知一单级直齿圆柱齿轮减速器，用电动机直接拖动，电动机功率 $P=22$kW，转速 $n_1=1470$r/min，齿轮的模数 $m=4$mm，齿数 $z_1=18$，$z_2=82$，若支承间跨距 $l=180$mm（齿轮位于跨距中央），轴的材料用 45 钢调质，试计算输出轴危险截面处的直径 d。

(23) 一带式运输机由电动机通过斜齿圆柱减速器圆锥齿轮驱动。已知电动机功率 $P=5.5$kW，$n_1=960$r/min；圆柱齿轮的参数为：$z_1=23$，$z_2=125$，$m_n=2$mm，螺旋角 $\beta=9°22'$；旋向见图 9.25 斜线所示；圆锥齿轮参数为：$z_3=20$，$z_4=80$，$m=6$mm，$b/R=1/4$。

支点跨距见图 9.25,轴的材料为 45 钢正火。试设计减速器第 Ⅱ 轴。

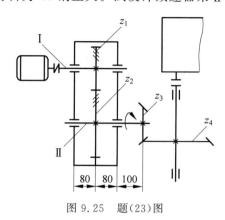

图 9.25　题(23)图

5．分析题

（24）试分析图 9.26 所示卷扬机中各轴所受的载荷,并由此判定各轴的类型。（轴的自重、轴承中的摩擦均不计）

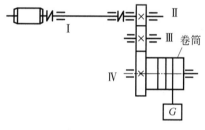

图 9.26　题(24)图

6．系列题

X-1-4：在第 7 章的系列题 X-1-3 中,已经完成了传动零件的设计,参考附录内容为箱体确定主要结构尺寸,并对箱体内的两根轴进行设计。

X-2-4：在第 7 章的系列题 X-2-3 中,已经完成了传动零件的设计,试在此基础上对轴Ⅰ和轴Ⅱ进行设计。

第 10 章

滚 动 轴 承

滚动轴承结构及类型

10.1 概　　述

滚动轴承依靠点、线接触来支承轴及其零件,并通过滚动摩擦传递运动。与滑动轴承相比,滚动轴承的主要优点是:摩擦力矩和发热较小,摩擦力矩随速度改变很小,启动转矩很低;维护方便。缺点是:径向外廓尺寸比滑动轴承大;接触应力高,承受冲击载荷能力较差,高速重负荷下寿命较低;小批量生产特殊滚动轴承成本较高;减振能力比滑动轴承低。

常用的滚动轴承绝大多数已经标准化,专业工厂大量制造及供应各种常用规格的轴承。设计时,一般只需根据具体的工作条件,正确选择轴承的型号,并对其工作能力进行校核计算。

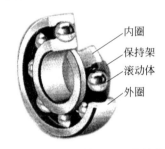

滚动轴承的基本结构如图 10.1 所示,由带有滚道的内圈、外圈、滚动体和保持架组成。内外圈作相对转动,滚动体在滚道上滚动。

通常内圈装在轴颈上随轴转动,外圈固定在轴承座(或机座)中,也可用于外圈回转而内圈不动,或者内、外圈同时回转的场合。有些轴承可以无内圈、无外圈或无内外圈,这时滚动体直接沿轴或轴承座(或机座)上的滚道滚动。保持架的主要作用是将滚动体均匀隔开,保持架有冲压的和实体的两种。滚动体是滚动轴承中的关键元件,有:球、圆柱滚子、长圆柱滚子、圆锥滚子、球面滚子、螺旋滚子和滚针等,如图 10.2 所示。

图 10.1　滚动轴承的基本结构

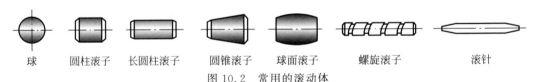

图 10.2　常用的滚动体

10.2　滚动轴承的类型和代号

10.2.1　滚动轴承的主要类型与性能特点

常用的各类滚动轴承的性能和特点在表 10.1 中给出。

表 10.1　滚动轴承的主要类型、尺寸系列代号及其特性

轴承类型	结构简图、承受负荷方向	类型代号	尺寸系列代号	组合代号	特　　性
双列角接触球轴承		(0)	32 33	32 33	同时能承受径向载荷和双向的轴向载荷，它比角接触球轴承具有更大的承载能力，有较好的刚性
调心球轴承		1	(0)2 22 (0)3 23	12 122 13 123	主要承受径向载荷，也可同时承受少量的双向的轴向载荷。外圈滚道为球面，具有自动调心性能。内、外圈轴线相对偏斜允许 $2°\sim3°$，适用于多支点轴、弯曲刚度小的轴以及难于精确对中的支承
调心滚子轴承		2	13 22 23 30 31 32 40 41	213 222 223 230 231 232 240 241	用于承受径向载荷，其承受载荷能力比调心球轴承约大一倍，也能承受少量的双向的轴向载荷。外圈滚道为球面。具有调心性能，内、外圈轴线相对偏斜允许 $0.5°\sim2°$，适用于多支点轴、弯曲刚度小的轴以及难于精确对中的支承
止推调心滚子轴承			92 93 94	292 293 294	可以承受很大的轴向载荷和一定的径向载荷。滚子为非对称球面滚子、外滚圈道为球面、能自动调心，允许轴线偏斜 $1.5°\sim2.5°$。为保证正常工作，需施加一定的轴向预载荷。常用于水轮机轴和起重机转盘等重型机械部件中
圆锥滚子轴承		3	02 03 13 20 22 23 29 30 31 32	302 303 313 320 322 323 329 330 331 332	能承受较大的径向载荷和单向的轴向载荷。极限转速较低。内、外圈可分离，故轴承游隙可在安装时调整，通常成对使用，对称安装。适用于转速不太高、轴的刚性较好的场合

续表

轴承类型	结构简图、承受负荷方向	类型代号	尺寸系列代号	组合代号	特 性
双列深沟球轴承		4	(2)2 (2)3	42 43	主要承受径向载荷，也能承受一定的双向轴向载荷，它比深沟球轴承具有更大的承受载荷能力
止推球轴承		5	11 12 13 14	511 512 513 514	止推球轴承的套圈与滚动体多是可分离的。单向止推球轴承两个圈的内孔不一样大：内孔较小的是紧圈，与轴配合；内孔较大的是松圈，与机座固定在一起。只能承受单向的轴向载荷，极限转速较低，适用于轴向力大而转速较低的场合。没有径向限位能力，一般与径向轴承组成组合支承使用
			22 23 24	522 523 524	双向止推轴承中间圈为紧圈，与轴配合，另两圈为松圈，可承受双向轴向载荷。高速时，离心力大，球与保持架磨损，发热严重，寿命降低。没有径向限位能力，不能单独组成支承，一般要与径向轴承组成组合支承使用。常用于轴向载荷大、转速不高的场合
深沟球轴承		6	17 37 18 19 (0)0 (1)0 (0)2 (0)3 (0)4		主要承受径向载荷，也可同时承受少量的双向轴向载荷，工作时内外圈轴线允许偏斜$8'\sim 16'$。摩擦阻力小、极限转速高，结构简单，价格便宜，应用最广泛。但承受冲击载荷能力较差，适用于高速场合，在高速时可用来代替止推球轴承
角接触球轴承		7	19 (1)0 (0)2 (0)3 (0)4	719 70 72 73 74	能同时承受径向载荷与单向的轴向载荷，公称接触角α有$15°、25°、40°$三种，α越大，轴向承载能力也越大，通常成对使用，对称安装。极限转速较高，适用于转速较高、同时承受径向和轴向载荷的场合

续表

轴承类型	结构简图、承受负荷方向	类型代号	尺寸系列代号	组合代号	特　　性
止推圆柱滚子轴承		8	11 12	811 812	能承受很大的单向轴向载荷,但不能承受径向载荷,它比止推球轴承承载能力要大,套圈也分紧圈和松圈。极限转速很低,适用于低速重负荷的场合。没有径向限位能力,故不能单独组成支承
圆柱滚子轴承 外圈无挡边		N	10 (0)2 22 (0)3 23 (0)4	N10 N2 N22 N3 N23 N4	只能承受径向载荷,不能承受轴向载荷。承受载荷能力比同尺寸的球轴承大,尤其是承受冲击载荷能力大。极限转速较高。对轴的偏斜敏感,允许外圈与内圈的偏斜度较小(2′~4′),故只能用于刚性较大的轴上,并要求支承座孔很好地对中
圆柱滚子轴承 双列		NN	30	NN30	双列圆柱滚子轴承比单列轴承承受载荷的能力更高。轴承的外圈、内圈可以分离,还可以不带外圈或内圈
滚针轴承		NA	48 49 69	NA48 NA49 NA69	轴承采用数量较多的滚针作滚动体,一般没有保持架。径向结构紧凑,且径向承受载荷能力很大,价格低廉。不能承受轴向负荷,滚针间有摩擦,旋转精度及极限转速低,工作时不允许内、外圈轴线有偏斜。常用于转速较低而径向尺寸受限制的场合。内外圈可分离
四点接触球轴承		QJ	(0)2 (0)3	QJ2 QJ3	能承受径向载荷及任一方向的轴向载荷。球和滚道四点接触,与其他球轴承比较,当径向游隙相同时轴向游隙较小

10.2.2　主要结构对性能的影响

由于结构的不同,轴承性能不同,主要结构对性能的影响如下所述。

1. 滚动体类型

在同样外形尺寸下,滚子轴承的承载能力约为球轴承的1.5~3倍。所以,在载荷较大或有冲击载荷时宜采用滚子轴承。但当轴承内径 $d \leqslant 20\mathrm{mm}$ 时，滚子轴承和球轴承的承载能力已相差不多，而球轴承的价格一般低于滚子轴承，故可优先选用球轴承。

2. 接触角 α

滚动体套圈接触处的法线与轴承径向平面（垂直于轴承轴心线的平面）之间的夹角称为公称接触角，见表 10.2。接触角是滚动轴承的一个主要参数，轴承的受力分析和承载能力等与接触角有关。表 10.2 列出各类轴承的公称接触角。公称接触角越大，轴承承受轴向载荷的能力也越大。

表 10.2 各类球轴承的公称接触角

轴承类型	径向轴承		止推轴承	
	径向接触	径向角接触	止推角接触	轴向接触
公称接触角 α	$\alpha=0°$	$0°<\alpha\leqslant 45°$	$45°<\alpha<90°$	$\alpha=90°$
图例				

滚动轴承按其承受载荷的方向或公称接触角的不同，可分为径向轴承和止推轴承。径向轴承主要用于承受径向载荷，其公称接触角为 $0°\sim 45°$；止推轴承主要用于承受轴向载荷，其公称接触角大于 $45°\sim 90°$。

由于接触角的存在，角接触轴承可同时承受径向载荷和轴向载荷。公称接触角小的，如角接触径向轴承，主要用于承受径向载荷。由于公称接触角为零的径向球轴承的滚动体与滚道间留有微量间隙，受轴向载荷时内外圈间将产生相对轴向位移，形成一个不大的接触角，所以它也能承受一定的轴向载荷。公称接触角大的角接触止推轴承，主要用于承受轴向载荷。

3. 极限转速 n_c

滚动轴承转速过高会使摩擦面间产生高温，润滑失效，从而导致滚动体回火或胶合破坏。轴承在一定载荷和润滑条件下，允许的最高转速称为极限转速，其具体数值见有关手册。各类轴承极限转速的比较，见表 10.1 特性栏。如果轴承极限转速不能满足要求，可采取提高轴承精度、适当加大间隙、改善润滑和冷却条件、选用青铜保持架等措施。

4. 角偏差 θ

由于安装误差或轴的变形等都会引起轴承内外圈中心线发生相对倾斜，其倾斜角称为角偏差。各类轴承的允许角偏差见表 10.1 特性栏。

10.2.3 滚动轴承代号

为了统一表征各类轴承的特点,便于组织生产和选用,GB/T 272—2017 规定了轴承代号的表示方法。滚动轴承代号由基本代号、前置代号和后置代号组成,如下所示:

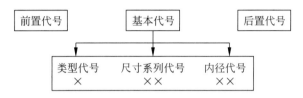

1. 基本代号

基本代号共 5 位,由轴承类型代号、尺寸系列代号、轴承内径代号组成,是轴承代号的基础。轴承类型和尺寸系列基本代号在表 10.1 给出,用"( )"括住的数字可省略。

1) 内径代号

右起第 1、2 位数字表示内径尺寸。通常,滚动轴承的内径=内径代号×5,特殊内径的滚动轴承有专门规定的内径代号,具体表示方法见表 10.3。

表 10.3 滚动轴承的内径代号

内径尺寸/mm	代号表示		举例说明		
	第 2 位	第 1 位	代号	类型	内径/mm
10	0	0	6200	深沟球轴承	10
12		1			
15		2			
17		3			
20~480①(5 的倍数)	内径/5 的商		23208	调心滚子轴承	40
22、28、32 及 500 以上	内径		230/500	调心滚子轴承	500
			62/22	深沟球轴承	22

① 不含内径 22、28、32mm 的滚动轴承;内径小于 10mm 的代号见手册。

2) 尺寸系列代号

右起第 3、4 位表示尺寸系列(第 4 位为 0 时可不写出)。为了适应不同承载能力的需要,同一内径尺寸的轴承,可使用不同大小的滚动体,因而使轴承的外径和宽度也随着改变。这种内径相同而外径或宽度不同的变化称为尺寸系列,见表 10.4。

3) 类型代号

右起第 5 位表示轴承类型,其代号见表 10.1 中第 3 列。代号为 0 时不写出。

2. 前置代号

滚动轴承的前置代号用于表示轴承的分部件,用字母表示,如用 L 表示轴承的套圈可分离;K 表示轴承的滚动体与保持架组件等。例如:K81107 表示 81107 轴承的滚子、保持架组件;LNU207 表示可分离的 NU207 轴承(NU 类型轴承是内圈无挡边的圆柱滚子轴承)。

表 10.4 轴承尺寸系列代号表示法

直径系列代号	径向轴承							止推轴承			
	宽度系列代号							高度系列代号			
	窄 0	正常 1	宽 2	特宽 3	特宽 4	特宽 5	特宽 6	特低 7	低 9	正常 1	正常 2
超特轻 7	—	17	—	37	—	—	—	—	—	—	—
超轻 8	08	18	28	38	48	58	68	—	—	—	—
超轻 9	09	19	29	39	49	59	69	—	—	—	—
特轻 0	00	10	20	30	40	50	60	70	90	10	—
特轻 1	01	11	21	31	41	51	61	71	91	11	—
轻 2	02	12	22	32	42	52	62	72	92	12	22
中 3	03	13	23	33	—	—	63	73	93	13	23
重 4	04	—	24	—	—	—	—	74	94	14	24

3. 后置代号

滚动轴承的后置代号是用字母和数字等表示轴承的结构、公差及材料的特殊要求等。后置代号的内容很多,下面介绍几个常用的代号。

(1) 内部结构代号是表示同一类型轴承的不同内部结构,用字母紧跟着基本代号表示,如:接触角为 15°、25°和 40°的角接触球轴承,分别用 C、AC 和 B 表示内部结构的不同,见表 10.5。

表 10.5 轴承内部结构代号

代号	含 义	示 例
C	角接触球轴承公称接触角 $\alpha=15°$	7005C
	调心滚子轴承 C 型	23122C
AC	角接触球轴承公称接触角 $\alpha=25°$	7210AC
B	角接触球轴承公称接触角 $\alpha=40°$	7210B
	圆锥滚子轴承接触角加大	32310B
E	加强型	N207E

(2) 轴承的公差等级分为 2 级、4 级、5 级、6 级、6X 级和 0 级,共 6 个级别,依次由高级到低级,其代号分别为 P2、P4、P5、P6、P6X 和 P0。公差等级中,6X 级仅适用于圆锥滚子轴承,0 级为普通级,在轴承代号中不标出,见表 10.6。

表 10.6 轴承公差等级代号

代号	含 义	示 例
P0	公差等级符合标准规定的 0 级(可省略不标注)	6205
P6	公差等级符合标准规定的 6 级	6205/P6
P6X	公差等级符合标准规定的 6X 级	6205/P6X
P5	公差等级符合标准规定的 5 级	6205/P5
P4	公差等级符合标准规定的 4 级	6205/P4
P2	公差等级符合标准规定的 2 级	6205/P2

(3) 常用轴承径向游隙系列分为 0 组、1 组、2 组、3 组、4 组和 5 组,共 6 个组别,径向游隙依次由小到大。0 组游隙是常用的游隙组别,在轴承代号中不标出,其余的游隙组别在轴承代号中分别用 C1、C2、C3、C4、C5 表示。

以上介绍的代号是轴承代号中最基本和最常用的部分,熟悉了这部分代号,就可以正确识别和查选常用的滚动轴承。

例 10.1 滚动轴承标记举例。

(1) 6308:内径 40mm,03 尺寸系列,0 级公差,正常结构,0 组游隙深沟球轴承。

(2) 71907B/P5:内径 35mm,19 尺寸系列,5 级公差,接触角为 40°,0 组游隙角接触球轴承。

(3) 23224/C2:内径 120mm,32 尺寸系列,0 级公差,正常结构,2 组游隙调心滚子轴承。

10.3 滚动轴承受力分析和失效形式

一般工业用滚动轴承基本上是承受变载荷作用的,因此,滚动轴承的设计主要是以疲劳寿命计算为主要内容。本节介绍滚动轴承的主要失效形式、滚动轴承工作时的受力情况、滚动轴承疲劳寿命计算公式,其重点和难点是如何正确计算滚动轴承的当量载荷。

10.3.1 滚动轴承受力分析

1. 滚动轴承元件上的载荷

如图 10.3 所示,滚动轴承在所处工作位置时,各滚动体从开始受力到受力终止所经过的区域叫作承载区。由力平衡原理得知,所有滚动体作用在内圈上的接触载荷的向量和等于径向载荷 F_R。

径向轴承所受的径向载荷 F_R 通过轴颈作用于内圈,由于弹性变形,内圈将下沉一个距离 δ,上半圈滚动体不承受载荷,而下半圈的各个滚动体承受不同的载荷。在 F_R 作用线上的接触变形量为 δ_0。按变形协调关系,不在载荷 F_R 作用线上的其他各点的径向变形量为

$$\delta_i = \delta_0 \cos(i\gamma), \quad i=1,2,\cdots \quad (10.1)$$

变形量中间最大,向两边逐渐减少。同样,处于最低位置的滚动体所受载荷最大,变形量也最大。所受载荷先从 0、F_2、F_1 增大到最大值 F_0,然后再从 F_0 逐渐减小到 F_1、F_2 和 0。滚动体为球或滚子的最大载荷值约为平均受载量 F_R/z(z 为滚动体总数)的 5 倍或 4.6 倍。

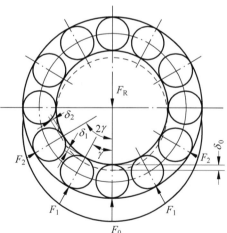

图 10.3 径向滚动轴承的载荷分布

实际上,因滚动轴承内存在游隙,径向载荷 F_R 产生的承载区的范围将小于 180°,换言之,下半部滚动体不是全部受载。但是,如果滚动轴承同时作用轴向载荷,承载区将会扩大。

2. 滚动轴承元件上的应力

滚动体所受载荷和应力是周期性不稳定变化的,如图 10.4(a)所示。对于固定套圈,承载区内的各个接触点所受到的接触载荷不同。对固定套圈上的某一个固定点而言,每个滚动体滚过该点,便承受一次载荷,大小不变。因此,固定套圈上的每一个固定点都承受稳定的脉动循环接触应力的作用,如图 10.4(b)所示。转动套圈上各点的受载情况类似于滚动体的情况,当转动套圈上任一固定点进入承载区内与第 i 个滚动体接触时,载荷由零变到 P_i 值,后又从 P_i 变到零。所以,转动套圈上的某个固定点所受到的接触载荷及接触应力是呈周期性、不稳定变化的,如图 10.4(a)所示。

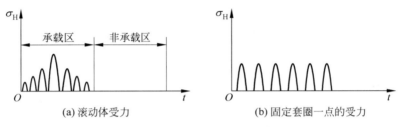

图 10.4 滚动体上的载荷及应力

10.3.2 滚动轴承的失效形式

滚动轴承的失效形式有以下形式:

(1) 点蚀。由变化的接触应力大量重复作用造成。在安装、润滑、维护良好的条件下,滚动轴承的正常失效形式是滚动体或内外圈滚道产生疲劳点蚀。发生点蚀后,运转时会出现较强烈振动、噪声和发热现象。

(2) 烧伤。如果滚动轴承工作时润滑剂供应不足,滚动轴承会出现烧伤现象,特别是在高速重载工况下。

(3) 磨损。如果润滑剂不清洁,可能会导致滚动体和滚道过度磨损。

(4) 卡死。如果滚动轴承装配不当,可能会导致滚动轴承卡死,或者胀破内圈、挤破内外圈和保持架等现象。

(5) 过度塑性变形。如果滚动轴承工作时遭受过大的冲击载荷,可能会导致滚动体或者滚道出现过度塑性变形现象(如凹坑等)。

滚动轴承的主要失效形式是疲劳点蚀,因此滚动轴承的设计准则和计算公式也是依据疲劳点蚀来建立的。而后 4 种失效形式在正常工作条件下都是可以而且应当避免的。

10.4 滚动轴承寿命计算

10.4.1 滚动轴承的寿命

轴承的套圈或滚动体的材料首次出现疲劳点蚀前,一个套圈相对于另一个套圈的转数,称为轴承的寿命。寿命还可以用在恒定转速下的运转小时数来表示。

对于一组同一型号的轴承,由于材料、热处理和工艺等很多随机因素的影响,即使在相同条件下运转,寿命也不一样,有的甚至相差几十倍。因此对一个具体轴承,很难预知其确切的寿命。但大量的轴承寿命实验表明,轴承的可靠性与寿命之间有如图 10.5 所示的关系。可靠性常用可靠度 R 度量。一组相同轴承能达到或超过规定寿命的百分率,称为轴承寿命的可靠度。如图所示,当寿命 L 为 $1(10^6 \mathrm{r})$ 时,可靠度 R 为 90%。

一组同一型号轴承在相同条件下运转,其可靠度为 90% 时,能达到或超过的寿命称为额定寿命。换言之,即 90% 的轴承在发生疲劳点蚀前能达到或超过的寿命,称为额定寿命。对单个轴承来讲,能够达到或超过此寿命的概率为 90%。

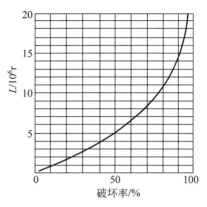

图 10.5　滚动轴承的寿命曲线

在进行滚动轴承的寿命计算时,须先根据机器的类型、使用的条件以及对可靠性的要求,确定一个恰当的预期计算寿命,即设计机器时所要求的轴承寿命,一般可以参照机器的大修期限来决定取值。表 10.7 给出了部分机器的滚动轴承预期计算寿命推荐值。

表 10.7　推荐的轴承预期计算寿命 L_h

机　器　类　型	预期计算寿命 L_h/h
不经常使用的仪器或设备,如闸门开闭装置等	300～3000
短期或间断使用的机械,中断使用不致引起严重后果,如手动机械等	3000～8000
间断使用的机械,中断使用后果严重,如发动机辅助设备、流水作业线自动传送装置、升降机、车间吊车、不常使用的机床等	8000～12 000
每日 8h 工作的机械(利用率不高),如一般的齿轮传动、某些固定电动机等	12 000～20 000
每日 8h 工作的机械(利用率较高),如金属切削机床、连续使用的起重机、木材加工机械、印刷机械等	20 000～30 000
24h 连续工作的机械,如矿山升降机、纺织机械、泵、电机等	40 000～60 000
24h 连续工作的机械,中断使用后果严重,如纤维生产或造纸设备、发电站主电机、矿井水泵、传播螺旋桨轴等	100 000～200 000

10.4.2　基本额定动载荷和当量动载荷

1. 基本额定动载荷 C

滚动轴承的基本额定动载荷 C 是指滚动轴承的基本额定寿命为 $10^6 \mathrm{r}$ 时,滚动轴承所能承受的载荷值。换句话说,若某一型号的滚动轴承组在载荷 C 的作用下,在转过 $10^6 \mathrm{r}$ 时,该组轴承有 90% 还正常工作,而其余的 10% 已经失效,则该载荷 C 就是这类轴承的基本额定动载荷。

对径向轴承而言,基本额定动载荷是指纯径向载荷,称为径向基本额定动载荷 C_r;对止推轴承而言,基本额定动载荷是指纯轴向载荷,称为轴向基本额定动载荷 C_a。而对角接触球轴承或圆锥滚子轴承而言,是指使套圈间产生纯径向位移的载荷径向分量。

不同型号的滚动轴承有不同的基本额定动载荷值,它表征了不同型号滚动轴承的承载特性。滚动轴承的基本额定动载荷值是在大量的实验研究基础上,通过理论分析得到的。附录 H 给出了常用滚动轴承的基本额定动载荷值,设计时可从中查取。

2. 当量动载荷 F_P

滚动轴承的寿命与所受载荷的大小有关,工作载荷越大,引起的接触应力也就越大,滚动轴承的寿命就越短。滚动轴承的基本额定动载荷是在规定的运转条件下通过实验确定的,如,径向轴承仅承受纯径向载荷,止推轴承仅承受纯轴向载荷。但是在实际应用中,滚动轴承常常同时承受径向载荷和轴向载荷的作用,因此在进行滚动轴承寿命计算时,必须把实际载荷换算为当量动载荷。当量动载荷的计算公式为

$$F_P = XF_R + YF_A \tag{10.2}$$

式中,F_R 和 F_A 分别为径向和轴向载荷;X 和 Y 分别为径向和轴向载荷系数,不同型号轴承的载荷系数见表 10.8。

表 10.8 径向载荷系数 X 和轴向载荷系数 Y(摘自 GB/T 6391—2010)

轴承类型	$iF_A/C_0^{①}$		e	单列轴承				双列轴承或成对安装单列轴承(在同一支点上)			
				$F_A/F_R \leq e$		$F_A/F_R > e$		$F_A/F_R \leq e$		$F_A/F_R > e$	
				X	Y	X	Y	X	Y	X	Y
深沟球轴承 60000	0.014		0.19	1	0	0.56	2.30	1	0	0.56	2.30
	0.028		0.22				1.99				1.99
	0.056		0.26				1.71				1.71
	0.084		0.28				1.55				1.55
	0.11		0.30				1.45				1.45
	0.17		0.34				1.31				1.31
	0.28		0.38				1.15				1.15
	0.42		0.42				1.04				1.04
	0.56		0.44				1.00				1.00
调心球轴承 10000	—		$1.5\tan\alpha^{②}$	1	0	0.40	$0.40\cot\alpha^{②}$	1	$0.40\cot\alpha^{②}$	0.65	$0.65\cot\alpha^{②}$
调心滚子轴承 20000	—		$1.5\tan\alpha^{②}$	1	0	0.40	$0.40\cot\alpha^{②}$	1	$0.40\cot\alpha^{②}$	0.65	$0.65\cot\alpha^{②}$
角接触球轴承 70000	$\alpha=15°$	0.015	0.38	1	0	0.44	1.47	1	1.65	0.72	2.39
		0.029	0.40				1.14		1.57		2.28
		0.058	0.43				1.30		1.46		2.11
		0.087	0.46				1.23		1.38		2.00
		0.12	0.47				1.19		1.34		1.93
		0.17	0.50				1.12		1.26		1.82
		0.29	0.55				1.02		1.14		1.66
		0.44	0.56				1.00		1.12		1.63
		0.58	0.56				1.00		1.12		1.63
	$\alpha=25°$	—	0.68			0.41	0.87		0.92	0.67	1.41
	$\alpha=40°$	—	1.14			0.35	0.57		0.55	0.57	0.93

续表

轴承类型	iF_A/C_0 [1]	e	单列轴承				双列轴承或成对安装单列轴承（在同一支点上）			
			$F_A/F_R \leq e$		$F_A/F_R > e$		$F_A/F_R \leq e$		$F_A/F_R > e$	
			X	Y	X	Y	X	Y	X	Y
圆锥滚子轴承 30000	—	$1.5\tan\alpha$ [2]	1	0	0.40	$0.40\cot\alpha$ [2]	1	$0.45\cot\alpha$ [2]	0.67	$0.67\cot\alpha$ [2]
止推调心滚子轴承 29000		$1.5\tan\alpha$ [2]			$\tan\alpha$	1				

①表中 i 为滚动体列数，C_0 为径向额定静载荷；②具体数值按不同型号的轴承查有关设计手册。

由表10.8和式(10.2)可知：对只承受纯径向载荷 F_R 的轴承（如 N、NA 类轴承），$F_P = F_R$；对于只承受轴向载荷 F_A 的轴承（如5类轴承），$F_P = F_A$。

实际应用的轴承经常会出现一些附加载荷，如冲击力、不平衡作用力、惯性力以及轴挠曲或轴承座变形产生的附加力等。为了考虑这些因素的影响，通常把当量动载荷乘上一个工况系数 f_P，因此式(10.2)改写为

$$F_P = f_P(XF_R + YF_A) \tag{10.3}$$

常用的工况系数值可查表10.9。

表10.9 工况系数 f_P

载荷性质	f_P	举 例
无冲击或轻微冲击	1.0～1.3	电机、汽轮机、通风机、水泵等
中等冲击或中等惯性力	1.2～1.8	车辆、动力机械、起重机、造纸机、冶金机械、选矿机、卷扬机、机床等
强大冲击	1.8～3.0	破碎机、轧钢机、钻探机、振动筛等

10.4.3 滚动轴承的疲劳寿命计算

1. 标准可靠度下的疲劳寿命计算

标准可靠度为 90%，是指有 90% 的滚动轴承在规定的转次（10^6 r）后仍可正常工作的情况，对应的寿命计为 L_{10}。如果当量动载荷 F_P 等于它的基本额定动载荷 C，它的寿命就是 $L_{10} = 10^6$ r。可以根据轴承的工作转速换算成额定工作时间。如果当量动载荷 F_R 不等于额定动载荷 C，该轴承的寿命不为 10^6 r，若 $F_P < C$，则 $L_{10} > 10^6$ r，若 $F_P > C$，则 $L_{10} < 10^6$ r。

根据大量实验研究发现，当量动载荷 F_P 与基本额定寿命 L_{10} 之间的关系与一般的疲劳强度曲线相似，为

$$L_{10} = \left(\frac{C}{F_P}\right)^\varepsilon \quad (10^6 \text{ r}) \tag{10.4}$$

式中，ε 为指数，对于球轴承，$\varepsilon = 3$；对于滚子轴承，$\varepsilon = 10/3$。

若用工作小时数(h)表示滚动轴承寿命 L_h，则式(10.4)改写为

$$L_h = \frac{10^6}{60n}\left(\frac{C}{F_P}\right)^\varepsilon \quad (\text{h}) \tag{10.5}$$

式中，n 为轴承的转速，r/min。

如果已知当量动载荷和转速 n，并要求其寿命为 L'_h，那么，所选的滚动轴承应具有的基本额定动载荷 C 可根据下式计算：

$$C = F_P \sqrt[\varepsilon]{\frac{60nL'_h}{10^6}} \tag{10.6}$$

另外，工作温度越高，滚动轴承的寿命越短。因此，用于高温的滚动轴承，计算寿命的式(10.4)需要乘以温度系数 f_t（见表10.10）加以修正，为

$$L_{10} = \left(\frac{f_t C}{P}\right)^\varepsilon \quad (10^6 \text{ r}) \tag{10.7}$$

表 10.10 温度系数 f_t

轴承工作温度/℃	≤120	125	150	175	200	225	250	300	350
温度系数 f_t	1.00	0.95	0.90	0.85	0.80	0.75	0.70	0.60	0.50

类似地，式(10.5)和式(10.6)分别修正为

$$L_h = \frac{10^6}{60n}\left(\frac{f_t C}{F_P}\right)^\varepsilon \tag{10.8}$$

$$C = \frac{F_P}{f_t} \sqrt[\varepsilon]{\frac{60nL'_h}{10^6}} \tag{10.9}$$

2. 不同可靠度条件下的疲劳寿命计算

通常滚动轴承寿命计算时，所用的基本额定动载荷对应的可靠度为90%。如果设计时要求的可靠度为$(100-m)$%时，可引入寿命修正系数 a_1 计算对应可靠度下的寿命，为

$$L_m = \frac{10^6 a_1}{60n}\left(\frac{C}{F_P}\right)^\varepsilon \tag{10.10}$$

式中，a_1 为可靠度$(100-m)$%时的额定寿命修正系数，其值见表10.11；m 为失效率。

表 10.11 可靠度不为90%时的额定寿命修正系数 a_1（GB/T 6391—2010）

可靠度/%	90	95	96	97	98	99
L_m	L_{10}	L_5	L_4	L_3	L_2	L_1
a_1	1	0.62	0.53	0.44	0.33	0.21

类似地，按$(100-m)$%可靠度的寿命 L_m 选用选滚动轴承时，计算基本额定动载荷 C 的式(10.6)应该写为

$$C = F_P \sqrt[\varepsilon]{\frac{60nL_m}{10^6 a_1}} \tag{10.11}$$

10.5 滚动轴承静强度设计

滚动轴承的静强度计算

1. 基本额定静载荷 C_0

滚动轴承的基本额定静载荷是对工作在静载荷下不旋转的滚动轴承的界限，通常用

C_0 表示。当外载荷不超过这一基本额定值时,静载下的滚动轴承因接触应力所产生的表面塑性变形不足以对轴承造成明显的影响。当静载荷过大时,在轴承的接触区将会产生明显的凹坑,影响滚动轴承正常工作,导致滚动轴承失效。因此对工作在静载荷下不旋转的滚动轴承需要对其进行静强度设计。常用轴承的基本额定静载荷 C_0 的数值在附录 H 给出。

2. 当量静载荷 F_{P0}

类似当量动载荷 F_P 的计算,若用 F_R 和 F_A 分别表示滚动轴承所受的径向和轴向静载荷,则当量静载荷 F_{P0} 为

$$F_{P0} = X_0 F_R + Y_0 F_A \tag{10.12}$$

式中,X_0 和 Y_0 分别为当量静载荷轴向和径向系数,常用值参见附录 H。

3. 静强度计算

为限制滚动轴承在过载和冲击载荷下产生的永久变形,应按静强度进行设计或校核计算。按静载荷进行设计或校核的公式为

$$\frac{C_{0r}}{F_{P0r}} \geqslant S_0 \quad 或 \quad \frac{C_{0a}}{F_{P0a}} \geqslant S_0 \tag{10.13}$$

式中,S_0 为静强度安全系数,见表 10.12;C_0 为额定静载荷;F_{P0} 为当量静载荷;下标 r 为径向参量;下标 a 为轴向参量。

表 10.12 滚动轴承静强度安全系数 S_0

旋转条件	载荷条件	S_0	使用条件	S_0
连续旋转	普通载荷	1~2	高精度旋转场合	1.5~2.5
	冲击载荷	2~3	振动冲击场合	1.2~2.5
不常旋转或摆动	普通载荷	0.5	普通精度旋转场合	1.0~1.2
	冲击及不均匀载荷	1~1.5	允许有变形	0.3~1.0

10.6 角接触球轴承和圆锥滚子轴承设计

10.6.1 内部轴向力 F_S

如图 10.6(a)所示,当角接触球轴承或圆锥滚子轴承承受径向载荷 F_R 时,由于滚动体与滚道的接触线与轴线之间有一个接触角 α,因而各滚动体的法向反作用力 F_{Ni} 并不指向半径方向,而是分解为一个径向分力和一个轴向分力。用 F_{Pi} 表示某一个滚动体反力 F_{Ni} 的径向分力,则相应的轴向分力 F_{Si} 应等于 $F_{Pi}\tan\alpha$,所有径向分力 F_{Pi} 的合力与径向载荷 F_R 平衡,如图 10.6(b)所示;所有的轴向分力 F_{Si} 之和组成轴承的内部轴向力 F_S,并最后与轴向力 F_A 平衡,如图 10.6(a)所示。

由上面的分析可以得到以下结论:

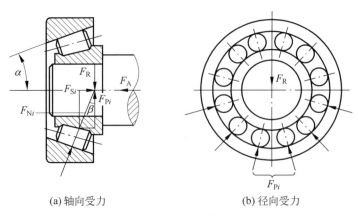

图 10.6 圆锥滚子轴承受力

(1) 角接触球轴承及圆锥滚子轴承必须在径向载荷 F_R 和轴向力 F_A 的联合作用下工作；

(2) 对于同一个轴承(设 α 不变)，在同样的径向载荷 F_R 作用下，若受载的滚动体数目不同，所派生出的内部轴向力 F_S 也不同；

(3) 为了使内部轴向力 F_S 得到部分平衡，此类滚动轴承通常都要求成对对称安装使用。

如图 10.7 所示，给出了角接触球轴承的两种不同安装方式：①正装，又称面对面安装，如图 10.7(a) 所示；②反装，又称背靠背安装，如图 10.7(b) 所示。

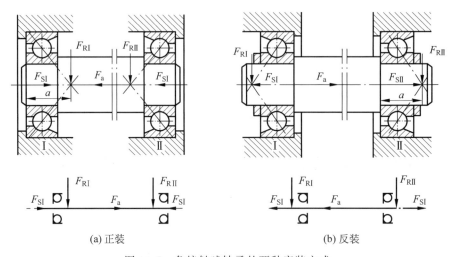

图 10.7 角接触球轴承的两种安装方式

轴承反力的径向分力在轴心线上的作用点叫轴承的压力中心。上面两种安装方式所对应的压力中心位置不同。只要两个滚动轴承支点间的距离不太小，则以轴承宽度中点作为支点反力的作用位置进行计算，这样可以简化计算。圆锥滚子轴承情况相同。

根据径向力 F_r 的平衡条件计算出两个滚动轴承的径向载荷 F_{RI} 和 F_{RII}。在正常安装条件下，由径向载荷 F_{RI} 和 F_{RII} 派生的轴向力 F_{SI} 和 F_{SII} 的大小可按照表 10.13 中的公式计算。

表 10.13 约有半数滚动体接触时内部轴向力 F_S 的计算公式

圆锥滚子轴承	角接触球轴承		
	70000C($\alpha=15°$)	70000AC($\alpha=25°$)	70000B($\alpha=40°$)
$F_S=F_R/(2Y)$	$F_S=eF_R$	$F_S=0.68F_R$	$F_S=1.14F_R$

注：①e 值由表 10.8 查出；②Y 是对应表 10.8 中 $F_A/F_R>e$ 的 Y 值。

10.6.2 角接触球轴承和圆锥滚子轴承轴向载荷 F_A 的计算

对角接触球轴承和圆锥滚子轴承,按式(10.3)计算各个滚动轴承的当量动载荷 F_P 时,由于内部轴向力 F_S 的存在,轴向载荷 F_A 并不完全由外界的轴向作用力 F_a 产生,而是要根据轴上的所有轴向载荷(包括 F_a 和 F_S)的平衡条件计算得出。

如图 10.7(a)所示,把内部轴向力 F_S 的方向与外加轴向载荷 F_a 的方向一致的轴承标为 Ⅱ,另一端标为轴承 Ⅰ。

1. 当 $F_a+F_{SⅡ}=F_{SⅠ}$ 时

这时轴向力恰好平衡,则满足下式：
$$F_a+F_{SⅡ}=F_{SⅠ} \tag{10.14}$$
这时,滚动轴承的轴向力为
$$F_{AⅠ}=F_{SⅠ}=F_a+F_{SⅡ} \tag{10.15}$$
$$F_{AⅡ}=F_{SⅡ} \tag{10.16}$$
若按表 10.13 中的公式求得的 $F_{SⅠ}$ 和 $F_{SⅡ}$ 不满足上式,则出现以下两种情况。

2. 当 $F_a+F_{SⅡ}>F_{SⅠ}$ 时

这时出现轴向左移动的趋势,轴承 Ⅰ 被"压紧",轴承 Ⅱ 被"放松"。但实际上轴是处于平衡位置的,因此,被"压紧"的轴承 Ⅰ 所受的总轴向力 $F_{AⅠ}$ 必须与 $F_a+F_{SⅡ}$ 相平衡,即
$$F_{AⅠ}=F_a+F_{SⅡ} \tag{10.17}$$
而被"放松"的轴承 Ⅱ 只受其本身的内部轴向力 $F_{SⅡ}$,即
$$F_{AⅡ}=F_{SⅡ} \tag{10.18}$$

3. 当 $F_a+F_{SⅡ}<F_{SⅠ}$ 时

轴承 Ⅱ 被"压紧",轴承 Ⅰ 被"放松"。被"压紧"的轴承 Ⅱ 所受的总轴向力为
$$F_{AⅡ}=F_{SⅠ}-F_a \tag{10.19}$$
被"放松"的轴承 Ⅰ 只受其内部轴向力 S_1,即
$$F_{AⅠ}=F_{SⅠ} \tag{10.20}$$
综上所述,计算角接触球轴承和圆锥滚子轴承所受轴向力的方法是：
(1) 先计算滚动轴承的内部轴向力和外加轴向载荷,根据受力方向进行分析,判定两端滚动轴承哪个被"放松"或被"压紧"；

(2) 被"放松"的滚动轴承所受的轴向力仅为其内部轴向力,被"压紧"的滚动轴承所受的轴向力则为外加轴向载荷与另一滚动轴承的内部轴向力的代数和。

另外需要特别说明:深沟球轴承主要承受径向载荷 F_R,同时也可以承受不大的轴向力 F_A。在实际应用中,在轴向载荷 F_A 不太大时经常使用深沟球轴承,这种情况下,在计算深沟球轴承的当量动载荷时,按外加轴向载荷指向的那个深沟球轴承承受全部轴向载荷 F_A 来考虑,即轴向载荷 F_A 作用方向指向左端,则按左端的深沟球轴承承受轴向载荷 F_A,而右端滚动轴承所受轴向载荷为零,反之亦然。

案例分析:
滚动轴承
设计

例 10.2 按照例 7.2 斜齿圆柱齿轮设计的结果及例 9.1 中间轴的结构设计,设计例 1.1 中中间轴的滚动轴承。

解:中间轴上的滚动轴承设计

1) 轴上径向、轴向载荷分析

由轴向力 $F_{a2}=F_{a1}=1584.1\text{N}$ 和 $F_{a3}=F_{t3}\tan\beta=4754.4\text{N}$ 得
$$F_a = F_{a3} - F_{a2} = 3170.3\text{N}$$

由 $R_{AH}=13\,241.54\text{N}$,$R_{AV}=-7356.88\text{N}$ 得
$$R_A = \sqrt{R_{AH}^2 + R_{AV}^2} = 15\,148.0\text{N}$$

由 $R_{BH}=10\,399.16\text{N}$,$R_{BV}=2840.92\text{N}$ 得
$$R_B = \sqrt{R_{BH}^2 + R_{BV}^2} = 10\,780.18\text{N}$$

中间轴上受力如图 10.8 所示。

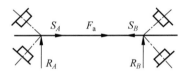

图 10.8 中间轴滚动轴承分析

2) 轴承选型与安装方式

选用代号为 30212 的圆锥滚子轴承,采用正装安装方式。轴承参数如下:
内径 $d=60\text{mm}$,外径 $D=110\text{mm}$,$T=23.75\text{mm}$,$B=22\text{mm}$,$a=22.4\text{mm}$,$e=0.4$,$Y=1.5$,$C_r=97.8\text{kN}$,$C_{or}=74.5\text{kN}$。

3) 轴承内部轴向力与轴承载荷计算

计算派生轴向力
$$S_A = \frac{R_A}{2Y} = 5049.33\text{N}, \quad S_B = \frac{R_B}{2Y} = 3593.39\text{N}$$

因为 $S_A+F_a>S_B$,所以
$$A_A = S_A = 5049.33\text{N}, \quad A_B = S_A - F_a = 8219.61\text{N}$$

4) 轴承当量载荷计算

因为 $A_A/R_A=0.33<e=0.4$,$A_B/R_B=0.76>e=0.4$,$X_A=1$,$Y_A=0$;$X_B=0.4$,$Y_B=1.5$,则
$$P_A = X_A R_A + Y_A A_A = 5049.33\text{N}$$
$$P_B = X_B R_B + Y_B A_B = 16\,641.48\text{N}。$$

5) 轴承寿命校核

由于 $P_B>P_A$,按轴承 B 验算寿命
$$L_h = \frac{10^6}{60n}\left(\frac{C}{P_B}\right)^{10/3} = 56\,198.15\text{h} > 15\,000\text{h}$$

因此,初选的轴承30212满足使用寿命的要求。

例 10.3 一部机器的轴承采用球轴承,要求可靠度为0.98,其中一个球轴承所受径向载荷为$F_R = 10\,000\text{N}$,工作应力循环次数为100×10^6。试求该球轴承的基本额定动载荷。

解:由表10.11查得,当可靠度为0.98时,滚动轴承寿命的修正系数为$a_1 = 0.33$,对比式(10.4)和式(10.10),可知求得相应于可靠度为90%基本额定寿命为

$$L_{10} = \frac{L_2}{a_1} = \frac{100 \times 10^6}{0.33} = 303 \times 10^6 \text{r}$$

由于只受径向载荷作用,所以$F_P = F_R$。

由式(10.10)可计算该球轴承的基本额定动载荷为

$$C = L_{10}^{\frac{1}{\varepsilon}} \cdot F_P = \sqrt[3]{303 \times 1\,000\,000} \times 10\,000 = 67\,166\text{N}$$

查附录H,可选用6218、6313或6410。

解毕。

10.7　滚动轴承的组合设计

轴承部件的组合结构设计

为保证轴承在机器中能正常工作,除合理选择轴承类型、尺寸外,还应正确进行轴承的组合设计,处理好轴承与其周围零件之间的关系。也就是要解决轴承的轴向位置固定、轴承与其他零件的配合、间隙调整、装拆和润滑密封等一系列问题。

10.7.1　轴承的固定

1. 双支点单向固定

如图10.9所示,使轴的两个支点中每一个支点都能限制轴的单向移动,两个支点合起来就限制了轴的双向移动。它适用于工作温度变化不大的短轴,考虑到轴因受热而伸长,在轴承盖与外圈端面之间应留出热补偿间隙(见图10.9(b))。

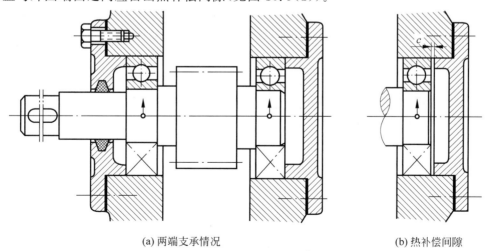

(a) 两端支承情况　　　　　　　　　　(b) 热补偿间隙

图10.9　双支点单向固定

2. 单支点双向固定

这种变化适用于温度变化较大的长轴,如图10.10所示,在两个支点中使一个支点能限制轴的双向移动,另一个支点则可做轴向移动。可做轴向移动的支承称为游动支承,它不承受轴向载荷。如图10.10(a)所示右轴承外圈未完全固定,可以有一定的游动量;图10.10(b)采用的圆柱滚子轴承,其滚子和轴承的外圈之间可以发生轴向游动。

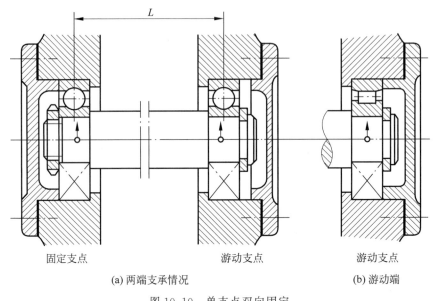

固定支点　　　　　游动支点　　　　　　　　游动支点

(a) 两端支承情况　　　　　　　　　(b) 游动端

图 10.10　单支点双向固定

10.7.2　轴承的调整与预紧

1. 轴承的调整

轴承的调整包括轴承间隙调整和轴承位置调整。轴承间隙的调整是通过调整垫片厚度、调整螺钉和调整套筒等方法完成的。轴承组合位置调整是使轴上的零件(如齿轮、带轮等)具有准确的工作位置。

图 10.11 通过调整轴承端盖与机座间的垫片厚度实现轴承间隙的调整。

图 10.12 为调整螺钉方法。利用调整螺钉对轴承外圈的压盖进行调整以实现轴承的间隙调整。调整完毕之后,用螺母锁紧防松。

图 10.13 是调整套筒方法。整个圆锥齿轮轴系安装在调整套筒中,然后再安装在机座上。通过垫片 1 调整套筒与机座的相对位置,实现对锥齿轮轴轴向位置的调整。通过垫片 2 调整轴承的间隙。

2. 轴承的预紧

对某些可调游隙式轴承,在安装时给予一定的轴向预紧力,使内、外圈产生相对位移,因而消除了游隙,并在套圈和滚动体接触处产生了弹性预变形,借此提高轴的旋转精度和刚度,称为轴承的预紧。

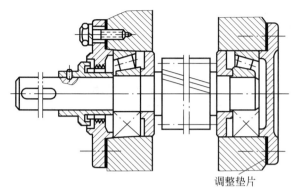

图 10.11　调整垫片

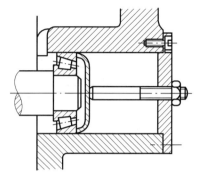

图 10.12　调整螺钉

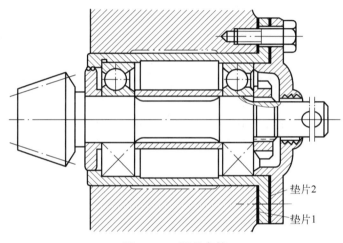

图 10.13　调整套筒

图 10.14 是通过外圈压紧预紧,利用夹紧一对圆锥滚子轴承的外圈而将轴承预紧。如图 10.15 所示为通过弹簧预紧,在一对轴承间加入弹簧,可以得到稳定的预紧力。

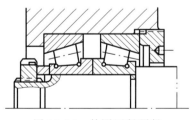

图 10.14　外圈压紧预紧

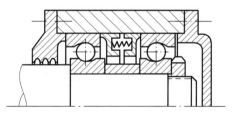

图 10.15　弹簧预紧

图 10.16 所示为用不同长度的套筒预紧。两轴承之间加入不同长度的套筒实现预紧,预紧力可以由两个套筒的长度差加以控制。

图 10.17 所示为利用磨窄套圈预紧。夹紧一对磨窄了外圈的轴承实现预紧。反装时可磨窄轴承的内圈。这种特制的成对安装的角接触球轴承可由生产厂选配组合成套提供,并

可在滚动轴承样本中查到不同型号成对安装的角接触球轴承的轻、中、重三个系列预紧载荷值及相应的内外圈磨窄量。

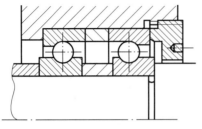

图 10.16　不同长度的套筒预紧

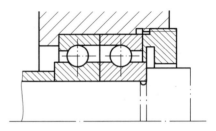

图 10.17　磨窄内圈预紧

图 10.18 所示给出滚动轴承内圈轴向紧固的常用方法。

图 10.19 给出了滚动轴承外圈轴向紧固的常用方法。

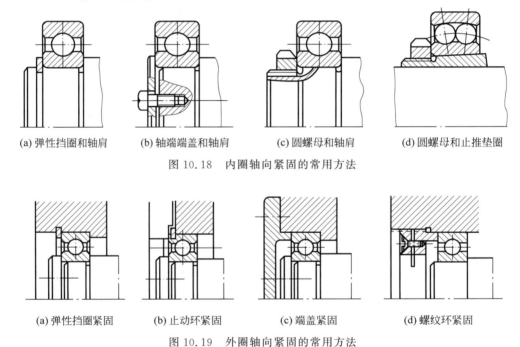

10.7.3　轴承的配合与装拆

1. 轴承的配合

由于滚动轴承是标准件,选择配合时就把它作为基准件。因此,轴承内圈与轴的配合采用基孔制,轴承外圈与轴承座孔的配合则采用基轴制。

选择配合时,应考虑载荷的方向、大小和性质,以及轴承类型、转速和使用条件等因素。当外载荷方向不变时,转动套圈应比固定套圈的配合紧一些。一般情况下是内圈随轴一起转动、外圈固定不转,故内圈常取具有过盈的过渡配合;外圈常取较松的过渡配合。当轴承作游动支承时,外圈应取保证有间隙的配合。

2. 轴承的装拆

设计轴承部件组合结构时,应考虑怎样有利于轴承装拆,以便在装拆过程中不致损坏轴承和其他零件。滚动轴承的装拆以压力法最常用,此外还有温差法、液压配合法等。温差法是将轴承放进烘箱或热油中,使轴承的内圈受热膨胀,然后即可将轴承顺利装在轴上。液压配合法是通过将压力油打入环形油槽来拆卸轴承。

图 10.20 和图 10.21 分别是轴承内圈和外圈压装,通过压轴承内外圈,将轴承压装到轴上或轮毂孔中。

图 10.22 所示为用轴承拆卸器拆卸轴承。在设计中应预留拆卸空间,即按规定内圈外径要大于安装处轴肩,或外圈内径要小于安装处孔径,具体数值见附录 H 各表中的安装尺寸。另外应注意:从轴上拆卸时,应卡住轴承的内圈,如图所示。从座孔中拆卸轴承时,应用反向爪拆卸轴承的外圈。

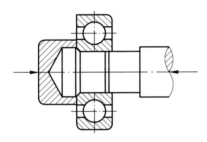

图 10.20 轴承内圈压装

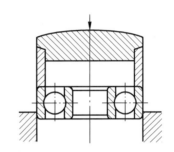

图 10.21 轴承外圈压装

当轴不太重时,可以用压力法拆卸轴承,如图 10.23 所示。注意采用该方法时,不可只垫轴承的外圈,以免损坏轴承。

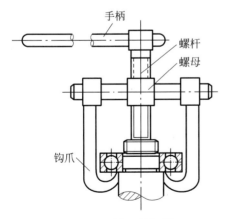

图 10.22 轴承拆卸器

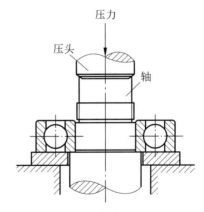

图 10.23 压力法拆轴承

滚动轴承的润滑和密封见 3.5 节。

习 题

1. 判断题

(1) 滚动轴承的公称接触角越大,承受轴向载荷的能力就越大。 ( )
(2) 采用滚动轴承轴向预紧措施的主要目的是提高轴承的承载能力。 ( )
(3) 滚动轴承的基本额定载荷是指一批相同的轴承的寿命的平均值。 ( )
(4) 公称接触角 $\alpha=0$ 的深沟球轴承,只能承受纯径向载荷。 ( )
(5) 轴上只作用有径向力时,角接触球轴承就不会受轴向力的作用。 ( )
(6) 滚动轴承内座圈与轴颈的配合,通常采用基轴制。 ( )

2. 判断题

(7) 若转轴在载荷作用下弯曲较大或轴承座孔不能保证良好的同轴度,宜选用类型代号为_____的轴承。
　　(A) 1 或 2　　　　　　　　　　(B) 3 或 7
　　(C) N 或 NU　　　　　　　　　(D) 6 或 NA

(8) 为保证轴承内圈与轴肩端面接触良好,轴承的圆角半径 r 与轴肩处圆角半径 r_1 应满足_____的关系。
　　(A) $r=r_1$　　(B) $r>r_1$　　(C) $r<r_1$　　(D) $r\leqslant r_1$

(9) _____不宜用来同时承受径向载荷和轴向载荷。
　　(A) 圆锥滚子轴承　　　　　　(B) 角接触球轴承
　　(C) 深沟球轴承　　　　　　　(D) 圆柱滚子轴承

(10) 滚动轴承的额定寿命是指同一批轴承中_____的轴承能达到的寿命。
　　(A) 99%　　(B) 90%　　(C) 95%　　(D) 50%

(11) 滚动轴承的代号由前置代号、基本代号和后置代号组成,其中基本代号表示_____。
　　(A) 轴承的类型、结构和尺寸　　　(B) 轴承组件
　　(C) 轴承内部结构变化和轴承公差等级　(D) 轴承游隙和配置

(12) 同一根轴的两端支承,虽然承受载荷不等,但常用一对相同型号的滚动轴承,这是因为除了_____以外的下述其余三点理由。
　　(A) 采用同型号的一对轴承,采购方便
　　(B) 安装两轴承的轴孔直径相同,加工方便
　　(C) 安装轴承的两轴颈直径相同,加工方便
　　(D) 一次镗孔能保证两轴承中心线的同轴度,有利于轴承的正常工作

(13) 以下各滚动轴承中,轴承公差等级最高的是_____,承受径向载荷能力最高的是_____。
　　(A) N207/P4　　(B) 6207/P2　　(C) 5207/P6　　(D) 20302

(14) 以下各滚动轴承中,承受径向载荷能力最大的是_____,能允许的极限转速最高的是_____。
    (A) N309/P2　　　(B) 6209　　　(C) 30209　　　(D) 6309

(15) 轴承 6308/C3 相应的类型、尺寸系列、内径、公差等级和游隙组别是_____。
    (A) 内径 40mm,窄轻系列,3 级公差,0 组游隙的深沟球轴承
    (B) 内径 40mm,窄中系列,3 级公差,0 组游隙的深沟球轴承
    (C) 内径 40mm,窄轻系列,0 级公差,3 组游隙的深沟球轴承
    (D) 内径 40mm,窄中系列,0 级公差,3 组游隙的深沟球轴承

(16) 一角接触轴承,内径 85mm,宽度系列 O,直径系列 3,接触角 15°,公差等级为 6 级,游隙 2 组,其代号为_____。
    (A) 7317B/P62　　　　　　　　(B) 7317AC/P6/C2
    (C) 7317C/P6/C2　　　　　　　(D) 7317C/P62

3. 问答题

(17) 滚动轴承的主要类型有哪几种？各有何特点？

(18) 进行轴承组合设计时,两支点的受力不同,有时相差还较大,为何又常选用尺寸相同的轴承？

(19) 试说明轴承代号 61212、33218、7038、52410/P6 的含义。

(20) 试分析正装和反装对简支梁与悬臂梁用圆锥滚子轴承支承的轴系的刚度有何影响。

4. 计算题

(21) 某 6310 滚动轴承的工作条件为径向力 $F_r=10\ 000$N,转速 $n=300$r/min,轻度冲击($f_p=1.35$),脂润滑,预期寿命为 2000h。验算轴承强度。

(22) 对一批 60 个滚动轴承做寿命试验,按其基本额定动载荷加载,试验机主轴转速 $n=2000$r/min。已知该批滚动轴承为正品,当试验时间进行到 10h30min 时,有几个滚动轴承已经失效？

(23) 已知某个深沟球轴承受径向载荷 $R=8000$N,转速为 $n=2000$r/min,工作时间为 4500h。试求它的基本额定动载荷 C。

(24) 某机器主轴采用深沟球轴承,主轴直径为 $d=40$mm,转速 $n=3000$r/min,径向载荷 $R=2400$N,轴向载荷 $A=800$N,预期寿命 $L'_h=8000$h,请选择该轴承的型号。

(25) 某轴两端装有两个 30207E 的圆锥滚子轴承,如图 10.24 所示,已知轴承所受载荷:径向力 $R_1=3200$N,$R_2=1600$N。轴向外载荷 $F_{A1}=1000$N,$F_{A2}=200$N,载荷平稳 ($f_p=1$),问:
  ① 每个轴承的轴向载荷各为多少？
  ② 每个轴承上的当量动载荷各为多少？
  ③ 哪个轴承的寿命较短？(注:$S=R/2Y$,$e=0.37$,$Y=1.6$,当 $A/R>e$ 时,$X=0.4$,$Y=1.6$;当 $A/R<e$ 时,$X=1$,$Y=0$)

(26) 某轴的一端原采用 6209 滚动轴承,如果该支点滚动轴承的工作可靠度要求提高

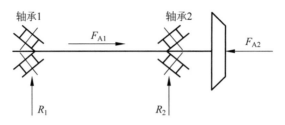

图 10.24 题(25)图

到 99%，试问应该换成什么型号的滚动轴承？

(27) 一对角接触球轴承反安装（背对背安装）。已知：径向力 $F_{rⅠ}=6750\text{N}$，$F_{rⅡ}=5700\text{N}$，外部轴向力 $F_A=3000\text{N}$，方向如图 10.25 所示，试求两轴承的当量动载荷 $P_Ⅰ$、$P_Ⅱ$，并判断哪个轴承寿命短些。注：内部轴向力 $F_s=0.7F_r$，$e=0.68$，$X=0.41$，$Y=0.87$。

(28) 如图 10.26 所示，安装有两个斜齿圆柱齿轮的转轴由一对代号为 7210AC 的轴承支承。已知两齿轮上的轴向分力分别为 $F_{x1}=3000\text{N}$，$F_{x2}=5000\text{N}$，方向如图。轴承所受径向载荷 $F_{r1}=8600\text{N}$，$F_{r2}=12\,500\text{N}$。求两轴承的轴向力 F_{A1}、F_{A2}。（7210AC 内部轴向力 $F_s=0.68F_r$）

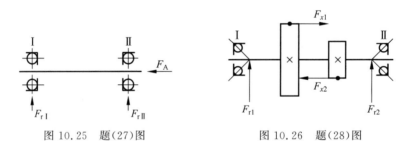

图 10.25 题(27)图　　　　图 10.26 题(28)图

5. 结构题

(29) 如图 10.27 所示为斜齿轮、轴、轴承组合结构图。斜齿轮用油润滑，轴承用脂润滑。试改正该图中的错误，并画出正确的结构图。

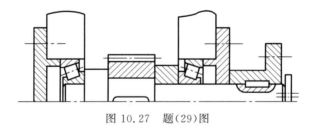

图 10.27 题(29)图

(30) 指出图 10.28 所示轴系结构中的错误或不合理之处，简要说明理由，并改正（齿轮箱内齿轮为油润滑，轴承为脂润滑）。

6. 系列题

X-1-5：在第 9 章的系列题 X-1-4 中，已经完成了轴的设计，若已知轴承的预期寿命为

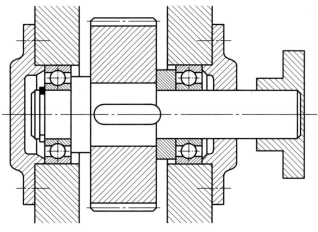

图 10.28　题(30)图

20 000h,试对传动系统中的轴承进行计算和选用。

X-2-5：在第 9 章的系列题 X-2-4 中,已经完成了轴的设计,若已知轴承的预期寿命为 4 年,试对传动系统中的轴承进行计算和选用。

第 11 章

滑 动 轴 承

滑动轴承

11.1 概 述

滑动轴承广泛应用在航空发动机、工业仪表、机床、内燃机、铁路机车车辆、轧钢机、雷达、卫星通信地面站及天文望远镜等方面。与滚动轴承相比,滑动轴承具有承载能力大、抗振性好、工作平稳可靠、噪声小、寿命长等特点。它主要应用于工作转速很高、对轴的支承位置要求特别精确、特重载荷、承受巨大的冲击和振动载荷、需要做成剖分式、特殊工作条件和在安装轴承处的径向空间尺寸受到限制等场合。

滑动轴承类型很多。按承受载荷方向可分为径向轴承(只承受径向载荷)、径向止推轴承(可同时承受径向和轴向载荷)和止推轴承(只承受轴向载荷);按滑动表面间润滑状态可分为液体润滑轴承、不完全液体润滑轴承和无润滑轴承;按液体润滑承载机理又可分为液体动力润滑轴承和液体静压润滑轴承。

1. 径向滑动轴承

径向滑动轴承按结构可分为整体式、剖分式等。

整体式滑动轴承由轴承座、轴瓦组成,轴承座上有注油孔和安装螺栓,如图 11.1 所示。它结构简单、成本低;但轴瓦磨损后,轴承间隙过大时无法调整;因只能从轴颈端部装拆,装拆不方便;多用在低速、轻载或间歇性工作且不太重要的场合;其结构尺寸已标准化。

剖分式滑动轴承由轴承座、轴承盖、剖分式轴瓦和螺栓等组成,如图 11.2 所示。轴承盖和轴承座的剖分面常做成阶梯形,以便对中和防止横向错动。轴承盖上部开有螺纹孔,以安装油杯或油管。剖分轴瓦由上、下两半组成,通常下轴瓦承受载荷,上轴瓦不承受载荷。它装拆方便,并且轴瓦磨损后可以用减少剖分面处的垫片厚度来调整轴承间隙(调整后应修刮轴瓦内孔)。剖分式径向轴承的结构尺寸已标准化。

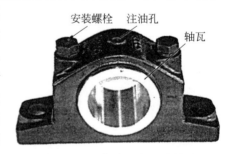

图 11.1 整体式径向滑动轴承

2. 止推滑动轴承

图 11.3 为一种常见的承受轴向载荷的止推轴承,由轴承座、止推轴瓦组成。为了便于对中,止推轴瓦底部可制成球面,销钉用来防止止推轴瓦随轴一起转动。这种轴承主要承受

轴向载荷,也可借助径向轴瓦承受一定的径向载荷。

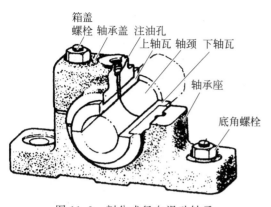

图 11.2　剖分式径向滑动轴承

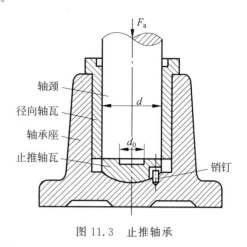

图 11.3　止推轴承

11.2　滑动轴承的结构与材料

11.2.1　滑动轴承结构

液体摩擦滑动轴承是在两摩擦表面之间具有一层足够压力的油膜,从而把两表面隔开。对轴承孔为圆形的滑动轴承,只能形成一个液体动压油膜,称为单油楔轴承。这类轴承在轻载高速条件下运转时,容易出现失稳现象,为提高轴承的稳定性和油膜的刚度,在高速滑动轴承中广泛采用多油楔轴承。多油楔轴承的轴瓦制成可以在轴承工作时产生多个油楔的结构形式。这种轴承可分为固定式和可倾式两类。

1. 多油楔轴承

图 11.4 所示的多油楔轴承都是固定瓦轴承。其中椭圆轴承可以用于双向回转的轴,双、三和四油楔错位轴承只能用于单向回转的轴。工作时各油楔同时产生油膜压力,有助于提高轴的旋转精度及轴承的稳定性。但同样条件下,比单油楔轴承承载能力有所下降,功耗有所增大。

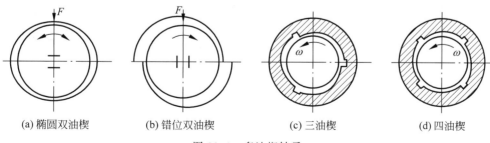

(a) 椭圆双油楔　　(b) 错位双油楔　　(c) 三油楔　　(d) 四油楔

图 11.4　多油楔轴承

2. 多环轴承

止推滑动轴承止推面可以做成实心、空心、单环和多环等,如图11.5所示。通常因实心式轴颈端面上的压力分布极不均匀,靠近中心处的压力很高,对润滑极为不利,很少采用。空心式轴颈接触面上压力分布较均匀,润滑条件较实心式有所改善。单环式是利用轴颈的环形端面止推,而且可以利用纵向油槽输入润滑油,结构简单,润滑方便,广泛用于低速、轻载的场合。多环式止推轴承不仅能承受较大的轴向载荷,有时还可以承受双向轴向载荷。

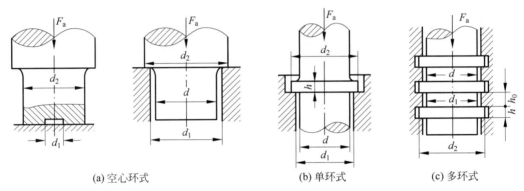

(a) 空心环式　　(b) 单环式　　(c) 多环式

图 11.5　止推轴承止推面的结构形式

3. 可倾瓦轴承

可倾瓦轴承的瓦块倾角能随载荷的改变而自行调整,因此性能较为优越。图11.6(a)所示为可倾瓦径向轴承,轴瓦由三片或三片以上(通常为奇数)的扇形块组成。扇形块以其背面的球窝支承在调整螺钉尾端的球面上。球窝的中心不在扇形块中部,而是沿圆周偏向轴颈旋转方向的一边。扇形块可随轴颈位置的不同而自动调整倾斜度,从而适应不同的载荷、转速和轴的弹性变形偏斜等情况,保持轴颈与轴瓦间的适当间隙,并形成液体摩擦的润滑油膜。间隙的大小可用球端螺钉进行调整。图11.6(b)是两种可倾瓦止推轴承,瓦块数一般为6~12。前者由铰支调节瓦块倾角,后者靠瓦块的弹性变形来调节。

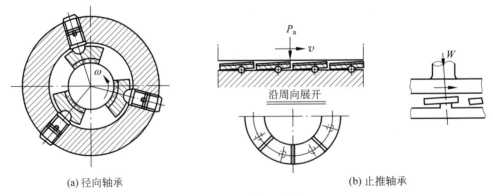

(a) 径向轴承　　　　　　　　　(b) 止推轴承

图 11.6　可倾瓦轴承

4. 轴承调整结构

自动调心轴承的轴瓦能随轴的偏斜自动调整位置,如图 11.7(a)所示。它可以保证轴瓦和轴颈的轴线一致,从而有效地减轻边缘接触。自动调心轴承经常用于宽径比 $B/d >$ 1.5 及支点跨距大,轴与箱体刚度差,难以保证同心的场合。

为补偿由于磨损而产生的间隙,滑动轴承设计时应考虑设置调节间隙的结构。可在轴瓦剖分面处用垫片调节,随着轴承孔的磨损加大,去掉一片或数片垫片,以调整轴承的间隙。另外,在需要精确调节间隙及对中的机器中(如机床主轴),可采用锥形轴套的轴承,如图 11.7(b)所示,有内、外锥面两种结构。通过轴套上两端的螺母旋合,使轴套沿轴向移动,以调整轴承间隙的大小。

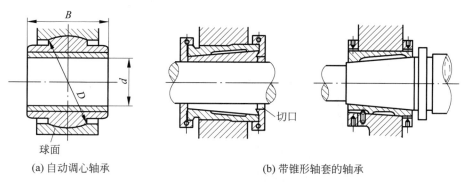

(a) 自动调心轴承　　　　(b) 带锥形轴套的轴承

图 11.7　轴承调整结构

11.2.2　轴瓦结构

轴瓦是滑动轴承中的重要零件,它的结构设计是否合理对轴承性能影响很大。轴瓦应具有一定的强度和刚度,在轴承中定位可靠,便于输入润滑剂,容易散热,并且装拆、调整方便。为此,轴瓦应在外形结构、定位、油槽开设和配合等方面采用不同的形式以适应不同的工作要求。

1. 径向轴瓦

常用的轴瓦有整体式和剖分式两种结构。图 11.8(a)所示为通过螺钉安装在轴承座上的整体式轴瓦。图 11.8(b)所示为剖分式上、下轴瓦,其两端凸缘用作轴向定位,并能承受一定的轴向力。为了节省贵重的减摩材料,常在轴瓦内表面浇铸一层减摩合金,称为轴承衬。为了使轴承衬与轴瓦结合牢固,常在轴瓦内表面预制如图 11.8(c)所示的燕尾式沟槽。

轴瓦宽度与轴颈直径之比 B/d 称为宽径比,它是径向滑动轴承中的重要参数之一。对于液体摩擦的滑动轴承,常取 $B/d = 0.5 \sim 1$,对于混合润滑的滑动轴承,常取 $B/d = 0.8 \sim 1.5$,有时可以更大些。

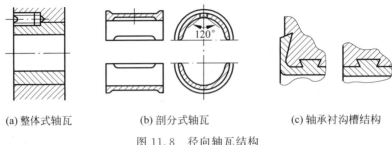

(a) 整体式轴瓦　　　　(b) 剖分式轴瓦　　　　(c) 轴承衬沟槽结构

图 11.8　径向轴瓦结构

2. 止推轴瓦

轴上的轴向力应采用止推轴瓦来承受。典型的止推瓦面如图 11.9(a)所示。浇注巴氏合金的可倾瓦块结构在图 11.9(b)中给出。

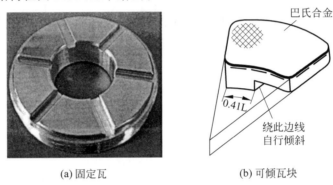

(a) 固定瓦　　　　　　(b) 可倾瓦块

图 11.9　止推轴承轴瓦结构

如图 11.10 所示的固定瓦动压止推轴承,沿轴承止推面开出楔形,在楔形顶部留出平台,用来承受停车后的轴向载荷。图 11.10(a)是只能承受单向载荷的结构,图 11.10(b)的结构可承受双向载荷。

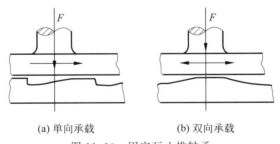

(a) 单向承载　　　　(b) 双向承载

图 11.10　固定瓦止推轴承

3. 导油结构

为了减少轴瓦直接与轴颈接触产生的摩擦和磨损,常在其间导入润滑油。为了使润滑油能流到轴瓦的整个工作表面上,轴瓦上要制出进油孔和油沟以输送润滑油。图 11.11 为常见油沟形式。一般油孔和油沟不应该开在轴承油膜承载区内,否则会破坏承载区油膜的连续性,降低油膜的承载能力。

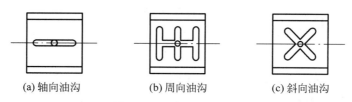

(a) 轴向油沟　　　　(b) 周向油沟　　　　(c) 斜向油沟

图 11.11　常见油沟形式

图 11.12(a)所示为润滑油从两侧导入的结构,常用于大型的液体润滑滑动轴承中。一侧油进入后被旋转着的轴颈带入楔形间隙中形成动压油膜,另一侧油进入后覆盖在轴颈上半部,起着冷却作用,最后油从轴承的两端泄出。图 11.12(b)所示的轴瓦两侧面镗有油室,这种结构可以使润滑油顺利地进入轴瓦轴颈的间隙。

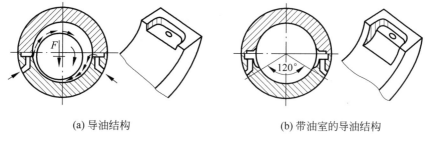

(a) 导油结构　　　　　　　　　(b) 带油室的导油结构

图 11.12　轴瓦上的润滑油导入和油室结构

11.2.3　滑动轴承材料

滑动轴承材料包括轴颈材料和轴瓦材料。

1. 轴颈材料

轴颈材料通常就是轴的材料,比较简单,绝大多数都是采用优质碳素钢和合金钢。具体材料参见第 9 章。

2. 轴瓦材料

轴瓦直接和轴颈接触,是滑动轴承的重要零件,对轴瓦材料性能的要求主要是由滑动轴承失效形式决定的。

对轴瓦材料的基本要求是:①良好的减摩性、耐磨性和抗咬黏性;②良好的摩擦顺应性、嵌入性和磨合性;③足够的强度和抗腐蚀能力;④良好的导热性、润滑性和工艺性。

需强调的是,现有的轴瓦材料尚不能满足上述全部要求,设计时必须针对具体情况和主要使用要求选择轴瓦材料。

常用的轴瓦材料有金属材料(如轴承合金、铜基合金、铅基合金和耐磨铸铁等)、粉末冶金材料(如含油轴承)和非金属材料(如塑料、橡胶、石墨等)几大类。下面介绍几种主要的材料。

(1) 轴承合金。又称巴氏合金或白合金,是锡、铅、锑、铜的合金,以锡或铅作基体,其内含有锑锡或铜锡的硬晶粒。轴承合金的减摩性能最好,很容易和轴颈跑合,具有良好的抗咬黏性和耐腐蚀性,但其弹性模量和弹性极限都很低,机械强度比青铜、铸铁等低很多,一般只用作轴承衬的材料,轴承合金适于高速、重载场合。

(2)铜合金。有锡青铜、铝青铜和铅青铜3种,青铜有很高的疲劳强度,减摩性和耐磨性均很好,但磨合性及嵌入性差,铜合金适用于中、低速重载场合。

(3)粉末冶金。将不同的金属粉末经压制烧结而成的多孔结构材料称为粉末冶金材料,其孔隙约占体积的10%~35%,可储存润滑油,故又称含油轴承。运转时,轴瓦温度升高,因油的膨胀系数比金属大,从而自动进入摩擦表面润滑轴承,停机时,因毛细管作用,油又被吸回孔隙中,故在相当长的时间内,即使不加润滑油仍能很好地工作,如定期给以供油,则使用效果更佳,但由于其韧性差,适于载荷平稳、中低速场合。

(4)非金属材料。以塑料用得最多,其优点是:摩擦系数小,可承受冲击载荷,可塑性、跑合性良好、耐磨、耐腐蚀,可用水、油及化学溶液润滑,但其导热性差、耐热性低、膨胀系数大、易变形,为改善这些不足,可将薄层塑料作为轴承衬黏附在金属轴瓦上使用,塑料轴承一般用于温度不高、载荷不大的场合。

尼龙轴承耐磨性、耐腐蚀性、减振性等都较好,但导热性不好,吸水性大,线膨胀系数大,尺寸稳定性不好,适用于速度不高或散热条件好的地方。

橡胶轴承弹性大,能缓冲吸振,传动平稳,可以用水润滑,常用于离心水泵、水轮机等设备。

常用的轴瓦材料及性能见表11.1。

表 11.1 常用金属轴承材料性能

轴承材料		最大许用值			最高工作温度/℃	轴颈硬度/HB
		$[p]$/MPa	$[v]$/(m/s)	$[pv]$/(MPa·m/s)		
锡锑轴承合金	ZSnSb11Cu6 ZSnSb8Cu4	平稳载荷			150	150
		25	80	20		
		冲击载荷				
		20	60	15		
铅锑轴承合金	ZPbSb16Sn16Cu2	15	12	10	150	150
	ZPbSb15Sn5Cu3Cd2	5	8	5		
锡青铜	ZCuSn10P1	15	10	15	280	300~400
	ZCuSn5Pb5Zn5	8	3	15		
铅青铜	ZCuPb30	25	12	30	280	300
铝青铜	ZCuAl10Fe3	15	4	12	280	300
黄铜	ZCuZn16Si4	12	2	10	200	200
	ZCuZn40Mn2	10	1	10	200	200
铝基轴承合金	2%铝锡合金	28~35	14	—	140	300
耐磨铸铁	HT300	0.1~6	3~0.75	0.3~4.5	150	<150
灰铸铁	HT150~HT250	1~4	2~0.5			
铸锌铝合金	ZZnAl10-5	20	9	16	75	

续表

轴承材料		最大许用值			最高工作温度/℃	轴颈硬度/HB
		$[p]$/MPa	$[v]$/(m/s)	$[pv]$/(MPa·m/s)		
非金属材料	酚醛树脂	41	13	0.18	120	
	尼龙	14	3	0.11(0.05m/s) 0.09(0.5m/s) <0.09(5m/s)	90	
	聚碳酸酯	7	5	0.03(0.05m/s) 0.01(0.5m/s) <0.01(5m/s)	105	
	醛缩醇	14	3	0.1	100	
	聚酰亚胺			4(0.05m/s)	260	
	聚四氟乙烯(PTFE)	3	1.3	0.04(0.05m/s) 0.06(0.5m/s) <0.09(5m/s)	250	
	PTFE织物	400	0.8	0.9	250	
	填充PTFE	17	5	0.5	250	
	碳-石墨	4	13	0.5(干) 5.25(润滑)	400	
	橡胶	0.34	5	0.53	65	
多孔质金属材料	多孔铁 (Fe95%,Cu2%,石墨和其他3%)	55(低速,间歇) 21(0.013m/s) 4.8(0.51~0.76m/s) 2.1(0.76~1m/s)	7.6	1.8	125	
	多孔青铜 (Cu90%,Sn10%)	27(低速,间歇) 14(0.013m/s) 3.4(0.51~0.76m/s) 1.8(0.76~1m/s)	4	1.6	125	

注：$[pv]$ 为不完全液体润滑下的许用值。

11.3 混合润滑滑动轴承设计

11.3.1 失效形式与计算准则

混合润滑滑动轴承一般是指采用润滑脂、油绳或滴油润滑的径向滑动轴承。由于在这些轴承中，工况条件不足以在相对运动表面间产生一个完全的承载润滑剂膜，因此，它们只能在混合润滑状态（即边界润滑和液体润滑同时存在的状态）下运转。这类轴承正常工作的条件是：边界润滑膜不破裂，维持粗糙腔内有液体润滑存在。因此，这类轴承的承载能力不仅与边界膜的强度及其破裂温度有关，而且与轴承材料、轴颈与轴承表面粗糙度、润滑油的供给量等因素有着密切的关系。通常混合润滑滑动轴承的主要失效形式有以下 3 种。

1. 过载

载荷过大时，轴承的表面压力也大，由于轴承材料一般抗压强度不是很大，因此过大的压力可能使表面压变形，从而造成运动精度降低、产生振动或材料压溃的失效。

另外当载荷较大时，由于载荷的反复作用，轴承表面出现与滑动方向垂直的疲劳裂纹，当裂纹向轴承衬与衬背结合面扩展后，造成轴承衬材料的剥落。

2. 胶合

若轴承因表面的温升过高而导致油膜破裂，或在润滑油供应不足的条件下，轴颈和轴承的相对运动表面材料发生黏附和迁移，造成轴承损坏、咬黏，有时甚至可能导致抱死称为胶合。

3. 磨损

当硬颗粒（如灰尘、砂粒等）进入轴承间隙中，有的会嵌入轴承表面，有的则在间隙中随摩擦副一起运动并存在相对运动，这都将对轴颈和轴承表面起研磨作用。进入轴承间隙中的硬颗粒，在轴承上划出线状伤痕，导致轴承因刮伤而失效。这种磨损称为三体磨损。另外，在启动、停车或非液体润滑等过程中由于润滑膜不能有效形成，因此轴颈与轴承会发生接触，从而加剧轴承磨损，导致几何形状改变、精度丧失、轴承间隙加大，使轴承性能在预期寿命期内急剧恶化；另外摩擦副的粗糙峰或边缘也会引起轴承磨损，这种磨损称为二体磨损。

虽然非液体滑动轴承的失效还包括其他一些形式，如疲劳剥落和腐蚀等，但设计时主要根据上述 3 种摩擦失效形式进行，设计准则是：

(1) 要求轴承表面平均压强 p 不大于材料许用压强 $[p]$，以避免材料过载，即 $p \leqslant [p]$。
(2) 要求表面相对速度 v 不大于材料许用速度 $[v]$，以防止轴承表面严重磨损，即 $v \leqslant [v]$。
(3) 要求轴承 pv 不大于材料许用 $[pv]$，以防止表面温升过高产生胶合，即 $pv \leqslant [pv]$。

非液体摩擦滑动轴承设计计算

11.3.2 混合润滑滑动轴承的设计

1. 径向滑动轴承校核

如图 11.13 所示，当已知轴承所受径向载荷 F、轴颈转速 n、轴承宽度 B 及轴颈直径 d，可以按下面的公式对该轴承进行校核。

1) 平均压力校核

$$p = \frac{F}{dB} \leqslant [p] \quad (11.1)$$

式中，$[p]$ 为轴瓦材料的许用压力，见表 11.1。

2) pv 值验算

轴承的发热量与其单位面积上的摩擦功耗 fpv 成正比，其中 f 是摩擦系数。限制 pv 值的目的就是限制轴承的温升，应按下式验算 pv 值

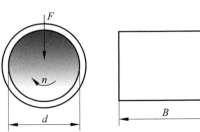

图 11.13 径向轴承的参数

$$pv = \frac{F}{Bd} \cdot \frac{\pi dn}{60 \times 1000} = \frac{Fn}{19\,100B} \leqslant [pv] \tag{11.2}$$

式中,v 为轴颈圆周速度,即滑动速度,m/s;$[pv]$ 为轴承材料的 pv 许用值,MPa·m/s,见表 11.1。

3) 滑动速度校核

对于 p 和 pv 的验算均满足要求的轴承,仍可能由于滑动速度过大,而加速磨损致使轴承报废,因此必须验算滑动速度 v

$$v = \frac{\pi dn}{60 \times 1000} \leqslant [v] \tag{11.3}$$

式中,$[v]$ 为许用滑动速度,见表 11.1。

滑动轴承所选用的材料及尺寸经验算合格后,还应选取恰当的配合,一般可选 $\frac{H9}{d9}$、$\frac{H8}{f7}$ 或 $\frac{H7}{f6}$。

2. 止推滑动轴承校核

止推滑动轴承的校核内容主要包括对压力 $[p]$ 及 $[pv]$ 值的校核。结构如图 11.5 所示的止推轴承的校核步骤如下。

1) 平均压力校核

$$p = \frac{F_a}{A} = \frac{F_a}{z\,\frac{\pi}{4}(d_2^2 - d_1^2)} \leqslant [p] \tag{11.4}$$

式中,F_a 为轴向载荷,N;z 为轴环的数目;d_1 为轴承孔内径,m;d_2 为轴环外径,m;$[p]$ 为许用压力,MPa,见表 11.2。

表 11.2 止推滑动轴承的 $[p]$、$[pv]$ 值

轴材料(轴环端面、凸缘)	轴承材料	$[p]$/MPa	$[pv]$/(MPa·m/s)
未淬火钢	铸铁	2.0~2.5	1~2.5
	青铜	4.0~5.0	
	轴承合金	5.0~6.0	
淬火钢	青铜	7.5~8.0	1~2.5
	轴承合金	8.0~9.0	
	淬火钢	12~15	

2) pv 值验算

轴承的 p 值和 v 值分别为

$$p = \frac{F_a}{\pi d_m bz}$$

$$v = \frac{\pi d_m n}{60 \times 1000}$$

式中,b 为轴颈环形工作宽度,m,$b = (d_2 - d_1)/2$;n 为轴颈的转速;d_m 为平均直径,m,

$d_m = (d_1 + d_2)/2$。

因此，pv 值的校核按下式进行

$$pv = \frac{F_a n}{60\,000 bz} \leqslant [pv] \quad \text{MPa} \cdot \text{m/s} \tag{11.5}$$

式中，$[pv]$ 为 pv 的许用值，MPa·m/s，见表 11.2。

3. 混合润滑滑动轴承设计

1) 径向滑动轴承设计

如果已知轴承的工况：径向载荷 F、转速 n，进行混合润滑滑动轴承设计首先要根据轴承的工况选择轴颈和轴瓦的材料。得到材料的 $[p]$ 和 $[pv]$ 后还需要根据实际情况选取宽径比 $\alpha = B/d$（一般取 $\alpha = 0.5 \sim 2.0$）。然后，利用式(11.1)按下式求得 d。

$$d \geqslant \sqrt{\frac{F}{\alpha[p]}} \tag{11.6}$$

再对式(11.2)和式(11.3)进行验算即可。若不满足，则应当增大轴径 d 和轴承宽度 B。

2) 止推滑动轴承设计

如果已知轴承的工况（载荷 F_a、转速 n），则首先也要根据轴承的工况选择轴颈和轴瓦的材料，从而可以得到 $[p]$ 和 $[pv]$ 等。另外，需要根据实际情况选取环数 z 和环径比 $\alpha = d_2/d_1$（一般 $1/\alpha = d_1/d_2 = 0.4 \sim 0.6$）。然后，利用式(11.4)按下式求得 d_1。

$$d_1 \geqslant \sqrt{\frac{4F_a}{z\pi(\alpha^2 - 1)[p]}} \tag{11.7}$$

再对式(11.5)进行验算即可。若不满足，则应当增大环宽 b 或增加环数 z。

液体动力润滑径向滑动轴承

11.4 流体动力润滑径向滑动轴承设计

流体动力润滑的承载机理已经在 3.3 节做过介绍，本节将利用流体动力润滑理论的基本方程（即雷诺方程）进行液体动力润滑径向滑动轴承设计。

虽然液体动力润滑径向滑动轴承设计过程推导较复杂，但是其实际设计主要是通过已有表格和曲线来选择轴承宽度、轴承相对间隙和润滑油，然后对最小膜厚和温升进行校核。

11.4.1 径向滑动轴承形成流体动力润滑的过程

如图 11.14 所示，在径向滑动轴承中，轴颈与轴承孔之间存在间隙。当轴颈静止时，轴颈处于轴承孔的最低位置，并与轴瓦接触。此时，两表面间自然形成一收敛的楔形空间。当轴颈开始转动时，速度极低，进入轴承间隙中的油量较少，这时轴瓦对轴颈摩擦力的方向与轴颈表面圆周速度方向相反，迫使轴颈在摩擦力作用下沿孔壁向右爬升（见图 11.14(b)）。随着转速的增大，轴颈表面的圆周速度增大，带入楔形空间的油量也逐渐加多。这时，右侧楔形油膜产生了一定的动压力，将轴颈向左浮起。当轴颈达到稳定运转时，轴颈便稳定在一定的偏心位置上，楔形油膜产生的压力与外载荷相平衡，轴颈中心稳定在轴承孔中心左下方某一位置上，轴承在液体摩擦状态下工作（见图 11.14(c)）。此时，由于轴承内的摩擦阻力仅为液体的内阻力,故摩擦系数达到最小值。理论和实践证明,在其他条件不变时轴颈转速愈高,轴颈中心愈接近轴承孔中心(见图11.14(d))。

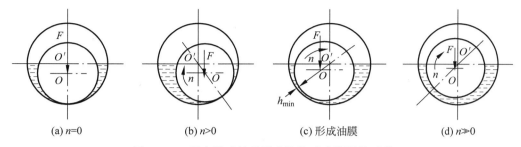

(a) $n=0$　　　　(b) $n>0$　　　　(c) 形成油膜　　　　(d) $n\gg 0$

图 11.14　径向滑动轴承形成流体动力润滑的过程

11.4.2　径向滑动轴承的几何关系和承载量系数

1. 几何关系与膜厚计算

如图 11.15 所示为轴承工作时轴颈的位置和几何关系。

轴颈中心 O 和轴承中心 O_1 的连线 OO_1 与载荷 F(作用在轴心)形成的夹角 φ_a 称为偏位角。轴承孔和轴颈直径分别用 D 和 d 表示,则轴承直径间隙为:$\Delta=D-d$。半径间隙为轴承孔半径 R 与轴颈半径 r 之差:$\delta=R-r=\Delta/2$。直径间隙与轴颈公称直径之比称为相对间隙,以 ϕ 表示:

$$\phi=\frac{\Delta}{d}=\frac{\delta}{r} \qquad (11.8)$$

当轴颈稳定运转时,轴心 O 与轴承中心 O_1 的距离 e,称为偏心距。偏心距 e 与半径间隙 δ 的比值 ε 称为偏心率:

$$\varepsilon=\frac{e}{\delta} \qquad (11.9)$$

由图 11.15 可见,最小油膜厚度为

$$h_{\min}=\delta-e=\delta(1-\varepsilon)=r\phi(1-\varepsilon) \qquad (11.10)$$

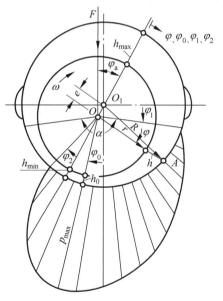

图 11.15　径向滑动轴承几何参数与压力分布

为方便起见,下面采用极坐标进行分析。取轴颈中心 O 为极点,连线 OO_1 为极轴,对应于任意角 φ(包括 $\varphi_0,\varphi_1,\varphi_2$ 均由 OO_1 算起)的油膜厚度 h 可在 $\triangle AOO_1$ 中应用余弦定理求得

$$R^2=e^2+(r+h)^2-2e(r+h)\cos\varphi \qquad (11.11)$$

解上式得

$$h=e\cos\varphi\pm R\sqrt{1-\left(\frac{e}{R}\right)^2\sin^2\varphi}-r \qquad (11.12)$$

若略去上式中的小量 $\left(\dfrac{e}{R}\right)^2\sin^2\varphi$,并取根式正号,则得任意位置 φ 的油膜厚度 h 为

$$h = \delta(1+\varepsilon\cos\varphi) = r\phi(1+\varepsilon\cos\varphi) \tag{11.13}$$

设 φ_0 为相应于最大压力处的极角，对应的油膜厚度 h_0 为

$$h_0 = \delta(1+\varepsilon\cos\varphi_0) \tag{11.14}$$

2. Reynolds 方程求解

不考虑式(3.11)中的含 y 项，并略去时间项，采用极坐标，$\mathrm{d}x = r\mathrm{d}\varphi$，$U = r\omega$，并代入式(11.13)中的 h。通过一次积分，并代入式(11.14)中的 h_0，得一维极坐标积分形式的雷诺方程为

$$\frac{\mathrm{d}p}{\mathrm{d}\varphi} = 6\mu\frac{\omega}{\phi^2} \cdot \frac{\varepsilon(\cos\varphi - \cos\varphi_0)}{(1+\varepsilon\cos\varphi)^3} \tag{11.15}$$

式中，μ 为润滑剂黏度；ω 为轴颈的角速度。

将上式从油膜起始角 φ_1 到任意角 φ 再积分，得任意位置 φ 处的压力 p 为

$$p = 6\mu\frac{\omega}{\phi^2}\int_{\varphi_1}^{\varphi}\frac{\varepsilon(\cos\varphi - \cos\varphi_0)}{(1+\varepsilon\cos\varphi)^3}\mathrm{d}\varphi \tag{11.16}$$

需要指出：式(11.15)应给出两个边界条件。在对式(11.16)做定积分时，已经利用了 $p|_{\varphi=\varphi_1} = 0$ 的初始边界条件。而另一个边界条件可以用来确定 φ_0，从而可以确定压力分布。

3. 承载力计算

压力 p 在外载荷（铅垂）方向上的分量为

$$p_z = p\cos[180° - (\varphi_a + \varphi)] = -p\cos(\varphi_a + \varphi) \tag{11.17}$$

把式(11.17)的压力在 φ_1 到 φ_2 的区间内积分，就得出在轴承单位宽度上的油膜承载力，即

$$\begin{aligned}P_z &= \int_{\varphi_1}^{\varphi_2}p_z r\mathrm{d}\varphi = -\int_{\varphi_1}^{\varphi_2}p\cos(\varphi_a + \varphi)r\mathrm{d}\varphi \\ &= 6\frac{\mu\omega r}{\phi^2}\int_{\varphi_1}^{\varphi_2}\left[\int_{\varphi_1}^{\varphi}\frac{\varepsilon(\cos\varphi - \cos\varphi_0)}{(1+\varepsilon\cos\varphi)^3}\mathrm{d}\varphi\right][-\cos(\varphi_a + \varphi)]\mathrm{d}\varphi\end{aligned} \tag{11.18}$$

为了求出油膜的承载能力，理论上只需将 P_z 乘以轴承宽度 B 即可。但在实际轴承中，由于油可能从轴承的两个端面流出，故必须考虑端泄的影响。这时，压力沿轴承宽度的变化呈抛物线分布，而且其油膜压力也低于无限宽轴承的油膜压力（见图 11.16），因此必须乘以系数 C 加以修正。C 值取决于宽径比 B/d 和偏心率 ε 的大小。这样，在 φ 角和距轴承中线为 y 处的油膜压力的数学表达式为

$$P'_z = P_z C\left[1 - \left(\frac{2y}{B}\right)^2\right] \tag{11.19}$$

对有限长轴承，油膜的总承载能力为

$$\begin{aligned}F &= \int_{-B/2}^{+B/2}P'_z\mathrm{d}z \\ &= \frac{6\mu\omega r}{\phi^2}\int_{-B/2}^{+B/2}\int_{\varphi_1}^{\varphi_2}\left[\int_{\varphi_1}^{\varphi}\frac{\varepsilon(\cos\varphi - \cos\varphi_0)}{(1+\varepsilon\cos\varphi)^3}\mathrm{d}\varphi\right] \cdot [-\cos(\varphi_a + \varphi)]\mathrm{d}\varphi \cdot C\left[1 - \left(\frac{2y}{B}\right)^2\right]\mathrm{d}y\end{aligned} \tag{11.20}$$

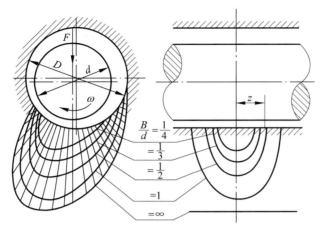

图 11.16 不同宽径比时轴向压力分布情况

4. 承载量系数

由式(11.20)得

$$F = \frac{\mu \omega d B}{\phi^2} C_p \tag{11.21}$$

式中：

$$C_p = 3 \int_{-B/2}^{+B/2} \int_{\varphi_1}^{\varphi_2} \left[\int_{\varphi}^{\varphi} \frac{\varepsilon(\cos\varphi - \cos\varphi_0)}{B(1+\varepsilon\cos\varphi)^3} d\varphi \right] \cdot \left[-\cos(\varphi_a + \varphi) d\varphi \right] \cdot C \left[1 - \left(\frac{2y}{B}\right)^2 \right] dy \tag{11.22}$$

因为轴颈圆周速度 $U = d\omega/2$，则式(11.21)可化成

$$C_p = \frac{F\phi^2}{\mu \omega d B} = \frac{F\phi^2}{2\mu U B} \tag{11.23}$$

式中，C_p 为承载量系数；B 为轴承宽度，m；F 为外载荷，N。

C_p 的解析解难以得到，一般采用数值积分计算，并做成相应的线图或表格供设计使用。由式(11.22)可知，在给定边界条件时，C_p 是轴颈在轴承中位置的函数，其值取决于轴承的包角 α（指轴承表面上的连续光滑部分包围轴颈的角度，即入油口和出油口所包轴颈的夹角）、相对偏心率 ε 和宽径比 B/d。由于 C_p 是一个量纲一化的量，故称为轴承的承载量系数。当轴承的包角 α（=120°，180°或360°）给定时，经过一系列换算，C_p 可以表示为

$$C_p \propto (\varepsilon, B/d) \tag{11.24}$$

若轴承是在非承载区内进行无压力供油，且设液体动压力是在轴颈与轴承衬的180°的弧内产生时，不同 ε 和 B/d 的 C_p 值见表11.3。

表 11.3 有限宽轴承的承载量系数 C_p

ε B/d	0.3	0.4	0.5	0.6	0.65	0.7	0.75	0.8	0.85	0.9	0.925	0.95	0.975	0.99
0.3	0.0522	0.0826	0.128	0.203	0.259	0.347	0.475	0.699	1.122	2.074	3.352	5.73	15.15	50.52
0.4	0.0893	0.141	0.216	0.339	0.431	0.573	0.776	1.079	1.775	3.195	5.055	8.393	21.00	65.26
0.5	0.133	0.209	0.317	0.497	0.655	0.819	1.098	1.572	2.428	4.261	6.615	10.706	25.62	75.86

续表

ε \ B/d	0.3	0.4	0.5	0.6	0.65	0.7	0.75	0.8	0.85	0.9	0.925	0.95	0.975	0.99
0.6	0.182	0.283	0.427	0.655	0.819	1.070	1.418	2.001	3.036	5.214	7.956	12.64	29.17	83.21
0.7	0.234	0.361	0.538	0.816	1.014	1.312	1.720	2.399	3.580	6.029	9.072	14.14	31.88	88.90
0.8	0.287	0.439	0.647	0.972	1.199	1.538	1.965	2.754	4.053	6.721	9.992	15.37	33.99	92.89
0.9	0.339	0.515	0.754	1.118	1.371	1.745	2.248	3.067	4.459	7.294	10.753	16.37	35.66	96.35
1.0	0.391	0.589	0.853	1.253	1.528	1.929	2.469	3.372	4.808	7.772	11.38	17.18	37.00	98.95
1.1	0.440	0.658	0.947	1.377	1.669	2.079	2.664	3.580	5.160	8.186	11.91	17.86	38.12	101.15
1.2	0.487	0.723	1.033	1.489	1.796	2.247	2.838	3.787	5.364	8.533	12.35	18.43	39.04	102.90
1.3	0.529	0.784	1.111	1.590	1.912	2.379	2.990	3.968	5.586	8.831	12.73	18.91	39.81	104.42
1.5	0.610	0.891	1.248	1.763	2.099	2.600	3.242	4.266	5.947	9.304	13.34	19.68	41.07	106.84
2.0	0.763	1.091	1.483	2.070	2.446	2.981	3.671	4.778	6.545	10.091	14.34	20.97	43.11	110.79

11.4.3　最小油膜厚度

由公式(11.10)及表 11.3 可知,在其他条件不变的情况下,最小油膜厚度 $h_{\min}$ 越小则偏心率 ε 越大,轴承的承载能力就越大。然而,最小油膜厚度是不能无限缩小的,因为它受到轴颈和轴承表面粗糙度、轴的刚性及轴承与轴颈的几何形状误差等的限制。为确保轴承能处于液体摩擦状态,最小油膜厚度必须等于或大于许用油膜厚度 $[h]$,即

$$h_{\min} = r\psi(1-\varepsilon) \geqslant [h] \tag{11.25}$$

$$[h] = S(R_{z1} + R_{z2}) \tag{11.26}$$

式中,S 为安全系数,考虑表面几何形状误差和轴颈挠曲变形等,常取 $S \geqslant 2$;R_{z1}、R_{z2} 分别为轴颈和轴承孔表面轮廓最大高度。对一般轴承,R_{z1} 和 R_{z2} 值可分别取为 $3.2\mu m$ 和 $6.3\mu m$,或 $1.6\mu m$ 和 $3.2\mu m$;对重要轴承可取为 $0.8\mu m$ 和 $1.6\mu m$,或 $0.2\mu m$ 和 $0.4\mu m$。

11.4.4　热平衡计算

轴承工作时,摩擦功耗将转变为热量,使润滑油温度升高。如果油的平均温度超过计算承载能力时所假定的数值,则轴承承载能力就要降低。因此要计算油的温升 Δt,并将其限制在允许的范围内。

轴承运转中达到热平衡状态的条件是:单位时间内轴承摩擦所产生的热量 H 等于相同时间内流动的油所带走的热量 H_1 与轴承散发的热量 H_2 之和,即

$$H = H_1 + H_2 \tag{11.27}$$

轴承中的热量是由摩擦损失的功转变而来的。因此,每秒钟在轴承中产生的热量 H 为

$$H = fpU \tag{11.28}$$

由流出的油带走的热量 H_1 为

$$H_1 = Q\rho c(t_0 - t_i) \tag{11.29}$$

式中,Q 为耗油量,m^3,从图 11.17 中的油量系数曲线求出;ρ 为润滑油的密度,kg/m^3,对矿物

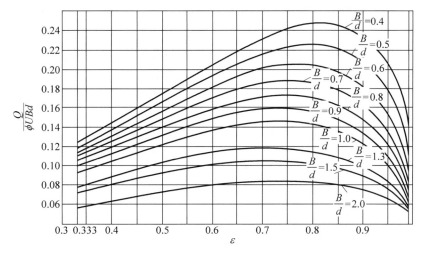

图 11.17 流量系数曲线

油为 850~900kg/m³；c 为润滑油的比热容，J/(kg·℃)，对矿物油为 1675~2090J/(kg·℃)；t_0 为油的出口温度，℃；t_i 为油的入口温度，℃，通常由于冷却设备的限制，取为 35~40℃。

除了润滑油带走的热量以外，还可以由轴承的金属表面通过传导和辐射把一部分热量散发到周围介质中去。这部分热量与轴承的散热表面的面积、空气流动速度等有关，很难精确计算，因此通常采用近似计算。若以 H_2 代表这部分热量，并以油的出口温度 t_0 代表轴承温度，油的入口温度 t_i 代表周围介质的温度，则

$$H_2 = \alpha_s \pi dB(t_0 - t_i) \tag{11.30}$$

式中，α_s 为轴承的表面传热系数，随轴承结构的散热条件而定。对于轻型结构的轴承，或周围的介质温度高和难于散热的环境（如轧钢机轴承），取 $\alpha_s = 50\text{W}/(\text{m}^2 \cdot ℃)$；中型结构或一般通风条件，取 $\alpha_s = 80\text{W}/(\text{m}^2 \cdot ℃)$；在良好冷却条件下工作的重型轴承，可取 $\alpha_s = 140\text{W}/(\text{m}^2 \cdot ℃)$。

将 H、H_1 和 H_2 代入式(11.27)，有

$$f p U = Q \rho c (t_0 - t_i) + \alpha_s \pi dB(t_0 - t_i) \tag{11.31}$$

从而得到热平衡条件下润滑油温升 Δt 为

$$\Delta t = t_0 - t_i = \frac{\left(\dfrac{f}{\phi} p\right)}{c\rho \left(\dfrac{Q}{\phi UBd}\right) + \dfrac{\pi \alpha_s}{\phi U}} \tag{11.32}$$

式中，$\dfrac{Q}{\phi UBd}$ 为耗油量系数，是一个量纲为 1 的量，可根据轴承的宽径比 B/d 及偏心率 ε 由图 11.17 查出；f 为摩擦系数，可按下式计算

$$f = \frac{\pi}{\phi} \cdot \frac{\mu \omega}{p} + 0.55 \phi \xi \tag{11.33}$$

式中，ξ 为随轴承宽径比而变化的系数，当 $B/d < 1$ 时，$\xi = (d/B)^{1.5}$，当 $B/d \geqslant 1$ 时，$\xi = 1$；ω 为轴颈角速度，rad/s；p 为轴承的平均压力，Pa；μ 为润滑油的动力黏度，Pa·s。

用式(11.32)只是求出了平均温升,实际上轴承上各点的温度是不相同的。润滑油从流入到流出轴承,温度逐渐升高,因而在轴承中不同位置油的黏度也将不同。研究结果表明,利用式(11.23)计算轴承的承载量系数时,可以采用润滑油平均温度时的黏度。润滑油的平均温度 $t_m=(t_i+t_0)/2$,而温升 $\Delta t=t_0-t_i$,所以润滑油的平均温度 t_m 按下式计算:

$$t_m = t_i + \frac{\Delta t}{2} \tag{11.34}$$

为了保证轴承的承载能力,建议许用平均温度 $[t]$ 不超过 75℃。

设计时,通常是先给定平均温度 t_m,按式(11.32)求出的温升 Δt 来校核油的入口温度 t_i,即

$$t_i = t_m - \frac{\Delta t}{2} \tag{11.35}$$

若 $t_i > 35 \sim 40℃$,则表示轴承热平衡易于建立,轴承的承载能力尚未用尽。此时应降低给定的平均温度,并允许适当地加大轴瓦及轴颈的表面粗糙度,再作计算。

若 $t_i < 35 \sim 40℃$,则表示轴承不易达到热平衡状态。此时需加大间隙,并适当地降低轴承及轴颈的表面粗糙度,再行计算。

此外要说明的是,轴承的热平衡计算中的耗油量仅考虑了速度供油量,即由旋转轴颈从油槽带入轴承间隙的油量,忽略了油泵供油时,油被输入轴承间隙时的压力供油量,这将影响轴承温升计算的精确性。因此,它只适用于一般用途的液体动力润滑径向轴承的热平衡计算,对于重要的液体动压轴承计算可参考其他文献。

11.4.5 轴承主要参数选择

1. 宽径比 B/d

一般轴承的宽径比 B/d 在 0.3~1.5 范围内。宽径比小,有利于提高运转稳定性,增大端泄漏量以降低温升。但轴承宽度减小,轴承承载能力也随之降低。

高速重载轴承温升高,宽径比宜取小值;低速重载轴承,为提高轴承整体刚性,宽径比宜取大值;高速轻载轴承,如对轴承刚性无过高要求,可取小值;需要对轴有较大支承刚性的机床轴承,宜取较大值。

一般机器常用的 B/d 值为:汽轮机、鼓风机,$B/d=0.3\sim 1$;电动机、发电机、离心泵、齿轮变速器,$B/d=0.6\sim 1.5$;机床、拖拉机,$B/d=0.10\sim 1.2$;轧钢机,$B/d=0.6\sim 0.9$。

2. 相对间隙 ϕ

相对间隙 ϕ 主要根据载荷和速度选取。速度愈高,ϕ 值应愈大;载荷愈大,ϕ 值应愈小。此外,直径大、宽径比小、调心性能好、加工精度高时,ϕ 值取小值,反之取大值。一般轴承,按转速取 ϕ 值的经验公式为

$$\phi \approx \frac{(n/60)^{4/9}}{10^{31/9}} \tag{11.36}$$

式中,n 为轴颈转速,r/min。

一般机器中常用的 ϕ 值为：汽轮机、电动机、齿轮减速器，$\phi=0.001\sim0.002$；轧钢机、铁路车辆，$\phi=0.0002\sim0.0015$；机床、内燃机，$\phi=0.0002\sim0.00125$；鼓风机、离心泵，$\phi=0.001\sim0.003$。

3. 黏度

黏度是轴承设计中的一个重要参数。它对轴承的承载能力、功耗和轴承温升都有不可忽视的影响。轴承工作时，油膜各处温度是不同的，通常认为轴承温度等于油膜的平均温度。平均温度的计算是否准确，将直接影响到润滑油黏度的大小。平均温度过低，则油的黏度较大，算出的承载能力偏高；反之，则承载能力偏低。设计时，可先假定轴承平均温度，（一般取 $t_m=50\sim75℃$）初选黏度，进行初步设计计算。最后再通过热平衡计算来验算轴承入口油温 t_i 是否在 $35\sim40℃$ 之间，否则应重新选择黏度再作计算。

对于一般轴承，也可按轴颈转速 n 先初估油的动力黏度，即

$$\mu' = \frac{(n/60)^{-1/3}}{10^{7/6}} \tag{11.37}$$

由式(3.8)计算相应的运动黏度 ν，选定平均油温 t_m，参照附表 I.1 选定全损耗系统用油的牌号；然后查图 3.9，重新确定 t_m 时的运动黏度 ν_{tm} 及动力黏度 μ_{tm}；最后再验算入口油温。

例 11.1 设计发电机用的液体动力润滑径向滑动轴承，工作载荷 $F=38\,000\mathrm{N}$，载荷稳定，已知轴颈直径 $d=100\mathrm{mm}$，转速 $n=1450\mathrm{r/min}$。

解： 采用对开式轴承，在水平剖分面单侧供油。

1. 轴承参数选择与计算

（1）选择轴承宽度

根据发电机滑动轴承常用的宽径比范围 $B/d=0.6\sim1.5$，初取宽径比为 1。
$$B = (B/d) \times d = 1 \times 0.1 = 0.1\mathrm{m}$$

（2）轴颈圆周速度
$$v = \frac{\pi dn}{60 \times 1000} = \frac{\pi \times 100 \times 1450}{60 \times 1000} = 7.59\mathrm{m/s}$$

（3）轴承工作压力
$$p = \frac{F}{dB} = \frac{38\,000}{0.1 \times 0.1}\mathrm{Pa} = 3.8\mathrm{MPa}$$

可以得到
$$pv = 3.8 \times 7.59 = 28.85\mathrm{MPa \cdot m/s}$$

2. 轴瓦材料

查表 11.1，选定轴承材料为铅青铜 ZCuPb30，$[p]=25\mathrm{MPa}$，$[v]=12\mathrm{m/s}$，$[pv]=30\mathrm{MPa \cdot m/s}$，均满足 $p \leqslant [p]$、$v \leqslant [v]$、$pv \leqslant [pv]$。

3. 选择润滑油

由式(11.37)初估润滑油黏度
$$\mu' = \frac{(n/60)^{-1/3}}{10^{7/6}} = \frac{(1450/60)^{-1/3}}{10^{7/6}} = 0.024\mathrm{Pa \cdot s}$$

取润滑油密度 $\mu=900\mathrm{kg/m^3}$，由式(3.8)可计算得到相应的运动黏度为
$$\nu = \frac{\mu'}{\rho} \times 10^6 = \frac{0.024}{900} \times 10^6 = 26.67\mathrm{cSt}$$

根据平均油温 $t_m=50℃$，参照附表 I.1 和图 3.9 选定全损耗系统用油 L-AN46，并由查得的 $\nu_{50}=$

30cSt,换算其在 50℃时的动力黏度为

$$\mu_{50} = \rho \nu_{50} \times 10^{-6} = 900 \times 30 \times 10^{-6} \approx 0.027 \text{Pa} \cdot \text{s}$$

4. 计算间隙

由式(11.36),相对间隙为

$$\phi \approx \frac{(n/60)^{4/9}}{10^{31/9}} = \frac{(1450 \times 60)^{4/9}}{10^{31/9}} \approx 0.056$$

按式(11.36)中的电动机推荐值 $\phi = 0.001 \sim 0.002$,因此上式算出的 ϕ 值过大,取 0.0015。可得直径间隙为

$$\Delta = \phi d = 0.0015 \times 100 = 0.15 \text{mm}$$

5. 计算轴承偏心率

由式(11.23)得承载量系数为

$$C_p = \frac{F\phi^2}{2\mu UB} = \frac{38\,000 \times (0.0015)^2}{2 \times 0.027 \times 7.59 \times 0.1} = 2.09$$

根据 C_p 及 B/d 的值查表 11.3,经过插值计算求出偏心率 $\varepsilon = 0.714$。

6. 最小油膜厚度

由式(11.10)得

$$h_{\min} = \frac{d}{2}\phi(1-\varepsilon) = \frac{100}{2} \times 0.0015 \times (1-0.714) = 21.45\mu\text{m}$$

按加工精度要求取轴颈表面粗糙度等级为 $\sqrt{Ra0.8}$,查取轴颈 $R_{z1} = 0.0032\text{mm}$,轴承孔表面粗糙度等级为 $\sqrt{Ra0.6}$,轴承孔 $R_{z2} = 0.0063\text{mm}$。取安全系数 $S=2$,由式(11.26)得

$$[h] = S(R_{z1} + R_{z2}) = 2 \times (0.0032 + 0.0063)\text{mm} = 19\mu\text{m}$$

有 $h_{\min} > [h]$,故满足工作可靠性要求。

7. 热平衡计算

因轴承的宽径比 $B/d = 1$,取随宽径比变化的系数 $\xi = 1$,由摩擦系数计算式得

$$f = \frac{\pi}{\phi} \cdot \frac{\mu\omega}{p} + 0.55\phi\xi = \frac{\pi \times 0.027(2\pi \times 1450/60)}{0.0015 \times 3.8 \times 10^6} + 0.55 \times 0.0015 \times 1$$

$$= 0.003\,08$$

由宽径比 $B/d = 1$ 及偏心率 $\varepsilon = 0.714$ 查图 11.17,得耗油量系数 $Q/(\phi UBd) = 0.146$。按润滑油密度 $\rho = 900\text{kg/m}^3$,取比热容 $c = 1800\text{J/(kg} \cdot \text{℃)}$,表面传热系数 $\alpha_s = 80\text{W/(m}^2 \cdot \text{℃)}$,由式(11.32)得温升为

$$\Delta t = \frac{\left(\dfrac{f}{\phi}\right)p}{c\rho\left(\dfrac{Q}{\phi UBd}\right) + \dfrac{\pi\alpha_s}{\phi U}} = \frac{\dfrac{0.003\,08}{0.0015} \times 3.8 \times 10^6}{1800 \times 900 \times 0.146 + \dfrac{\pi \times 80}{0.0015 \times 7.59}} = 30.17\text{℃}$$

由式(11.35)得润滑油入口温度为

$$t_i = t_m - \frac{\Delta t}{2} = 50 - \frac{30.17}{2} \approx 35\text{℃}$$

由于 $t_i = 35 \sim 40$℃容易实现热平衡,故上述入口温度合适。

8. 计算最大和最小间隙

根据直径间隙 $\Delta = 0.15\text{mm}$,按 GB/T 1800.1—2020 选配合 G7/e8,查得轴承孔尺寸公差为 $\phi 100^{+0.047}_{+0.012}$,轴颈尺寸公差为 $\phi 100^{-0.072}_{-0.126}$,从而有

$$\Delta_{\max} = 0.047 - (-0.126) = 0.173\text{mm}$$

$$\Delta_{\min} = 0.012 - (-0.072) = 0.084\text{mm}$$

因 $\Delta = 0.15\text{mm}$ 在 Δ_{max} 与 Δ_{min} 之间,故所选配合用。

解毕。

注意,在上面的算例中,入口温度刚刚满足要求,如果需要改进,可增加散热装置。另外,如果在计算中,有条件不满足,须重新选择参数进行计算。

11.5 其他滑动轴承简介

11.5.1 液体静压滑动轴承

静压轴承是依靠外部提供高压油进入轴承中,形成油膜,保证轴承在液体摩擦状态下工作。一般用于低速、重载或要求高精度的机械装备中,如精密机床、重型机器等。

图 11.18 所示给出了液体静压径向轴承的工作原理。在轴瓦内表面开有几个油腔,油腔通过节流器与供油管路相连。高压油经节流器降压后流入各油腔后,或经封油面流入油槽,再流出轴承,或经轴向封油面流出轴承。油腔有一封油面,称为油台。当无外载荷时,各油腔的油压均相等,使轴颈与轴承同心,即轴颈浮在轴承的中心位置,此时各油腔流量相等,压力也相同。当受载荷后,轴颈位移,移动方向的油腔的油台与轴颈间的间隙减小,流量减少,压力增大,反向油腔则压力降低,两者压力差的合力与外载荷平衡,从而实现承载。

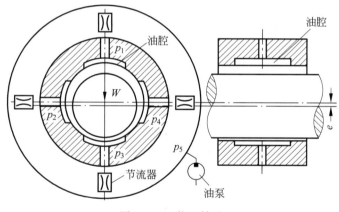

图 11.18 静压轴承

11.5.2 空气轴承

空气黏度小,可作为高速机械润滑剂,解决每分钟数十万转的超高速轴承的温升问题。气体润滑在本质上与液体润滑一致,也有静压式和动压式两类,其形成的动压气膜厚度很薄,最大不超过 $20\mu\text{m}$,故对于空气轴承制造要求十分精确;其黏度很少受温度的影响,因此有可能在低温及高温中应用;其没有油类污染的危险,而且密封简单、回转精度高、运行噪声低,主要缺点是承载量不能太大,因此常用于高速磨头、陀螺仪、医疗设备等方面。

径向动压气体轴承的结构简单,但稳定性较差,在轴瓦表面加上弹性膜片支承可以提高轴承的稳定性,但结构复杂。

图 11.19 所示的空气动压止推轴承,在螺旋槽止推螺旋盘上对称开有数个供气孔,提供压力气体。

11.5.3 自润滑轴承

自润滑轴承一般是指轴承在无外加润滑剂的工况下运转,或称干摩擦轴承,这种轴承不能避免磨损,因而要选用磨损率低的材料制造,通常用各种工程塑料、碳-石墨和多孔质材料作为自润滑轴承的材料,见表 11.1。自润滑材料通过在润滑油中的浸泡可储存润滑油,工作时通过压力将润滑油挤出进行润滑。

图 11.19 动压止推轴承

习　题

1. 判断题

(1) 流体动压滑动轴承当中,轴的转速越高,油膜承载能力越高。　　　　(　　)

(2) 流体动压滑动轴承当中,B/d 增大,其承载能力增大,温升也增大。　(　　)

(3) 欲提高液体动压滑动轴承的工作转速,应提高其润滑油的黏度。　　(　　)

(4) 液体动压轴承的动压形成只需要两个条件:轴和轴承间有足够的润滑油,轴和轴承间有足够的相对速度。　　　　　　　　　　　　　　　　　　　(　　)

2. 选择题

(5) 动压向心滑动轴承的偏心距 e 随着_____而减小。

(A) 轴径转速 n 的增大或载荷 F 的增大

(B) n 的增大或 F 的减小

(C) n 的减小或 F 的增大

(D) n 的减小或 F 的减小

(6) 通过直接求解雷诺方程,可以求出轴承间隙中润滑油的_____。

(A) 流量分布　　(B) 流速分布　　(C) 温度分布　　(D) 压力分布

(7) 两板间充满一定黏度的液体,两板相对运动方向如图 11.20 所示,可能形成液体动压润滑的是_____。

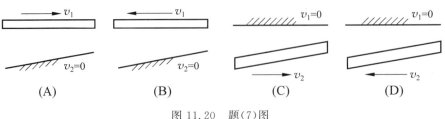

图 11.20　题(7)图

(8) 设计动压向心滑动轴承,若通过热平衡计算,发现轴承温升过高,在下列改进设计的措施中,有效的是_____。
  (A) 增大轴承的宽径比 B/d (B) 减少供油量
  (C) 增大相对间隙 ψ (D) 换用黏度较高的油
(9) 动压滑动轴承能建立动压的条件中,不必要的条件是_____。
  (A) 轴颈与轴瓦间构成楔形间隙
  (B) 充分供应润滑油
  (C) 润滑油温度不超过 50℃
  (D) 轴颈与轴瓦表面之间有相对滑动,使润滑油从大口流向小口。
(10) 验算滑动轴承最小油膜厚度 h_{min} 的目的是_____。
  (A) 确定轴承是否能获得液体润滑   (B) 控制轴承的发热量
  (C) 计算轴承内部的摩擦阻力   (D) 控制轴承的压强 p

3. 问答题

(11) 滑动轴承的摩擦状况有哪几种?它们有何本质差别?
(12) 滑动轴承的主要失效形式有哪些?
(13) 常用轴瓦材料有哪些?各适用何处?
(14) 不完全液体润滑滑动轴承需进行哪些计算?各有何含义?
(15) 在液体润滑滑动轴承设计中,为什么需要进行热平衡计算?

4. 计算题

(16) 某不完全液体润滑径向滑动轴承,已知:轴颈直径 $d=200$mm,轴承宽度 $B=200$mm,轴颈转速 $n=300$r/mim,轴瓦材料为 ZCuAl10Fe3,试问它可以承受的最大径向载荷是多少?

(17) 已知一起重机卷筒的滑动轴承所承受的载荷 $F=10^5$ N,轴颈直径 $d=90$mm,轴的转速 $n=9$r/min,轴承材料采用铸造青铜,试设计此轴承(采用不完全液体润滑径向轴承)。

(18) 校核铸件清理滚筒上的一对滑动轴承,已知装载量加自重为 18×10^3 N,转速为 40r/mim,两端轴颈的直径为 120mm,轴瓦材料为锡青铜 ZCuSn10P1,用润滑脂润滑。

(19) 验算一混合润滑的滑动轴承,已知轴转速 $n=65$r/min,轴直径 $d=85$mm,轴承宽度 $B=85$mm,径向载荷 $R=70$kN,轴的材料为 45 钢,轴瓦材料为 ZCuSn10P1。

(20) 一液体润滑向心滑动轴承,轴颈上载荷 $F=100$kN,转速 $n=500$r/min,轴颈直径 $d=200$mm,轴承宽径比 $B/d=1$,轴及轴瓦表面的粗糙度为 $R_{z1}=0.0032$mm,$R_{z2}=0.0063$mm,设其直径间隙 $d=0.250$mm,工作温度为 50℃,润滑油动力黏度 $\eta=0.045$MPa·s,取安全系数 $S=2$。
  ①校核该轴承是否可形成动压液体润滑;②计算轴承正常工作时偏心距 e。

偏心率 ε	0.50	0.60	0.65	0.70	0.75	0.80	0.85
承载量系数 C_p	0.853	1.253	1.528	1.929	2.469	3.372	4.808

(21) 有一滑动轴承,轴颈直径 $d=100$mm,宽径比 $l/d=1$,测得直径间隙 $\Delta=0.12$mm,转速 $n=2000$r/min,径向载荷 $F=8000$N,润滑油的动力黏度 $\eta=0.009$Pa·s,轴颈及轴瓦表面不平度的平均高度分别为 $R_{z1}=1.6\mu$m,$R_{z2}=3.2\mu$m。试问此轴承是否能达到液体动力润滑状态?若达不到,在保持轴承尺寸不变的条件下,要达到液体动力润滑状态可改变哪些参数?并对其中一种参数进行计算。

注:$C_p=\dfrac{F\psi^2}{2\eta vl}$,$\psi=0.8\sqrt[4]{v}\times 10^{-3}$

(22) 试分析图 11.21 所示 4 种摩擦副,在摩擦面间哪些摩擦副不能形成油膜压力,为什么?(v 为相对运动速度,油有一定的黏度。)

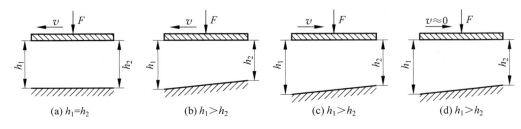

图 11.21 题(22)图

5. 设计题

(23) 设计电机上的滑动轴承,轴承工作载荷等于 35×10^3N,转速等于 1500r/min,轴颈直径等于 100mm。

第 12 章

弹　簧

12.1　概　述

弹簧

弹簧是一种弹性元件,可以在载荷作用下产生较大的弹性变形,当外负载卸除后,弹簧能够恢复原形,此时,弹簧可以把机械功或动能转化为变形势能,或者把变形势能转化为机械能或动能。

弹簧在各类机械中应用十分广泛,主要用于:①控制机构的运动,如制动器、离合器中的控制弹簧,换向阀的复位弹簧等;②减振和缓冲,如汽车、火车车厢下的减振弹簧,以及各种缓冲器用的弹簧等;③储存及输出能量,如钟表弹簧、枪闩弹簧等;④测力,如测力器和弹簧秤中的弹簧等。

按照所承受的载荷不同,弹簧可以分为拉伸弹簧、压缩弹簧、扭转弹簧和弯曲弹簧 4 种;而按照弹簧的形状不同,又可分为螺旋弹簧、环形弹簧、碟形弹簧、板簧和盘簧等。表 12.1中列出了弹簧的基本类型,此外还有非金属材料做成的空气弹簧、橡胶弹簧等。

表 12.1　弹簧的基本类型

按形状分 \ 按载荷分	拉伸	压缩		扭转	弯曲
螺旋形	圆柱螺旋拉伸弹簧 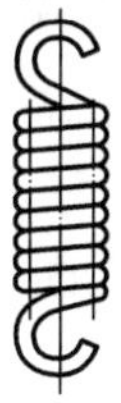	圆柱螺旋压缩弹簧 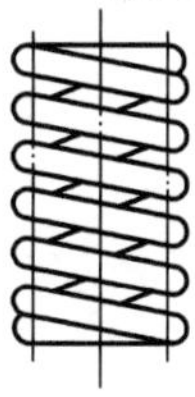	圆锥螺旋压缩弹簧 	圆柱螺旋扭转弹簧 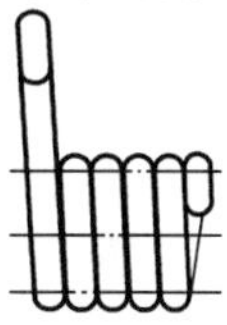	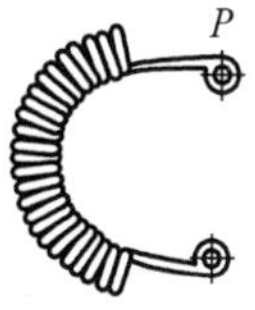
其他形	—	环形弹簧 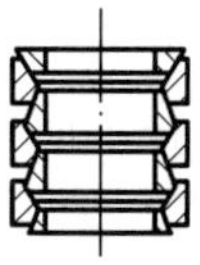	碟形弹簧 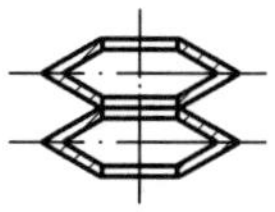	蜗卷形盘簧 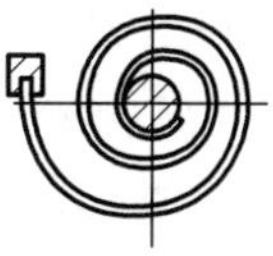	板簧 

12.2 弹簧的材料和制造

常用的弹簧材料有：碳素弹簧钢、合金弹簧钢、不锈钢和铜合金材料以及非金属材料。选用材料时，应根据弹簧的功用、载荷大小、载荷性质及循环特性、工作强度、周围介质以及重要程度来进行选择，弹簧常用材料的性能和许用应力见表12.2。

表 12.2 弹簧材料和许用应力   MPa

类别	牌号	压缩弹簧许用剪切应力 $[\tau]$/MPa			许用弯曲应力 $[\sigma_b]$/MPa		切变模量 G/MPa	弹性模量 E/MPa	推荐硬度 /HRC	推荐使用温度/℃
		I 类	II 类	III 类	I 类	II 类				
钢丝	碳素弹簧钢丝、琴钢丝	$(0.3\sim0.38)\sigma_b$	$(0.38\sim0.45)\sigma_b$	$0.5\sigma_b$	$(0.6\sim0.68)\sigma_b$	$0.8\sigma_b$	79×10^3	206×10^3		$-40\sim120$
	油淬火-回火碳素弹簧钢丝	$(0.35\sim0.4)\sigma_b$	$(0.4\sim0.47)\sigma_b$	$0.55\sigma_b$	$(0.6\sim0.68)\sigma_b$	$0.8\sigma_b$			—	$-40\sim120$
	65Mn	340	455	570	570	710				
	60Si2Mn 60Si2MnA	445	590	740	740	925			$45\sim50$	$-40\sim200$
	50CrVA								$45\sim50$	$-40\sim210$
	65Si2MnWA 60Si2CrVA	560	745	931	1167				$47\sim52$	$-40\sim250$
	30W4Cr2VA	442	588	735	735	920			$43\sim47$	$-40\sim350$

螺旋弹簧是最常用的弹簧，其制造工艺包括卷制、挂钩的制作或端面圈的精加工、热处理、工艺实验及强压处理。卷制是把合乎技术条件规定的弹簧丝卷绕在芯棒上。大量生产时，是在万能自动卷簧机上卷制；单件及小批生产时，则在普通车床或手动卷绕机上卷制。

卷制分冷卷及热卷两种。冷卷用于经预先热处理后拉成的直径 $d<8\sim10$ mm 的弹簧丝；直径较大的弹簧丝制作的强力弹簧则用热卷。热卷时的温度随弹簧丝的粗细在 $800\sim1000$ ℃ 的范围内选择。不论采用冷卷或热卷，卷制后均应视具体情况对弹簧的节距作必要的调整。

对于重要的压缩弹簧，为了保证两端的承压面与其轴线垂直，应将端面圈在专用的磨床上磨平；对于拉伸及扭转弹簧，为了便于连接、固着及加载，两端应制有挂钩或杆臂。

弹簧在完成上述工序后，均应进行热处理。热处理后的弹簧表面不应出现显著的脱碳层。冷卷后的弹簧只作回火处理，以消除卷制时产生的内应力。热卷的弹簧需经淬火及中温回火处理。

12.3 普通圆柱螺旋弹簧设计

12.3.1 圆柱螺旋弹簧的结构

圆柱螺旋弹簧分压缩弹簧和拉伸弹簧。

压缩弹簧如图 12.1 所示,通常其两端的端面圈并紧磨平(代号:YⅠ),磨平部分不少于圆周长的 3/4,端头厚度一般不少于弹簧丝直径 d 的 1/8;还有一种两个端面圈并紧但不磨平(代号:YⅢ)。

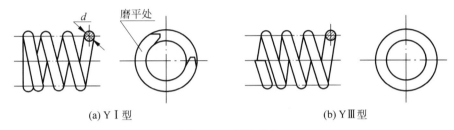

图 12.1 压缩弹簧

拉伸弹簧如图 12.2 所示,其中图 12.2(a)和(b)为半圆形钩和圆环钩;图 12.2(c)为可调式挂钩,用于受力较大时。

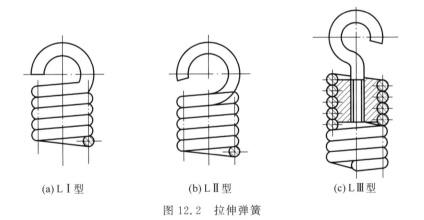

图 12.2 拉伸弹簧

12.3.2 圆柱螺旋弹簧的几何尺寸

圆柱螺旋弹簧的主要几何尺寸有:弹簧丝直径 d、外径 D、内径 D_1、中径 D_2、节距 p、螺旋升角 α、自由高度(压缩弹簧)或长度(拉伸弹簧)H_0,如图 12.3 所示,此外还有有效圈数 n,总圈数 n_1,几何尺寸计算公式见表 12.3。

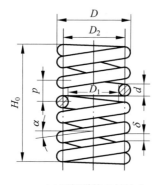 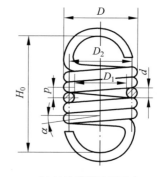

(a) 压缩弹簧几何尺寸　　　　(b) 拉伸弹簧几何尺寸

图 12.3　圆柱形拉、压螺旋弹簧几何尺寸

表 12.3　圆柱形压缩、拉伸螺旋弹簧的几何尺寸计算公式

名称与代号	压缩螺旋弹簧	拉伸螺旋弹簧
弹簧直径 d	由强度计算公式确定	
弹簧中径 D_2	$D_2 = Cd$	
弹簧内径 D_1	$D_1 = D_2 - d$	
弹簧外径 D	$D = D_2 + d$	
弹簧指数 C	$C = D_2/d$　一般 $4 \leqslant C \leqslant 16$	
螺旋升角 α	$\alpha = \arctan(p/\pi D_2)$，对压缩弹簧，推荐 $\alpha = 5° \sim 9°$	
有效圈数 n	由变形条件计算确定，一般 $n > 2$	
总圈数 n_1	压缩，$n_1 = n + (2 \sim 2.5)$，冷卷；拉伸 $n_1 = n$ $n_1 = n + (1.5 \sim 2)$，YⅡ型热卷；拉伸弹簧 n_1 的尾数为 $1/4$、$1/2$、$3/4$ 或整圈，推荐 $1/2$ 圈	
自由高度或长度 H_0	两端圈磨平，$n_1 = n + 1.5$ 时，$H_0 = np + d$ $n_1 = n + 2$ 时，$H_0 = np + 1.5d$ $n_1 = n + 2.5$ 时，$H_0 = np + 2d$ 两端圈不磨平，$n_1 = n + 2$ 时，$H_0 = np + 2d$ $n_1 = n + 2.5$ 时，$H_0 = np + 3.5d$	LⅠ型 $H_0 = (n+1)d + D_1$ LⅡ型 $H_0 = (n+1)d + 2D_1$ LⅢ型 $H_0 = (n+1.5)d + 2D_1$
工作高度或长度 H_n	$H_n = H_0 - \lambda_n$	$H_n = H_0 + \lambda_n$，λ_n 为变形量
节距 p	$p = d + \lambda_{max}/n + \delta_1 = \pi D_2 \tan\alpha\,(\alpha = 5° \sim 9°)$	$p = d$
间距 δ	$\delta = p - d$	$\delta = 0$
压缩弹簧高径比 b	$b = H_0/D_2$	
展开长度 L	$L = \pi D_2 n_1/\cos\gamma$	$L = \pi D_2 n +$ 钩部展开长度

弹簧指数 C 为弹簧中径 D_2 和簧丝直径 d 的比值，即：$C = D_2/d$，通常 C 值在 $4 \sim 16$ 范围内，可按表 12.4 选取。弹簧丝直径 d 相同时，C 值小则弹簧中径 D_2 也小，其刚度较大；反之，则刚度较小。

表 12.4　圆柱螺旋弹簧常用弹簧指数 C

弹簧直径 d/mm	$0.2 \sim 0.4$	$0.5 \sim 1$	$1.1 \sim 2.2$	$2.5 \sim 6$	$7 \sim 16$	$18 \sim 42$
C	$7 \sim 14$	$5 \sim 12$	$5 \sim 10$	$4 \sim 10$	$4 \sim 8$	$4 \sim 6$

12.3.3 圆柱螺旋弹簧的特性曲线

弹簧应在弹性极限内工作,不允许有塑性变形,弹簧所受载荷与其变形之间的关系曲线称为弹簧的特性曲线。

压缩螺旋弹簧的特性曲线如图12.4所示,图中:H_0为弹簧未受载时的自由高度,F_{min}为最小工作载荷,它是使弹簧处于安装位置的初始载荷。在F_{min}的作用下,弹簧从自由高度H_0被压缩到H_1,相应的弹簧压缩变形量为λ_{min};在弹簧的最大工作载荷F_{max}作用下,弹簧的压缩变形量增至λ_{max};在弹簧的极限载荷F_{lim}作用下,弹簧高度为H_{lim},变形量为λ_{lim},弹簧丝应力达到了材料的弹性极限;$h=\lambda_{max}-\lambda_{min}$为弹簧的工作行程。

拉伸螺旋弹簧的特性曲线如图12.5所示,按卷绕方法的不同,拉伸弹簧分为无初应力和有初应力两种:无初应力的拉伸弹簧其特性曲线与压缩弹簧的特性曲线相同,如图12.5(b)所示;有初应力的拉伸弹簧的特性曲线,如图12.5(c)所示,有一段初始变形量,F_0是初始变形所需的初拉力,当工作载荷大于F_0时,弹簧才开始伸长。

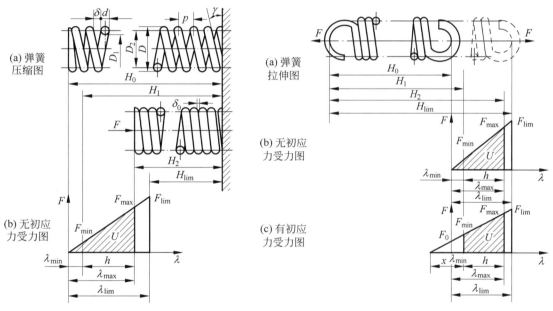

图12.4 圆柱螺旋压缩弹簧的特性曲线图　　图12.5 圆柱螺旋拉伸弹簧的特性曲线

压缩螺旋弹簧、无初应力拉伸螺旋弹簧的最小工作载荷通常取为$F_{min} \geqslant 0.2F_{lim}$,有初应力的拉伸螺旋弹簧$F_{min} > F_0$;弹簧的工作载荷应小于极限载荷,通常取$F_{max} \leqslant 0.8F_{lim}$。因此,为保持弹簧的线性特性,弹簧的工作变形量应取在$(0.2 \sim 0.8)\lambda_{lim}$范围。

12.3.4 弹簧的受力、变形与刚度计算

图12.6(a)所示为一承受轴向力F的圆柱压缩螺旋弹簧。设D_2为弹簧中径,d为簧丝直径。现在假想沿弹簧某点切开,移去其中一部分,而以内力来代替移去部分的影响(见

图 12.6(b))。如图所示,移去的部分将对弹簧留下的部分施加一直接剪切力 F 和扭矩 T。

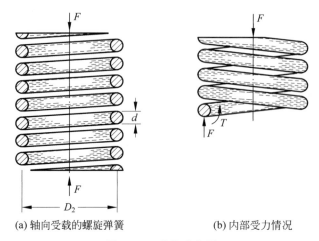

(a) 轴向受载的螺旋弹簧　　　　(b) 内部受力情况

图 12.6　弹簧受力图

为了使弹簧的扭转形象化,可以把它看作一组成螺旋状的普通软管。现在沿与螺旋管平面垂直的直线方向,抽出软管的一端。随着软管每一圈被拉开,软管就绕着自己的轴线扭转或转动。螺旋弹簧的挠曲变形同样地也会引起簧丝的扭转。

应用叠加原理,可以将扭矩和剪力产生的剪应力相加得到簧丝的最大应力:

$$\tau_{\max} = \pm \frac{Tr}{J_\rho} + \frac{F}{A} \tag{12.1}$$

式中,$T=FD_2/2$ 为力 F 产生的力矩,N·mm,D_2 为弹簧中径,mm;r 为簧丝半径,mm,$r=d/2$,d 为簧丝直径;J_ρ 为簧丝的极惯性矩,$J_\rho = \pi d^4/32$,mm^4;A 为簧丝的面积,$A = \pi d^2/4$,mm^2。

从而得

$$\tau = \frac{8FD_2}{\pi d^3} + \frac{4F}{\pi d^2} \tag{12.2}$$

在式(12.2)中,由于不需要而删去了表示最大剪应力的下标 max,取式(12.1)的正号,因此式(12.2)给出的是弹簧内侧纤维的剪应力。

弹簧指数(或旋绕比)C 是弹簧设计的最重要参数,为

$$C = \frac{D_2}{d} \tag{12.3}$$

将式(12.3)代入式(12.2)整理,可得

$$\tau = \frac{8FD_2}{\pi d^3}\left(1 + \frac{0.5}{C}\right) \tag{12.4}$$

若令

$$K_s = 1 + \frac{0.5}{C} \tag{12.5}$$

则

$$\tau = K_s \frac{8FD_2}{\pi d^3} \tag{12.6}$$

式中，K_s 称为剪应力倍增系数。对于常用的 C 值，可以从图12.7查得 K_s 值。

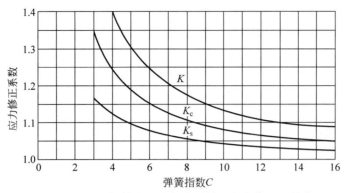

图12.7 圆柱拉伸或压缩螺旋弹簧的应力修正系数值

对于大多数弹簧，C 值在6～12之间。式(12.6)给出的是在弹簧内侧纤维产生的最大剪应力，对静、动载荷都适用。

另外，也可以利用如下的应力公式

$$\tau = K \frac{8FD_2}{\pi d^3} \tag{12.7}$$

式中，K 称为瓦尔(Wahl)修正系数。这个系数既考虑了直接剪切力的影响，又考虑了曲率的影响。

如图12.8所示，簧丝的曲率使弹簧内侧的应力增大，但弹簧外侧的应力只不过略有减少。

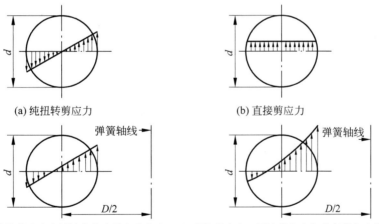

(a) 纯扭转剪应力 (b) 直接剪应力
(c) 直接剪应力和扭转剪应力的合成应力 (d) 直接剪应力、扭转剪应力和曲率剪应力的合成应力

图12.8 螺旋弹簧应力的叠加原理

K 值可从图12.7查得或由下式计算求得：

$$K = \frac{4C-1}{4C-4} + \frac{0.615}{C} \tag{12.8}$$

利用式(12.6)或式(12.7)，弹簧的强度校核公式可写为

$$\tau = K_s \frac{8FD_2}{\pi d^3} \leqslant [\tau] \tag{12.9}$$

或

$$\tau = K\frac{8FD_2}{\pi d^3} \leqslant [\tau] \tag{12.10}$$

式中，$[\tau]$ 为弹簧材料的许用剪应力。

利用式(12.9)或式(12.10)，也可以对弹簧的直径 D_2 或簧丝直径 d 进行设计。

为了得到螺旋弹簧的变形公式，将研究由两个相邻横剖面所组成的簧丝单元体。图12.9 所示为从直径 d 的簧丝上截取的长度为 dx 的单元体。现在研究一下簧丝表面上与弹簧丝轴线平行的线段 ab。变形后，ab 转过了角度 γ 达到新的位置 ac。

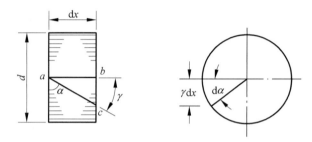

图 12.9 单位长度螺旋弹簧的变形

根据扭转胡克定律，得

$$\gamma = \frac{\tau}{G} = \frac{8FD_2}{\pi d^3 G} \tag{12.11}$$

式中，τ 值由式(12.7)求出，取瓦尔修正系数 $K=1$。

距离 ab 等于 γdx，一个剖面相对于另一个剖面转过的角度 $d\alpha$ 为

$$d\alpha = \frac{2\gamma dx}{d} \tag{12.12}$$

若弹簧的有效圈数为 n，则簧丝的总长度为 $\pi D_2 n$。将式(12.11)的 γ 代入式(12.12)并积分，则簧丝的一端相对于另一端的角变形为

$$\alpha = \int_0^{\pi D_2 n} \frac{2\gamma}{d} dx = \int_0^{\pi D_2 n} \frac{16FD_2}{\pi d^4 G} dx = \frac{16FD_2^2 n}{d^4 G} \tag{12.13}$$

载荷 F 的力臂是 $D/2$，所以变形为

$$y = \frac{\alpha D_2}{2} = \frac{8FD_2^3 n}{d^4 G} \tag{12.14}$$

利用式(12.14)可得

$$F = \frac{d^4 G}{8 D_2^3 n} y = ky \tag{12.15}$$

式中，k 为弹簧刚度，N/mm。

$$k = \frac{d^4 G}{8 D_2^3 n} = \frac{dG}{8 C^3 n} \tag{12.16}$$

刚度表示使弹簧产生单位变形时所需的力。弹簧的刚度越大，使其变形的力越大，则弹簧的弹力亦越大。从式(12.16)可知，k 与 C 的三次方成反比，因此 C 值对 k 的影响很大。

所以,合理地选择 C 值就能控制弹簧的弹力。另外,k 还和材料剪切模量 G、簧丝直径 d、圈数 n 有关。弹簧刚度 k 是弹簧性能的最重要参数和设计的主要指标。因此,对弹簧刚度 k 进行设计时,要综合考虑这些因素。

12.3.5 圆柱螺旋弹簧的设计

设计时,通常是根据弹簧的最大载荷、最大变形以及结构要求(例如安装空间对弹簧尺寸的限制)等来决定弹簧丝直径、弹簧中径、工作圈数、弹簧的螺旋升角和长度等。

圆柱螺旋弹簧的具体设计方法和步骤如下:

(1) 根据工作情况及具体条件选定材料,并查取其机械性能数据。

(2) 选择旋绕比 C,通常可取 $C \approx 5 \sim 8$(极限状态时不小于 4 或超过 16),并算出补偿系数 K 值。

(3) 根据安装空间初设弹簧中径 D_2,根据 C 值估取弹簧丝直径 d,并查取弹簧丝的许用应力。

(4) 试算弹簧丝直径 d',由式(12.9)可得

$$d' \geqslant 1.6\sqrt{\frac{F_{\max}KC}{[\tau]}} \tag{12.17}$$

钢丝的许用应力取决于其 σ_b,而 σ_b 是随着钢丝的直径变化的,所以计算时需要先估取一个 d 值,试算后,将所得的 d' 值,与原来估取的 d 值相比较,如果两者相等或很接近,即可按标准圆整为邻近的标准弹簧钢丝直径 d;如果两者相差较大,则应参考计算结果重估 d 值,并重新试算,直至结果满意。计算结果按表 12.5 圆整。

表 12.5 普通圆柱螺旋弹簧尺寸系列

弹簧丝直径 d/mm	第一系列	0.3 0.35 0.4 0.45 0.5 0.6 0.7 0.8 0.9 1 1.2 1.6 2 2.5 3 3.5 4 4.5 5 6 8 10 12 16 20 25 30 35 40 45 50 60 70 80
	第二系列	0.32 0.55 0.65 1.4 1.8 2.2 2.8 3.2 5.5 6.5 7 9 11 14 18 22 28 32 38 42 55 65
弹簧中径 D_2/mm	第一系列	2 2.2 2.5 3 3.2 3.5 4 4.2 4.5 4.8 5 5.5 6 6.5 7 7.5 8 8.5 9 10 12 14 16 18 20 22 25 28 30 32 35 38 40 42 45 48 50 52 55 58 60 65 70 75 80 85 90 95 100 105 110 115 120 125 130 135 140 145 150 160 170 180 190 200
有效圈数 N/圈	压缩弹簧	2 2.25 2.5 2.75 3 3.25 3.5 3.75 4 4.25 4.5 4.75 5 5.5 6 6.5 7 7.5 8 8.5 9 9.5 10 10.5 11.5 12.5 13.5 14.5 15 16 18 20 22 25 28 30
	拉伸弹簧	2 3 4 5 6 7 8 9 10 11 12 13 14 15 16 17 18 19 20 22 25 28 30 35 40 45 50 55 60 65 70 80 90 100
自由高度 H_0/mm	压缩弹簧	4 5 6 7 8 9 10 11 12 13 14 15 16 17 18 19 20 22 24 26 28 30 32 35 38 40 42 45 48 50 52 55 58 60 65 70 75 80 85 90 95 100 105 110 115 120 130 140 150 160 170 180 190 200 220 240 260 280 300 320 340 360 380 400 420 450 480 500 520 550 580 600

注:①本表适用于压缩、拉伸和扭转的圆截面弹簧丝的圆柱螺旋弹簧;②应优先采用第一系列;③拉伸弹簧有效圈数除去表中规定外,由于两钩环相对位置不同,其尾数还可以为 0.25,0.5,0.75。

（5）根据变形条件求出弹簧工作圈数。由式(12.14)可得

$$n = \frac{d^4 Gy}{8FD_2^3} \tag{12.18}$$

（6）求解弹簧的主要尺寸，并检查是否符合安装要求。如不符合，则要修改有关参数重新设计。

（7）检验弹簧的稳定性。

对于压缩弹簧，长度较大时，当轴向载荷达到一定值时就会产生侧向弯曲而失去稳定性，这在工作中是不允许的。为了避免失稳现象，对于截面为圆形的弹簧，建议其高径比 $b = H_0/D_2$ 按下列规定选取：当两端固定时，取 $b<5.3$；当一端固定，另一端自由转动时，取 $b<3.7$；当两端自由转动时，取 $b<2.6$。当 b 大于上述数值时，要进行稳定性验算，要求满足以下条件：

$$F_c = C_B k H_0 > F_{max} \tag{12.19}$$

其中，F_c 为稳定时的临界载荷；C_B 为不稳定系数，可从图 12.10 中查取；F_{max} 为弹簧的最大载荷。

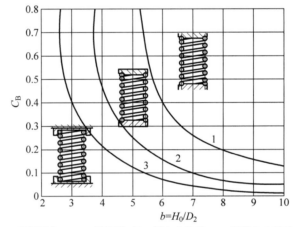

1—两端固定；2—一端固定，另一端自由转动；3—两端自由转动。

图 12.10　不稳定系数线图

如不满足该条件，则应重新选择参数，改变 b 值，提高 F_c 值以保证弹簧稳定性。如设计结构受限，不能改变参数，则应设置导杆或者导套，如图 12.11 所示，导杆(导套)与弹簧的间隙按表 12.6 查取。

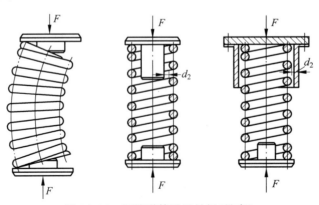

图 12.11　压缩弹簧设置导杆(导套)

表 12.6　导杆（导套）与弹簧间的间隙　　　　　　　　　　　　　　mm

中径 D_2	≤5	>5～10	>10～18	>18～30	>30～50	>50～80	>80～120	>120～150
间隙 d_2	0.6	1	2	3	4	5	6	7

（8）弹簧的结构设计。

根据表 12.3 求解弹簧的全部尺寸，并确定弹簧相关结构，如弹簧的断面结构、拉伸弹簧的钩环类型等。

（9）绘制弹簧工作图。

12.4　其他类型弹簧简介

1. 碟形弹簧

碟形弹簧呈无底碟状，是用金属板料或锻压坯料制成的台锥式弹簧，如图 12.12 所示。其特点是：①刚度大，缓冲吸振能力强，能以小变形承受大载荷，适合于轴向空间要求小的场合；②具有变刚度特性，可以通过适当选择压平时的变形量和厚度之比，得到不同的特性曲线；③用同样的碟形弹簧采用不同的组合方式，能使弹簧特性在很大范围内变化。

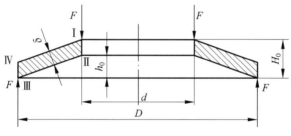

图 12.12　碟形弹簧

碟形弹簧在机械产品中的应用日益广泛，在很大范围内，碟形弹簧正在取代圆柱螺旋弹簧。常用于重型机械及大炮、飞机等武器中，作为强力缓冲和减振弹簧；用于汽车和拖拉机离合器、安全阀、减压阀中的压紧弹簧；还可以用作机动器的储能元件。图 12.13 是碟形弹簧应用在离合器中。

但是，当碟形弹簧的高度和板厚在制造中出现较小误差时，特性便会受较大影响，因而这种弹簧的制造精度要求较高。

2. 环形弹簧

环形弹簧由多个带有内锥面的外圆环和带有外锥面的内圆环配合而成，如表 12.1 所示。受轴向载荷时，各圆环沿圆锥面相对运动产生轴向变形，从而起弹簧作用。

环形弹簧用于空间尺寸受限制而又需吸收大量的能量，以及需要相当大的衰减力即要求强力缓冲的场合，其轴向载荷大多在 2～100t。比如应用于铁道车辆的连接，大型管道的吊架，大容量电流遮断器的固定端支撑，大炮的缓冲弹簧和飞机的制动弹簧等。

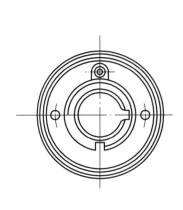
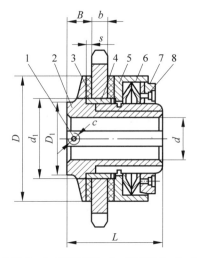

1—紧固螺钉；2—轴套；3—摩擦衬面层；4—衬套；5—加压盘；6—碟形弹簧；7—调节螺母；8—锁紧块。
图 12.13　干式单片圆盘离合器

在承受特别巨大冲击载荷的地方，还可采用由两套不同直径同心安装的组合环形弹簧，或是由环形弹簧与圆柱螺旋弹簧组成的组合弹簧，如图 12.14 所示。

为了防止圆锥面的磨损或擦伤，一般在接触面上涂布石墨润滑脂。

3. 板弹簧

板弹簧由单片钢板或多片钢板叠合构成。板弹簧由于板与板之间有摩擦力而具有较大的缓冲和减振能力，主要用于汽车、拖拉机和铁道车辆的悬架装置。板弹簧按形状和传递载荷的方式不同，可以分为椭圆形、半椭圆形、悬臂式半椭圆形、四分之一椭圆形等几种，如图 12.15 所示。在椭圆形弹簧中，根据悬架装置的需要，可以做成对称和不对称两种结构。

根据所受载荷的不同，板弹簧的片数亦不同，而板弹簧在用于铁道车辆时，常使用几排板弹簧组合的方式。

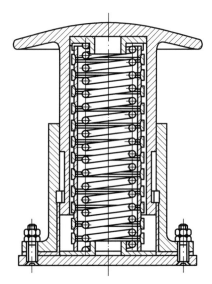

图 12.14　环形弹簧与圆柱螺旋弹簧组合用于缓冲器

4. 平面蜗卷弹簧

平面蜗卷弹簧包括发条弹簧和游丝，如图 12.16 所示。

发条弹簧是用带料绕成平面蜗卷形的弹簧，可以在垂直于轴的平面内形成转动力矩，借以储存能量。当外界对发条弹簧做功后（上紧发条），这部分的功就转换为发条的弹性变形能，当发条工作时，其变形能逐渐释放，从而驱动机构运转。

游丝利用青铜合金或不锈钢等金属带材绕成阿基米德螺线形状，用来承受转矩后产生

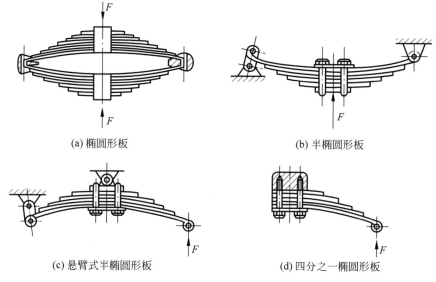

(a) 椭圆形板 (b) 半椭圆形板

(c) 悬臂式半椭圆形板 (d) 四分之一椭圆形板

图 12.15 板弹簧的类型

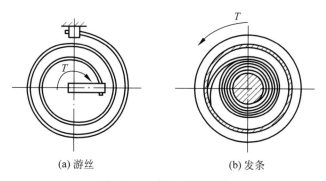

(a) 游丝 (b) 发条

图 12.16 平面蜗卷弹簧

弹性恢复力矩的一种弹性元件,可用于钟表、百分表(见图 12.17)、压力表等机构。

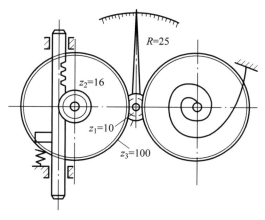

图 12.17 游丝用于百分表中

习　题

1. 判断题

(1) 弹簧指数 C 越小,其刚度越大。　　　　　　　　　　　　　　　　　　　　　(　　)

(2) 圆柱螺旋拉伸弹簧有两种:有初应力的和无初应力的。有初应力的弹簧在拉力达到一定值时,弹簧才开始被拉长。　(　　)

(3) 圆柱螺旋弹簧受拉力时,其弹簧丝截面上受拉应力。　　　　　　　　　　　　(　　)

2. 选择题

(4) 圆柱螺旋弹簧指数 C 是_____的比值。
　　(A) 弹簧丝直径 d 与中径 D
　　(B) 中径 D 与弹簧丝直径 d
　　(C) 自由高度 H_0 与弹簧丝直径 d
　　(D) 弹簧丝直径 d 与自由高度 H_0

(5) 圆柱形螺旋弹簧的弹簧簧丝直径按弹簧的_____要求计算得到。
　　(A) 强度　　　　(B) 稳定性　　　　(C) 刚度　　　　(D) 结构尺寸

(6) 压缩螺旋弹簧受载后,簧丝剖面上的应力主要是_____。
　　(A) 弯曲应力　　(B) 剪应力　　　　(C) 拉应力　　　(D) 压应力

(7) 弹簧的工作圈数 n 是按弹簧的_____通过计算来确定的。
　　(A) 强度　　　　(B) 刚度　　　　　(C) 稳定性　　　(D) 安装和结构

(8) 自行车后座弹簧的作用是_____。
　　(A) 缓冲吸振　　(B) 储存能量　　　(C) 测量　　　　(D) 控制运动

3. 问答题

(9) 按受载荷性质和形状不同,弹簧分哪几种类型?哪种弹簧应用最广?

(10) 自行车座垫下的弹簧属于何种弹簧?

(11) 何谓弹簧指数?何谓弹簧特性曲线?

(12) 现有 A、B 两个弹簧,弹簧丝材料、直径 d 及有效圈数 n 均相同,弹簧中 D_{2A} 大于 D_{2B}。试分析:①当载荷 P 以同样大小的增量不断增大时,哪个弹簧先坏?②当载荷 P 相同时,哪个弹簧的变形量大?

4. 设计题

(13) 试设计一能承受冲击载荷的圆柱螺旋压缩弹簧,已知:$F_{min}=40\text{N}$,$F_{max}=240\text{N}$,工作行程 $R=40\text{mm}$,中间有 $\phi 30\text{mm}$ 的芯轴,弹簧外径不大于 45mm,用碳素弹簧钢丝 Ⅱ 类制造。

第 13 章

联轴器、离合器与制动器

13.1 概　　述

联轴器是用来连接不同机构中的两根轴(主动轴和从动轴),使之共同旋转以传递扭矩的机械零件。在机器运转时,使两轴分离或接合则需要用到离合器,它能够"操纵"或"控制"机械的启动和停车。制动器是用来降低机械运转速度或迫使机械停止运转的装置。

联轴器、离合器和制动器大都已标准化,在选择时可根据工作要求选择合适的类型,再按轴的直径、转矩和转速从有关手册中查出适用的型号尺寸,必要时再验算其中主要零件的强度和其他性能。

13.2 联　轴　器

联轴器

13.2.1 联轴器的作用与类型

由于联轴器所连接的两轴有制造及安装误差,以及机器在工作受载时基础、机架和其他零部件的弹性变形与温度变形,联轴器所连接的两轴轴线不可避免地会产生相对位移,如图 13.1 所示。这就要求设计联轴器时,从结构上采取各种不同的措施,使之具有适应一定范围的相对位移的性能。

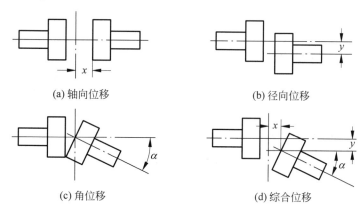

图 13.1　轴线的相对位移

根据联轴器有无弹性元件、对各种相对位移有无补偿能力,联轴器可分为刚性联轴器、挠性联轴器和安全联轴器。联轴器的主要类型、特点及其作用见表13.1。

表 13.1 联轴器类型

类型	名称	例 图	位移补偿	特点与应用场合	工作原理
刚性联轴器	凸缘联轴器	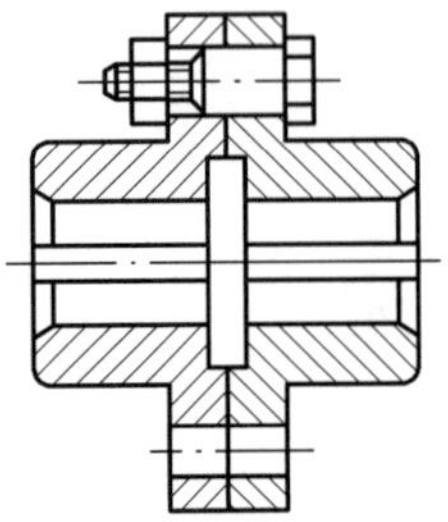 (a) 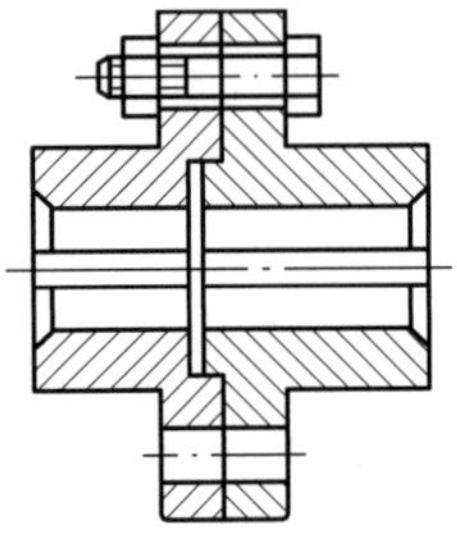 (b)	无补偿功能	转速低、无冲击、轴的刚性大、对中性较好。 为了安全,凸缘联轴器可作成带防护边	用键把带凸缘的半联轴器与轴连接,然后用螺栓把两个半联轴器连接,以传递运动和转矩。 (a) 通过加强杆用螺栓来实现两轴对中的普通的凸缘联轴器。螺栓杆与钉孔为过渡配合,靠螺栓杆承受挤压与剪切来传递转矩; (b) 带对中榫的凸缘联轴器。靠一半联轴器上的凸肩与另一半联轴器上的凹槽配合对中,普通螺栓连接。通过接合面摩擦力传递转矩
	套筒联轴器	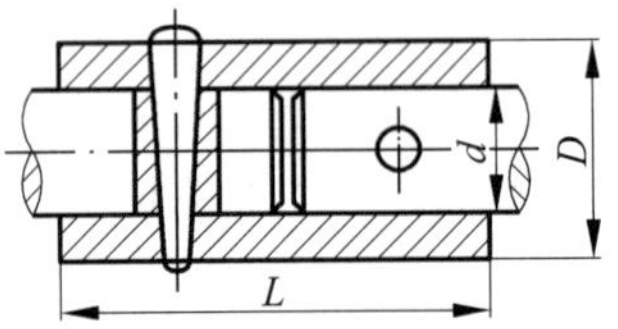		径向尺寸小,结构简单。无标准,需要自行设计,结构尺寸推荐:$D=(1.5\sim2)d$;$L=(2.8\sim4)d$。用于机床等	通过圆柱形套筒,用两个圆锥销连接两轴来传递转矩。也可以用两个平键代替圆锥销
挠性联轴器	十字滑块联轴器	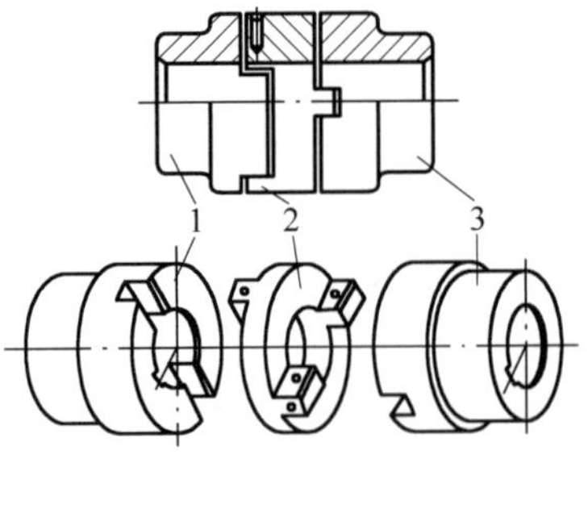	无弹性元件,具有一定的轴向、径向、角向补偿功能	当转速较高时,中间圆盘的偏心将会产生较大的离心力,加速工作面的磨损,并给轴和轴承带来较大的附加载荷。用于低速,径向位移 $y \leqslant 0.04d$(d 为轴径),角位移 $\alpha \leqslant 30'$。凹槽和凸块工作面硬度46HRC~50HRC;加润滑剂	通过带有相互垂直凸块的十字滑块2分别与带凹槽两半联轴器1、3相嵌合。两个半联轴器通过键与轴连接。当机器运转时,如果被连接的两轴轴线存在相对位移,十字滑块的凸块将在半联轴器的凹槽内滑动,以补偿两轴的相对位移

续表

类型	名称	例　图	位移补偿	特点与应用场合	工　作　原　理
挠性联轴器	万向联轴器	(a)(b)	无弹性元件，可补偿很大角向位移	结构比较紧凑，传动效率高，维护方便，用于连接轴线夹角很大的两轴（两轴夹角最大可达35°~45°），或工作时有较大角位移的场合。在汽车、拖拉机、金属切削机床中应用广泛	图(a)：单万向联轴器主要是由两个分别固定在主、从动轴上的叉形接头1、2和一个十字形零件（称十字头）3组成，叉形接头和十字头铰接。可连接轴线夹角 α 很大的两轴，两轴转速不同。常成对使用，即图(b)双万向联轴器。
	齿轮联轴器		无弹性元件。能补偿较大综合位移	能传递较大的转矩，结构复杂，制造困难，用于重型机器和起重设备。当用于高速传动（如用于汽轮机传动轴系的连接）时，必须进行高精度加工，并经动平衡处理，需要良好润滑和密封。不适用于立轴	由两个具有外齿的半联轴器1、4和两个具有内齿的外壳2、3组成。螺栓5将外壳联成一体。通过齿轮啮合传递转矩，轮齿间留有较大侧隙，外齿轮齿顶做成球面。齿轮齿数一般可取30~80
	弹性圈柱销联轴器		有弹性元件。对两轴线相对偏移具有一定的补偿，安装时，注意留出间隙 c，以便两轴工作时能作少量的相对轴向位移	减振、缓冲性能较好，但弹性圈易磨损、寿命短。多用于经常正、反转，启动频繁，转速较高的场合	结构与凸缘联轴器相似，用套有弹性圈1的柱销2代替了连接螺栓。该联轴器结构比较简单，制造容易，不用润滑，弹性圈更换方便（不用移动半联轴器）
	尼龙柱销联轴器等			与弹性圈柱销联轴器类似。低速时，可代替弹性圈柱销联轴器。不宜用于可靠性要求高（如起重机提升机构）、重载和具有强烈冲击与振动，以及径向与角向位移大、安装精度低的场合	用尼龙柱销1代替弹性圈和金属柱销，为了防止柱销滑出，在柱销两端配置挡圈2。结构简单，安装、制造方便，耐久性好

续表

类型	名称	例图	位移补偿	特点与应用场合	工作原理
挠性联轴器	轮胎式联轴器		有弹性元件。角位移可达 $5°\sim12°$，轴向位移可达 $0.02D$，径向位移可达 $0.01D$，D 为联轴器外径	适用于启动频繁、经常正反向运转、有冲击振动、两轴间有较大的相对位移量，以及潮湿多尘之处。径向尺寸大，但轴向尺寸较窄，有利于缩短串接机组的总长度。最大转速可达 5000r/min	轮胎式联轴器中间为橡胶制成的轮胎，用夹紧板与轴套连接。结构简单、工作可靠，由于轮胎易变形，因此它允许的相对位移较大
安全联轴器	剪切销安全联轴器	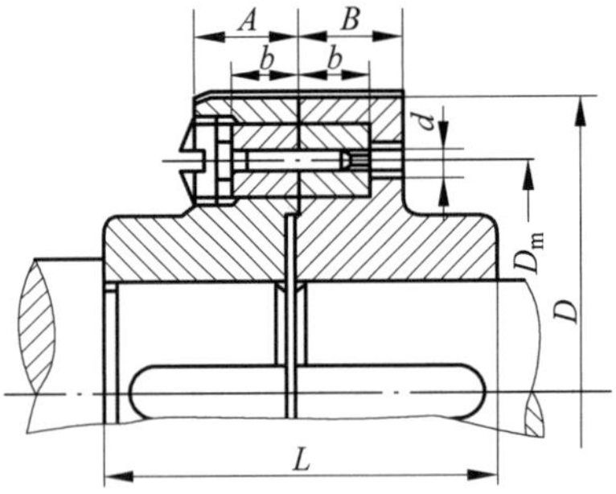 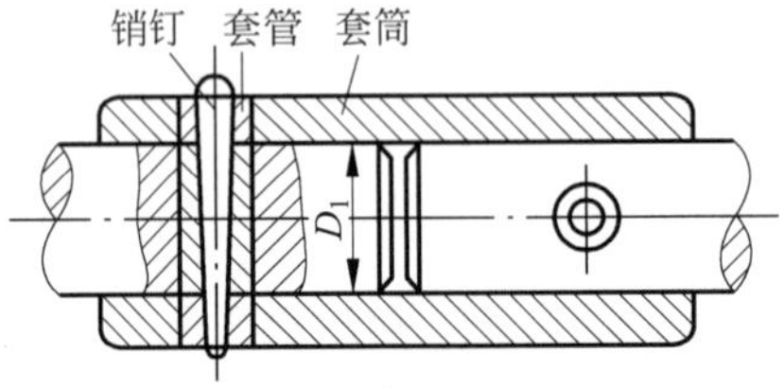	可过载安全保护	由于销钉材料机械性能的不稳定以及制造尺寸误差等原因，致使工作精度不高，且销钉剪断后，不能自动恢复工作能力，须停车更换。结构简单，用在过载不多的机器中	图(a)单剪安全联轴器结构类似凸缘联轴器，图(b)双剪安全联轴器结构如套筒联轴器。用钢制销钉连接，销钉装在经过淬火的两段钢制套管中，过载时被剪断

13.2.2 万向联轴器传递运动分析

如图 13.2(a)所示，主动轴上叉形接头 1 的叉面在图纸的平面内，而从动轴上叉形接头 2 的叉面则在垂直图纸的平面内，设主动轴以角速度 ω_1 等速转动，可推出从动轴在此位置时的角速度 $\omega_2' = \dfrac{\omega_1}{\cos\alpha}$。

当主动轴转过 90°时，从动轴也转过 90°，如图 13.2(b)所示。此时叉形接头 1 的叉面在垂直图纸的平面内，叉形接头 2 的叉面则在图纸的平面内，可推出从动轴在此位置时的角速度 $\omega_2'' = \omega_1\cos\alpha$。当主动轴再转过 90°时，主、从动轴的叉面位置又回到如图 13.2(a)所示状态，故当主动轴以等角速度 ω_1 转动时，从动轴角速度在 $\omega_1\cos\alpha \leqslant \omega_2 \leqslant \omega_1/\cos\alpha$ 范围内周期

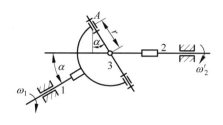 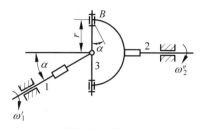

(a) 接头1的叉面在平面内　　　　　　　(b) 接头1的叉面在垂面内

1、2—叉形接头；3—十字头。

图 13.2　单万向联轴器角速度变化

性地变化，因而在传动中引起附加动载荷。

为了改善这种情况，常将万向联轴器成对使用，即双万向联轴器，如图 13.3 所示。注意的是，安装时必须保证主动轴、从动轴与中间轴之间的夹角相等（$\alpha_1 = \alpha_2$），并且中间轴两端的叉面位于同一平面内，这种双万向联轴器可以得到 $\omega_1 = \omega_2$，从而降低运转时的附加动载荷。另外，因相对运动速度较大，万向联轴器各元件的材料多采用合金钢，以获得较高的耐磨性及较小的尺寸。

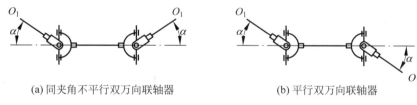

(a) 同夹角不平行双万向联轴器　　　　　　(b) 平行双万向联轴器

图 13.3　双万向联轴器

13.2.3　联轴器的选择

联轴器设计

常用的联轴器大多已标准化或规格化，设计时，一般只需正确选择联轴器的类型，确定联轴器的型号及尺寸。

1. 联轴器类型的选择

根据传递载荷大小、载荷的性质、轴转速的高低、被连接两部分的安装精度等，参考各类联轴器特性，选择合适的联轴器类型，具体选择时可考虑以下几点：

（1）联轴器所需传递转矩的大小和性质，对缓冲、减振等功能的要求。如对大功率的重载传动，可选用齿轮联轴器。

（2）联轴器两轴轴线的相对位移和大小，即制造和装配误差、轴受载和热膨胀变形以及部件之间的相对运动等引起联轴器两轴的位移程度。当安装调整后，难以保持两轴严格精确对中，或工作过程中两轴将产生较大的附加相对位移时，应选用挠性联轴器；当径向位移较大时，可选用十字滑块联轴器；角位移较大或相交两轴的连接，可选用万向联轴器。

（3）联轴器的工作转速高低和引起的离心力的大小。当转速大于 5000r/min 时，应考虑联轴器外缘的离心应力和弹性元件的变形等因素，并进行动平衡实验；变速时，不应选用非金属弹性元件和可动元件之间有间隙的挠性联轴器。

（4）联轴器的可靠性和工作环境。通常由金属元件制成的不需润滑的联轴器比较可靠；需要润滑的联轴器，其性能易受润滑完善程度的影响，且可能污染环境；非金属元件的联轴器对温度、腐蚀性介质及强光等比较敏感，且容易老化。

（5）联轴器的制造、安装、维护和成本。为了便于装配、调整和维修，应考虑必需的操作空间，对于大型联轴器，应能在轴不需作轴向移动的条件下实现装拆。

2. 联轴器型号和结构尺寸的确定

对于已标准化或规格化的联轴器，选定合适的类型后，可按转矩、轴径和转速等确定联轴器的型号和结构尺寸。

由于机器启动时的动载荷和运转过程中可能出现过载等现象，故应取轴上的最大转矩作为计算转矩 T_{ca}，可按下式计算：

$$T_{ca} = K_A T \tag{13.1}$$

式中，T 为联轴器所需传递的名义转矩，$N \cdot m$；K_A 为工作情况系数，其值见表 13.2（此系数也适用离合器）。

表 13.2　工作情况系数 K_A

分类	工作情况及举例	电动机汽轮机	四缸和四缸以上内燃机	双缸内燃机	单缸内燃机
Ⅰ	转矩变化很小，如发电机、小型通风机、小型离心泵	1.3	1.5	1.8	2.2
Ⅱ	转矩变化很小，如透平压缩机、木工机床、运输机	1.5	1.7	2.0	2.4
Ⅲ	转矩变化中等，如搅拌机、增压泵、有飞轮的压缩机、冲床	1.7	1.9	2.2	2.6
Ⅳ	转矩变化和冲击载荷中等，如织布机、水泥搅拌机、拖拉机	1.9	2.1	2.4	2.8
Ⅴ	转矩变化和冲击载荷大，如造纸机、挖掘机、起重机、碎石机	2.3	2.5	2.8	3.2
Ⅵ	转矩变化大并有强烈的冲击载荷，如压延机、无飞轮的活塞泵、重型初轧机	3.1	3.3	3.6	4.0

根据计算转矩、转速及所选的联轴器类型，由有关设计手册选取联轴器的型号和结构尺寸：

$$\begin{cases} T_{ca} \leqslant [T] \\ n \leqslant n_{max} \end{cases} \tag{13.2}$$

式中，$[T]$ 为所选联轴器型号的许用转矩，$N \cdot m$；n 为被连接轴的转速，r/min；n_{max} 为所选联轴器型号允许的最高转速，r/min。

多数情况下，每一型号联轴器适用的轴径均有一个范围，标准中已给出轴径的最大与最小值,或者给出适用直径的尺寸系列,被连接两轴的直径都应在此范围之内。

例 13.1 联轴器标记举例。

(1) 主动端为 J 型轴孔,A 型键槽,$d=30\mathrm{mm}$,$L=60\mathrm{mm}$;从动端为 J_1 型轴孔,B 型键槽,$d=28\mathrm{mm}$,$L=44\mathrm{mm}$ 的凸缘联轴器:

$$\text{GY4 联轴器} \frac{J30\times60}{J_1B28\times44} \text{GB/T 5843—2003}$$

(2) 主动端为 Z 型轴孔,C 型键槽,$d=75\mathrm{mm}$,$L=107\mathrm{mm}$;从动端为 J 型轴孔,B 型键槽,$d=70\mathrm{mm}$,$L=107\mathrm{mm}$ 的弹性柱销联轴器:

$$\text{LX7 联轴器} \frac{ZC75\times107}{JB70\times107} \text{GB/T 5014—2003}$$

13.3 离 合 器

离合器

离合器在机器运转中可将传动系统随时分离或接合,主要用来操纵机器传动系统的断、接,以便进行变速及换向等。离合器的类型很多,常用的可分为牙嵌式与摩擦式两大类。

13.3.1 牙嵌离合器

如图 13.4(a)所示,牙嵌离合器主要由端面上有牙的两个半离合器 1、2 组成,通过牙的相互嵌合来传递运动和转矩,其中半离合器 1 固装在主动轴上,而半离合器 2 利用导向平键或花键安装在从动轴上,它可沿轴向移动,工作时利用操纵杆(图中未画出)带动滑环 3,使半离合器 2 作轴向移动,实现离合器的接合或分离,为使两半离合器能够对中,在主动轴端的半离合器 1 上固定一个对中环,从动轴可在其内自由转动。

牙嵌离合器沿圆柱面展开的牙形有三角形、矩形、梯形和锯齿形,如图 13.4(b)所示。三角形接合和分离容易,但齿的强度较弱,多用于传递小转矩;梯形和锯齿形强度较高,接合和分离也较容易,多用于传递大转矩的场合,但锯齿形只能单向工作,反转时工作面将受较大的轴向分力,会迫使离合器自行分离;矩形制造容易,但须在与槽对准后方能接合,因而接合困难,而且接合以后,与接触的工作面间无轴向分力作用,所以分离也较困难,故应用较少。

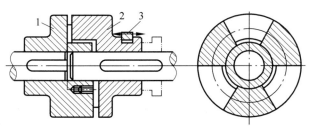
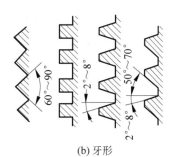

(a) 牙嵌离合器结构   (b) 牙形

1、2—半离合器;3—滑环。

图 13.4 牙嵌离合器

牙嵌离合器结构简单,外廓尺寸小,接合后两半离合器间没有相对滑动,但只能在两轴的转速差很小或相对静止的情况下才能接合;否则牙的相互嵌合发生很大冲击,影响牙的寿命,甚至会使牙折断。

牙嵌离合器的材料常用低碳钢表面渗碳,硬度为 56HRC～62HRC,或采用中碳钢表面淬火,硬度为 48HRC～54HRC,不重要的和静止状态接合的离合器,也允许用 HT200。

离合器设计

13.3.2 圆盘摩擦离合器

圆盘摩擦离合器是摩擦式离合器中应用最广的一种离合器,与牙嵌离合器的根本区别在于它是依靠两接触面之间的摩擦力,使主、从动轴接合和传递转矩,因此其具有下述特点:①能在不停车或两轴具有任何大小转速差的情况下进行接合;②控制离合器的接合过程,就能调节从动轴的加速时间,减少接合时的冲击和振动,实现平稳接合;③过载时,摩擦面间将发生打滑,可以避免其他零件的损坏。

圆盘摩擦离合器又分单片式和多片式两种。

1. 单片式圆盘摩擦离合器

如图 13.5 所示,单片式圆盘摩擦离合器由两个半离合器 1、2 组成,转矩是通过两个半离合器接触面之间的摩擦力来传递的,与牙嵌离合器一样,半离合器 1 固装在主动轴上,半离合器 2 利用导向平键(或花键)安装在从动轴上,通过操纵杆和滑环 3 在从动轴上滑移。其能传递的最大转矩为

$$T_{\max} = f F_Q R_m \quad (13.3)$$

式中,f 为摩擦系数;F_Q 为两摩擦片之间的轴向压力;R_m 为平均半径。

设摩擦力的合力作用在平均半径的圆周上,取环形接合面的外径为 D_1,内径为 D_2,则

$$R_m = \frac{D_1 + D_2}{4} \quad (13.4)$$

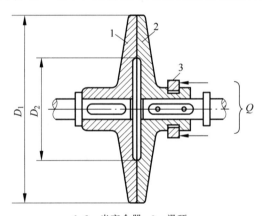

1、2—半离合器;3—滑环。

图 13.5 单片式圆盘摩擦离合器

这种单片式摩擦离合器结构简单、散热性好,但传递的转矩较小,当需要传递较大转矩时,可采用多片式摩擦离合器。

2. 多片式摩擦离合器

图 13.6(a)所示的多片式摩擦离合器有两组摩擦片,外摩擦片组 4 利用外圆上的花键与外鼓轮 2 相连(外鼓轮 2 与轴 1 相固联),内摩擦片组 5 利用内圆上的花键与内套筒 10 相连(内套筒 10 与轴 9 相固联),当滑环 8 作轴向移动时,将拨动曲臂压杆 7,使压板 3 压紧或松开内、外摩擦片组,从而使离合器接合或分离,螺母 6 是用来调节内、外摩擦片组间隙大小的。如图 13.6(c)所示,若将内摩擦片改为碟形,使其具有一定的弹性,则离合器分离时摩擦片能自行弹开,接合时也较平稳。

第 13 章 联轴器、离合器与制动器

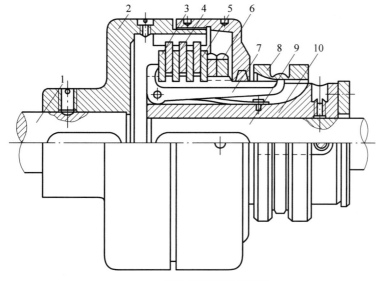

(a) 多片式摩擦离合器结构

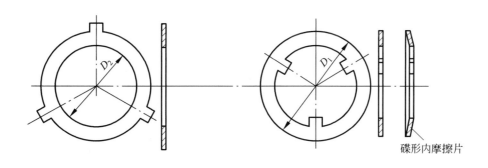

(b) 外摩擦片　　　　　　　　　　(c) 内摩擦片

图 13.6　多片式摩擦离合器

多片式摩擦离合器能传递的最大转矩为

$$T_{\max} = f F_Q R_m z \tag{13.5}$$

式中，z 为接合摩擦面数（在图 13.6 中，$z=6$）；f 为摩擦系数，见表 13.3。

表 13.3　摩擦系数 f 和基本许用压强 $[p_0]$

摩擦副材料与润滑条件		摩擦系数 f	圆盘摩擦离合器基本许用压强 $[p_0]$/MPa
在油中工作	淬火钢-淬火钢	0.06	0.6～0.8
	铸铁-铸铁或淬火钢	0.08	0.6～0.8
	钢-夹布胶木	0.12	0.4～0.6
	淬火钢-粉末冶金材料	0.10	1～2
不在油中工作	压制石棉-钢或铸铁	0.30	0.2～0.3
	铸铁-铸铁或淬火钢	0.15	0.2～0.3
	淬火钢-粉末冶金材料	0.30	0.4～0.6

为使摩擦面不均匀的磨损不致过大,通常取摩擦工作表面的外径与内径之比为 1.5~2。增加摩擦片数目,可以提高离合器传递转矩的能力,但摩擦片过多会影响分离动作的灵活性,故一般不超过 10~15 对。

摩擦离合器的工作过程一般可分为接合、工作和分离三个阶段。在接合和分离过程中,从动轴的转速总低于主动轴的转速,因而两摩擦工作面间必将产生相对滑动从而会消耗一部分能量,并引起摩擦片的磨损和发热,为了限制磨损和发热,应使接合面上的压强 p 不超过许用压强 $[p]$,即

$$p = \frac{4F_Q}{\pi(D_1^2 - D_2^2)} \leqslant [p] \tag{13.6}$$

式中,D_1、D_2 分别为环形接合面的外径和内径,m;F_Q 为轴向压力,N;$[p]$ 为许用压强,MPa,按下式计算:

$$[p] = [p_0]k_1 k_2 k_3 \tag{13.7}$$

式中,$[p_0]$ 为基本许用压强,MPa,见表 13.3;k_1、k_2、k_3 分别是因离合器的平均圆周速度、主动摩擦片数以及每小时接合次数不同而引入的修正系数,列于表 13.4。

表 13.4 修正系数 k_1、k_2、k_3

平均圆周速度/(m/s)	1	2	2.5	3	4	6	8	10	15
k_1	1.358	1.08	1	0.94	0.86	0.75	0.68	0.63	0.55
主动摩擦片数	3	4	5	6	7	8	9	10	11
k_2	1	0.97	0.94	0.91	0.88	0.85	0.82	0.79	0.76
每小时接合次数	90	120	180	240		300		≥360	
k_3	1	0.95	0.8	0.7		0.6		0.5	

大多数离合器已标准化或规格化,设计时,只需参考有关设计手册对其进行类比设计或选择即可。

13.4 制 动 器

制动器用来降低机械的运转速度或迫使机械停止运转。大多数的制动器采用的是摩擦制动方式,它具有结构简单、工作可靠等优点,广泛应用在车辆、起重机等机械中。

1. 带式制动器

带式制动器主要用挠性钢带包围制动轮。如图 13.7 所示,制动带包在制动轮上,当 Q 向下作用时,制动带和制动轮之间产生摩擦力,从而实现合闸制动。制动带是刚带内表面镶嵌一层石棉制品与制动轮接触,以增加摩擦力。带式制动器结构简单,它由于包角大而制动力矩大,但其缺点是制动带磨损不均匀,容易断裂,而且对轴的作用力大。

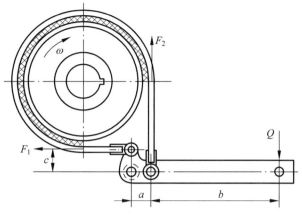

图 13.7 带式制动器

2. 块式制动器

图 13.8 所示为块式制动器,靠瓦块与制动轮间的摩擦力来制动。该制动器为短行程交流电磁铁外块式制动器。弹簧产生的闭锁力通过制动臂作用于制动块上,使制动块压向制动轮达到常闭状态。工作时,由于电磁铁线圈通电,电磁铁产生与闭锁力方向相反的吸力,由电磁线圈的吸力吸住衔铁,再通过一套杠杆使瓦块松开,机器便能自由运转。制动器也可以安排为在通电时起制动作用,但为安全起见,应安排在断电时起制动作用为好。当需要制动时,则切断电流,电磁线圈释放衔铁 13,依靠弹簧力并通过杠杆使瓦块衬垫 3 抱紧制动轮 1。

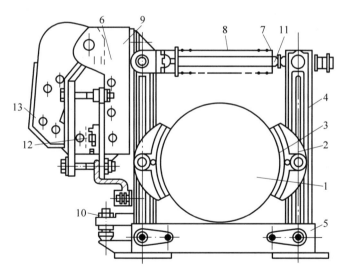

1—制动轮;2—制动块;3—瓦块衬垫;4—制动臂;5—底座;6—推杆;7—夹板;
8—制动弹簧;9—松闸器;10、11—调整螺钉;12—线圈;13—衔铁。

图 13.8 块式制动器

瓦块的材料可以用铸铁,也可以在铸铁上覆以皮革或石棉带。瓦块制动器已规范化,其型号应根据所需的制动力矩在产品目录中选取。

习 题

1. 判断题

(1) 联轴器和离合器都是使两轴既能连接又能分离的部件。( )
(2) 固定式刚性联轴器,适用于两轴对中不好的场合。( )
(3) 联轴器主要用于把两轴连接在一起,机器运转时不能将两轴分离,只有在机器停车并将连接拆开后,两轴才能分离。( )
(4) 圆盘摩擦离合器靠主、从动摩擦盘的接触表面间产生的摩擦力矩来传递转矩。( )

2. 选择题

(5) 两根被连接轴间存在较大的径向偏移,可采用_____联轴器。
  (A) 齿轮   (B) 凸缘   (C) 套筒   (D) 链式
(6) 下列联轴器属于弹性联轴器的是_____。
  (A) 万向联轴器   (B) 齿轮联轴器   (C) 轮胎联轴器   (D) 凸缘联轴器
(7) 齿轮联轴器适用于_____。
  (A) 转矩小、转速高处   (B) 转矩大、转速低处
  (C) 转矩小、转速低处   (D) 转矩大、转速高处
(8) 下列四种联轴器,能补偿两轴相对位移,且可缓和冲击、吸收振动的是_____。
  (A) 凸缘联轴器   (B) 齿式联轴器
  (C) 万向联轴器   (D) 弹性套柱销联轴器
(9) 多片式摩擦离合器的内摩擦盘有时做成碟形,这是为了_____。
  (A) 减轻盘的磨损   (B) 提高盘的刚性
  (C) 使离合器分离迅速   (D) 增大当量摩擦系数
(10) LT10 联轴器 $\dfrac{ZC75 \times 142}{JB70 \times 107}$ GB/T 4323—2017,该标记中主动端轴孔直径是_____mm。
  (A) 107   (B) 70   (C) 75   (D) 142

3. 问答题

(11) 联轴器和离合器的工作原理有什么异同?
(12) 联轴器所联两轴轴线的位移形式有哪些?
(13) 刚性可移式联轴器和弹性联轴器有何差别?各举例说明它们适用于什么场合?
(14) 万向联轴器有何特点?成对安装时应注意什么问题?

4. 计算题

(15) 电动机与油泵间用联轴器相连。已知电动机功率 $P=10\text{kW}$,转速 $n=1460\text{r/min}$,电

动机伸出轴端的直径 $d_1=32\text{mm}$，油泵轴的直径 $d_2=38\text{mm}$，选择联轴器型号。

（16）有一卷扬机，它的电动机前后输出轴需要分别安装联轴器与制动器，电动机型号为 Y132M-4，其额定功率 $P=7.5\text{kW}$，转速 $n=1440\text{r/min}$，电动机输出的直径为 $\phi38\text{mm}$，工作类型 JC=25%，试选择此联轴器及制动器。

5. 系列题

X-1-6：在第 10 章系列题 X-1-5 中，已经完成了轴承的选用，试对键进行选择和校核，对联轴器进行计算和选用。

第2篇 传动系统设计方法

本篇介绍如何综合运用前面学到的机械设计理论来解决工程实际中的具体设计问题,即设计一个简单的传动装置。本篇内容就是常说的机械设计课程设计,是机械设计教学中的重要环节,也是对学生进行一次较全面的机械设计训练。其目的是:①通过设计实践,掌握机械设计的一般规律,培养分析和解决实际问题的能力;②通过传动方案的拟定、零件设计、结构设计、查阅有关标准和规范以及编写设计计算说明书等环节,让学生掌握一般机械传动装置的设计内容、步骤和方法,并在设计构思和设计技能等方面得到相应的锻炼。

为了进行较全面的机械设计训练,设计的题目是选择内容和分量都比较适当的机械传动装置或简单机械,如减速箱(具体见第18章)等。需要完成的设计内容包括:

(1) 确定机械系统总体传动方案。
(2) 选择电动机。
(3) 传动装置运动和动力参数的计算。
(4) 传动件(如齿轮、带及带轮、链及链轮等)的设计。
(5) 轴的设计。
(6) 轴承组合部件设计。
(7) 键的选择和校核。
(8) 联轴器的选择。
(9) 机架或箱体等零件的设计。
(10) 润滑设计。
(11) 装配图与零件图设计与绘制。

学生在规定的时间内应完成的内容包括:装配工作图1张(A0或A1图纸);零件工作图2~3张;设计计算说明书1份。

为保证设计顺利进行,首先要认真阅读设计任务书,明确设计要求和工作条件。通过观察模型、实物,观看录像,做减速器拆装实验,查阅相关资料等了解设计对象,并拟定工作计划。设计过程中,需要综合考虑多种因素,采取各种方案进行分析、比较和选择,从而确定最优方案、尺寸和结构。计算和画图需要交叉进行,边画图、边计算,通过不断反复修改来完善设计,必须耐心、认真完成设计过程。绘制装配图、零件工作图和编写设计说明书,并在设计结束时做一次总结和答辩。

第 14 章

设 计 题 目

14.1 设计带式运输机上的 V 带——单级圆柱齿轮减速器

带式运输机两班制连续工作,工作时有轻度振动。每年按 300 天计,轴承寿命为齿轮寿命的三分之一以上。其传动方式如图 14.1 所示。

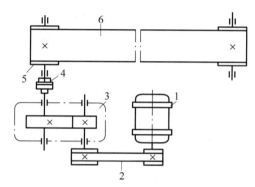

1—电动机;2—带传动;3—减速器;4—联轴器;5—滚筒;6—传动带。

图 14.1 传动方式(一)

(1) 已知条件(见表 14.1)

表 14.1 原始数据(一)

原 始 数 据	题 号							
	1	2	3	4	5	6	7	8
传动带滚动转速 $n/(\text{r/min})$	75	85	90	100	110	120	125	150
减速器输入功率 P/kW	3	3.2	3.4	3.5	3.6	3.8	4	4.5
使用期限/年	5	5	5	5	6	6	6	6

① 传动带滚动转速 $n=$ r/min;
② 减速器输入功率 $P=$ kW;
③ 滚筒效率 $\eta=0.96$(包括滚筒与轴承的效率损失)。

(2) 设计工作量

① 减速器装配图 1 张;

② 零件工作图 1~3 张；
③ 设计计算说明书 1 份。

14.2 设计带式输送机的 V 带——二级圆柱齿轮传动装置

带式输送机的传动方式如图 14.2 所示。

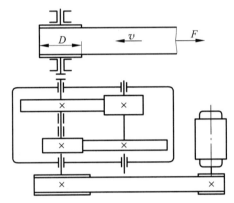

图 14.2 传动方式(二)

(1) 已知条件(见表 14.2)

表 14.2 原始数据(二)

参数	1	2	3	4	5	6	7	8	9	10	11
F/N	5200	5250	5300	5350	5400	5450	5500	5600	5700	5800	5850
$v/(m/s)$	0.85	0.85	0.8	0.8	0.85	0.8	0.85	0.85	0.75	0.75	0.8
D/mm	400	410	420	420	410	420	430	430	440	440	430

① 输送带工作拉力 $F=$　　N；
② 运输带工作速度 $v=$　　m/s(运输带速度允许误差±5%)；
③ 滚筒直径 $D=$　　mm；
④ 滚筒效率 $\eta=0.96$(包括滚筒与轴承的效率损失)；
⑤ 工作情况：两班制，连续单向运转，载荷平稳；
⑥ 要求传动使用寿命为 8 年。

(2) 设计工作量
① 减速器装配图 1 张；
② 零件工作图 1~3 张；
③ 设计计算说明书 1 份。

14.3 设计皮带运输机锥齿轮——圆柱齿轮传动装置

皮带运输机的传动方式如图 14.3 所示。

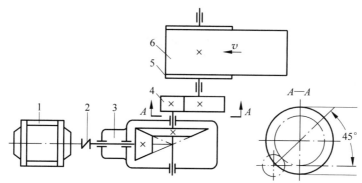

1—电动机；2—联轴器；3—圆锥齿轮减速器；4—开式齿轮传动；5—滚筒；6—运输带。

图 14.3 传动方式(三)

(1) 已知条件(见表 14.3)

表 14.3 原始数据(三)

参数	1	2	3	4	5	6	7	8	9	10
F/N	4750	4700	4650	4600	4550	4500	4450	4400	4350	4300
$v/(m/s)$	0.95	0.95	0.9	0.9	0.85	0.85	0.8	0.8	0.75	0.75
D/mm	450	445	440	435	430	425	420	415	410	400

① 运输带工作拉力 $F=$ ＿＿＿ N；

② 运输带工作速度 $v=$ ＿＿＿ m/s（运输带速度允许误差±5%）；

③ 滚筒直径 $D=$ ＿＿＿ mm；

④ 滚筒效率 $\eta=0.96$（包括滚筒与轴承的效率损失）；

⑤ 工作情况：两班制，连续单向运转，载荷平稳；

⑥ 要求传动使用寿命为 10 年。

(2) 设计工作量

① 减速器装配图 1 张；

② 零件工作图 1～3 张；

③ 设计计算说明书 1 份。

14.4　设计单级蜗杆——链传动减速器

设计用于皮带运输机的单级蜗杆减速器，皮带运输机的传动方式如图 14.4 所示。

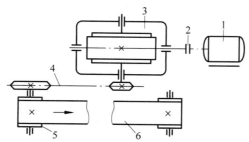

1—电动机；2—联轴器；3—减速器；4—链传动；5—滚筒；6—运输带。

图 14.4　传动方式(四)

(1) 已知条件(见表 14.4)

表 14.4 原始数据(四)

题号 数据	1	2	3	4	5	6	7	8	9	10	11	12
运输带拉力 F/N	5500	5200	4100	3000	6000	4000	5600	5400	4400	4500	3500	3700
运输带速度 $v/(m/s)$	0.8	0.6	1.0	1.0	0.6	0.8	0.75	0.6	0.8	0.7	0.9	0.85
卷筒直径 D/mm	450	540	500	530	320	460	480	400	420	500	550	600

① 运输带工作拉力 $F=$　　N;
② 运输带工作速度 $v=$　　m/s(运输带速度允许误差±5%);
③ 卷筒直径 $D=$　　mm;
④ 卷筒效率 $\eta=0.96$(包括卷筒与轴承的效率损失);
⑤ 工作情况：单级蜗杆减速器单班制工作,连续单向运转,载荷平稳;
⑥ 要求轴承寿命为蜗轮寿命的三分之一以上。

(2) 设计工作量
① 减速器装配图 1 张;
② 零件工作图 1~3 张;
③ 设计计算说明书 1 份。

14.5 设计皮带运输机蜗杆——V带传动装置

皮带运输机的传动方式如图 14.5 所示。

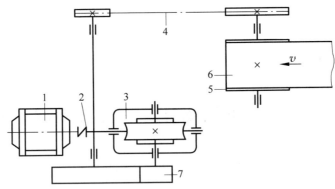

1—电动机；2—联轴器；3—蜗轮减速器；4—链传动；5—滚筒；6—运输带；7—开式齿轮传动。
图 14.5 传动方式(五)

(1) 已知条件(见表 14.5)

表 14.5 原始数据(五)

题号 数据	1	2	3	4	5	6	7	8	9	10
运输带工作拉力 F/N	6000	6500	7000	7500	8000	8500	9000	9500	10 000	10 000

续表

题号 数据	1	2	3	4	5	6	7	8	9	10
运输带工作速度 v/(m/s)	0.13	0.13	0.12	0.12	0.12	0.11	0.11	0.105	0.10	0.10
卷筒直径 D/mm	365	360	355	350	345	340	335	330	330	325

① 运输带工作拉力 $F=$　　N；
② 运输带工作速度 $v=$　　m/s；
③ 卷筒直径 $D=$　　mm；
④ 工作情况：单班制，连续单向运转，载荷较平稳；
⑤ 工作情况：室内工作，水分和灰分正常状态，环境最高温度为 35℃；
⑥ 要求齿轮使用寿命为 8 年。

（2）设计工作量
① 减速器装配图 1 张；
② 零件工作图 1～3 张；
③ 设计计算说明书 1 份。

14.6　设计带式运输机传动装置

带式运输机的传动方式如图 14.6 所示。

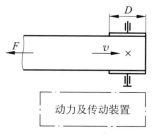

图 14.6　传动方式（六）

（1）已知条件（见表 14.6 和表 14.7）

表 14.6　原始数据（六）

参数	1	2	3	4	5	6	7	8	9	10
F/N	3000	3040	3100	3160	3200	3240	3300	3360	3400	3460
v/(m/s)	2.3	2.2	2	1.9	1.85	1.8	1.75	1.7	1.65	1.6
D/mm	385	380	375	370	365	360	355	350	345	340

表 14.7　原始数据（七）

参数	1	2	3	4	5	6	7	8	9	10
F/N	6500	6300	6000	5900	5800	5600	5555	5500	5455	5400
v/(m/s)	0.99	0.98	0.97	0.96	0.96	0.95	0.95	0.94	0.94	0.93
D/mm	650	630	600	595	590	585	580	575	570	565

① 运输带工作拉力 F=　　　N；
② 运输带工作速度 v=　　　m/s；
③ 滚筒直径 D=　　　mm；
④ 工作情况：两班制，连续单向运转，载荷较平稳；
⑤ 工作情况：室内工作，水分和灰分正常状态，环境最高温度为 35℃；
⑥ 要求齿轮使用寿命为 10 年。
（2）设计工作量
① 减速器装配图 1 张；
② 零件工作图 1～3 张；
③ 设计计算说明书 1 份。

14.7 设计某热处理厂零件清洗用传送设备

该传送设备的传动系统由电动机经减速装置再传至传送带，两班制工作，使用期限 5 年。传送带运行速度的容许误差为±5％。
（1）已知条件（见表 14.8 和表 14.9）

表 14.8　原始数据（八）

参数	1	2	3	4	5	6	7	8	9	10
D/mm	300	310	320	330	340	350	360	360	360	320
v/(m/s)	1.2	1.25	1.3	1.35	1.4	1.38	1.45	1.5	1.55	1.60
T/(N·m)	700	690	680	670	660	650	640	660	890	890

表 14.9　原始数据（九）

参数	1	2	3	4	5	6	7	8	9	10
D/mm	500	510	520	530	540	550	560	560	560	555
v/(m/s)	0.63	0.64	0.65	0.66	0.67	0.68	0.69	0.83	0.86	0.72
T/(N·m)	700	690	680	670	660	650	640	660	890	890

① 滚筒直径 D=　　　mm；
② 传送带运行速度 v=　　　m/s；
③ 传动带主动轴所需扭矩 T=　　　N·m。
（2）设计工作量
① 减速器装配图 1 张；
② 零件工作图 1～3 张；
③ 设计计算说明书 1 份。

第 15 章

零件设计

设计减速器装配图时,必须先求得各级传动件的尺寸、参数,并确定联轴器的类型和尺寸。当减速器外有传动件时,一般应先进行其设计,以便使减速器设计的原始条件比较准确。例如先设计带传动,可以得到确定的带传动比(由选定标准带轮直径求得),从而得到较准确的减速器传动比,才能确定各轴转速和转矩。

15.1 传动零件的设计

传动装置零部件包括传动零件、支撑零部件和连接零件,其中对传动装置的工作性能、结构布置和尺寸大小起主要决定作用的是传动零件,支撑零部件和连接零部件都要根据传动零件的要求来设计。因此,一般应先设计传动零件,确定其尺寸、参数、材料和结构,为设计装配草图和零件工作图做准备。

传动零件包括 V 带传动、链传动、齿轮传动、蜗杆蜗轮传动等,传动零件的设计计算方法已在第 1 篇中讲述,这里不再重复。设计时还必须注意传动零件与其他部件的协调问题。

1. 减速器外传动零件设计应注意的问题

(1) 设计带传动时,应注意检查带轮尺寸与传动装置外廓尺寸的相互关系,例如小带轮外圆半径是否大于电动机中心高,大带轮外圆半径是否过大造成带轮与机器底座相干涉等。还要考虑带轮轴孔尺寸与电动机轴或减速器输入轴尺寸是否相适应。带轮直径确定后,应验算带传动实际传动比和大带轮转速,并以此修正减速器传动比和输入转矩。

(2) 链轮外廓尺寸及轴孔尺寸应与传动装置中其他部件相适应。当选用单排链使传动尺寸过大时,可改用双排链或多排链。

(3) 开式齿轮传动一般布置在低速级,常选用直齿。由于开式齿轮传动润滑条件较差,磨损较严重,一般只按弯曲强度设计。宜选用耐磨性能较好的材料,并注意大小齿轮材料的配对。

开式齿轮传动支承刚度较小,应取较小的齿宽系数。注意检查大齿轮的尺寸与材料及毛坯制造方法是否相适应。例如齿轮直径大于 500mm 时,一般应选用铸铁或铸钢,并采用铸造毛坯。还应检查齿轮尺寸与传动装置总体及工作机是否相称,有没有与其他零件相干涉。

开式齿轮传动设计完成后,要由选定的齿轮齿数计算实际传动比。

2. 减速器内传动零件设计应注意的问题

减速器内传动零件设计计算方法及结构设计已在第 1 篇中讲述,这里不再重复。设计时还必须注意以下几点:

(1) 齿轮材料应考虑与毛坯制造方法是否协调,例如齿轮直径大于 500mm 时,一般应选用铸铁或铸钢,并采用铸造毛坯。

(2) 注意区别齿轮传动的尺寸及参数,哪些应取标准值,哪些应圆整,哪些应取精确数值。例如模数和压力角应取标准值,中心距齿宽和结构尺寸应尽量圆整,而啮合几何尺寸(节圆、齿顶圆、螺旋角等)则必须求出精确值。一般尺寸应准确到小数点后 2~3 位,角度应准确到秒。

(3) 选用不同的蜗杆副材料,其适用的相对滑动速度范围也不同,因此选蜗杆副材料时要初估相对滑动速度,并且在传动尺寸确定后,检验其滑动速度,检查所选材料是否适当,必要时修改初选数据。

(4) 蜗杆传动的中心距应尽量圆整,蜗杆副的啮合几何尺寸必须计算精确值,其他结构尺寸应尽量圆整。

(5) 当蜗杆分度圆的圆周速度 $v<(4\sim5)\text{m/s}$,应把蜗杆布置在下面,而蜗轮布置在上面。

15.2 轴系零件的初步选择

轴系零件包括轴、联轴器、滚动轴承等,轴系零件的选择步骤如下所述。

1. 初估轴径

当所计算的轴与其他标准件(如电机轴)通过联轴器相连时,可直接按照电机的输出轴径或相连联轴器的允许直径系列来确定所计算轴的直径值。当所计算的轴不与其他标准件相连时,轴的直径可按扭转强度进行估算。初估轴径还要考虑键槽对轴强度的影响,当该段轴截面上有一个键槽时,轴径 d 增大 5%;有两个键槽时,轴径 d 增大 10%,然后将轴径圆整为标准值。按扭转强度计算出的轴径,一般指的是传递转矩段的最小轴径,但对于中间轴可作为轴承处的轴径。

初估出的轴径并不一定是轴的真实直径。轴的实际直径是多少,还应根据轴的具体结构而定,但轴的最小直径不能小于轴的初估直径。

2. 选择联轴器

选择联轴器包括选择联轴器的型号和类型。

联轴器的类型应根据传动装置的要求来选择。在选用电动机轴与减速器高速轴之间连接用的联轴器时,由于轴的转速较高,为减小启动载荷、缓和冲击,应选用具有较小转动惯量和有弹性元件的联轴器,如弹性套柱销联轴器等。在选用减速器输出轴与工作机之间连接用的联轴器时,由于轴的转速较低,传递转矩较大,且减速器与工作机常不在同一机座上,要求有较大的轴线偏移补偿,因此常选用承载能力较强的无弹性元件的挠性联轴器,如十字滑块联轴器等。若工作机有振动冲击,为了缓和冲击,避免振动影响减速器内传动件的正常工作,可选用有弹性元件的联轴器,如弹性柱销联轴器等。

联轴器的型号按计算转矩、轴的转速和轴径来选择。要求所选联轴器的许用转矩大于计算转矩,还应注意联轴器两端毂孔直径范围与所连接两轴的直径大小相适应。

3. 初选滚动轴承

滚动轴承的类型应根据所受载荷的大小、性质、方向、转速及工作要求进行选择。若只承受径向载荷或主要是径向载荷而轴向载荷较小,轴的转速较高,则选择深沟球轴承;若轴承同时承受较大的径向力和轴向力,或者需要调整传动件(如锥齿轮、蜗杆蜗轮等)的轴向位置,则应选择角接触球轴承或圆锥滚子轴承。由于圆锥滚子轴承装拆方便,价格较低,故应用最多。

根据初步计算的轴径,考虑轴上零件的轴向定位和固定要求,估算出装轴承处的轴径,再选用轴承的直径系列,这样就可初步定出滚动轴承的型号。

带+一级减速箱课程设计数据改判.xlsx　　带+二级减速箱课程设计数据改判.xlsx

第 16 章

结 构 设 计

机械结构设计的原则、内容和基本原理

16.1 机架类零件的结构设计

16.1.1 概述

机架类零件包括机器的底座、机架、箱体、底板等。机架类零件主要用于容纳、约束、支承机器和各种零件。机架类零件由于体积较大而且形状复杂,常采用铸造或焊接结构。这些零件的数量虽不多,但其重量在整个机器中占相当大的比重,因此它们的设计和制造质量对机器的质量有很大的影响。

机架类零件按其构造形式大体上归纳成 4 类:机座类(见图 16.1(a)～(d)),机架类(见图 16.1(e)～(g))、基板类(见图 16.1(h))、箱壳类(见图 16.1(i)和(j))。若按结构分类,则可分为整体机架和剖分机架;按其制造方法可分为铸造机架和焊接机架。

机架类零件的结构设计

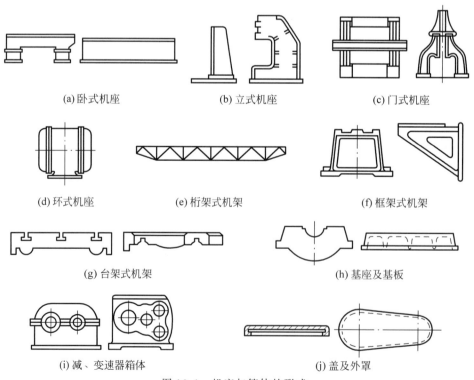

图 16.1 机座与箱体的形式

对机架类零件的设计要求：由于机器的全部重量将通过机架传至基础上，并且还承受机器工作时的作用力，因此机架类零件应有足够的强度和刚度、有足够的精度、有较好的工艺性、有较好的尺寸稳定性和抗振性、结构设计合理、外形美观，对于带有缸体、导轨等的机架零件，还应有良好的耐磨性；此外还要考虑到吊装、附件安装等问题。

16.1.2 铸造机架零件的结构设计

结构设计方法

机架零件由于形状复杂，常采用铸件。铸造材料常用易加工、价廉、吸振性强、抗压强度高的灰铸铁，要求强度高、刚度大时采用铸钢。

1. 截面形状的合理选择

截面形状的合理选择是设计机架类零件的一个重要问题。大多数机架零件处于复杂的受载状态，合理选择截面形状可以充分发挥材料的作用。当其他条件相同时，受拉或受压零件的刚度和强度只取决于截面积的大小而与截面形状无关。受弯曲或扭转的机架则不同，若截面面积不变，通过合理选择截面形状来增大惯性矩及截面系数，可提高零件的强度和刚度。几种截面面积相等而形状不同的机架零件在弯曲刚度、弯曲强度、扭转强度、扭转刚度

表 16.1 非圆截面的强度、刚度与质量

零件									
	截面面积为常数					抗弯剖面模量为常数			
重量	1	1	1	1	1	0.6	0.33	0.2	0.12
抗弯剖面模量	1	2.2	5	9	12	1	1	1	1
惯性矩	1	5	25	40	70	1.7	3	3	3.5

表 16.2 常用的几种截面形状比较

截面	形 状				
	面积/cm²	29.0	28.3	29.5	29.5
弯曲	许用弯矩/(N·m)	$4.83[\sigma_b]$	$5.82[\sigma_b]$	$6.63[\sigma_b]$	$9.0[\sigma_b]$
	相对强度	1.0	1.2	1.4	1.8
	相对刚度	1.0	1.15	1.6	2.0
扭转	许用扭矩/(N·m)	$0.27[T_r]$	$11.6[T_r]$	$10.4[T_r]$	$1.2[T_r]$
	相对强度	1.0	43	38.5	4.5
	相对刚度	1.0	8.8	31.4	1.9

等方面的比较可参考表 16.1 和表 16.2。从表中可以看出,主要受弯曲的机架以选用工字形截面为最好,而板块截面最差。主要受扭转的机架以选择空心矩形截面为最佳方案,而且在这种截面的机架上较易安装其他零部件,实际工程中大多采用这种截面形状。

为了得到最大的弯曲刚度和扭转刚度,还应在设计机架时尽量使材料沿截面周边分布。截面面积相等而材料分布不同的几种梁在相对弯曲刚度方面的比较见表 16.3,其中方案Ⅲ比方案Ⅰ大 49 倍,比方案Ⅱ大 10 倍。

表 16.3 材料分布不同的矩形截面梁的相对弯曲刚度

方案	Ⅰ	Ⅱ	Ⅲ
矩形截面梁	60×60	100×100 (壁厚10)	303×303 (壁厚3)
相对弯曲刚度	1	4.55	50

需要指出的是,不宜以增加截面厚度来提高铸铁件的强度;因为厚大截面的铸件因金属冷却慢,析出石墨片粗,且易存有缩孔、缩松等缺陷,而使性能下降;而且其弯曲和扭转强度也并非按截面面积成比例地增加。

2. 间壁和肋

提高强度和刚度的结构设计

通常提高机架零件的强度和刚度可采用两种方法:增加厚度和布置肋板。增加壁厚将导致零件重量和成本增加,而且并非在任何情况下都能见效。设置间壁和肋板在提高强度和刚度方面常常是最有效的,因此经常采用。设置间壁和肋板的效果在很大程度上取决于布置是否合理,不适当的布置不仅达不到要求,而且会增加铸造困难和浪费材料。几种设置间壁和肋板的不同空心矩形梁及弯曲刚度、扭转刚度方面的比较见表 16.4,从表中可知,方案Ⅴ的斜间壁具有显著效果,弯曲刚度比方案Ⅰ约大 1/2,扭转刚度比方案Ⅰ约大 2 倍,而重量仅增加约 26%。方案Ⅳ的交叉间壁虽然相对弯曲刚度和相对扭转刚度都最大,但材料却要多耗费 49%。若以刚度和质量之比作为评定间壁设置的经济指标,则方案Ⅴ比方案Ⅳ优越;方案Ⅱ、Ⅲ的弯曲刚度相对增加值反不如重量的相对增加值,其比值小于 1,说明这种间壁设置不适合承受弯曲。

表 16.4 各种形式间壁的矩形梁的刚度比较

间壁的布置形式	Ⅰ	Ⅱ	Ⅲ	Ⅳ	Ⅴ
相对质量	1	1.14	1.38	1.49	1.26
相对弯曲刚度	1	1.07	1.51	1.78	1.55
相对扭转刚度	1	2.04	2.16	3.69	2.94
相对弯曲刚度/相对质量	1	0.95	0.85	1.20	1.23
相对扭转刚度/相对质量	1	1.79	1.56	2.47	2.34

3. 壁厚的选择

在满足强度、刚度、振动稳定性等条件下,应尽量选用最小的壁厚,以减轻零件的重量,但面大而壁薄的箱体,容易因齿轮、滚动轴承的噪声引起共振,故壁厚宜适当取厚些,并适当布置肋板以提高箱壁刚度。壁厚和刚度较大的箱体,还可以起到隔音罩的作用。铸造零件的最小壁厚可参考附表 A.8。间壁和肋板的厚度一般可取为主壁厚度的 0.6～0.8,肋的高度约为主壁厚的 5 倍。

16.1.3 焊接机架零件的结构设计

单件或小批量生产的机架零件,可采用焊接结构以缩短生产周期、降低成本;另外,钢材的弹性模量比铸铁大,要求刚度相同时,焊接机架可比铸铁机架轻 25%～50%;制成以后,若发现刚度不够,还可以临时焊上一些加强肋来增加刚度。但焊接机架焊接时变形较大,吸振性不如铸铁件。设计焊接机架零件时,要注意以下几点。

1. 防止局部刚度突然变化

在一个零件中由封闭式过渡到开式结构时,两部分的扭转刚度有一个突然的变化,因此在封闭结构与开式结构的过渡部位需要有一个缓慢变化的过渡结构(见表 16.5)。

表 16.5　开式结构与封闭过渡结构的刚度比

焊接结构		Ⅰ	Ⅱ	Ⅲ
刚度比 K	抗拉	1∶1.5	1∶1.2	1∶4
	抗扭	1∶500	1∶200	1∶50

2. 使焊接应力与变形相互抵消

焊接结构力求对称布置焊缝和合理安排焊缝顺序,使焊接应力与变形相互抵消。

16.2　传动零件的结构设计

传动零件的结构设计指确定普通 V 带轮、同步带轮、滚子链链轮、圆柱齿轮、圆锥齿轮、蜗杆蜗轮的具体结构尺寸,这些零件的结构设计已在第 1 篇中讲述,这里不再重复。

连接部件的结构设计

16.3　减速器的结构设计

减速器主要由通用零、部件(如传动件、支承件、连接件)、箱体及附件所组成。现结合图 16.2 所示单级圆柱齿轮减速器简要介绍在课堂教学中未曾介绍的某些零部件结构。

减速器拆装实验

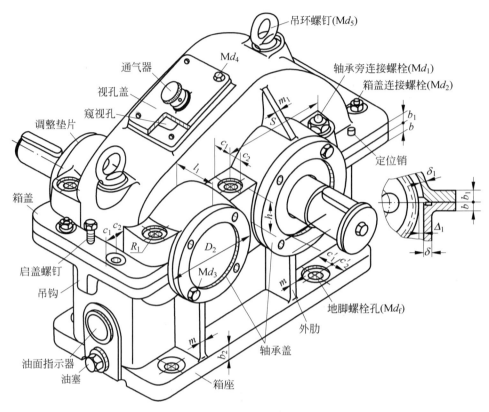

图 16.2 单级圆柱齿轮减速器

16.3.1 齿轮、蜗杆减速器箱体结构尺寸

减速器箱体是减速器的重要部件，它承受由传动件工作时传来的力，故应具有足够的刚度，以免受力后产生变形，使轴和轴承发生偏斜。减速器箱体形状复杂，大多采用铸造箱体，一般采用牌号为 HT150 和 HT200 的铸铁铸造。受冲击重载的减速器可用高强度铸铁或铸钢 ZG55 铸造。单件小批生产时，箱体也可用钢板焊接而成，其重量较轻，但箱体焊接时容易产生变形，故有较高的技术要求，并在焊接后进行退火处理，以消除内应力。

减速器箱体广泛采用剖分式结构，其剖分面大多平行于箱体底面，且与各轴线重合。

箱体设计的主要要求是：有足够的刚度，能满足密封、润滑及散热条件的要求，有较好的工艺性等。由于箱体的强度和刚度计算很复杂，其各部分尺寸一般按经验公式来确定。详见图 16.3、表 16.6 及附表 L.5～附表 L.7。

16.3.2 减速器附件结构设计

为了保证减速器正常工作和具备完善的性能，如检查传动件的啮合情况、注油、排油、通气和便于安装、吊运等，减速器箱体上常设置某些必要的装置和零件，这些装置和零件及箱体上相应的局部结构统称为附件。如图 16.2～图 16.5 所示的减速器中都有很多附件，现将附件作用和原理叙述如下。

第 16 章 结构设计

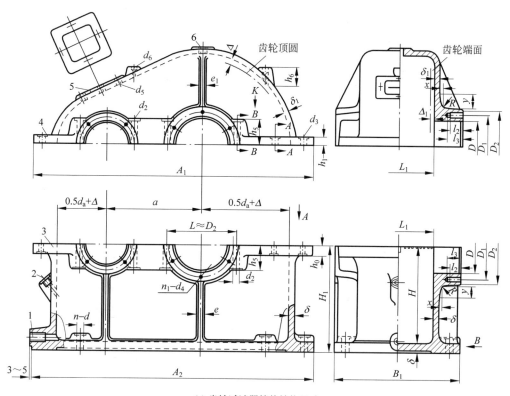

(a) 齿轮减速器箱体结构尺寸

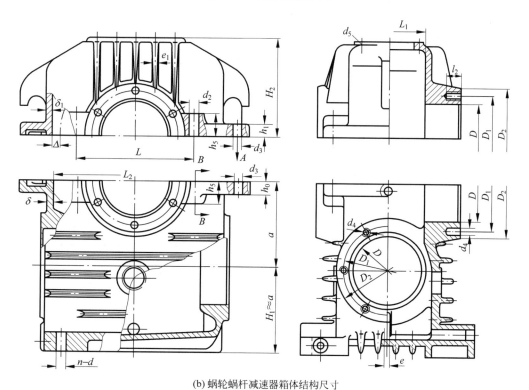

(b) 蜗轮蜗杆减速器箱体结构尺寸

图 16.3 箱体和箱盖结构图

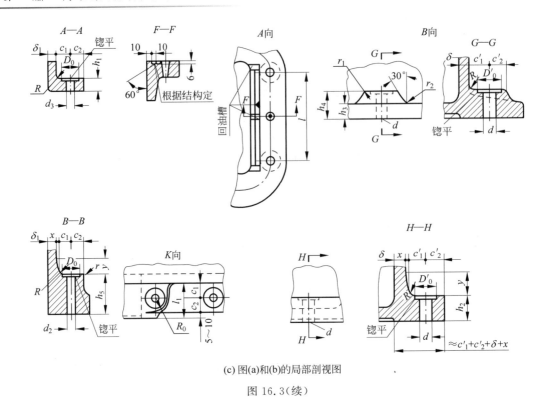

(c) 图(a)和(b)的局部剖视图

图 16.3(续)

表 16.6 齿轮、蜗杆减速器箱体尺寸

名 称	代号	尺寸		备 注
		齿轮减速器箱体	蜗杆减速器箱体	
底座壁厚	δ	$0.025a+1 \geqslant 8$	$0.04a+(2\sim3) \geqslant 8$	
箱盖壁厚	δ_1	$(0.8\sim0.85)\delta \geqslant 8$	蜗杆上置式 $\delta_1=\delta$	a 值为中心距
			蜗杆下置式 $(0.8\sim0.85)\delta \geqslant 8$	
底座上部凸缘厚度	h_0	$(1.5\sim1.75)\delta$		
箱盖凸缘厚度	h_1	$(1.5\sim1.75)\delta_1$	$(1.5\sim1.75)\delta_1$	
底座下部凸缘厚度	h_2	平耳座	$(2.25\sim2.75)\delta$	
	h_3	凸耳座	1.5δ	
	h_4		$(1.75\sim2)h_3$	
轴承座连接螺栓凸缘厚度	h_5	$(3\sim4)$轴承座连接螺栓孔径		或根据结构确定
吊环螺钉座凸缘高度	h_6	吊环螺钉孔深$+(10\sim15)$		
底座加强肋厚度	e	$(0.8\sim1)\delta$		
箱盖加强肋厚度	e_1	$(0.8\sim0.85)\delta_1$	$(0.8\sim0.85)\delta$	
地脚螺栓直径	d	$(1.5\sim2)\delta$ 或见附表 L.1		
地脚螺栓数目	n	见附表 L.1		
轴承座连接螺栓直径	d_1	$0.75d$		
底座与箱盖连接螺栓直径	d_2	$(0.5\sim0.6)d$		

续表

名 称	代号	尺 寸 齿轮减速器箱体	尺 寸 蜗杆减速器箱体			备 注
轴承盖固定螺钉直径	d_3	$(0.4\sim0.5)d$ 或见附表 L.2				
视孔盖固定螺钉直径	d_4	$(0.3\sim0.4)d$				
吊环螺钉直径	d_5	$0.8d$				或按减速器重要程度确定
轴承盖螺钉分布圆直径	D_1	$D+2.5d_3$				
轴承座凸缘端面直径	D_2	$D_1+2.5d_3$				
螺栓孔凸缘的配置尺寸	c_1、c_2、D_0	见附表 L.3				
地脚螺栓孔凸缘的配置尺寸	c_1'、c_2'、D_0''	见附表 L.4				
铸造壁相交部分的尺寸	x、y、R	凸缘壁厚 h	x	y	R	见图 16.3(c)
		$10\sim15$	3	15	5	
		$15\sim20$	4	20	5	
		$20\sim25$	5	25	5	
箱体内壁与齿顶圆的距离	Δ	$\geqslant 1.2\delta$				
箱体内壁与齿轮端面的距离	Δ_1	$\geqslant \delta$				
底座深度	H	$0.5d_a+(30\sim50)$				d_a 为齿顶圆直径
底座高度	H_1	$H_1\approx a$				多级减速器 $H_1\approx a_{最大}$
箱盖高度	H_2	$\geqslant \dfrac{d_{a2}}{2}+\Delta+\delta_2$				d_{a2} 为蜗轮最大直径
连接螺栓 d_3 的间距	l	对一般中小型减速器:$150\sim200$				
外箱壁至轴承座端面距离	l_1	$c_1+c_2+(5\sim10)$				
轴承盖固定螺钉孔深度	l_2 l_3	按一般螺纹连接的技术规范				
轴承座连接螺栓间的距离	L	$L\approx D_2$				
箱体内壁横向宽度	L_1	按结构确定	$\approx D$			
其他圆角	R_0、r_1、r_2	$R_0=c_2$;$r_1=0.25h_3$;$r_2=h_3$				

注:①箱体材料为灰铸铁;②对于焊接的减速器箱体,其参数可参考本表,但壁厚可减少 30%~40%;③本表所列尺寸关系同样适用于带有散热片的蜗轮减速器,散热片的尺寸按下列经验公式确定:

$$h_7=(4\sim5)\delta$$
$$e_2=\delta$$
$$r_3=0.5\delta$$
$$r_4=0.25\delta$$
$$b=2\delta$$

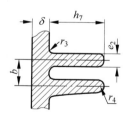

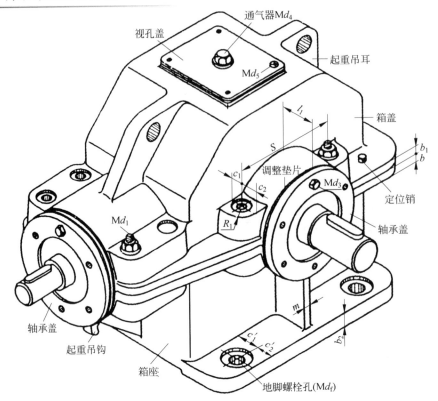

图 16.4 单级圆锥齿轮减速器

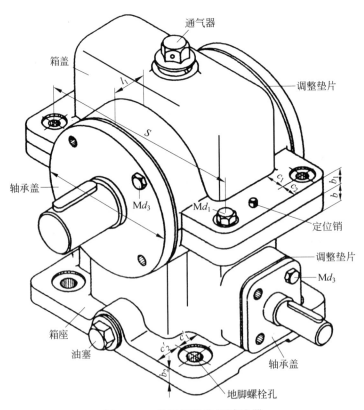

图 16.5 单级蜗轮蜗杆减速器

1. 窥视孔和视孔盖

窥视孔应开在箱盖顶部,以便于观察传动零件啮合区的情况,可由孔注入润滑油,孔的尺寸应足够大,以便检查操作,应设计凸台(见图 16.6)。

视孔盖可用铸铁、钢板或有机玻璃制成。孔与盖之间应加密封垫片,其尺寸参见附表 L.5。

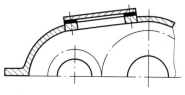

图 16.6 窥视孔和视孔盖

2. 油标

油标用来指示油面高度,一般安置在低速级附近的油面稳定处。油标有油标尺、管状油标、圆形油标等。常用带有螺纹部分的油标尺(见图 16.7(a))。油标尺的安装位置不能太低,以防油溢出。座孔的倾斜位置要保证油标尺便于插入和取出,其视图投影关系如图 16.7(b)所示。附表 L.6~附表 L.9 列出了多种油标的尺寸。

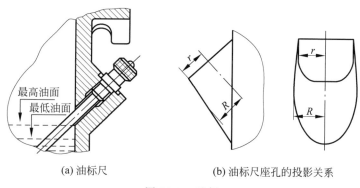

(a) 油标尺 (b) 油标尺座孔的投影关系

图 16.7 油标

3. 放油孔和螺塞

放油孔应在油池最低处,箱底面有一定斜度(1∶100),以利放油。孔座应设凸台,螺塞与凸台之间应有油圈密封(见图 16.8)。螺塞和油封垫的结构与尺寸见附表 L.10 和附表 L.11。

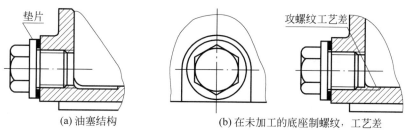

(a) 油塞结构 (b) 在未加工的底座制螺纹,工艺差

图 16.8 油塞

4. 通气器

通气器能使箱内热涨的气体排出,以便箱内外气压平衡,避免密封处渗漏。一般安放在

箱盖顶部或视孔盖上,要求不高时,可用简易的通气器(如图 16.9 所示为通气塞)。通气塞、通气罩、通气帽尺寸见附表 L.12~附表 L.14。

5. 起吊装置

起吊装置用于拆卸和搬运减速器,包括吊环螺钉、吊耳和吊钩。吊环螺钉或吊耳用于起吊箱盖,设计在箱盖两端的对称面上。吊环螺钉是标准件(见图 16.10),其尺寸可参阅附录 D,设计时应有加工凸台,需机加工。吊耳在箱盖上直接铸出。吊钩用于吊运整台减速器,在箱座两端的凸缘下面铸出。吊耳、吊耳环和吊钩尺寸见附表 L.15。

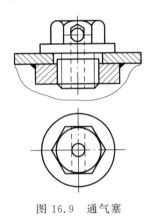

图 16.9 通气塞

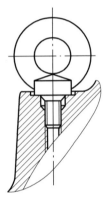

图 16.10 吊环螺钉

6. 定位销

定位销用来保证箱盖与箱座连接螺栓以及轴承座孔的加工和装配精度。安置在连接凸缘上,距离较远且不对称布置,以提高定位精度。一般用两个圆锥销,其直径尺寸见附表 E.3,长度要大于连接凸缘的总厚度,以便于装拆(见图 16.11)。

7. 起盖螺钉

在拆卸箱体时,起盖螺钉用于顶起箱盖。它安置在箱盖凸缘上,其长度应大于箱盖连接凸缘的厚度,下端部做成半球形或圆柱形,以免损坏螺纹(见图 16.12)。

结构的工艺设计

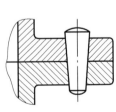

图 16.11 定位销

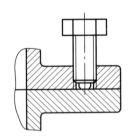

图 16.12 起盖螺钉

8. 轴承盖

轴承盖是用来对轴承部件进行轴向固定和承受轴向载荷的,并起密封的作用。轴承盖有嵌入式(图 16.13(a))和凸缘式(图 16.13(b))两种,前者结构简单,尺寸较小,且安装后使箱体外表比较平整美观,但密封性能较差,不便于调整,故多适合于成批生产。轴承盖结构尺寸见附表 L.16 和附表 L.17。

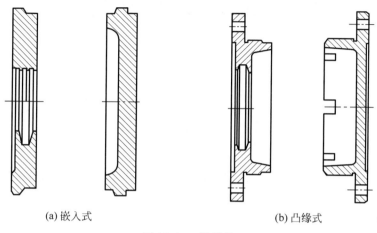

(a) 嵌入式　　　　　　　(b) 凸缘式

图 16.13　轴承盖

第 17 章

设计图和设计说明书

17.1 概　　述

设计图包括减速器装配图和零件图。减速器装配图表达了减速器的工作原理和装配关系，也表示出各零件间的相互位置、尺寸及结构形状。减速器装配图是绘制零件工作图、部件组装图，进行减速器的装配、调试及维护等的技术依据。设计减速器装配图时要综合考虑工作条件、材料、强度、磨损、加工、装拆、调整、润滑以及经济性等因素，并要用足够的视图表达清楚。零件工作图是零件加工、检验和制定工艺规程的主要技术文件，它既要考虑该零件的设计要求，又要考虑到制造的可能性及合理性。因此，零件工作图应包括制造和检验零件所需的全部内容，如图形、尺寸及其公差、表面粗糙度、形位公差、材料、热处理及其他技术要求、标题栏等。

17.2 装　配　图

17.2.1 装配工作图设计的准备

（1）阅读有关资料，拆装减速器，了解各零件的功能、类型和结构。

（2）分析并初步考虑减速器的结构设计方案，其中包括传动件结构、轴系结构、轴承类型、轴承组合结构、轴承端盖结构（嵌入式或凸缘式）、箱体结构（剖分式或整体式）及润滑和密封方案，并考虑各零件的材料加工和装配方法。

（3）检查已确定的各传动零件及联轴器的规格、型号、尺寸及参数。

（4）在绘制装配图前，必须选择图纸幅面、绘图比例及图面布置。由于条件限制，装配图一般用 A1 图纸，应符合机械制图标准，选用合适的比例绘图。装配图一般采用三个视图表示，考虑留出技术特性、技术要求、标题栏及明细表等位置，图面布置要合理。

17.2.2 绘制装配工作图的草图

装配草图的设计包括绘图、结构设计和计算，通常需要采用边绘图、边计算、边修改的方法。在绘图时先画主要零件（传动零件、轴和轴承），后画次要零件。由箱内零件画起，逐步向外画，内外兼顾，而且先画零件的中心线和轮廓线，后画细部结构。画图时以一个视图为主(一般用俯视图),兼顾其他视图。

1. 画出齿轮轮廓和箱体内壁线

在主视图上画出齿轮中心线、齿顶圆和节圆。在俯视图上按齿宽和齿顶圆画出齿轮的轮廓。按小齿轮端画和箱体的内壁之间的距离 $\Delta_1 \geqslant \delta$(壁厚),画出沿箱体长度方向的两条内壁线;再按大齿轮齿顶圆与箱体内壁之间的距离 $\Delta \geqslant 1.2\delta$,画出沿箱体宽度方向大齿轮一侧的内壁线。而小齿轮一侧的内壁线暂不画,待完成装配草图设计时,再由主视图上箱体结构的投影画出(见图 17.1)。

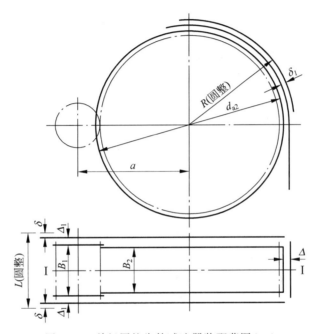

图 17.1　单级圆柱齿轮减速器装配草图(一)

2. 轴的结构设计

根据 15.2 节初步估算的轴径,进行轴的结构设计。轴的结构设计方法已在第 1 篇中讲述,这里不再重复。

3. 确定轴承位置和轴承座端面位置

滚动轴承在轴承座孔中的位置与其润滑方式有关。当浸油齿轮圆周速度 $v \leqslant 2m/s$ 时,轴承采用润滑脂润滑;当 $v \geqslant 2m/s$ 时,采用润滑油润滑,它是利用齿轮传动进行飞溅式润滑,把箱内的润滑油直接溅入轴承或经箱体剖分面上的油沟流入轴承进行润滑的。如轴承采用脂润滑,则轴承内侧端面与箱体内壁线之间的距离大一些,一般可取 10~15mm,以便安装挡油环,防止润滑脂外流和箱内润滑油进入轴承而带走润滑脂;如轴承用油润滑,则轴承内侧端面与箱体内壁线之间的距离小一些,一般可取 3~5mm(见图 17.2)。这样,就可画出轴承的外轮廓线。

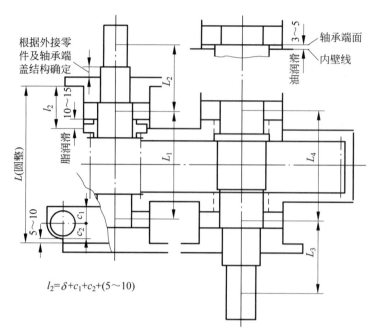

图 17.2　单级圆柱齿轮减速器装配草图(二)

轴承座孔的宽度是由箱体内壁线至轴承座孔外端面之间的距离,它取决于轴承旁螺栓 d_2 所要求的扳手空间尺寸 c_1 和 c_2(见附表 L.3),再考虑要外凸 5～10 mm,以便于轴承座孔外端面的切削加工,于是,轴承座孔的宽度 $l_2 = \delta + c_1 + c_2 + (5\sim10)$ mm,由此,可画出轴承座孔的端面轮廓线。再由附表 L.16 算出凸缘式轴承盖的厚度 t,就可画出轴承盖的轮廓线(见图 17.2)。

4. 确定轴的轴向尺寸

阶梯轴各轴段的长度,由轴上安装零件的轮毂宽度、轴承的孔宽及其他结构要求来确定。在确定轴向长度时应考虑轴上零件在轴上的可靠定位及固定,如当零件一端已经定位,另一端用其他零件定位时,轴端面应缩进零件轴毂孔内 1～2 mm,使轴段长度稍短于轮毂长度。当用平键连接时,一般平键的长度比轮毂短 5～8 mm,键的位置应偏向轮毂装入侧一端,以使装配时轮毂键槽易于对准平键。当同一轴上有多个键时,应使键布置的方位一致,以便于轴上键槽的加工。

轴的外伸段长度应考虑外接零件和轴承盖螺钉的装拆要求。当轴端安装弹性套柱销联轴器时,必须留有装配尺寸 A(可查附表 J.3)。当用凸缘式轴承盖时,轴的外伸长度须考虑装拆轴承盖螺钉的足够长度,以便拆卸轴承盖。一般情况可取外伸段长度为 15～20 mm。

按上述步骤绘出装配草图(见图 17.2),从图上可确定轴上零件受力点的位置和轴承支点间的距离 L_1、L_2、L_3、L_4。

5. 轴、轴承和键连接的校核计算

轴、轴承和键连接的校核计算可参照本教材相应的计算公式。

17.2.3 设计和绘制减速器轴承零部件

1. 设计轴承盖的结构

轴承盖有螺钉固定式（凸缘式）和嵌入式两种，选择其中一种，由附表 L.16 或附表 L.17 算出结构尺寸，并画出轴承盖（闷盖或透盖）的具体结构。

为了调整轴承间隙，在凸缘式轴承盖与箱体之间或嵌入式轴承盖与轴承外圈端面之间，放置由几个薄片组成的调整垫片（见图 17.3）。

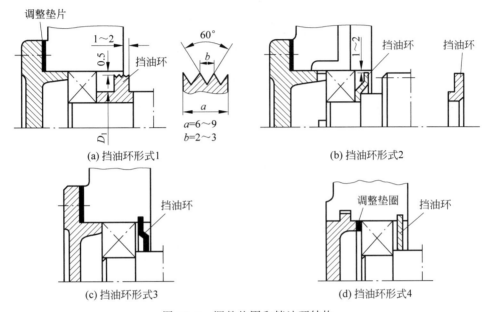

图 17.3 调整垫圈和挡油环结构

2. 选择轴承的密封方式

为防止外界的灰尘、杂质渗入轴承内，并防止轴承内的润滑剂外漏，应在轴外伸端的轴承透盖内安装密封件。可查阅附录 I，选择合适的结构形式，并画出具体结构。

3. 设计挡油环

挡油环有两种：一种是旋转式挡油环，装在轴上，具有离心甩油作用；另一种是固定式挡油环，装在箱体轴承座孔内，不转动。挡油环可车削成形和钢板冲压成形，其结构见图 17.3。

4. 设计轴承的组合结构

关于轴承的组合结构设计在第 1 篇中已有详细讲述，这里不再重复。

图 17.4 是完成这一阶段工作的装配草图。

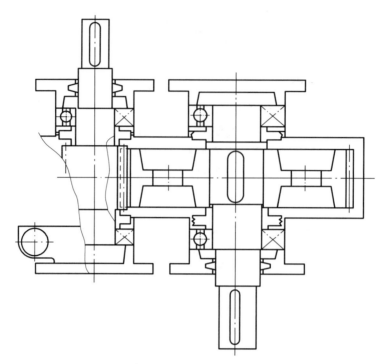

图 17.4 单级圆柱齿轮减速器装配草图(三)

17.2.4 设计和绘制减速器箱体及附件的结构

1. 设计箱体的结构

箱体的结构设计要注意以下几个问题。

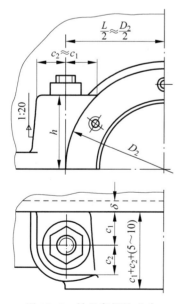

图 17.5 轴承旁螺栓凸台

1) 设计轴承旁螺栓凸台

为了增大剖分式箱体轴承座的刚度,座孔两侧的连接螺栓距离应尽量靠近,但不能与轴承盖螺钉孔和油沟互相干涉。为此,轴承座孔附近应做出凸台,凸台高度 h 要保证有足够的扳手空间。如图 17.5 所示,设计凸台时,首先在主视图上画出轴承盖的外径 D_2,然后在最大轴承盖一侧取螺栓间距 $s \approx D_2$,从而确定轴承旁螺栓的中心线位置,再由附表 L.3 得出扳手空间尺寸 c_1 和 c_2,在满足 c_1 的条件下,用作图法确定凸台的高度 h,再由 c_2 确定凸台宽度。为便于加工,箱体上各轴承旁的凸台高度应相同。凸台侧面锥度一般取 $1:20$。

画凸台结构时,应注意三个视图的投影关系,当凸台位于箱盖圆弧轮廓之内时,如图 17.6(a)所示;当凸台位于箱盖圆弧轮廓之外时,如图 17.6(b)所示。

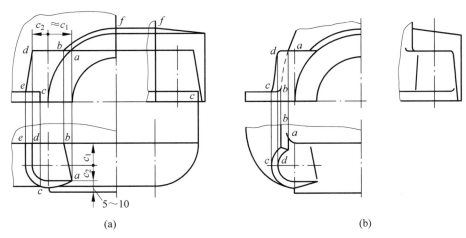

图 17.6　确定小齿轮一侧箱盖圆弧及凸台的投影关系

2) 设计箱盖外表面轮廓

采用圆弧-直线造型的箱盖时,先画在大齿轮一侧的圆弧。以轴心为圆心,以 $R = \dfrac{d_{a2}}{2} + \Delta + \delta_1$ 为半径(式中 d_{a2} 为大齿轮的齿顶圆直径,其余符号的含义见表 16.6),画出的圆弧为箱盖部分轮廓(见图 17.1)。一般轴承旁螺栓的凸台都在箱盖圆弧的内侧。小齿轮一侧的圆弧半径通常不能用公式计算,要根据具体结构由作图确定。当大、小齿轮各一侧的圆弧画出后,一般作直线与两圆弧相切(注意箱盖内壁线不得与齿顶圆干涉),则得箱盖外表面轮廓。再把有关部分投影到俯视图,就可画出箱体的内壁线、外壁线和凸缘等结构。

3) 设计箱体凸缘

为保证箱体的刚度,箱盖与箱座的连接凸缘及箱座底面凸缘应适当取厚些(其值见表 16.6)。为保证密封,凸缘要有足够的宽度,由箱体外壁至凸缘端面的距离为 $c_1 + c_2$(查附表 L.3)。箱座底面凸缘宽度 B 应超过箱座的内壁(见图 17.7)。

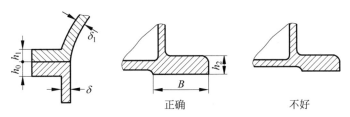

图 17.7　箱体连接凸缘及底座凸缘厚度

箱盖与箱座连接凸缘的螺栓组布置应使其间距不要过大,一般为 150～200mm,并要均匀布置。

4) 确定箱座高度

箱内齿轮转动时,为了避免油搅动时沉渣搅起,齿顶到油池底面的距离 $H_2 \geqslant 30 \sim 50$mm,如图 17.8 所示,由此确定箱座的高度 $H_1 \geqslant \dfrac{d_{a2}}{2} + H_2 + \delta + (5 \sim 10)$mm($\delta$ 为箱座壁厚)。

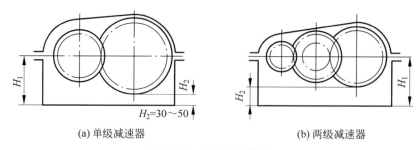

(a) 单级减速器　　　　　(b) 两级减速器

图 17.8　确定箱座高度

传动零件的浸油深度,对于圆柱齿轮,最低油面应浸到一个齿高 h(不得小于 10mm);对于多级传动,高速级大齿轮浸油深度为 h 时,低速级大齿轮浸油深度会更深些,但不得超过 $\left(\frac{1}{6}\sim\frac{1}{3}\right)$ 分度圆半径,以免搅油损失过大。最高油面一般较最低油面高出约 10mm。

5)设计输油沟

当轴承采用箱体内的油润滑时,应在剖分面箱座的凸缘上开设输油沟,使飞溅到箱盖内壁上的油经油沟流入轴承。输油沟有铣制和铸造油沟的形式,设计时应使箱盖斜口处的油能顺利流入油沟,并经轴承盖的缺口流入轴承(见图 17.9)。

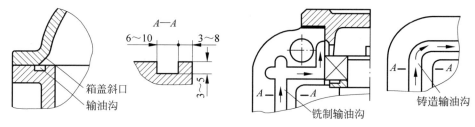

图 17.9　输油沟的形式和尺寸

6)箱体结构的加工工艺性

铸造工艺方面的要求是箱体形状力求简单,易于造型和拔模,壁厚均匀,过渡平缓,金属不要局部积聚等。

机械加工方面应尽量减少加工面积,以提高生产效率和减少刀具的磨损;应尽量减少工件和刀具的调整次数,以提高加工精度和省时,如同一轴上的两个轴承座孔应尽量直径相同,各轴承座端面都应在同一平面上;严格分开加工面和非加工面;螺栓头部和螺母的支承面要铣平或锪平,应设计出凸台或沉头座等。

2. 设计减速器附件的结构

箱体及其附件设计完成后,装配草图如图 17.10 所示。最后需要对装配草图进行仔细检查,检查的顺序是由主要零件到次要零件,先箱体内部后箱体外部,检查后修改草图中的设计错误。

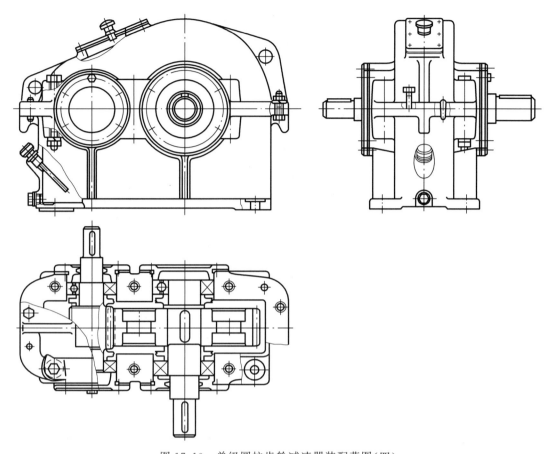

图 17.10 单级圆柱齿轮减速器装配草图（四）

17.2.5 标注主要尺寸与配合

1. 装配工作图上应标注的尺寸

1）特性尺寸

齿轮传动的中心距及其偏差。

2）配合尺寸

主要零件的配合处都应标出配合尺寸、配合性质和精度等级，如传动零件与轴的配合；轴与轴承的配合；轴承与轴承座孔的配合等。减速器主要零件的荐用配合见表 17.1。

3）安装尺寸

如箱体底面尺寸（长和宽）；地脚螺栓孔的直径和定位尺寸；减速器的中心高；轴外伸端的配合长度、直径及端面定位尺寸等。

4）外形尺寸

减速器的总长、总宽和总高。

2. 写出减速器的技术特性

在装配图上的适当位置写出减速器的技术特性，其内容及格式可参考表 17.2。

表 17.1 减速器主要零件的荐用配合

配合零件	适用特性	荐用配合	装拆方法
传动零件与轴联轴器与轴	重载、冲击、轴向力大	$\dfrac{H7}{s6}$；$\dfrac{H7}{r6}$	用压力机
	一般情况	$\dfrac{H7}{r6}$；$\dfrac{H7}{p6}$	
	要求对中性良好和很少装拆	$\dfrac{H7}{n6}$	
	较常装拆	$\dfrac{H7}{m6}$；$\dfrac{H7}{k6}$	用手锤打入
滚动轴承内圈与轴(内圈旋转)	轻负荷	j6；k6	用温差法或压力机
	中等负荷	k6；m6；n6	
	重负荷	n6；p6；r6	
滚动轴承外圈与轴承座孔(外圈不旋转)		H7；J7	用木锤或徒手装拆
轴承套圈与座孔		$\dfrac{H7}{h6}$；$\dfrac{H7}{js6}$	
轴承盖与座孔		$\dfrac{H7}{h8}$；$\dfrac{H7}{f8}$；$\dfrac{J7}{f7}$	徒手装拆
轴套、挡油环等与轴		$\dfrac{H7}{h6}$；$\dfrac{E8}{js6}$；$\dfrac{E8}{k6}$；$\dfrac{F6}{m6}$	

表 17.2 减速器技术特性

输入功率/kW	输入转速/(r/min)	总传动比 i	减速器效率 η	传动特性							
				高速级				低速级			
				$\dfrac{z_2}{z_1}$	i	m_n	β	精度等级	$\dfrac{z_4}{z_3}$	i	m_n	β	精度等级

注：单级齿轮减速器可删去相应的内容。

3．编写技术要求

装配图上的技术要求是用文字说明在视图上无法表达的关于装配、调整、检验、润滑、维修等方面的内容，主要包括以下几个方面。

1) 对零件的要求

装配前所有零件要用煤油或汽油清洗，箱体内壁涂上防侵蚀的涂料。

2) 传动侧隙和接触斑点的检查

安装齿轮后，应保证需要的侧隙和齿面接触斑点，其具体数值由传动精度查附录 G 有关表格。

传动侧隙的检查可用塞尺或铅丝放进啮合的两齿间隙中，然后测量塞尺或铅丝变形后的厚度。

接触斑点的检查是在主动轮齿面上涂色,将其转动 2~3 周后,观察从动轮齿面的着色情况,由此分析接触区位置及接触面积的大小。

3) 滚动轴承的轴向间隙要求

当两端固定的轴承结构中采用不可调间隙的轴承(如深沟球轴承)时,在轴承端盖和轴承外圈端面间留有适当的轴向间隙 Δ,一般取 $\Delta = 0.25 \sim 0.4 \text{mm}$。

4) 对润滑剂的要求

选择润滑剂时,应考虑传动的特点,载荷大小、性质及转速。一般对重载、低速、启动频繁等情况,应选用黏度高、油性和极性好的润滑油。对轻载、高速、间歇工作的传动件可选黏度较低的润滑油。

传动零件和轴承所用的润滑剂的选择方法参见 3.5 节及附录 I。

5) 对密封的要求

在箱体剖分面、各连接面和轴伸出端密封处都不允许漏油。剖分面上允许涂密封胶或水玻璃,但不允许用垫片。轴伸出处密封应涂上润滑脂。

6) 对实验的要求

作空载实验正反转各 1h,要求运转平稳、噪声小、连接固定处不得松动。作负载实验时,油池温升不得超过 35℃,轴承温升不得超过 40℃。

7) 对外观、包装和运输的要求

箱体表面应涂油漆,对外伸轴及零件应涂油并包装紧密,运输和装卸时不可倒置等。

4. 对零件编号

对零件进行编号可以不分标准件和非标准件,统一编号,也可以把标准件和非标准件分别编号。图上相同的零件或相同的独立组件(如滚动轴承、油标等),只用一个编号。零件编号的表示应符合国家制图标准的规定。

5. 编写零件明细表和标题栏

明细表是减速器所有零件的详细的目录,编写明细表的过程也是最后确定零件材料及标准件的过程。应尽量减少材料和标准件的品种和规格。

6. 检查装配图

装配图画好后,应仔细检查图纸,主要内容如下:

(1) 视图数量是否足够,能否表达减速器的工作原理和装配关系。
(2) 各零件结构是否合理,其加工、装拆、调整、维护、润滑和密封是否可能及简便。
(3) 尺寸标注是否正确,配合和精度的选择是否适当。
(4) 技术特性和技术要求是否完善和正确。
(5) 零件编号是否齐全,有无重复或遗漏,标题栏和明细表各项是否正确。
(6) 图样表达是否符合国家标准。

图纸检查和修改后,待画完零件图再加深描粗。

17.2.6 蜗杆减速器装配图设计特点和步骤

(1) 蜗杆减速器箱体的结构尺寸由表 16.6 的经验公式确定。

(2) 为了提高蜗杆刚度,应尽量缩短其支点间的距离,为此,蜗杆轴的轴承座常伸入箱内(见图 17.11),内伸部分的直径 D_1 与轴承盖外径 D_2 相同,内伸部分的长度由轴承外径或套杯外径 D 的大小和位置确定,应使轴承座和蜗轮外径之间的距离 $\Delta \geqslant 12 \sim 15 \text{mm}$,可将内伸部分的顶端削去一角。为提高轴承座的刚度,在内伸部分下面设置加强肋。设计轴承座时,其孔径应大于蜗杆的顶圆直径,否则蜗杆无法装入。

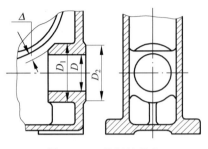

图 17.11 蜗杆轴承座

(3) 蜗杆轴承的轴向固定有两种方式:当蜗杆轴较短时(支点距离小于 300mm),可用两端固定的支承结构(图 17.12(a)),按轴向力的大小,选用向心角接触球轴承或圆锥滚子轴承。当蜗杆轴较长时,轴受热膨胀伸长量大,常用一端固定、一端游动的支承结构(见图 17.12(b)),固定端一般选在蜗杆轴的非外伸端,并有套杯,便于固定和调整轴承。为便于加工,两个轴承座孔常取相同的直径,因此,游动端也用套杯或选用外径与座孔直径相同的轴承。

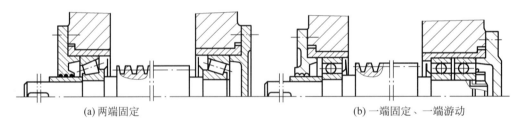

(a) 两端固定   (b) 一端固定、一端游动

图 17.12 蜗杆轴的支承结构

(4) 蜗轮轴支点间的距离,由箱体宽度 B 来确定,一般取 $B \approx D_2$(见图 17.13(a)),D_2 为轴承盖外径;为提高轴的刚度,缩短支点间的距离,可采用 B 略小于 D_2 的结构(见图 17.13(b))。

蜗轮轴由于支点间的距离较短,轴受热伸长量不大,故其轴承的轴向固定常用两端固定的支承结构。

(5) 对下置式蜗杆减速器,采用浸油润滑,蜗杆浸油深度为 $(0.75 \sim 1)h$,h 为蜗杆的全齿高,但不要超过轴承最低滚动体中心,如果由于这种限制而使蜗杆接触不到油面,而蜗杆圆周速度较高时,可在蜗杆轴上装置溅油盘(见图 17.14),利用溅油盘飞溅的油来润滑传动件。

对上置式蜗杆减速器,其轴承的润滑较困难,可采用脂润滑或刮油润滑。

(6) 蜗杆传动效率低,发热量大,因此,对连续运转的蜗杆减速器,需要进行热平衡计算,当不满足要求时,应增大箱体的散热面积或设置散热片。散热片的结构和尺寸见表 16.6 注③。

(7) 单级蜗杆减速器装配草图的绘制步骤,如图 17.15~图 17.18 所示。

第 17 章 设计图和设计说明书

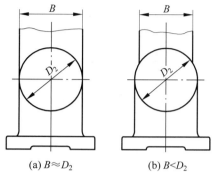

图 17.13 箱体的宽度

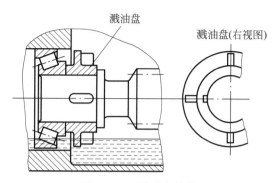

图 17.14 溅油盘结构

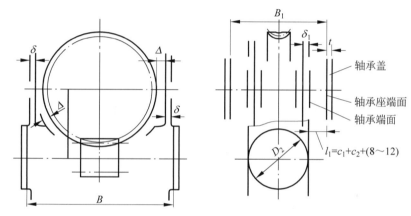

图 17.15 单级蜗杆减速器装配草图（一）

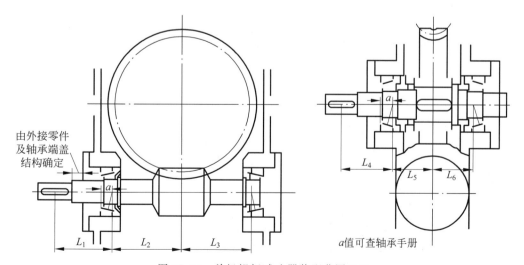

图 17.16 单级蜗杆减速器装配草图（二）

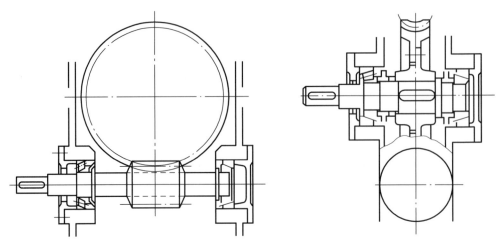

图 17.17 单级蜗杆减速器装配草图(三)

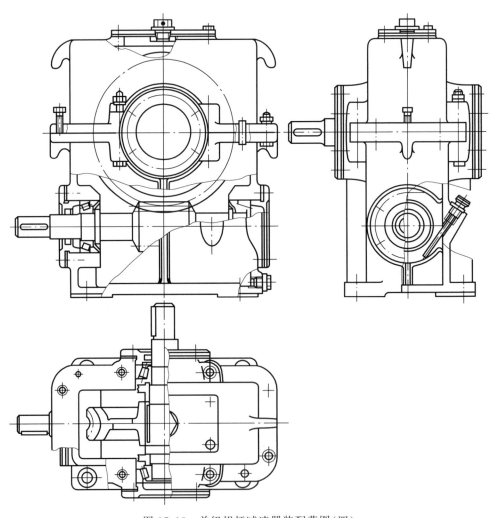

图 17.18 单级蜗杆减速器装配草图(四)

17.3 设计和绘制减速器零件工作图

完成装配图设计后,可根据装配图设计及绘制零件工作图。

17.3.1 零件工作图的尺寸及标注

1. 视图选择

每个零件必须单独绘制在一张标准图幅中,视图选择应符合机械制图的规定,要能清楚地表达零件内、外部的具体结构形状,并使视图的数量最少;如有必要,可放大绘制局部视图。在设计中,应尽量采用 1∶1 的比例。

轴类零件工作图一般只用一个视图,在键槽和孔处,可增加必要的剖面图,对螺纹退刀槽、砂轮越程槽等部位,可绘出局部放大视图。

齿轮类零件工作图一般用两个视图表示,主视图常把齿轮轴线水平横向布置,用全剖视图或半剖视图表达轮齿、轮辐和轮毂等结构,左视(或右视)图主要表达轴孔和键槽的形状和尺寸。对于组合式的蜗轮结构,则应画出齿圈、轮体的零件图及蜗轮的组件图。

在视图中所表达的零件结构形状,应与装配工作图一致,如需改动,装配工作图也要作相应的修改。

2. 尺寸及其偏差的标注

标注尺寸要符合机械制图的规定。尺寸要足够而不多余。同时,标注尺寸应考虑设计要求并便于零件的加工和检验。因此,在设计中应注意以下几点:

(1) 从保证设计要求及便于加工制造出发,正确选择尺寸基准。

(2) 图面上应有供加工测量用的足够尺寸,尽可能避免加工时做任何计算。

(3) 大部分尺寸应尽量集中标注在最能反映零件特征的视图上。

(4) 对配合尺寸及要求精确的几何尺寸(如轴孔配合尺寸、键配合尺寸、箱体孔中心距等)均应注出尺寸的极限偏差。

(5) 零件工作图的尺寸应与装配工作图一致。

在设计轴类零件时,应标注好其径向尺寸与轴向尺寸。径向尺寸直接标注在相应的各轴段处,在配合处的直径,应根据装配图已确定的配合代号,标注出直径及其相应的极限偏差。同一尺寸的几段轴径,应逐一标注,不得省略。对圆角、倒角等具体结构尺寸,也不要漏掉(或在技术要求中加以说明)。对于轴向尺寸,首先应选好基准面,并尽量使标注的尺寸反映加工工艺及测量的要求,还应注意避免出现封闭的尺寸链。通常使轴中最不重要的一段轴向尺寸作为尺寸的封闭环而不注出。图 17.19 是轴的主要长度尺寸的标注示例,其主要基准面选择在轴肩Ⅰ—Ⅰ处。它是大齿轮轴向定位面,并影响其他零件的装配位置,图上用 L_1 确定这个位置,然后按加工工艺要求标注其他尺寸,对精度要求较高的轴段,应直接标注长度尺寸,对精度要求不高的轴段,可不直接标注长度尺寸。

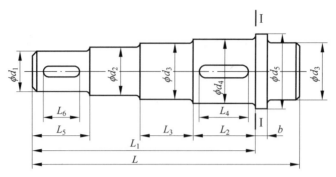

图 17.19　轴的主要长度尺寸的标注

图 17.20 中轴类零件的标注反映了表 17.3 所示的主要加工过程。基面 1 为主要基准，L_2、L_3、L_4、L_5 及 L_7 等尺寸都以基面 1 作为基准注出，则可减少加工误差。标注 L_2 和 L_4 是考虑到齿轮固定及轴承定位的可靠性，而 L_3 则和控制轴承支点跨距有关。L_6 涉及开式齿轮的固定，L_8 为次要尺寸。密封段和左轴承的轴段长度误差不影响装配及使用，故作为封闭环，不注尺寸，使加工误差积累在该轴段上，避免了封闭的尺寸链。

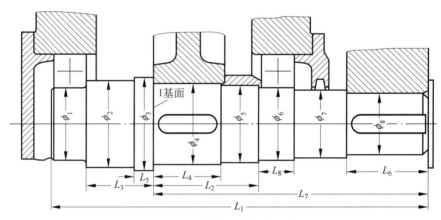

图 17.20　轴类零件标注示例

表 17.3　轴的车削主要工序过程

工序号	工序名称	工序草图	所需尺寸
1	下料，车外圆，车端面，打中心孔		L_1，ϕ_3
2	卡住一头量 L_7 车 ϕ_4		L_7，ϕ_4

续表

工序号	工序名称	工序草图	所需尺寸
3	量 L_4 车 ϕ_5		L_4, ϕ_5
4	量 L_2 车 ϕ_6		L_2, ϕ_6
5	量 L_6 车 ϕ_8		L_6, ϕ_8
6	量 L_8 车 ϕ_7		L_8, ϕ_7
7	调头 量 L_5 车 ϕ_2		L_5, ϕ_2
8	量 L_3 车 ϕ_1		L_3, ϕ_1

齿轮类零件的轴孔是加工、测量和装配的主要基准。径向尺寸以轴线为基准标出,而轴向尺寸以端面为基准标出。对所有配合尺寸或精度要求较高的尺寸,应标注尺寸偏差。轴孔则是加工、测量和装配的重要基准,尺寸精度要求高,因而要标出尺寸偏差。分度圆直径是设计的基本尺寸,也应标出尺寸偏差。齿顶圆直径的偏差与该直径是否作测量基准有关,齿轮毛坯公差查附录 G 中的相关表格。齿根圆是根据齿轮参数加工得到的,在图纸上不必标注。

锥齿轮的锥距和锥角是保证啮合的重要尺寸。标注时,锥距应精确到 0.01mm;锥角应精确到(′),分度圆锥角则应精确到(″)。为了控制锥顶的位置,还应注出基准端面到锥顶的距离。它影响到锥齿轮的啮合精度,因而必须在加工时予以控制。锥齿轮除齿部偏差外,其他必须标注的尺寸及偏差可参见附录 G 的齿轮及蜗杆、蜗轮精度的有关部分。

画蜗轮组件图时,应注出齿圈和轮体的配合尺寸、精度及配合性质。

3. 表面粗糙度的标注

零件的所有表面(包括非加工的毛坯表面)都应注明表面粗糙度参数值,在常用参数值范围内，推荐优先选用 Ra 参数。如较多表面具有同一粗糙度参数值，则可在图右上角集中标注"其余"字样。

表面粗糙度参数值的选择，应根据设计要求确定，在保证正常工作的条件下，应尽量选取较大者，以利于加工。例如查得齿轮孔荐用表面粗糙度参数值为 $Ra3.2 \sim 1.6$，应选用 3.2。

圆柱齿轮荐用的表面粗糙度 Ra 值可参见附录 G。

轴的表面需要加工，应标注各表面的粗糙度。若粗糙度选择过低，则影响配合表面的性质，使零件不能保证工作要求；若选择过高，则会影响加工工艺，使制造成本增加，因此，表面粗糙度的选择要合理。表 17.4 所示为轴加工表面粗糙度 Ra 的推荐值。

表 17.4 轴加工表面粗糙度 Ra 的荐用值

加工表面	表面粗糙度 Ra			
与传动件及联轴器相配合的表面	$\sqrt{Ra3.2} \sim \sqrt{Ra1.6}$			
与传动件及联轴器相配合的轴肩端面	$\sqrt{Ra6.3} \sim \sqrt{Ra3.2}$			
与 G 级滚动轴承配合的表面	$\sqrt{Ra0.8}(d \leqslant 80\mathrm{mm})$；$\sqrt{Ra1.6}(d > 80\mathrm{mm})$			
与滚动轴承配合的轴肩端面	$\sqrt{Ra1.6}$			
平键键槽	$\sqrt{Ra3.2}$（工作面）；$\sqrt{Ra6.3}$（非工作面）			
密封处的表面	密封形式	圆周速度/(m/s)		
		$\leqslant 3$	$>3 \sim 5$	$>5 \sim 10$
	毡圈式	$\sqrt{Ra3.2} \sim \sqrt{Ra1.6}$		
	橡胶油封式	$\sqrt{Ra1.6} \sim \sqrt{Ra0.8}$	$\sqrt{Ra0.8}$	$\sqrt{Ra0.8} \sim \sqrt{Ra0.4}$
	间隙或迷宫式	$\sqrt{Ra6.3} \sim \sqrt{Ra3.2}$		

4. 形位公差的标注

在零件工作图上应标出必要的形位公差，以保证减速器的装配质量及工作性能。它是评定加工质量的重要指标之一。

对轴的配合表面和定位端面，应标注必要的形状和位置公差，以保证装配质量及工作性能，表 17.5 及表 17.6 给出了轴类零件及齿轮类零件轮坯的形位公差推荐项目，供设计时参考，形位公差的具体数值可查阅附录 C。

齿轮的形位公差，还有键槽的两个侧面对中心线的对称度公差按 7～9 级精度选取，其公差数值查附录 C 形状和位置公差有关部分。

表 17.5 轴的形位公差推荐项目

内容	项目	符号	精度等级	对工作性能影响
形状公差	与传动零件相配合直径的圆度	○	7～8	影响传动零件与轴配合的松紧及对中性
	与传动零件相配合直径的圆柱度	⌭		
	与轴承相配合的直径的圆柱度	⌭	见附录C形状和位置公差有关部分	影响轴承与轴配合松紧及对中性
位置公差	齿轮的定位端面相对轴心线的端面圆跳动	↗	6～8	影响齿轮和轴承的定位及其受载均匀性
	轴承的定位端面相对轴心线的端面圆跳动		见附录C形状和位置公差有关部分	
	与传动零件配合的直径相对于轴心线的径向圆跳动		6～8	影响传动件的运转同心度
	与轴承相配合的直径相对于轴心线的径向圆跳动		5～6	影响轴和轴承的运转同心度
	键槽侧面对轴中心线的对称度（要求不高时可不注）	═	7～9	影响键受载的均匀性及装拆的难易

表 17.6 轮坯形位公差的推荐项目

项目	符号	精度等级	对工作性能的影响
圆柱齿轮以顶圆作为测量基准时齿顶圆的径向圆跳动	↗	按齿轮、蜗轮精度等级确定	影响齿厚的测量精度，并在切齿时产生相应的齿圈径向跳动误差产生传动件的加工中心与使用中心不一致，引起分齿不均。同时会使轴心线与机床垂直导轨不平行而引起齿向误差
锥齿轮的齿顶圆锥的径向圆跳动 蜗轮外圆的径向圆跳动 蜗杆外圆的径向圆跳动			
基准端面对轴线的端面圆跳动	↗		
键槽侧面对孔中心线的对称度	═	7～9	影响键侧面受载的均匀性

17.3.2 零件工作图的技术要求

凡在零件图上不便用图形或符号表示，而在制造时又必须遵循的要求和条件，可在"技术要求"中注出，它的内容根据不同的零件、不同的加工方法而有所不同，一般包括：

(1) 对材料的机械性能和化学成分的要求。
(2) 对铸锻件及其他毛坯件的要求，如要求不允许有氧化皮及毛刺等。
(3) 对零件表面机械性能的要求，如热处理方法及热处理后的表面硬度、淬火深度及渗碳深度等。
(4) 对加工的要求，如是否要与其他零件一起配合加工（如配钻或配铰）等。
(5) 对于未注明圆角、倒角，个别部位的修饰加工要求，如对某表面要求涂色等。

(6) 其他特殊要求,如对大型或高速齿轮的平衡实验要求；对长轴的校直要求。

例如轴的零件工作图的技术要求主要有下列内容:
(1) 对轴的热处理方法和热处理后硬度的要求,淬火及渗碳深度的要求。
(2) 对加工的要求,如图上未画出中心孔,应注明中心孔类型及代号的要求。如和其他零件一起加工(配钻或配铰等)的要求。
(3) 对图中未注明的圆角、倒角尺寸的要求。

17.3.3 传动件的啮合特性表

在啮合传动件的工作图中应编写啮合特性表,以便于选择刀具和检验误差。啮合特性表的主要内容包括:齿轮的基本参数(齿数 z、模数 m_n、齿形角 a_n、齿顶高系数 h_a^*、螺旋角 β 及其方向等),齿轮的精度等级,误差检验项目及具体数值(查附录 G)。

齿轮、蜗轮、蜗杆的啮合特性表所注主要参数及误差检验项目可参考图 18.13～图 18.17。齿轮传动和蜗杆传动的精度等级和公差数值见附录 G。

技术要求主要有下列内容:
(1) 对铸件、锻件或其他毛坯件的要求,如不允许有毛刺及氧化皮等。
(2) 对齿轮的热处理方法和热处理后硬度的要求,如淬火及渗碳深度的要求。
(3) 对未注明圆角、倒角尺寸要求。
(4) 其他特殊要求。

减速器中齿轮的工作图可参考图 18.14 和图 18.15。

17.3.4 零件工作图的技术要求及标题栏

在零件工作图图纸的右下角应画出标题栏。零件工作图设计完成后,若对装配图有修改要求,应在对装配图修改后再进行加深,并最后完成减速器装配工作图。

17.4 编写设计计算说明书

设计计算说明书是设计过程的总结,是图纸设计的理论根据,也是审核设计的技术文件之一,故它是设计工作的一个组成部分。

1. 说明书的内容

编写说明书的主要内容如下:
(1) 目录(标题和页码)。
(2) 设计任务书。
(3) 传动装置的总体设计:
① 拟定传动方案;
② 选择电动机;

③ 确定传动装置的总传动比及其分配；
④ 计算传动装置的运动及动力参数。
(4) 设计计算传动零件。
(5) 设计计算箱体的结构尺寸。
(6) 设计计算轴。
(7) 选择滚动轴承及寿命计算。
(8) 选择和校核键连接。
(9) 选择联轴器。
(10) 选择润滑方式、润滑剂牌号及密封件。
(11) 设计小结(包括对课程设计的心得、体会、设计的优缺点及改进意见等)。
(12) 参考资料(包括资料编号、作者、书名、出版单位和出版年月)。

此外，如对制造和使用有一些必须加以说明的技术要求，例如装配、拆卸、安装、维护等，也可以写入。

2. 设计计算说明书的书写格式示例

计算说明书采用 A4 纸书写，并应加封面(格式如图 17.21 所示)后装订成册。计算说明书的书写格式见表 17.7。

图 17.21 计算说明书封面格式

表 17.7 计算说明书书写格式

计 算 和 说 明	结 果
……	
二、设计计算传动零件	
（一）设计计算普通 V 带传动	
……	
（二）设计计算齿轮传动	
1. 选择齿轮类型、材料、精度及参数	齿轮计算公式和有关数据引自 [×]第××页～第××页
……	齿轮基本参数：
2. 按齿面接触疲劳强度设计	$z_1 = 23$
按齿面接触疲劳强度设计公式	$z_2 = 115$
（1）确定计算参数	$i = 5$
……	$m = 2.5$
（2）计算	$a = 175\text{mm}$
……	……
3. 按齿根弯曲疲劳强度校核	
……	
4. 齿轮传动的几何尺寸计算(列表)	
……	
5. 齿轮结构设计(结构尺寸列表并绘出结构图)	
……	
……	

计 算 和 说 明	结　果
七、轴的设计及核验计算 （一）低速轴的计算 　　结构和受力 　　1. 轴上作用载荷 　　　　…… 　　2. 计算轴承支反力 　　（1）铅垂面内支反力 $$R_{By}=\frac{79\times10^{-3}Q+55\times10^{-3}\cdot F_r-M_a}{110\times10^{-3}}$$ $$=\frac{79\times10^{-3}\times760+55\times10^{-3}\times665-10.95}{110\times10^{-3}}=779\text{N}$$ 　　……	$R_{By}=779$N

3. 编写计算说明书时应注意的问题

(1) 要求用蓝、黑色钢笔书写，不得用铅笔或彩色笔。应注意书写工整，简图正确清楚，文字简练。

(2) 计算内容要列出公式，代入数值，写下结果，标明单位。中间运算应省略。

(3) 应编写必要的大小标题，附加必需的插图（如轴的受力分析图等）和表格，写出简短结论（例如"满足强度要求"等），注明重要公式或数据的来源（参考资料的编号和页次）。

完成计算说明书后即可准备答辩。答辩前，应认真整理和检查全部图纸和计算说明书，并按格式（参看图 17.22）折叠图纸，将图纸与计算书装入文件袋，文件袋封面格式如图 17.23 所示。

答辩前应做好比较系统的、全面的回顾和总结，弄懂设计中的计算、结构等问题，以巩固和提高设计收获。

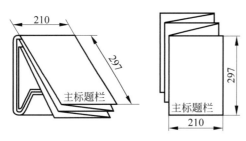

图 17.22　图纸折叠方法

图 17.23　文件袋封面格式

第 18 章

课程设计参考图例

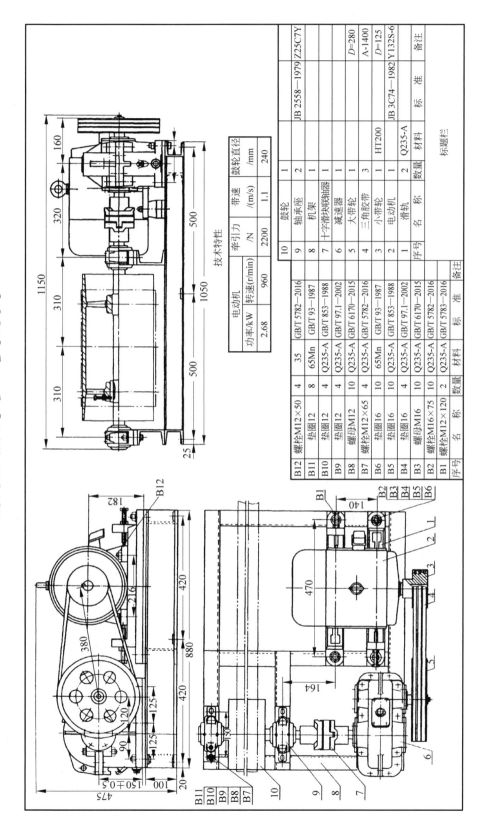

图 18.1 带式运输机总图

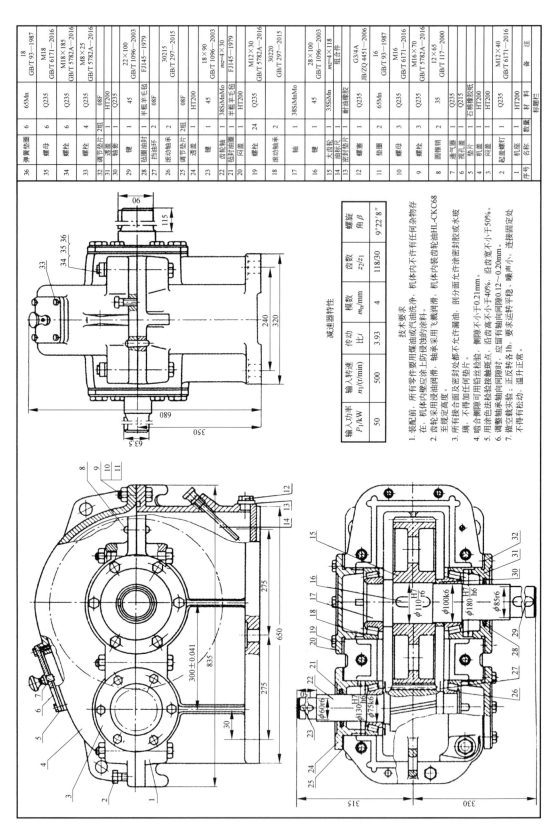

图 18.2 单级圆柱齿轮减速器(一)

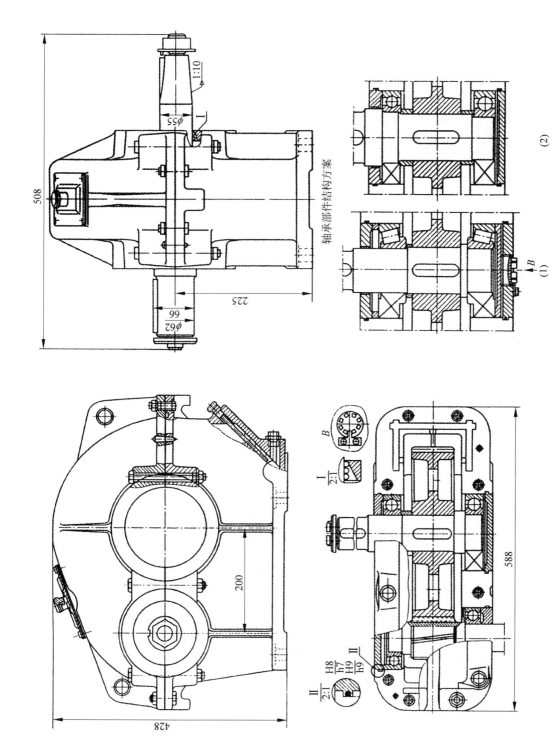

图 18.3 单级圆柱齿轮减速器(二)

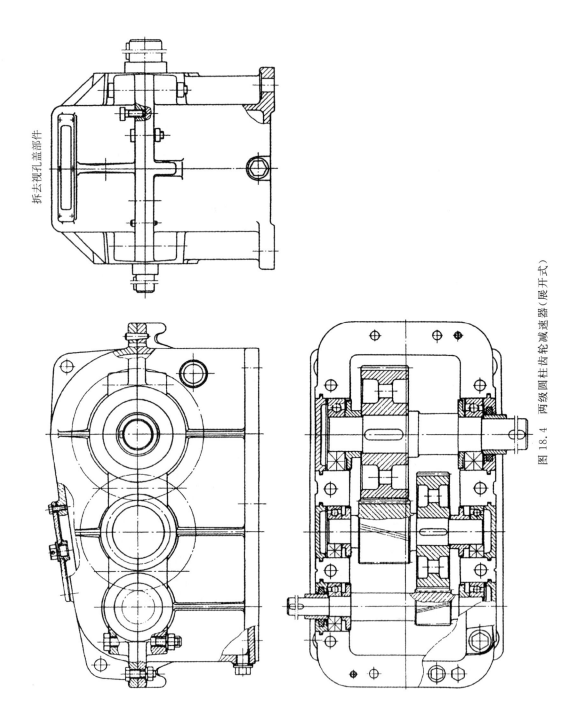

图 18.4 两级圆柱齿轮减速器(展开式)

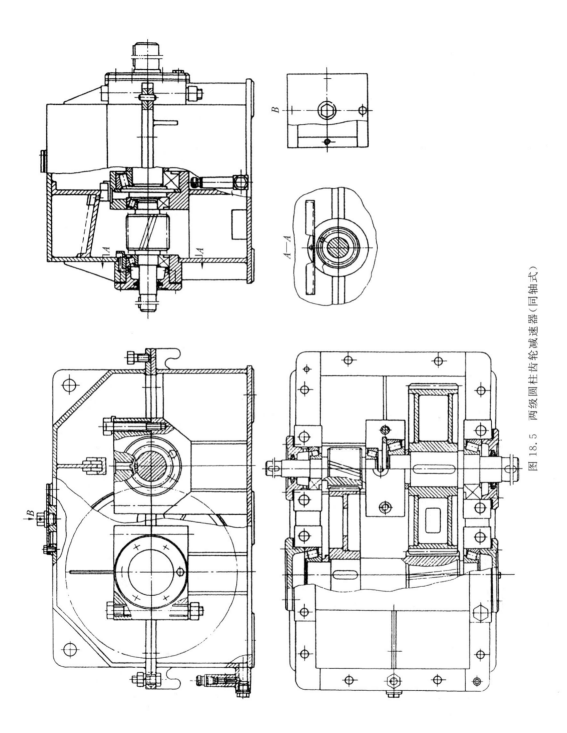

图 18.5 两级圆柱齿轮减速器(同轴式)

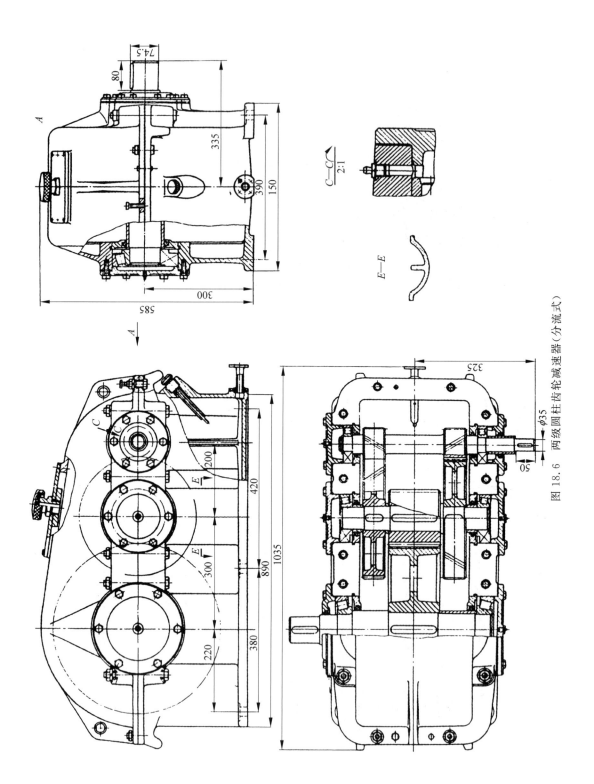

图 18.6 两级圆柱齿轮减速器(分流式)

第 18 章 课程设计参考图例

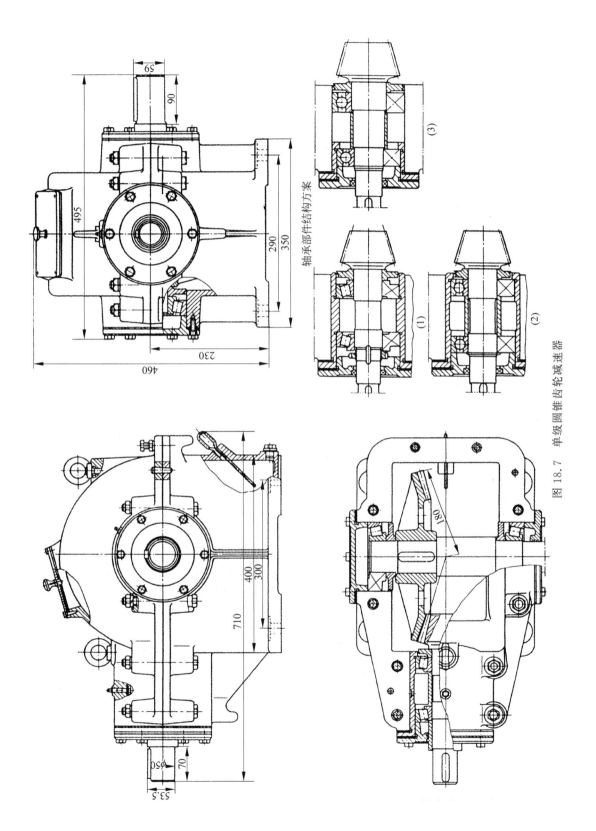

图 18.7 单级圆锥齿轮减速器

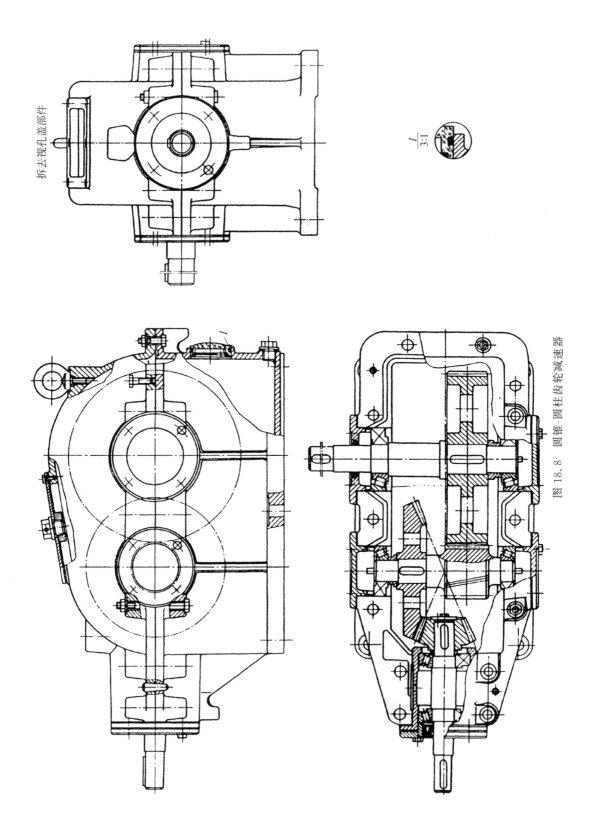

图 18.8 圆锥-圆柱齿轮减速器

第18章 课程设计参考图例

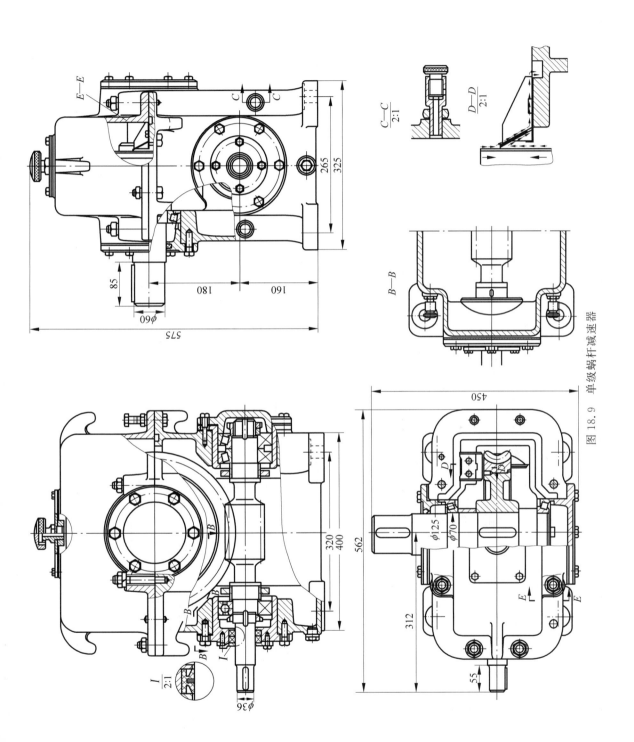

图 18.9 单级蜗杆减速器

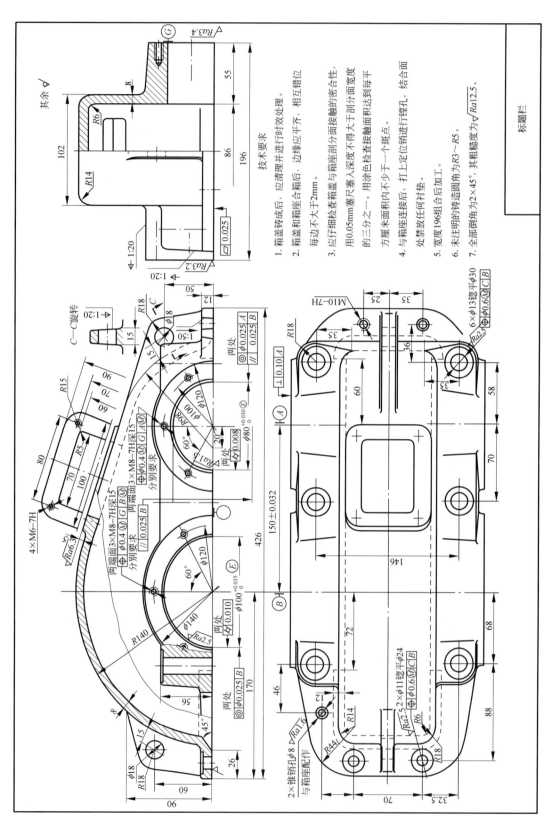

图 18.10 箱盖零件图

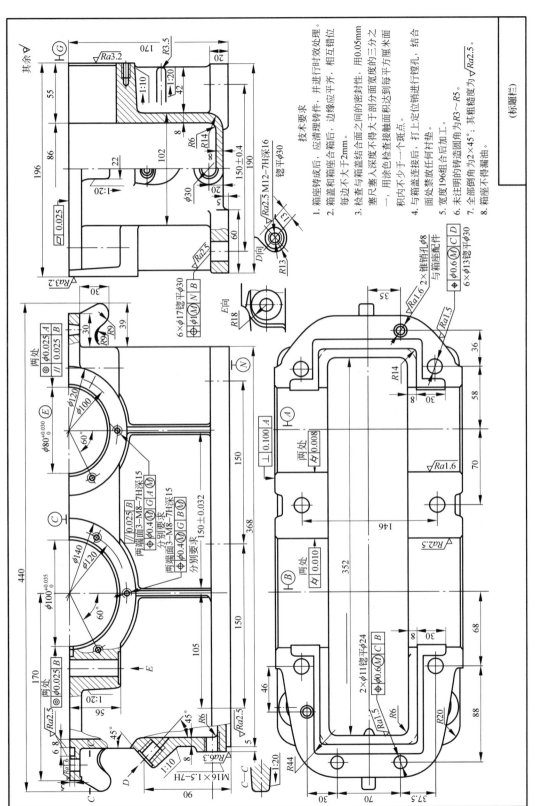

图 18.11 箱座零件图

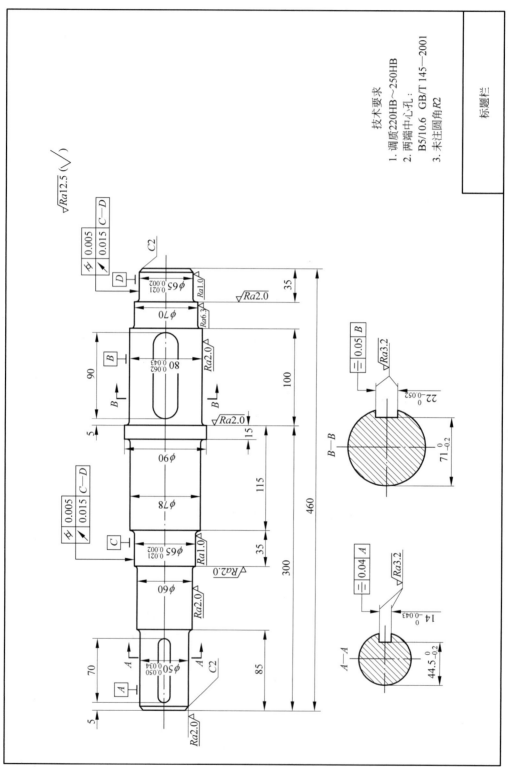

图 18.12 轴零件图

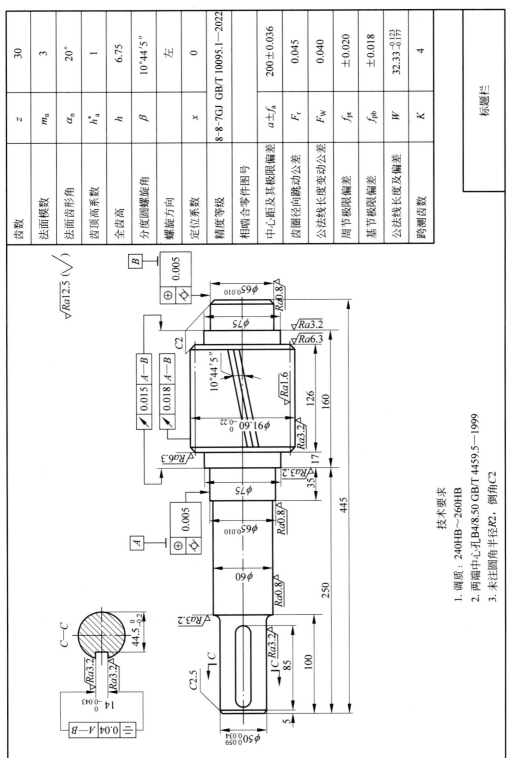

齿数	z	30
法面模数	m_n	3
法面齿形角	α_n	20°
齿顶高系数	h_a^*	1
全齿高	h	6.75
分度圆螺旋角	β	10°44′5″
螺旋方向		左
定位系数	x	0
精度等级	8-8-7GJ GB/T 10095.1—2022	
相啮合零件图号		
中心距及其极限偏差	$a \pm f_a$	200±0.036
齿圈径向跳动公差	F_r	0.045
公法线长度变动公差	F_w	0.040
周节极限偏差	f_{pt}	±0.020
基节极限偏差	f_{pb}	±0.018
公法线长度及偏差	W	$32.33_{-0.177}^{-0.123}$
跨测齿数	K	4
标题栏		

技术要求

1. 调质：240HB～260HB
2. 两端中心孔B4/8.50 GB/T 4459.5—1999
3. 未注圆角半径R2，倒角C2

图 18.13　齿轮轴零件图

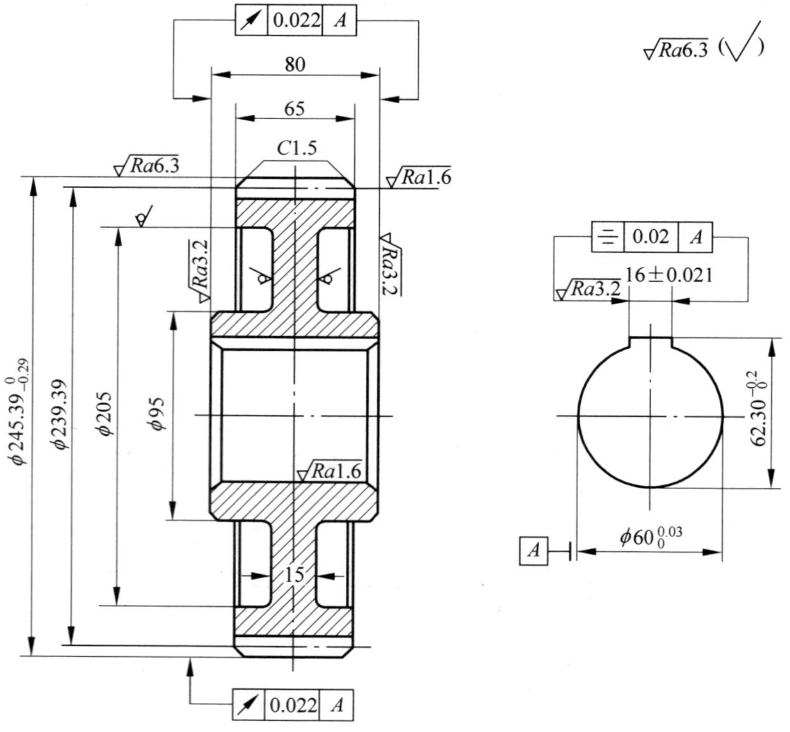

齿数	z	79
法面模数	m_n	3
法面齿形角	α_n	20°
齿顶高系数	h_a^*	1
全齿高	h	5.625
分度圆螺旋角	β	8°06′34″
螺旋方向		右
变位系数	x	0
精度等级(GB/T 10095.1—2022)		8-8-7
相啮合零件图号		HK
中心距及其极限偏差	$a \pm f_a$	150±0.0315
齿圈径向跳动公差	F_r	0.063
公法线长度变动公差	F_W	0.050
周节极限偏差	f_{pt}	0.022
基节极限偏差	f_{pb}	0.020
分度圆弦齿厚	$\bar{S}$	$4.712^{-0.176}_{-0.264}$
分度圆弦齿高	$\bar{h}_a$	3.023

技术要求

调质处理220HB~260HB，未注倒角C2

图 18.14　圆柱齿轮零件图

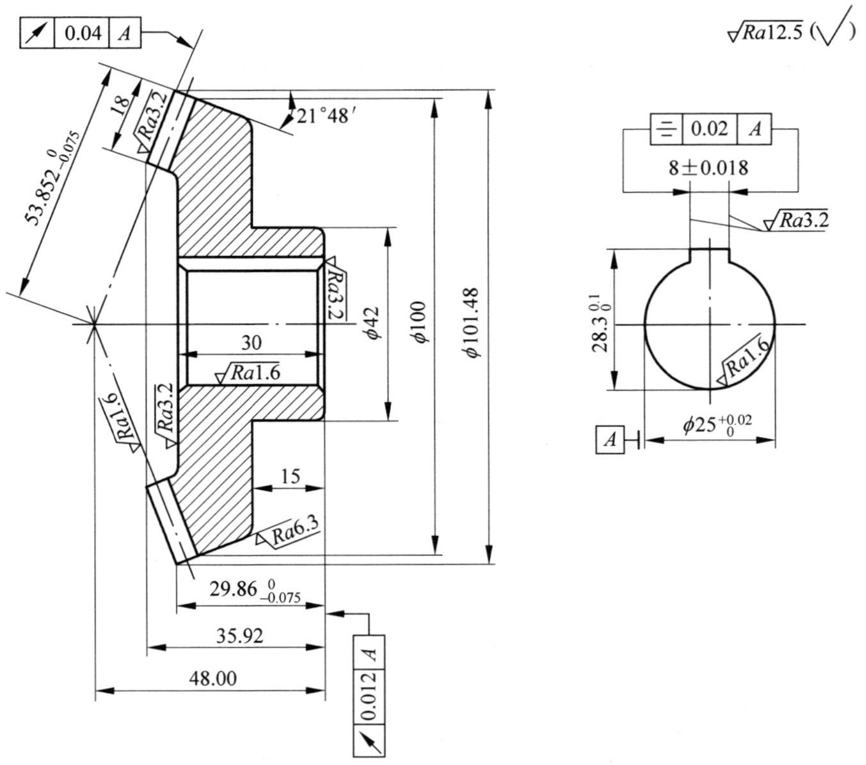

齿数	z	50
模数	m	2
齿型		标准直齿
齿形角	α	20°
齿顶高系数	h_a^*	1
顶隙系数	c^*	0.25
分度锥角	δ	68°12′
顶锥角	δ_a	70°19′$^{+8'}$
根锥角	δ_f	66°52′
精度等级	8 c GB/T 11365—2019	
齿圈径向跳动公差	F_r	0.045
周节极限偏差	$\pm f_{pt}$	± 0.020
接触斑点	齿长	≮45%
	齿高	≮50%
分度圆弦齿厚	$\overline{s}^*$	$3.14^{-0.066}_{-0.146}$
分度圆弦齿高	$\overline{h}_a^*$	2

技术要求
1. 调质220HB～250HB
2. 圆角半径R3
   倒角C2

图18.15 圆锥齿轮零件图

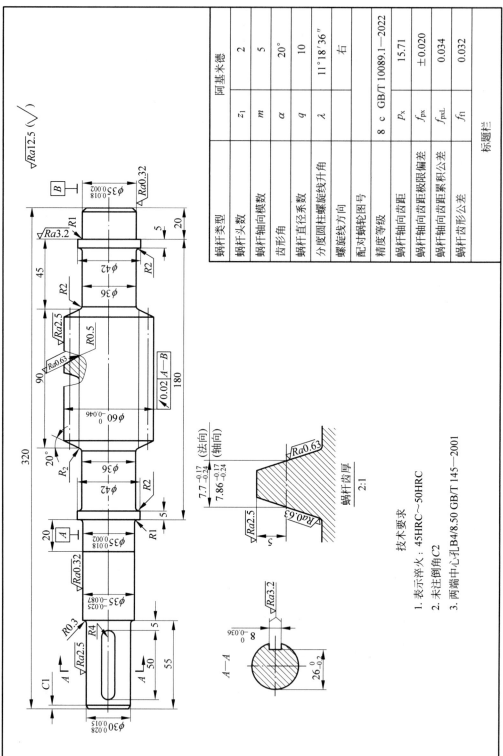

图 18.16 蜗杆零件图

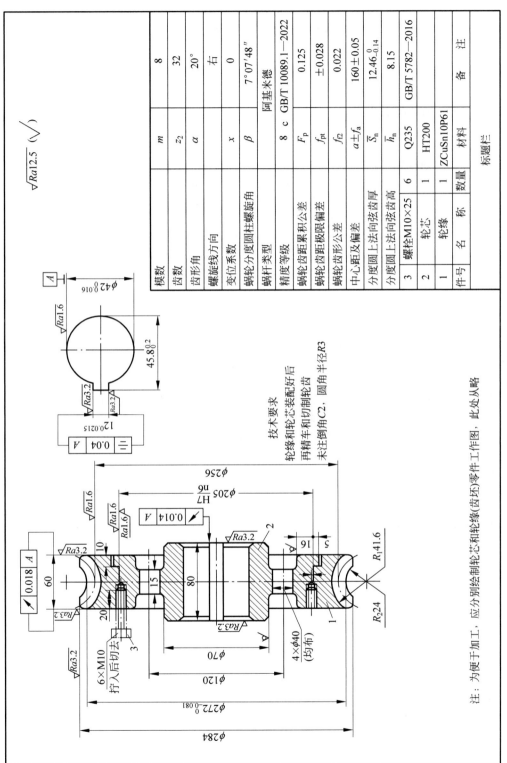

图 18.17 蜗轮零件图

参 考 文 献

[1] 朱文坚,黄平,刘小康,等.机械设计[M].3版.北京:高等教育出版社,2015.
[2] NORTON R L.机械设计[M].5版,黄平,等译.北京:机械工业出版社,2016.
[3] 黄平,徐晓,朱文坚.机械设计基础[M].2版.北京:科学出版社,2018.
[4] 濮良贵,陈国定,吴立言.机械设计[M].10版.北京:高等教育出版社,2019.
[5] 熊文修,何悦胜.机械设计课程设计[M].广州:华南理工大学,1996.
[6] 彭文生,李志明,黄华梁.机械设计[M].2版.北京:高等教育出版社,2008.
[7] 吴宗泽.机械设计.北京:高等教育出版社[M].2001.
[8] 邱宣怀.机械设计[M].4版.北京:高等教育出版社,1997.
[9] 余俊,全永昕,等.机械设计[M].2版.北京:高等教育出版社,1986.
[10] 彭文生,黄华梁,等.机械设计[M].2版.武汉:华中理工大学出版社,1996.
[11] 吴克坚,于晓红,钱瑞明.机械设计[M].北京:高等教育出版社,2003.
[12] 华南工学院等九校.机械设计[M].北京:人民教育出版社,1981.
[13] 吴宗泽.高等机械零件[M].北京:清华大学出版社,1991.
[14] 杨可桢,程光蕴,李仲生,等.机械设计基础[M].7版.北京:高等教育出版社,2020.
[15] 黄华梁,彭文生.机械设计基础[M].4版.北京:高等教育出版社,2007.
[16] 华南工学院.机械设计基础[M].广州:广东科技出版社,1979.
[17] 成大先.机械设计手册[M].6版.北京:化学工业出版社,2020.
[18] 黄平,刘建素,陈扬枝,等.常用机械零件及机构图册[M].北京:化学工业出版社,1999.
[19] 吴宗泽.机械结构设计[M].北京:机械工业出版社,1988.
[20] 章日晋,张立乃,尚凤武.机械零件的结构设计[M].北京:机械工业出版社,1987.
[21] MOTT R. Machine elements in mechanical design[M]. Upper Saddle River:Prentice Hall,1999.
[22] THAPA S B. Design of machine elements[M]. Upper Saddle River:Prentice Hall,1998.
[23] UICKER J J,PENNOCK G R,SHIGLEY J E. Theory of machines and mechanisms[M]. New York:McGraw Hill,1995.
[24] ECKHARDT H D. Kinematic design of machines and mechanisms[M]. New York:McGraw Hill,1998.
[25] SHIGLEY J E,MITCHELL L D,SAUNDERS H. Mechanical Engineering Design[M]. New York:McGraw Hill,2001.

附 录

附录 A　标准代号与制图标准

附录 B　常用材料

附录 C　公差和表面粗糙度

附录 D　螺纹与螺纹零件

附录 E　键和销

附录 F　紧固件

附录 G　齿轮、蜗杆及蜗轮的精度

附录 H　滚动轴承

附录 I　润滑剂与密封件

附录 J　联轴器

附录 K　电动机

附录 L　减速箱配件与尺寸